高等学校教材

大学化学概论

青岛科技大学

高洪涛　吴占超　主编

中国教育出版传媒集团

高等教育出版社·北京

内容提要

本书将大学化学课程的数字化资源整合到教材中,通过"互联网+"与纸质教材的深度融合,构建信息化学习环境。内容包括基础(化学反应的基本原理、溶液中的化学平衡、定量分析基础、物质结构基础、元素化学等基础知识)和应用(生命中的化学、材料化学、能源化学、环境保护与化学、化学与医药、生活中的化学)两大部分。

本书可作为高等院校非化学化工类各专业的化学教材,也可作为广大科技工作者了解和学习化学知识的指导书。

图书在版编目(CIP)数据

大学化学概论 / 高洪涛,吴占超主编. -- 北京:高等教育出版社,2024.6
　ISBN 978-7-04-061776-4

Ⅰ.①大… Ⅱ.①高… ②吴… Ⅲ.①化学-高等学校-教材 Ⅳ.①O6

中国国家版本馆 CIP 数据核字(2024)第 043748 号

DAXUE HUAXUE GAILUN

策划编辑	付春江	责任编辑	付春江	封面设计	王 琰	版式设计	杜微言
责任绘图	李沛蓉	责任校对	刘娟娟	责任印制	刘思涵		

出版发行	高等教育出版社	咨询电话	400-810-0598
社　　址	北京市西城区德外大街 4 号	网　　址	http://www.hep.edu.cn
邮政编码	100120		http://www.hep.com.cn
印　　刷	北京联兴盛业印刷股份有限公司	网上订购	http://www.hepmall.com.cn
开　　本	787mm×1092mm　1/16		http://www.hepmall.com
印　　张	17		http://www.hepmall.cn
字　　数	400 千字	版　　次	2024 年 6 月第 1 版
插　　页	1	印　　次	2024 年 6 月第 1 次印刷
购书热线	010-58581118	定　　价	42.00 元

前　言

目前我国正处于"两个一百年"奋斗目标的历史交汇期,我国高等教育进入新的发展阶段,教学体系、课程内容不断改革,教学改革与实践日新月异,现代化教学手段得到普遍应用。伴随着互联网技术的飞速发展和大数据时代的到来,现代教育研究者开始尝试借助互联网与教育的融合,逐渐形成"互联网+教育"的理念和教学新形态。

大学化学课程作为高等教育中实施化学教育的基础课程,对完善学生的知识结构,实施素质教育具有重要作用。教材是教学内容和课程体系的重要载体,之前基础化学教研室编写的《基础化学教程》的主要授课对象是普通理工科院校化学、化工、材料等化学化工类专业大一新生,对非化学类专业大一新生的针对性不强。本书是我校多年从事大学化学教学的一线教师在使用《基础化学教程》教材并研究多部大学化学课程教材的基础上,不断总结教学经验完成的一部针对非化学化工类专业的基础课教材。

本书在内容上融合、简化了无机化学、分析化学的内容,包括化学热力学与动力学基础、溶液中的化学平衡(酸碱平衡、沉淀溶解平衡、配位平衡、氧化还原平衡)、定量分析基础、物质结构基础、元素化学等基础知识;同时新增生命中的化学、材料化学、能源化学、环境保护与化学、化学与医药、生活中的化学6章专题化学。教材编写的主导思想是"重教学对象、重基础知识、重学科关联、重应用领域"。

同时,本书将大学化学课程的数字化资源整合到教材中,通过"互联网+"与课堂教学的深度融合,构建信息化学习环境,让学生随时随地通过移动终端进行网络学习,使学生的学习从课堂延伸到课外。《大学化学概论》新形态教材的出版,将改变传统"教"与"学"的形态,给教师和学生带来全新的体验,助力高等学校非化学化工类专业的化学教育迈上一个新的台阶。

本书由高洪涛负责统稿。参与本书具体编写工作的有:高洪涛(编写第1、2章)、吴占超(主编,编写第3、4章)、王超(编写第5章)、张倩(编写第6章)、黎艳艳(编写第7章),汪颖(福州大学,编写第8章)、焦明霞(编写第9章)、刘佳(编写第10章)、赵秀秀(编写第11章)。在本书的编写过程中,编者参考了一些已出版的相关教材,列于书后,在此说明并致谢。感谢青岛科技大学教务处对本书的立项支持,感谢基础化学教研室全体教师的大力支持与帮助。

由于编者业务水平和教学经验的局限,书中难免有不妥与错误之处,欢迎读者批评指正。

编　者
2024年元月于青岛

目　　录

第1章 化学反应的基本原理

化学反应是化学研究的中心内容。化学反应的特点是,有新物质生成,通常伴随着能量变化。在研究一个特定的化学反应时,化学工作者主要关注以下问题:

(1) 化学反应能否发生? 这就涉及化学反应方向的判断问题。

(2) 如果反应能够进行,将伴随怎样的能量变化?

(3) 化学反应能进行到什么程度? 如何判断? 这就涉及反应的限度及化学平衡问题。

(4) 化学反应进行的快慢如何? 反应的历程(反应的中间步骤)是怎样的? 如果实际反应进行的速率很慢,能否寻找合适的催化剂加快反应速率?

(5) 物质的结构和性质有没有什么关系?

这几个问题中前三个属于化学热力学的研究内容;第四个属于化学动力学的研究内容;第五个属于物质结构的研究内容。

1.1 物质与化学反应的计量

1.1.1 物质的计量

1. 相对原子质量

相对原子质量被定义为一种原子的平均原子质量与核素^{12}C原子质量的 1/12 之比(符号为A_r),以前也被称为原子量。例如,

$$A_r(H) = 1.0079, \quad A_r(O) = 15.999$$

2. 相对分子质量

相对分子质量被定义为物质的分子或特定单元的平均质量与核素^{12}C原子质量的 1/12 之比(符号为M_r),以前也被称为分子量。例如,

$$M_r(H_2O) = 18.0148 \approx 18.01, \quad M_r(NaCl) = 58.443 \approx 58.44$$

3. 物质的量

"物质的量"是用于计量指定的微观基本单元,如分子、原子、离子、电子等微观粒子或其特定组合的一个物理量(符号为n),其单位名称为摩尔(mole),单位符号为 mol。1 mol 物质所包含的基本单元数与 0.012 kg ^{12}C 的原子数目相等。0.012 kg ^{12}C 所含的碳原子数目等于阿伏伽德罗(Avogadro)常数($N_A = 6.02 \times 10^{23}$)的数值。因此,如果某物质中所含的基本单元的数目为N_A时,则该物质系统的"物质的量"即为 1 mol。例如,

1 mol H_2 表示有N_A(6.02×10^{23})个H_2分子;

2 mol C 表示有 2N_A个碳原子;

4 mol($H_2 + 0.5O_2$)表示有 4N_A个($H_2 + 0.5O_2$)的特定组合,该组合中含有 4N_A个氢分子和

$2\,N_A$ 个氧分子。

可见在使用摩尔这个单位时,一定要指明基本单元(以化学式表示),否则示意不明。例如,若笼统说"1 mol 氢",就难以断定是指 1 mol 氢分子还是指 1 mol 氢原子或氢离子。

物质的量是沟通微观和宏观的桥梁,通过"物质的量"把宏观的质量、体积与微观分子(原子)的个数建立起了联系。如 $6.02×10^{23}$ 个 H_2 分子的质量为 2 g,可以计算出每个分子的质量。

4. 物质的量浓度

物质的量浓度(符号为 c)被定义为混合物(主要指气体混合物或溶液)中某物质 B 的物质的量(n_B)除以混合物的体积(V),即 $c = \dfrac{n_B}{V}$。

对溶液来说,亦即 1 L 溶液中所含溶质 B 的物质的量,其单位符号为 mol·L^{-1}。例如,若 1 L NaOH 溶液中含有 0.10 mol NaOH,其物质的量浓度可表示为:$c_{NaOH} = 0.10$ mol·L^{-1}。

物质的量浓度也称摩尔浓度,可简称为浓度。

常用的浓度表示方法还有以下几种:

(1)质量分数。指溶质的质量占溶液总质量的百分数(w_B)。如市售浓硫酸的质量分数为 98%,市售浓盐酸的质量分数为 37%。

(2)摩尔分数。在混合物中,物质 B 的物质的量(n_B)与混合物的物质的量(n)之比,称为 B 的物质的量分数(x_B),又称物质 B 的摩尔分数。例如,在含有 1 mol O_2 和 4 mol N_2 的混合气体中 O_2 和 N_2 的摩尔分数分别为 $x_{O_2} = 0.2$,$x_{N_2} = 0.8$。

(3)质量摩尔浓度(m)。指每千克溶剂中溶解溶质的物质的量,单位为 mol·kg^{-1}。

5. 气体的计量,理想气体状态方程

对气体的计量常用到体积与压力。气体的体积(V)受温度(T)、压强(p)及本身物质的量(n)的影响。在科学家多年的研究基础上,法国科学家克拉佩龙总结得出了描述理想气体在处于平衡态时,压强、体积、温度间关系的状态方程——理想气体状态方程(又称为理想气体定律)。理想气体状态方程(简称理想气体方程),如式(1-1)所示:

$$pV = nRT \tag{1-1}$$

式中:p 为压强,V 为气体体积,T 为温度,n 为气体的物质的量,R 是一常数,称为摩尔气体常数,其数值和量纲取决于 p、V 的量纲,常用的几种数值和量纲如表 1-1 所示。

表 1-1　摩尔气体常数的几种常用数值和量纲

p	V	R
Pa	m^3	8.314 Pa·m^3·mol^{-1}·K^{-1}(J·mol^{-1}·K^{-1})
kPa	dm^3(L)	8.314 kPa·dm^3·mol^{-1}·K^{-1}(J·mol^{-1}·K^{-1})
atm	dm^3(L)	0.082 atm·dm^3·mol^{-1}·K^{-1}
mmHg	cm^3	6.236×10^4 mmHg·cm^3·mol^{-1}·K^{-1}

在任何温度和压力下都能满足理想气体状态方程的气体称为理想气体(ideal gas)。理想气体必须满足三个条件:① 分子本身只有质量而没有体积;② 分子之间没有相互作用力;③ 气体分子与器壁之间的碰撞属于弹性碰撞。由此可见,理想气体只是一种理想模型,实际并不存在。

该理想模型的制定仅仅是为了处理问题的方便,使一些理论有所依据。实际气体只有在某些特定条件下才接近理想气体,这要求分子之间的距离足够远,以保证分子本身占有的体积与气体所处容器的体积相比可以忽略不计;还要求分子的运动速度足够快,以减少分子之间相互靠近和相互接触,从而减小气体分子之间的相互作用力。满足这些情况的条件是:高温、低压。因此,通常说,实际气体只有在高温、低压下才接近于理想气体,才能按理想气体处理。

利用理想气体状态方程可以求算某种未知气体的摩尔质量。根据式(1-1),可以导出:

$$pV = nRT = \frac{m}{M}RT$$

变换后,可计算气体的摩尔质量:

$$M = \frac{mRT}{pV} = \frac{\rho}{p}RT \tag{1-2}$$

式中:m 表示气体的质量;M 表示气体的摩尔质量;ρ 表示气体的密度。

在实际工作中常遇到多组分的气体混合物,某组分气体的分压等于在相同温度下该组分气体单独占有与混合气体相同体积时所产生的压力。英国科学家道尔顿(J. Dalton)通过实验观察提出一条经验定律——分压定律。混合气体的总压等于混合气体中各组分气体的分压之和,这条经验定律也称为道尔顿分压定律,其数学表达式为

约翰·道尔顿

$$p = \sum p_B \tag{1-3}$$

各组分气体均遵守理想气体状态方程:$p_B V = n_B RT$。结合式(1-1),可得

$$p_B = \frac{n_B}{n}p \tag{1-4}$$

式中:$\frac{n_B}{n}$ 为组分气体 B 的摩尔分数。式(1-4)为分压定律的另一种表达形式,它表明混合气体中任一组分气体 B 的分压 p_B 等于该气体的物质的量分数与总压之积。

同样各组分气体的相对含量也可以用组分气体的分体积或体积分数来表示:

$$V = \sum V_B; \quad V_B = \frac{n_B}{n}V \tag{1-5}$$

分体积是指在与混合气体相同的温度和压力下,各组分气体单独存在时所占有的体积。混合气体中物质的量分数 $x_B = \frac{n_B}{n}$ 与压力分数 $\frac{p_B}{p}$、体积分数 $\frac{V_B}{V}$ 在数量上相等:

$$\frac{n_B}{n} = \frac{p_B}{p} = \frac{V_B}{V} \tag{1-6}$$

例 1-1 在体积为 10.0 L 的真空钢瓶内充入氯气,当温度为 298.15 K 时,测得瓶内气体的压力为 1.0×10^7 Pa,试计算钢瓶内氯气的质量。

解: 因为 $pV = nRT = \frac{m}{M}RT$,所以

$$1.0 \times 10^7 \times 10^{-3} \text{ kPa} \times 10.0 \text{ L} = \frac{m}{70.90 \text{ g} \cdot \text{mol}^{-1}} \times 8.314 \text{ kPa} \cdot \text{L} \cdot \text{mol}^{-1} \cdot \text{K}^{-1} \times 298.15 \text{ K}$$

解得

$$m = 2860 \text{ g} = 2.86 \text{ kg}$$

1.1.2　化学反应的计量

1. 化学计量数（符号 ν）

化学反应的计量

化学反应方程式描述了化学反应中各种物质的计量关系，也称为化学反应计量式。如对于任一化学反应方程式：

$$cC + dD \Longrightarrow yY + zZ$$

随着反应的进行，反应物 C 和 D 按照化学反应计量比转化为 Y 和 Z，即 $c\text{mol}$ 的 C 和 $d\text{mol}$ 的 D 物质反应生成了 $y\text{mol}$ 的 Y 和 $z\text{mol}$ 的 Z，物质的总量不变。

可表示为

$$0 = -cC - dD + yY + zZ$$

可简化为

$$0 = \sum \nu_B B$$

式中：B 表示包含在反应中的分子、原子或离子，ν_B 为纯数（即其量纲为一），称为（物质）B 的化学计量数（stoichiometric number）。由于在化学反应中反应物减少，产物增多，由此可以规定反应物的化学计量数为负数，产物的化学计量数为正数。

如合成氨的反应式：

$$N_2 + 3H_2 \Longrightarrow 2NH_3$$

反应中，1 个氮气分子和 3 个氢气分子的化学键断裂，重新组合生成 2 个氨分子；根据质量守恒定律，反应式可表示为

$$0 = -N_2 - 3H_2 + 2NH_3$$

则该反应中反应物 N_2 的化学计量数为 -1，H_2 的化学计量数为 -3，生成物 NH_3 的化学计量数为 $+2$；化学计量数如果用 ν 表示，则 $\nu(N_2) = -1$、$\nu(H_2) = -3$、$\nu(NH_3) = 2$，分别为对应于该反应方程式中物质 N_2、H_2、NH_3 的化学计量数，表明反应中每消耗 1 mol N_2 和 3 mol H_2 必生成 2 mol NH_3。

如果反应式写作：

$$\frac{1}{2}N_2 + \frac{3}{2}H_2 \Longrightarrow NH_3$$

则 $\nu(N_2) = -\dfrac{1}{2}$、$\nu(H_2) = -\dfrac{3}{2}$、$\nu(NH_3) = 1$，表明若该反应按照该式进行，则反应中每消耗 $\dfrac{1}{2}$ mol N_2 和 $\dfrac{3}{2}$ mol H_2 必生成 1 mol NH_3。

2. 反应进度

反应进度（extent of reaction）是描述化学反应进行程度的物理量，常用符号 ξ 表示，单位为 mol；其定义为

$$\xi = \frac{n_B(\xi) - n_B(0)}{\nu_B} = \frac{\Delta n_B}{\nu_B} \tag{1-7}$$

式中：$n_B(0)$ 与 $n_B(\xi)$ 分别表示反应进度 $\xi = 0$ 及 ξ 时的物质的量，Δn_B 为 B 的物质的量的变化，单位为 mol；ν_B 为 B 的化学计量数。当 $\xi = 1$ mol 时，表示参与反应的物质以所给的化学计量数关系为一单元，进行了 1 mol 反应。或者说反应进行了 1 mol。

例如，对于合成氨反应：$N_2 + 3H_2 \Longrightarrow 2NH_3$，其 $\nu(N_2) = -1$，$\nu(H_2) = -3$，$\nu(NH_3) = 2$，Δn_B 与 ξ 的对应关系如下：

$\Delta n(N_2)/mol$	$\Delta n(H_2)/mol$	$\Delta n(NH_3)/mol$	ξ/mol
0	0	0	0
$-\dfrac{1}{2}$	$-\dfrac{3}{2}$	1	$\dfrac{1}{2}$
-1	-3	2	1
-2	-6	4	2

可见,对于同一化学反应方程式,反应进度(ξ)的值与选用反应式中何种物质的量的变化进行计算无关。但是,同一化学反应如果化学反应方程式的写法不同(亦即 ν_B 不同),相同反应进度时对应各物质的量的变化会有区别。

例如,当 $\xi = 1$ mol 时:

化学反应方程式	$\Delta n(N_2)/mol$	$\Delta n(H_2)/mol$	$\Delta n(NH_3)/mol$
$\dfrac{1}{2}N_2 + \dfrac{3}{2}H_2 \Longrightarrow NH_3$	$-\dfrac{1}{2}$	$-\dfrac{3}{2}$	1
$N_2 + 3H_2 \Longrightarrow 2NH_3$	-1	-3	2

按以上两个方程式进行 1 mol 反应时,所描述反应的物质的量显然不同。反应进度是计算化学反应中质量和能量变化及反应速率时常用的物理量,都必须对应确定的反应式。

1.2　化学反应的基本概念与常用术语

1.2.1　体系与环境

体系(system)就是我们的研究对象。它是根据人们研究的需要,从周围的物体中划分出来的,可以包括相应物质与空间。环境(surrounding)是指与体系有相互影响、密切联系的有限部分的物质。以氢气和氯气合成氯化氢的反应为例,体系为 H_2、Cl_2、HCl 与其占据的空间;环境为反应器、周围的空气等。

化学热力
学基本概
念

根据体系与环境之间的关系可将体系分成 3 种类型:

(1) 敞开体系(open system)。体系与环境之间既有物质交换也有能量交换。

(2) 封闭体系(closed system)。体系与环境之间只有能量交换而没有物质交换。通常在密闭容器中进行的化学反应即属于封闭体系,化学热力学中主要研究封闭体系。

(3) 孤立体系(isolated system)。体系与环境之间既无物质交换也无能量交换。

例如,在一个敞口的玻璃杯中盛有热水,若将其中的热水作为研究体系,该体系与环境之间既有物质的交换也有能量的交换,是敞开体系;如果给玻璃杯加上密封盖,则体系与环境之间只有能量交换,没有物质交换,就是封闭体系;假设玻璃杯改为保温杯,则可看作孤立体系。实际上,孤立体系是不存在的,只是为了处理一些极端问题而建立的一种理想模型,类似于理想气体的建立。

1.2.2　状态与状态函数

从化学热力学来讲,一个具体体系不仅包含确切的物质,还包含这些物质所处的状态(state)。状态是体系的一切宏观性质(包括化学性质和物理性质)的综合。任何一个体系的状态都可以用一些宏观的热力学函数来表示,每个物理量代表体系的一种性质。如理想气体的状态可用压强(p)、体积(V)、温度(T)及物质的量(n)等物理量来确定,也就是说热力学状态是由描述它的热力学函数所确定的。当体系处于一定的状态时,这些物理量都有一个确定的值,如果其中某一个物理量发生变化,则体系的状态会发生相应的变化。也就是说,体系的状态与这些物理量之间有着一定的函数关系。因此,热力学上将这些描述体系状态的物理量称为状态函数(state function)。只有当体系的状态函数具有确定的数值时,我们才说体系处于一确定的状态,反之亦然。

体系的各状态函数之间是互相关联的。例如,对于理想气体,如果知道了压强、体积、温度和物质的量这四个状态函数中的任意三个,就能依据理想气体状态方程来确定另外一个状态函数的数值。

热力学中,把与物质的量有关的性质称为容量性质(extensive properties),也称广度性质、广延性质。有些状态函数具有容量性质,具有加和性,如体积、质量、热容量等。把与物质的量无关的性质称为强度性质(intensive properties),有些状态函数具有强度性质,没有加和性,如温度、密度、黏度等。

例如,20 g 20 ℃的H_2O与20 g 20 ℃的H_2O相混合,得到40 g 20 ℃的H_2O。为什么不是得到40 g 40 ℃的H_2O呢? 原因在于质量是容量性质,具有加和性,而温度为强度性质,不具有加和性。

状态函数具有以下特征:

(1) 体系的状态一定时,状态函数具有确定值。

(2) 体系状态变化时,状态函数的变化只与始态终态有关,与体系变化的具体途径无关。例如,在100 kPa下,1 kg 283 K的H_2O变成1 kg 303 K的H_2O,无论途径如何,温度的改变量ΔT均为20 K。

(3) 状态函数的集合(和、差、积、商)也是状态函数。

1.2.3　过程与途径

体系状态发生了从始态到终态的变化,称体系经历了一个"过程"(process)。常见的过程有:

(1) 恒温过程。恒温过程是指体系在状态变化过程中,温度始终不变($\Delta T = 0$)。为保持体系的温度恒定不变,通常需保持环境的温度也恒定且等于体系的温度。

(2) 恒压过程。同样,恒压过程是指在状态变化过程中,体系的压强始终不变($\Delta p = 0$)。为保持体系的压强恒定不变,通常需保持环境的压强也恒定且等于体系的压强。

(3) 恒容过程。在状态变化过程中,体系的体积始终不变($\Delta V = 0$)。

(4) 绝热过程。在状态变化过程中,体系与环境之间没有热交换($Q = 0$)。

体系由同一始态变到同一终态,可以经由不同的途径(path)。途径是完成变化的过程总和。例如,某一体系由始态(25 ℃,10^5 Pa)变到终态(100 ℃,5×10^5 Pa),可以先经恒压过程,再经恒温过程;也可以先经恒温过程,再经恒压过程。

过程着重于始态和终态,而途径着重于具体方式。

1.2.4　热力学标准状态

同一种物质在不同热力学条件下,其性质一般会有所不同。热力学中为计算某些状态函数的变化值,为物质确定一个共同的基准状态,即热力学标准状态(standard state),简称标准态。标

准态是指在标准大气压 $p^{\ominus}$ 和某温度 T 下,该物质的状态。标准态具体规定如下:

气体:指定温度为 T、压力为 $p^{\ominus}$ 的纯气体状态,混合气体中任一组分的标准态是指该组分气体的分压为 $p^{\ominus}$ 的状态。

液体和固体:指定温度为 T、压力为 $p^{\ominus}$ 的纯液体和纯固体的状态。

溶液中的溶质:指定温度为 T、压力为 $p^{\ominus}$ 时各溶质组分浓度均为 $c^{\ominus}=1\ \mathrm{mol\cdot L^{-1}}$(标准浓度)时的理想溶液状态。溶剂的标准态则规定为标准压力下的纯溶剂。按照国际标准化组织(ISO)的建议,标准压力 $p^{\ominus}=1\ \mathrm{atm}=100\ \mathrm{kPa}$。

1.2.5 热和功

1. 热

体系与环境之间因温度不同而交换(或传递)的能量称为热(heat),也称热量,符号为 Q,单位为焦[耳](J)。

需要注意以下 3 点:

(1)热是一种因温度不同而交换或传递的能量,与体系的状态无关。对一体系而言,不能说它具有多少热,只能讲它从环境吸收了多少热,或释放给环境多少热。对一孤立体系而言,可因发生化学变化导致温度变化,但孤立体系与环境之间无热交换。

(2)热不是状态函数。热是体系与环境之间交换的能量,不是体系自身的性质,受过程的制约。

(3)以体系的得失能量为标准,体系从环境吸收热量为正值,$Q>0$(表示体系能量增加);反之,体系向环境放出热量为负值,$Q<0$(表示体系能量减少)。

2. 功

在体系与环境之间,除热以外所有其他方式所传递(或交换)的能量统称为功(work),符号为 W,单位为焦[耳](J)。常见的功有膨胀功、表面功、电功、机械功等。膨胀功也称为体积功,其他功统称为非体积功。

环境对体系做功,$W>0$(表示体系能量增加);体系对环境做功,$W<0$(表示体系能量减少)。

体系只是由于体积的改变而对环境做的功称为膨胀功(expansion work)。外压不为零时,体积膨胀($\Delta V>0$),体系对环境做功,W 为负;体积被压缩($\Delta V<0$),环境对体系做功,W 为正。二者均可表示为

$$W=-p_{外}\cdot\Delta V \tag{1-8}$$

这里需要强调两层意思。其一,与热相同,功也是体系状态变化过程中与环境之间传递或交换的能量,不是体系自身的性质,因此,功也不是状态函数。其二,功的数值与途径有关。

例如,一理想气体体系($p=400\ \mathrm{kPa}$,$V=4\ \mathrm{L}$,$T=298\ \mathrm{K}$),恒温下反抗外压 $p_{外}=100\ \mathrm{kPa}$,一次膨胀到 16 L,有

$$W=-p_{外}\cdot\Delta V=-100\ \mathrm{kPa}\times(16-4)\mathrm{L}=-1200\ \mathrm{J}$$

如果体系恒温下分两次膨胀:先反抗外压 $p_{外,1}=200\ \mathrm{kPa}$,膨胀到 8 L,再反抗外压 $p_{外,2}=100\ \mathrm{kPa}$,膨胀到 16 L,则

$$W=-p_{外}\cdot\Delta V=-200\ \mathrm{kPa}\times(8-4)\mathrm{L}-100\ \mathrm{kPa}\times(16-8)\mathrm{L}=-1600\ \mathrm{J}$$

由此可见,完成相同始态至终态的变化,途径不同时,功不相等。进一步的计算可以表明,分步膨胀的次数越多,体系对环境做的功越大。体系分无穷多步自同一始态膨胀至同一终态时,最

大功的极限值可用积分求算。即功是与途径有关的量。

注意:不论体系是膨胀还是压缩,体积功都用 $W=-p_外 \cdot \Delta V$ 计算,表达式 pV、$p\Delta V$ 都不能反映体积功的本质。

气体向真空($p_外=0$)膨胀的体积功为 0。

1.2.6　热力学能

体系内部能量的总和称为热力学能,又称内能(internal energy),用符号 U 表示,单位为焦[耳](J)。热力学能包括体系内各物质分子的动能、分子间的势能、分子转动能、振动能、原子之间的作用能、电子运动能、电子与原子核之间的作用能、核能等。在一般热力学状态的变化过程中,物质的分子结构、原子结构和核结构不发生变化,所以可不考虑这些能量的改变。但当在热力学研究中涉及化学反应时,需要把化学能包括到热力学能中。

热力学能是体系自身的性质,是状态函数,在一定状态下 U 的数值固定。至今人们还无法知道热力学能的绝对值,但当体系的状态改变时,可以测量或求算其改变量,即

$$\Delta U = U_{终态} - U_{始态}$$

1.3　化学反应中的能量变化

1.3.1　热力学第一定律

热力学第一定律

人们经过长期实践认识到,在孤立体系中能量是不会自生自灭的,它可以变换形式,但总量不变。这就是所谓的能量守恒定律,即热力学第一定律(the first law of thermodynamics)。热力学第一定律的准确描述是:孤立体系的能量保持不变。

对于一个封闭体系,环境对其做功(W),并从环境吸热(Q)使其热力学能由 U_1 变化到 U_2,根据能量守恒定律,体系热力学能的变化(ΔU)为

$$\Delta U = U_2 - U_1 = Q + W \tag{1-9}$$

此即为热力学第一定律的数学表达式。

当体系只做体积功(膨胀功)时

$$\Delta U = Q + W = Q + (-p_外 \Delta V) \tag{1-10}$$

例 1-2　在压力为 100 kPa、反应温度是 1110 K 时,1 mol $CaCO_3$ 分解产生了 1 mol CaO 和 1 mol CO_2,同时从环境吸热 178.3 kJ,体积增大了 0.091 m^3,试计算 1 mol $CaCO_3$ 分解后体系热力学能的变化。

解:取 $CaCO_3(s)$,$CaO(s)$,$CO_2(g)$ 和反应器的空间为研究体系:

$$p = 100 \text{ kPa}, \quad Q = 178.3 \text{ kJ}$$

$$W = -p_外 \Delta V = -100 \text{ kPa} \times 0.091 \text{ m}^3 = -9.1 \text{ kJ}$$

体系热力学能的变化:　　　　$\Delta U = Q + W = 178.3 \text{ kJ} + (-9.1 \text{ kJ}) = 169.2 \text{ kJ}$

结果说明体系热力学能增加了 169.2 kJ。

1.3.2　化学反应的热效应

物质在发生化学反应时,通常伴随着热量释放或吸收。若体系的终态温度等于始态温度时,

化学反应所吸收或释放的热量称为化学反应的热效应,简称反应热(heat of the reaction)。

根据热力学第一定律,体系只做体积功时,$\Delta U = Q + W = Q - p_{外}\Delta V$,则

$$Q = \Delta U + p_{外}\Delta V$$

在恒容($\Delta V = 0$,或 $V_2 = V_1$)时,$p_{外}\Delta V = 0$,则

$$Q_V = \Delta U \tag{1-11}$$

即体系只做体积功而不做其他功时,恒容反应热等于体系热力学能的变化。

对恒压发生的过程来说,因为 $p_{外} = p_1 = p_2$,并且是一常数,因此,

$$Q_p = \Delta U + p_{外}\Delta V = (U_2 - U_1) + p_{外}(V_2 - V_1)$$
$$= (U_2 + p_2 V_2) - (U_1 + p_1 V_1)$$

因为 p 和 V 是系统的状态函数,所以 $U + pV$ 如热力学能 U 一样,也是一个状态函数,它的改变量仅仅取决于系统的始态和终态。

在热力学中定义 $H \equiv U + pV$,其中 H 称为焓(enthalpy)。即在体系只做膨胀功而不做其他功时,恒压反应热等于体系的焓变。表示为

$$Q_p = \Delta U + p\Delta V = \Delta H \tag{1-12}$$

焓也无法测量其绝对值,只能求其变化值,是状态函数,具有容量性质。由于一般的化学反应是在恒压下进行的,故式(1-12)有很大的实用意义。

比较式(1-11)与式(1-12),有 $Q_p = Q_V + p\Delta V$。

对有气体参加的反应,$p\Delta V$ 可用式 $p\Delta V = \Delta nRT$ 求算,其中 Δn 是反应方程式中产物气体分子与反应物气体分子物质的量的差值。即

$$\Delta H = \Delta U + \Delta nRT \tag{1-13}$$

对于液相反应和固相反应来说,$p\Delta V = 0$,$\Delta U = \Delta H$。

值得注意的是,无论是 ΔU 还是 ΔH 都随温度的变化而稍有改变,但在实际运用时,在温度变化不太大的情况下,可作常数处理。

当 $\Delta H > 0$ 时,$Q_p > 0$,是吸热反应;当 $\Delta H < 0$ 时,$Q_p < 0$,是放热反应。

1.3.3 标准摩尔反应焓

1. 标准摩尔反应焓

在化学热力学中,对于状态函数改变量的表示方法与单位,有着严格的规定。当泛指一个过程时,其热力学函数的改变量可写成如 ΔU、ΔH 等形式,其单位是 J 或 kJ;若指明某一化学反应,而没有指明反应进度即不做严格的定量计算时,其相应的热力学能改变量及焓改变量可分别表示为 $\Delta_r U$、$\Delta_r H$,下标 r 代表反应(reaction),其单位仍是 J 或 kJ。

一个反应的热力学函数的改变量,如 $\Delta_r H$,其大小显然与反应进度 ξ 有关。在化学热力学中,引入符号 $\Delta_r H_m$(m 是单词 mole 的词头)来表示某反应按给定的反应方程式进行 1 mol 反应,即 $\xi = 1$ mol 时的焓变。即

$$\Delta_r H_m = \frac{\Delta_r H}{\xi} \tag{1-14}$$

由上式不难看出 $\Delta_r H_m$ 的单位是 $J \cdot mol^{-1}$ 或 $kJ \cdot mol^{-1}$。

在公式 $\Delta_r H = \Delta_r U + \Delta nRT$ 的两边同时除以相应的反应进度 ξ,

得

$$\frac{\Delta_r H}{\xi} = \frac{\Delta_r U}{\xi} + \frac{\Delta n}{\xi}RT$$

结合式(1-7)与式(1-14),得 　　　 $\Delta_r H_m = \Delta_r U_m + \Delta\nu RT$ 　　　　　　　　　　　(1-15)

两边的单位统一于 $J \cdot mol^{-1}$ 或 $kJ \cdot mol^{-1}$。

为了便于比较和汇集,化学热力学采用标准摩尔反应焓 $\Delta_r H_m^{\ominus}$ 表示反应热的大小。如果反应是在标准压力 $p^{\ominus}$ 和温度 T 时进行,反应进度达到 $\xi = 1$ mol 的标准摩尔反应焓用 $\Delta_r H_m^{\ominus}$ 表示。$\Delta_r H_m^{\ominus}$ 的单位是 $kJ \cdot mol^{-1}$,下标 r 代表反应(reaction)、m 代表单位反应进度,上标"$\ominus$"表示热力学标准状态(standard state)。

2. 热化学(反应)方程式

热化学方程式是用来表示化学反应与化学反应焓变的方程。书写热化学方程式应注意:

(1) 先写出配平的反应方程式。

(2) 在方程式中标出反应物、生成物的聚集状态。气、液、固态分别用 g、l、s 表示。若固态晶型不同,需注明晶型,如 S(斜方,又称正交)、S(单斜)。当参加反应的物质是水溶液的溶质时用 aq 表示。

(3) 在方程式后面写上相应的 $\Delta_r H_m^{\ominus}$ 值。例如,

$$CaCO_3(s) = CO_2(g) + CaO(s) \qquad \Delta_r H_m^{\ominus} = 179.3 \text{ kJ} \cdot \text{mol}^{-1} \qquad (1)$$

$$H_2(g) + \frac{1}{2}O_2(g) = H_2O(l) \qquad \Delta_r H_m^{\ominus} = -285.8 \text{ kJ} \cdot \text{mol}^{-1} \qquad (2)$$

$$2H_2(g) + O_2(g) = 2H_2O(l) \qquad \Delta_r H_m^{\ominus} = -571.6 \text{ kJ} \cdot \text{mol}^{-1} \qquad (3)$$

标准摩尔反应焓的正确表示应为 $\Delta_r H_m^{\ominus}(T)$,当反应温度为 298.15 K 时,可以省略。但 $\Delta_r H_m^{\ominus}$ 随温度的变化很小,在本教材中忽略该变化,即 $\Delta_r H_m^{\ominus}(T) = \Delta_r H_m^{\ominus}(298.15 \text{ K})$。

式(2)表明,在 $p^{\ominus} = 100$ kPa、$T = 298.15$ K,由 1 mol $H_2(g)$ 与 $\frac{1}{2}$ mol $O_2(g)$ 反应生成 1 mol $H_2O(l)$,即反应进度为 1 mol,能释放 285.8 kJ 的热。式(3)表明,由 2 mol $H_2(g)$ 与 1 mol $O_2(g)$ 反应生成 2 mol $H_2O(l)$,反应进度也为 1 mol,能释放 571.6 kJ 的热。所以,$\Delta_r H_m^{\ominus}$ 值一定要与化学方程式相对应,单位中的 mol^{-1} 是指反应进度为 1 mol,而不是指反应物或产物为 1 mol。

例 1-3　尿素[$CO(NH_2)_2$]燃烧反应的化学方程式为

$$CO(NH_2)_2(s) + \frac{3}{2}O_2(g) = N_2(g) + CO_2(g) + 2H_2O(l)$$

298.15 K 时,3.893 g 尿素在氧弹式热量计中完全燃烧变成 CO_2、N_2 和 H_2O,使水和热量计的总热容为 13191 $J \cdot K^{-1}$ 的热量计温度升高 3.120 K,求尿素的燃烧焓,并给出尿素燃烧反应的热化学方程式。已知 $M_{CO(NH_2)_2} = 60.055$ $g \cdot mol^{-1}$。

解：弹式热量计测定的热效应是反应的等容热效应,即反应的热力学能变化。已知尿素的摩尔质量为 60.055 $g \cdot mol^{-1}$,可以按方程式计算反应进度为

$$\xi = \frac{m_{CO(NH_2)_2}}{M_{CO(NH_2)_2} \times 1} = \frac{3.893}{60.055} = 0.06482(\text{mol})$$

从而求得反应的热力学能变化为

$$\Delta_r U_m = \frac{Q_V}{\xi} = \frac{-13191 \times 3.120}{0.06482 \times 1000} = -634.93 (\text{kJ} \cdot \text{mol}^{-1})$$

在所给的化学方程式中气态物质化学计量数的增量为: $\Delta \nu_g = 1 + 1 - \frac{3}{2} = 0.5$

所以尿素燃烧反应的焓变为

$$\Delta_r H_m = \Delta_r U_m + \Delta \nu_g RT = -634.93 + 0.5 \times \frac{8.314 \times 298.15}{1000} = -633.69 (\text{kJ} \cdot \text{mol}^{-1})$$

尿素燃烧反应的热化学方程式为

$$CO(NH_2)_2(s) + \frac{3}{2}O_2(g) = N_2(g) + CO_2(g) + 2H_2O(l) \quad \Delta_r H_m = -633.69 \text{ kJ} \cdot \text{mol}^{-1}$$

1.3.4 赫斯定律

1840 年,俄国科学家赫斯(G. H. Hess)在多年从事热化学研究和反应热的测量实验基础上总结出:在恒温恒压或恒温恒容条件下,一个化学反应,不管是一步完成还是多步完成,其反应总的热效应相同。例如,

赫斯定律
与反应热
计算

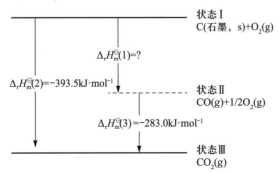

$$\Delta H = \Delta H_1 + \Delta H_2 = \Delta H_3 + \Delta H_4 + \Delta H_5$$

实际上赫斯定律适用于所有的状态函数。用该定律可求一些难以测量的反应的热效应。例如,碳在氧气中燃烧可以生成两种主要产物 CO 和 CO_2,对于生成 CO 的反应,由于无法保证产物为纯 CO,所以无法测量其反应热,但可以通过赫斯定律由另外两个已知反应的热效应计算得到:

$$C(\text{石墨}, s) + \frac{1}{2}O_2(g) = CO(g) \quad \Delta_r H_m^\ominus(1) \tag{1}$$

$$C(\text{石墨}, s) + O_2(g) = CO_2(g) \quad \Delta_r H_m^\ominus(2) = -393.5 \text{ kJ} \cdot \text{mol}^{-1} \tag{2}$$

$$CO(g) + \frac{1}{2}O_2(g) = CO_2(g) \quad \Delta_r H_m^\ominus(3) = -283.0 \text{ kJ} \cdot \text{mol}^{-1} \tag{3}$$

可以将反应设计成三个状态,如下图所示。

$$\begin{array}{l}
\text{状态 I} \\
C(\text{石墨}, s) + O_2(g)
\end{array}$$

$\Delta_r H_m^\ominus(1) = ?$

$\Delta_r H_m^\ominus(2) = -393.5 \text{kJ} \cdot \text{mol}^{-1}$

$$\begin{array}{l}
\text{状态 II} \\
CO(g) + 1/2 O_2(g)
\end{array}$$

$\Delta_r H_m^\ominus(3) = -283.0 \text{kJ} \cdot \text{mol}^{-1}$

$$\begin{array}{l}
\text{状态 III} \\
CO_2(g)
\end{array}$$

化学反应由状态 Ⅰ[C(石墨,s)+O_2(g)]经状态 Ⅱ[CO(g)+1/2O_2(g)]至状态 Ⅲ[CO_2(g)],即:反应(3)=反应(1)+反应(2)。

由赫斯定律不难得到:

$$\Delta_r H_m^{\ominus}(1) = \Delta_r H_m^{\ominus}(2) - \Delta_r H_m^{\ominus}(3)$$
$$= -393.5 - (-283.0) = -110.5(kJ \cdot mol^{-1})$$

1.3.5 由标准生成焓计算反应热

1. 标准摩尔生成焓

化学热力学规定,由处于标准状态的各种元素的指定纯态单质生成标准状态的 1 mol 某纯物质的反应为标准生成反应,该反应的焓变称为该物质的标准摩尔生成焓,简称标准生成焓(standard enthalpy of formation),记为 $\Delta_f H_m^{\ominus}$,下标 f 表示生成。有的书上也称为标准生成热。

指定单质多为常温下最稳定的单质,其标准摩尔生成焓为 0。例如,在常温下,碳的指定单质是石墨而非金刚石,即 $\Delta_f H_m^{\ominus}$(石墨)= 0。在标准状态、298.15 K 时,C(石墨)——→ C(金刚石)的标准摩尔反应焓变为 1.987 kJ · mol^{-1},故 $\Delta_f H_m^{\ominus}$(金刚石)= 1.987 kJ · mol^{-1}。S 最稳定的单质是正交硫而不是单斜硫,O 最稳定的单质是 O_2 而不是 O_3,Br_2 最稳定的单质状态是液态,Cl_2 最稳定的单质状态是气态,Hg 最稳定的单质状态是液态等。但指定单质有时不是最稳定单质,如 Sn 的指定单质是白锡而不是最稳定的灰锡,P 的指定单质是白磷而不是红磷。$\Delta_f H_m^{\ominus}$(白锡)= 0,而 $\Delta_f H_m^{\ominus}$(灰锡)= -2.1 kJ · mol^{-1},说明灰锡比白锡稳定。

$\Delta_f H_m^{\ominus}$ 的数值代表了该化合物在相应温度下稳定性的大小,代数值越小(即越负)则越稳定。例如,298.15 K 时 CaO(s)的 $\Delta_f H_m^{\ominus}$ = -635.09 kJ · mol^{-1},CaO 加热不分解;CuO(s)的 $\Delta_f H_m^{\ominus}$ = -157 kJ · mol^{-1},CuO 高温时分解为 Cu_2O 和 O_2。298.15 K 时,部分物质的标准摩尔生成焓可查本书附录4。

在 1.3.4 节中,由赫斯定律计算得到 C(石墨,s)+1/2 O_2(g)=== CO(g),$\Delta_r H_m^{\ominus}$ = -110.5(kJ · mol^{-1}),上述反应就是 CO(g)的生成反应,CO(g)的标准生成焓就是 -110.5 kJ · mol^{-1}。

2. 由标准生成焓计算反应热

对任一化学反应: $$cC + dD === xX + yY$$

可用物质的标准摩尔生成焓按式(1-16)或式(1-16′)直接计算化学反应的标准摩尔反应焓:

$$\Delta_r H_m^{\ominus} = \sum \nu_i \Delta_f H_m^{\ominus}(生成物) - \sum |\nu_i| \Delta_f H_m^{\ominus}(反应物) \qquad (1-16)$$

或者 $$\Delta_r H_m^{\ominus} = \sum \nu_B \Delta_f H_m^{\ominus}(B) \qquad (1-16')$$

式中:ν_B 表示反应式中任一物质的化学计量数,反应物的 ν_B 为负值,产物的 ν_B 为正值。

例1-4 计算反应 $C_6H_6(l) + \dfrac{15}{2}O_2(g) === 6CO_2(g) + 3H_2O(l)$ 的 $\Delta_r H_m^{\ominus}$。

解: 由本书附录4查得

	C_6H_6(l)	O_2(g)	CO_2(g)	H_2O(l)
$\Delta_f H_m^{\ominus}$/(kJ · mol^{-1})	49.03	0	-393.51	-285.83

$$\Delta_r H_m^{\ominus} = 6\Delta_f H_m^{\ominus}(CO_2, g) + 3\Delta_f H_m^{\ominus}(H_2O, l) - \Delta_f H_m^{\ominus}(C_6H_6, l) - 7.5\Delta_f H_m^{\ominus}(O_2, g)$$

$$= 6\times(-393.51) + 3\times(-285.83) - 49.03 = -3267.58(kJ\cdot mol^{-1})$$

本书附录 4 中还列出了水溶液中离子的 $\Delta_f H_m^{\ominus}$，其中规定 $\Delta_f H_m^{\ominus}(H^+, aq) = 0$。利用附录中列出的离子的 $\Delta_f H_m^{\ominus}$ 值，可以解决电解质溶液的反应热计算问题。

例 1-5 在压力为 $p^{\ominus}$，温度为 298.15 K 时，向 1 mol 稀盐酸溶液中通入 1 mol 氨气，可生成含 1 mol 氯化铵的稀溶液。求该过程的标准摩尔反应焓。

解：该反应为

$$H^+(aq) + NH_3(g) = NH_4^+(aq)$$

由本书附录 4 查得下列数据：

	$H^+(aq)$	$NH_3(g)$	$NH_4^+(aq)$
$\Delta_f H_m^{\ominus}/(kJ\cdot mol^{-1})$	0	-46.11	-132.5

则

$$\Delta_r H_m^{\ominus} = \Delta_f H_m^{\ominus}(NH_4^+, aq) - \Delta_f H_m^{\ominus}(H^+, aq) - \Delta_f H_m^{\ominus}(NH_3, g)$$

$$= -132.5 - (-46.11)$$

$$= -86.39(kJ\cdot mol^{-1})$$

1.4 化学反应的方向

化学反应的方向是化学工作者最为关心的问题之一，只有可能发生的反应，对于如何加快反应速率、提升产率及研究反应的能量变化才有意义。

影响反应方向的因素

1.4.1 化学反应的自发性

自然界发生的变化都有一定的方向性。例如，铁在潮湿的空气中生锈，以及水往低处流、热向低温传递等。这种在一定温度和压力等条件下，不需要任何外力做功就能自动进行的过程称为自发过程(spontaneous process)。

自发过程的特点如下：

（1）自发过程不需要环境对体系做功，而体系可以对环境做功。如水力发电、原电池释放电能等。

（2）自发过程具有不可逆性，只能单向进行。例如，在没有外力作用下，水不能自动流向高处。

（3）自发过程有一定的限度，经一定过程后会达到平衡状态。例如，热交换，两个温度不同的物体通过热交换最终达到等温状态。

化学反应进行的方向(direction of chemical reaction)是指化学反应实际进行的方式。例如，在一定温度和压力下将 NO、O_2、NO_2 放入同一容器，在这一体系中可能存在两种反应方式，即

$$2NO + O_2 = 2NO_2$$

$$2NO_2 = 2NO + O_2$$

实际按哪种方式进行，即反应进行的方向如何，要看体系的压力、温度和各物料浓度的大小等条件而定。

一般来说，能量越低，体系的状态就越稳定。在研究各种体系的变化过程时，人们很容易想

到放热反应使体系能量降低。的确,很多放热反应($\Delta_r H<0$)是自发的,因此,有人曾试图以反应的焓变($\Delta_r H$)作为反应自发性的判据。认为:

当 $\Delta_r H_m^{\ominus}<0$ 时,在恒温恒压、标准态条件下,化学反应自发进行;

当 $\Delta_r H_m^{\ominus}>0$ 时,在恒温恒压、标准态条件下,化学反应不能自发进行。

这对许多过程和反应来讲的确是正确的。例如,

$$C(s)+O_2(g)\!=\!\!=\!\!=CO_2(g) \qquad \Delta_r H_m^{\ominus}=-393.5\ kJ\cdot mol^{-1}$$

在 298.15 K、标准态($p^{\ominus}$)下,反应是自发的。但实践表明,有些吸热反应($\Delta_r H_m^{\ominus}>0$)亦能自发进行,例如,

$$CaCO_3(s)\!=\!\!=\!\!=CaO(s)+CO_2(g) \qquad \Delta_r H_m^{\ominus}=178.32\ kJ\cdot mol^{-1}$$

在 298.15 K、标准态下,反应是非自发的。但当温度升高到约 1114 K 时,$CaCO_3$ 的分解反应就变成了自发进行的反应,而此时的反应焓变仍近似等于 178 kJ·mol^{-1}(温度对焓变的影响很小)。硝酸铵及硝酸钾的溶解是吸热过程,碳酸铵的分解同样是吸热过程,在温度高到某一值时也可以自发进行。

因此,放热并非反应自发进行的唯一动力,或者说把焓变作为化学反应自发性的普遍判据是不正确、不全面的。

考察自发又吸热的反应可以发现,反应发生后体系的混乱程度增大。如硝酸钾晶体中,K^+ 和 NO_3^- 的排布是有序的,其内部离子基本上只在晶格点阵上振动,溶于水后,K^+ 和 NO_3^- 在水溶液中的热运动导致体系的混乱程度大大增加。冰中水分子的排列也是有序的,而水中水分子能在液体体积范围内做无序的热运动,同样混乱程度增加了。

生活中也有混乱度增加自发过程进行的例子,例如,一滴墨水滴入一杯水中,墨水会自发地逐渐分散到整杯水中,这个过程不会自发地逆向进行。再如,用隔板将一个密闭容器分为两部分,两边分别放有两种不同的气体,如氧气和氮气,当抽去隔板时,两边的气体会自动扩散,最后形成均匀的混合气体,混合气体不会自发地恢复原状。

这些例子说明,体系的混乱度增加有利于过程自发进行。混乱度是体系的性质,为了定量描述体系的混乱度,引入了熵的概念。

1.4.2　熵

1. 熵

熵(entropy)是代表体系混乱程度的物理量,是状态函数,符号为 S。

熵与混乱度的关系如玻尔兹曼公式所示:

$$S=k\ln\Omega \qquad\qquad (1-17)$$

式中:S 为熵,玻尔兹曼常数 $k=1.38\times10^{-23}$ J·K^{-1},Ω 代表体系的混乱度,是与体系一定宏观性质对应的微观状态总数,也可理解为体系内部质点运动的混乱程度。玻尔兹曼公式将系统的宏观性质熵与微观状态总数即混乱度联系起来。所以,熵是体系混乱度的量度,具有容量性质,是表征体系的性质。

体系的混乱度越大,熵值越高。体系处于一定的状态时,体系中物质内部微观粒子的排列方式和运动方式等是确定的,即混乱度是确定的。

自然界一条普遍适用的法则是:孤立体系有自发向混乱度增大的方向变化的趋势,称熵增

原理。

2. 热力学第三定律

在绝对零度（0 K）时,一切纯物质的完美晶体的熵值都等于零。即 $S_0=0$,下标 0 表示 0 K。

根据玻尔兹曼公式,0 K 时,纯物质完美晶体的微观状态数 $\Omega=1$,故 $S_0=0$

实际上,完美晶体的标准是不能达到的。

以此为标准可以算出任何物质在 100 kPa、指定温度 T（K）时的熵值（称为规定熵,记为 S_T,其中下标 T 表示热力学温度）。相当于该物质从 0 K→T 的熵变 $\Delta S=S_T-S_0=S_T$,单位为 J·K^{-1}。

某单位物质的量的纯物质在标准压力 100 kPa、温度 T 时的熵值称为标准摩尔规定熵,简称标准摩尔熵,记为 $S_m^{\ominus}(T)$,单位为 J·mol^{-1}·K^{-1}。

本书附录 4 中给出了 298.15 K 下一些常见物质的标准摩尔熵。显然,即使是纯净单质在 298.15 K 时的 $S_m^{\ominus}$ 也不为零。

注意事项:

（1）物质的状态不同熵值差别较大。

① 同种物质的 $S_m^{\ominus}(g)>S_m^{\ominus}(l)>S_m^{\ominus}(s)$;物质相对分子质量差别不大时,气体的熵大于液体的熵大于固体的熵。

② 状态相同时,化合物的熵大于单质的熵;复杂化合物的熵大于简单化合物的熵;相对分子质量大、硬度小、熔沸点低的单质的熵大于相对分子质量小、硬度大、熔沸点高的单质的熵。

（2）温度升高,物质的熵值增大;压力增大,物质的熵值减小。压力的改变对气体的熵值影响较大。

化学反应的标准摩尔熵变 $\Delta_r S_m^{\ominus}$:如果反应是在标准压力 $p^{\ominus}$ 和温度 T 时进行,反应进度达到 1 mol 的标准摩尔反应熵变用 $\Delta_r S_m^{\ominus}$ 表示。$\Delta_r S_m^{\ominus}$ 的单位是 J·mol^{-1}·K^{-1}。

与反应标准摩尔焓变的计算原则相同,化学反应的熵变只取决于反应的始态与终态,而与变化的途径无关。

对任一化学反应:
$$cC+dD =\!=\!= xX+yY$$

可用物质的标准摩尔熵按式（1-18）或式（1-18'）直接计算化学反应的标准摩尔熵变:

$$\Delta_r S_m^{\ominus}=xS_m^{\ominus}(X)+yS_m^{\ominus}(Y)-cS_m^{\ominus}(C)-dS_m^{\ominus}(D) \tag{1-18}$$

或
$$\Delta_r S_m^{\ominus}=\sum \nu_B S_m^{\ominus}(B) \tag{1-18'}$$

例 1-6 试计算反应:$2SO_2(g)+O_2(g) =\!=\!= 2SO_3(g)$ 在 298.15 K 时的标准摩尔熵变,并判断该反应是熵增还是熵减。

解: 反应式为
$$2SO_2(g)+O_2(g) =\!=\!= 2SO_3(g)$$

由本书附录 4 查得

$$S_m^{\ominus}/(J·mol^{-1}·K^{-1}) \quad 248.1 \quad 205.03 \quad 256.6$$

$$\Delta_r S_m^{\ominus}=2S_m^{\ominus}(SO_3)-2S_m^{\ominus}(SO_2)-S_m^{\ominus}(O_2)$$
$$=2\times256.6-2\times248.1-205.03$$
$$=-188.03(J·mol^{-1}·K^{-1})$$

$\Delta_r S_m^{\ominus}<0$,故在 298.15 K、标准态下,该反应是熵值减小的反应。

虽然熵增有利于反应的自发进行,但是与反应焓变一样,不能仅用熵变作为反应自发性的判据。这是因为我们所研究的对象不是孤立体系（孤立体系可以用熵判据确定反应的方向，这将在物理化学中进行讨论），而是封闭体系（体系与环境之间无物质交换，但有能量交换）。例如，在例 1-6 中，$SO_2(g)$ 氧化为 $SO_3(g)$ 的反应在 298.15 K、标准态下虽然 $\Delta_r S_m^{\ominus} < 0$，却是一个自发反应。又如，水转化为冰的过程，其 $\Delta_r S_m^{\ominus} < 0$，但在 $T < 273.15$ K 的条件下却是自发过程，这表明封闭体系中过程（或反应）的自发性不仅与焓变和熵变有关，而且还与温度条件有关。

1.4.3　吉布斯自由能

吉布斯自由能及反应方向的判断

如前所述，体系发生自发变化的两种驱动力：一是趋向于最低能量状态；另一是趋向于最大混乱度。这两种因素事实上支配着所有宏观系统的变化方向。可以有把握地预言：ΔH 为负值，ΔS 为正值的反应是自发反应；ΔH 为正值，ΔS 为负值的反应是非自发反应。如果两种驱动力矛盾，就要看哪一种占据主导地位了。

1. 吉布斯自由能

为了确定一个过程（或反应）自发性的判据，美国著名的物理化学家吉布斯（J. W. Gibbs）于 1876 年提出一个综合焓、熵和温度三者关系的新的状态函数，称为吉布斯自由能（Gibbs free energy），符号为 G。

吉布斯自由能定义：吉布斯自由能 $G \equiv H - TS$。因为 H、T、S 均为状态函数，所以 G 为状态函数。"吉布斯自由能变"指的是某一个热力学过程体系减少的热力学能中可以转化为对外做功的部分，所以吉布斯自由能变的物理意义就是体系对外做功的能力。

在指定温度下，化学反应的吉布斯自由能变（$\Delta_r G$）为

$$\Delta_r G = \Delta_r H - T \Delta_r S \qquad (1-19)$$

式（1-19）表明某反应在恒温恒压下进行，过程中体系与环境可以以热、体积功和非体积功（如电功）的形式进行能量交换。对恒温恒压下不做非体积功（$W_{\text{非}} = 0$）的反应，可以用吉布斯自由能变 $\Delta_r G$ 作为反应自发进行的判据：

$\Delta_r G < 0$　自发过程，化学反应可正向进行；

$\Delta_r G = 0$　反应以可逆方式进行，为平衡状态；

$\Delta_r G > 0$　非自发过程，化学反应可逆向进行。

即，对恒温恒压的封闭体系，在不做非体积功的前提下，任何自发过程都是朝着吉布斯自由能（G）减小的方向进行。此即为最小自由能原理。

热力学还可以证明，在恒温恒压条件下，反应的状态函数吉布斯自由能变（$\Delta_r G$）等于体系可以对外做的最大非体积功，即

$$\Delta_r G = W_{\text{非 max}}$$

$\Delta_r G = 0$ 时，体系的 G 降低到最小值，反应达平衡。

$\Delta_r G$ 的单位是 J 或 kJ。化学反应的摩尔吉布斯自由能变表示为 $\Delta_r G_m$，$\Delta_r G_m$ 的单位是 $kJ \cdot mol^{-1}$。

据式（1-19），化学反应的摩尔吉布斯自由能变 $\Delta_r G_m$ 与摩尔反应焓变 $\Delta_r H_m$、摩尔反应熵变 $\Delta_r S_m$、温度 T 之间的关系：

$$\Delta_r G_m = \Delta_r H_m - T \Delta_r S_m \qquad (1-20)$$

由式（1-20）可以看出，$\Delta_r G_m$ 的值取决于 $\Delta_r H_m$、$\Delta_r S_m$ 和 T。按 $\Delta_r H_m$、$\Delta_r S_m$ 的符号及温度 T

对化学反应 $\Delta_r G_m$ 的影响,可以归纳为以下 4 种情况:

当 $\Delta_r H_m < 0$、$\Delta_r S_m > 0$ 时,$\Delta_r G_m < 0$,任何温度下正反应自发进行;

当 $\Delta_r H_m > 0$、$\Delta_r S_m < 0$ 时,$\Delta_r G_m > 0$,任何温度下正反应不能自发进行;

当 $\Delta_r H_m < 0$、$\Delta_r S_m < 0$,低温时,$\Delta_r G_m < 0$,正反应可以自发进行;

当 $\Delta_r H_m > 0$、$\Delta_r S_m > 0$,高温时,$\Delta_r G_m < 0$,正反应可以自发进行。

注意:

(1) 与热力学能、焓、熵一样,吉布斯自由能 G 为状态函数,具有容量性质。

(2) 如果反应是在标准压力 $p^\ominus$ 和温度 T 时进行,反应进度达到 1 mol 的标准摩尔反应吉布斯自由能变用 $\Delta_r G_m^\ominus$ 表示。$\Delta_r G_m^\ominus$ 的单位也是 $kJ \cdot mol^{-1}$。式(1-20)变为

$$\Delta_r G_m^\ominus = \Delta_r H_m^\ominus - T\Delta_r S_m^\ominus \tag{1-21}$$

显然,$\Delta_r G_m^\ominus$ 可以用 $\Delta_r H_m^\ominus$、$\Delta_r S_m^\ominus$、T 三者的数据进行计算。

类似于物质的标准生成焓,$\Delta_f G_m^\ominus$ 称为标准生成吉布斯自由能。在标准状态和指定温度下,由指定单质生成 1 mol 某物质时的吉布斯自由能变,称为该物质的标准生成吉布斯自由能。$\Delta_f G_m^\ominus$ 的单位也是 $kJ \cdot mol^{-1}$。298.15 K 时常见物质的标准生成自由能见本书附录 4。

对任一化学反应:

$$cC + dD \Longrightarrow xX + yY$$

也可用物质的标准摩尔生成吉布斯自由能按式(1-22)或式(1-22′)直接计算化学反应的标准摩尔吉布斯自由能变:

$$\Delta_r G_m^\ominus = x\Delta_f G_m^\ominus(X) + y\Delta_f G_m^\ominus(Y) - c\Delta_f G_m^\ominus(C) - d\Delta_f G_m^\ominus(D) \tag{1-22}$$

或

$$\Delta_r G_m^\ominus = \sum \nu_B \Delta_f G_m^\ominus(B) \tag{1-22′}$$

2. 标准态化学反应方向的判断

可将以上任意情况下反应自发进行的判据应用于指定温度、标准态下化学反应方向的判断,即

$\Delta_r G_m^\ominus < 0$ 　　自发过程,化学反应可正向进行

$\Delta_r G_m^\ominus = 0$ 　　平衡状态

$\Delta_r G_m^\ominus > 0$ 　　非自发过程,化学反应可逆向进行

应注意:上述判断的出发点是反应体系中各种物质均处于标准态。

3. 化学反应标准摩尔吉布斯自由能变($\Delta_r G_m^\ominus$)的计算

如上所述,反应的标准摩尔吉布斯自由能变可用式(1-21)与式(1-22′)计算。

应用式(1-21)时,需首先由本书附录 4 查得反应物和生成物 298.15 K 时的标准生成焓 $\Delta_f H_m^\ominus$ 与标准熵 $S_m^\ominus$,计算得到 298.15 K 时该反应的标准焓变 $\Delta_r H_m^\ominus$(298.15 K)和标准熵变 $\Delta_r S_m^\ominus$(298.15 K),再计算得到 298.15 K 时该反应的标准吉布斯自由能变 $\Delta_r G_m^\ominus$(298.15 K)。

当应用式(1-22′)时,需首先由本书附录 4 查得反应物和生成物 298.15 K 时的标准摩尔生成吉布斯自由能 $\Delta_f G_m^\ominus$,再计算得到 298.15 K 时该反应的标准吉布斯自由能变 $\Delta_r G_m^\ominus$(298.15 K)。

需要注意的是:应用式(1-22′)不能得到非 298.15 K(温度 T)时该反应的标准吉布斯自由能变 $\Delta_r G_m^\ominus(T)$。

任意温度 T 时该反应的标准吉布斯自由能变 $\Delta_r G_m^\ominus(T)$ 可以应用式(1-21)进行近似计算。这是因为温度对焓变和熵变的影响较小,通常可认为:

$$\Delta_r H_m^{\ominus}(T) \approx \Delta_r H_m^{\ominus}(298.15\ \text{K})\,, \quad \Delta_r S_m^{\ominus}(T) \approx \Delta_r S_m^{\ominus}(298.15\ \text{K})$$

式（1−21）即为

$$\Delta_r G_m^{\ominus}(T) = \Delta_r H_m^{\ominus}(T) - T\Delta_r S_m^{\ominus}(T)$$

$$\Delta_r G_m^{\ominus}(T) \approx \Delta_r H_m^{\ominus}(298.15\ \text{K}) - T\Delta_r S_m^{\ominus}(298.15\ \text{K}) \tag{1-23}$$

可见，$\Delta_r H_m^{\ominus}$ 和 $\Delta_r S_m^{\ominus}$ 受温度的影响很小，而 $\Delta_r G_m^{\ominus}$ 受温度的影响较大。

例 1−7 已知反应 $C(s) + O_2(g) = CO_2(g)$ 的标准摩尔焓变和熵变分别为：$\Delta_r H_m^{\ominus} = -393.5\ \text{kJ} \cdot \text{mol}^{-1}$，$\Delta_r S_m^{\ominus} = 2.9\ \text{J} \cdot \text{mol}^{-1} \cdot \text{K}^{-1}$。试问在 298 K 和 1273 K 时，反应进行的方向如何？

解：
$$\begin{aligned}
\Delta_r G_m^{\ominus}(298\ \text{K}) &= \Delta_r H_m^{\ominus}(298\ \text{K}) - T\Delta_r S_m^{\ominus}(298\ \text{K}) \\
&= -393.5 - 298 \times 2.9/1000 \\
&= -394.4\ (\text{kJ} \cdot \text{mol}^{-1}) < 0
\end{aligned}$$

所以反应正向自发。

$$\begin{aligned}
\Delta_r G_m^{\ominus}(1273\ \text{K}) &= \Delta_r H_m^{\ominus}(1273\ \text{K}) - T\Delta_r S_m^{\ominus}(1273\ \text{K}) \\
&= -393.5 - 1273 \times 2.9/1000 \\
&= -397.2\ (\text{kJ} \cdot \text{mol}^{-1}) < 0
\end{aligned}$$

所以反应正向自发。

由于 $\Delta_r H_m^{\ominus} < 0$，$\Delta_r S_m^{\ominus} > 0$，因此，$\Delta_r G_m^{\ominus}$ 恒小于 0，反应在任何温度下都应该自发向右进行。在常温下看不到碳的燃烧，原因是反应速率太慢。热力学描述了反应进行的趋势，并不能说明反应实际发生与否。

例 1−8 反应 $CaCO_3(s) = CO_2(g) + CaO(s)$ 的标准摩尔焓变和熵变分别为：$\Delta_r H_m^{\ominus} = 178.3\ \text{kJ} \cdot \text{mol}^{-1}$，$\Delta_r S_m^{\ominus} = 0.160\ \text{kJ} \cdot \text{mol}^{-1} \cdot \text{K}^{-1}$。在标准状态下反应自发向右进行的温度如何？

解：欲使反应自发向右进行，必须保证

$$\Delta_r G_m^{\ominus} = \Delta_r H_m^{\ominus} - T\Delta_r S_m^{\ominus} < 0$$

即：
$$\Delta_r H_m^{\ominus} < T\Delta_r S_m^{\ominus}$$

得
$$T > \Delta_r H_m^{\ominus}/\Delta_r S_m^{\ominus} = 178.3/0.160 = 1114\ (\text{K})$$

例 1−9 查表计算反应 $N_2(g) + 3H_2(g) = 2NH_3(g)$ 在 298 K 与 573 K 时的 $\Delta_r G_m^{\ominus}$。在标准态下反应自发向右进行的温度条件如何？

解：由本书附录 4 查得

	$N_2(g)$	$H_2(g)$	$NH_3(g)$
$\Delta_f H_m^{\ominus}/(\text{kJ} \cdot \text{mol}^{-1})$	0	0	−46.11
$S_m^{\ominus}/(\text{J} \cdot \text{mol}^{-1} \cdot \text{K}^{-1})$	191.5	130.57	192.3
$\Delta_f G_m^{\ominus}/(\text{kJ} \cdot \text{mol}^{-1})$	0	0	−16.5

298 K 时的 $\Delta_r G_m^{\ominus}$ 可以用式（1−21）计算：

$$\begin{aligned}
\Delta_r H_m^{\ominus} &= 2\Delta_f H_m^{\ominus}(NH_3, g) - \Delta_f H_m^{\ominus}(N_2, g) - 3\Delta_f H_m^{\ominus}(H_2, g) \\
&= 2 \times (-46.11) = -92.22\ (\text{kJ} \cdot \text{mol}^{-1}) \\
\Delta_r S_m^{\ominus} &= 2S_m^{\ominus}(NH_3, g) - S_m^{\ominus}(N_2, g) - 3S_m^{\ominus}(H_2, g) \\
&= 2 \times 192.3 - 191.5 - 3 \times 130.57 = -198.61\ (\text{J} \cdot \text{mol}^{-1} \cdot \text{K}^{-1})
\end{aligned}$$

由 $\Delta_r G_m^{\ominus} = \Delta_r H_m^{\ominus} - T\Delta_r S_m^{\ominus}$，得

$$\begin{aligned}
\Delta_r G_m^{\ominus}(298\ \text{K}) &= \Delta_r H_m^{\ominus}(298\ \text{K}) - T\Delta_r S_m^{\ominus}(298\ \text{K}) \\
&= -92.22 - 298 \times (-198.61) \times 10^{-3} = -33.03\ (\text{kJ} \cdot \text{mol}^{-1})
\end{aligned}$$

$\Delta_r G_m^{\ominus}(298\ \text{K})$ 也可以用式（1−22'）计算：

$$\Delta_r G_m^\ominus = 2\Delta_f G_m^\ominus(NH_3, g) - \Delta_f G_m^\ominus(N_2, g) - 3\Delta_f G_m^\ominus(H_2, g)$$
$$= 2 \times (-16.5) = -33.0 (kJ \cdot mol^{-1})$$

573 K 时的 $\Delta_r G_m^\ominus$ 只能用式(1-23)计算:

$$\Delta_r G_m^\ominus(573\ K) = \Delta_r H_m^\ominus(573\ K) - T\Delta_r S_m^\ominus(573\ K)$$
$$\approx \Delta_r H_m^\ominus(298\ K) - 573 \times \Delta_r S_m^\ominus(298\ K)$$
$$= -92.22 - 573 \times (-198.61) \times 10^{-3} = 21.58 (kJ \cdot mol^{-1})$$

可见, $\Delta_r G_m^\ominus(298\ K)<0$, $\Delta_r G_m^\ominus(573\ K)>0$, 该反应低温自发向右进行。

欲使反应自发向右进行, 必须保证:

$$\Delta_r G_m^\ominus = \Delta_r H_m^\ominus - T\Delta_r S_m^\ominus = -92.22 - T \times (-0.1986) < 0$$

得
$$T < 464.4\ K$$

由于 $\Delta_r H_m^\ominus$ 和 $\Delta_r S_m^\ominus$ 均小于 0, 因此, 反应只有在较低的温度下才有可能自发向右进行。

但在合成氨的实际生产中, 温度往往控制在 500 ℃(773 K)左右, 为什么呢?原因很简单, 在低温时合成氨的反应速率极慢。从辩证的角度讲, 提高温度虽然对氨的产率不利, 但却显著地加快了反应速率。为了提高氨的产率, 在升温的同时需要加大反应器内的压力。具体的温度和压力值取决于反应器的承受能力。为了进一步增大反应速率, 在合成氨反应中还要用催化剂。

另外, 合成氨实际生产中, 体系并非处于标准态, 上面的计算结果只是一种参考。具体应用时应当用非标准态下的吉布斯方程[式(1-19)]与判据[$\Delta_r G<0$]。

在该类计算中应特别注意:

(1) $\Delta_r H_m^\ominus$、$\Delta_r S_m^\ominus$ 与 $\Delta_r G_m^\ominus$ 的计算必须针对指定的热化学方程式, 不能忘记乘以化学计量数。

(2) $\Delta_r H_m^\ominus$、$\Delta_r S_m^\ominus$ 与 $\Delta_r G_m^\ominus$ 中的能量单位要一致, 一般用 kJ。

(3) 在一定温度、压力下, $\Delta_r H_m^\ominus$、$\Delta_r S_m^\ominus$ 与 $\Delta_r G_m^\ominus$ 的大小均与物质的聚集状态有关, 计算时也要注意。

4. 吉布斯公式应用于相平衡计算

与化学反应的平衡状态一样, 相平衡状态同样服从吉布斯公式(1-21)。

例 1-10 试计算 $Br_2(l) \rightleftharpoons Br_2(g)$ 相平衡的转变温度是多少?

解:
$$Br_2(l) \rightleftharpoons Br_2(g)$$
$$\Delta_r H_m^\ominus = \Delta_f H_m^\ominus(Br_2, g) - \Delta_f H_m^\ominus(Br_2, l) = 30.91 - (0.00) = 30.91 (kJ \cdot mol^{-1})$$
$$\Delta_r S_m^\ominus = S_m^\ominus(Br_2, g) - S_m^\ominus(Br_2, l) = 245.35 - 152.23 = 93.12 (J \cdot mol^{-1} \cdot K^{-1})$$

相平衡时
$$\Delta_r G_m^\ominus(T) = \Delta_r H_m^\ominus - T\Delta_r S_m^\ominus = 0$$

所以
$$T = \frac{\Delta_r H_m^\ominus}{\Delta_r S_m^\ominus} = \frac{30.91 \times 10^3}{93.12} = 331.9 (K)$$

1.5 化学反应的速率

有些化学反应进行得非常快, 几乎瞬间就能完成, 如酸碱中和反应、炸药爆炸等, 而有些化学反应进行得很慢, 如地球中煤和石油需要几百万年甚至上亿年才能形成。即使是同一反应, 在不同的条件下, 反应速率也会有所不同, 如钢铁生锈反应, 在不同湿度的自然环境中, 生锈程度不一样, 在实际工业实践中, 需要采取措施来加快或减缓其反应速率。所

化学反应
速率及速
率理论

以,我们必须掌握化学反应速率的变化规律。

1.5.1　化学反应速率的表示方法

1. 传统的定义

对于均匀体系的恒容反应,传统的说法,化学反应速率(reaction rate)习惯用单位时间内反应物浓度的减少或生成物浓度的增加来表示,而且习惯用正值。单位为 $mol \cdot L^{-1} \cdot s^{-1}$、$mol \cdot L^{-1} \cdot min^{-1}$ 或 $mol \cdot L^{-1} \cdot h^{-1}$。

例如,反应 $2N_2O_5(g) \Longrightarrow 4NO_2(g)+O_2(g)$ 在某温度时各组分浓度随时间的变化如表 1-2 所示。

表 1-2　N_2O_5 分解反应中各组分浓度随时间的变化

t/s	0	100	200	500
$[N_2O_5]/(mol \cdot L^{-1})$	5.00	2.80	1.56	0.27
$[NO_2]/(mol \cdot L^{-1})$	0	4.39	6.87	9.45
$[O_2]/(mol \cdot L^{-1})$	0	1.09	1.72	2.37

前 200 s 内的平均速率为

$$\bar{v}_{N_2O_5} = -\frac{\Delta[N_2O_5]}{\Delta t} = -\frac{1.56-5.00}{200-0} = 1.72 \times 10^{-2}(mol \cdot L^{-1} \cdot s^{-1})$$

$$\bar{v}_{NO_2} = +\frac{\Delta[NO_2]}{\Delta t} = +\frac{6.87-0}{200-0} = 3.44 \times 10^{-2}(mol \cdot L^{-1} \cdot s^{-1})$$

$$\bar{v}_{O_2} = +\frac{\Delta[O_2]}{\Delta t} = +\frac{1.72-0}{200-0} = 8.60 \times 10^{-3}(mol \cdot L^{-1} \cdot s^{-1})$$

很显然,用不同的组分表示,反应速率的数值不同,但相互之间存在固定关系:

$$\bar{v}_{N_2O_5} : \bar{v}_{NO_2} : \bar{v}_{O_2} = 2 : 4 : 1$$

与它们在反应方程式中的计量系数之比相同。

用微分定义的反应速率或瞬时速率的表达式为

$$v = \lim_{\Delta t \to 0} \frac{-\Delta[N_2O_5]}{\Delta t} = \frac{-d[N_2O_5]}{dt} \tag{1-24}$$

但这样的计算在实际操作中是很难实现的,通常的方法是用作图法通过斜率求得。

2. 用反应进度定义的反应速率

按国际纯粹与应用化学联合会(IUPAC)推荐,反应速率的定义为:单位体积内反应进度随时间的变化率,即

$$v = \frac{d\xi}{dt}$$

按反应进度的定义 $\xi = \Delta n_B / \nu_B$,上式可表示为

$$v = \frac{1}{\nu_B} \times \frac{dn_B}{dt}$$

对于体积一定的密闭系统,人们常用单位体积的反应速率,上式可写为

$$v = \frac{1}{\nu_B} \times \frac{dc_B}{dt} \tag{1-25}$$

对于上例化学计量方程式 $2N_2O_5(g) \Longrightarrow 4NO_2(g) + O_2(g)$,用反应进度定义的反应速率为

$$v = -\frac{1}{2}\frac{d[N_2O_5]}{dt} = \frac{1}{4}\frac{d[NO_2]}{dt} = \frac{1}{1}\frac{d[O_2]}{dt}$$

显然,用反应进度定义的反应速率式(1-25)与传统定义的反应速率式(1-24)不同,用反应进度定义的反应速率的量值与表示速率物质的选择无关,亦即一个反应就只有一个反应速率值。但与反应式中的化学计量数有关,所以,在表示反应速率时,必须写明相应的化学计量方程式。

1.5.2　反应速率理论和活化能

1. 有效碰撞理论

有效碰撞理论(effective collision theory)的基本论点如下:

(1)化学反应发生的先决条件是反应物分子之间必须相互碰撞,碰撞频率的大小决定反应速率的大小。但并非所有的碰撞都能发生反应。

(2)分子间只有有效碰撞才能发生反应。有效碰撞的两个条件是:首先,分子必须有足够大的动能克服分子相互接近时电子云之间和原子核之间的排斥力;其次,分子的碰撞选择一定的方向才能发生反应。能发生有效碰撞的反应物分子称为活化分子(active molecule),活化分子只占全部分子的很少比例。

一定温度下,体系中反应物分子具有一定的平均能量 E,活化分子具有的最低能量 E^* 与反应物分子的平均能量 E 之差称为反应的活化能(activation energy)E_a,即

$$E_a = E^* - E$$

每一个反应都有其特定的活化能,可以通过实验测出。温度升高,活化分子数增多,反应速率增大;浓度增大,单位时间内的有效碰撞增多,反应速率也增大。

有效碰撞理论为人们深入研究化学反应速率与活化能的关系提供了理论依据,对于气相反应的解释相当成功。但它并未从分子内部的原子重新组合的角度来揭示活化能的物理意义,不能说明反应过程及其能量的变化,对于液相反应和多相复杂反应的解释也不够理想。

2. 过渡状态理论

艾林(H. Eyring)、佩尔采(H. Pelzer)等人在统计力学和量子力学的基础上提出了过渡状态理论(transition state theory)。

基本观点:化学反应不是只通过分子之间的简单碰撞就能完成,当反应物分子相互接近时要进行化学键的重排,形成一个高势能的中间过渡状态——活化络合物(activated complex),然后再转化为产物。例如,反应:

活化络合物
(过渡状态)

中间过渡态络合物的势能高、稳定性低，易分解成产物，也能重新分解成反应物。该理论中活化能 E_a 的含义与碰撞理论中活化能的含义不同，是指活化络合物的平均能量与反应物平均能量之差，见图 1-1。

对于一般反应，反应的热效应正好等于正、逆向反应的活化能之差，如式（1-26）所示：

$$\Delta H = E_a - E_a' \tag{1-26}$$

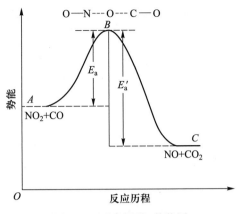

图 1-1　反应历程-势能图

1.5.3　影响化学反应速率的因素

化学反应速率的大小，首先取决于反应物的本性。例如，无机物之间的反应一般比有机物之间的反应快得多。除了反应物的本性外，反应速率还与反应物的浓度（或压强）、温度和催化剂等因素有关。

1. 浓度（或压强）对化学反应速率的影响

质量作用定律及化学反应速率方程式

　　1）基元反应

反应物分子不经中间步骤一步直接变成产物的简单反应称为基元反应。实际上多数反应并不是基元反应，而是由多步反应组合而成，其中每一步都是一个基元反应。由多个基元反应组成的多步反应叫非基元反应。

例如，研究表明非基元反应 $2NO+2H_2 \Longrightarrow N_2+2H_2O$ 分为两步进行：

第一步（慢）　　　　　　$2NO+H_2 \Longrightarrow N_2+H_2O_2$

第二步（快）　　　　　　$H_2O_2+H_2 \Longrightarrow 2H_2O$

　　2）质量作用定律

在一定温度下，基元反应的化学反应速率与反应物浓度以其反应分子数为幂次方的乘积成正比。这就是质量作用定律。

对于基元反应：　　　　　　$aA+bB \Longrightarrow cC+dD$

质量作用定律可表示为

$$v = k[A]^a \cdot [B]^b \tag{1-27}$$

式（1-27）称为速率方程。式中 v 为反应的瞬时速率，k 为反应速率常数，或称比速常数，它是反应物浓度为 $1\ mol \cdot L^{-1}$ 时的反应速率。[A]、[B] 为反应物的瞬时浓度。对一指定反应来讲 k 只是温度的函数，与浓度（或压强）无关，其单位为 $mol^{1-(a+b)} \cdot L^{(a+b)-1} \cdot s^{-1}$。

对于非基元反应来讲，其经验速率方程可表示为

$$v = k[A]^x[B]^y \tag{1-28}$$

但 x、y 的值需通过实验测定。例如，实验证明上述非基元反应 $2NO+2H_2 \Longrightarrow N_2+2H_2O$ 的速率方程为 $v=k[NO]^2[H_2]$，而不是 $v=k[NO]^2[H_2]^2$。这是因为该反应的第一步慢，成为影响整个反应速率的决定步骤，称为速率控制步骤（rate determination step）。这两个步骤（均为基元反应）合称反应历程。总反应的快慢就取决于第一步慢反应的反应速率。

在书写速率方程时应注意：

（1）稀溶液中有溶剂参加的化学反应，其速率方程中不必列出溶剂的浓度。因为在稀溶液

中,溶剂量很大,在整个反应过程中,溶剂量变化甚微,因此,溶剂的浓度可近似地看作常数而合并到速率常数项中。

（2）固体或液体参加的化学反应,如果它们不溶于其他反应介质,则不存在"浓度"的概念,在速率方程式中不必列出固体或纯液体的"浓度"项。

（3）反应级数。化学反应速率方程中,各反应物浓度的幂次方之和称为该反应的反应级数。在式（1-28）中,对反应物 A 来讲是 x 级反应,对反应物 B 来讲是 y 级反应,对总反应来讲为 $(x+y)$ 级反应。只有在基元反应中,反应级数才与反应方程式中反应物的计量系数相同,反之则不然。

反应分子数是基元反应中实际参加反应的分子数。反应分子数是一微观真实量,只有正整数,而反应级数是宏观统计量,可以有正整数、分数、零等。一般来讲,基元反应的分子数不超过3,分子数大于 3 的反应速率极慢。

2. 温度对化学反应速率的影响

根据分子运动论可知,物质分子的运动速率随温度的升高而增大。温度升高,活化分子百分数增多,有效碰撞增多。因此,无论是吸热反应还是放热反应,其速率都随温度的升高而加快。

1884 年,范托夫（van't Hoff）根据实验结果归纳出一条经验规则：一般来讲,温度每升高10 K,化学反应速率增大 2~4 倍。

1889 年阿伦尼乌斯（Arrhenius）在总结了大量实验事实之后,提出了反应速率常数与温度的关系式：

$$k = Ae^{-\frac{E_a}{RT}} \tag{1-29}$$

式中：k 为反应速率常数,E_a 为反应的活化能,R 为摩尔气体常数,T 为热力学温度,A 为一常数,称为指前因子,e 是自然对数的底。对式（1-29）取对数,得

$$\ln k = -\frac{E_a}{RT} + \ln A \tag{1-30}$$

式（1-30）表明,以 $\ln k$ 对 $1/T$ 作图可得直线,直线的斜率等于 $-E_a/R$,截距等于 $\ln A$。如果知道不同温度时的 k 值,就可求算反应的活化能 E_a。同样,知道反应的活化能 E_a 和指前因子 A,也可求不同温度下的反应速率常数 k。但由于在多数情况下没有指前因子 A 的数值,所以可将式（1-30）演变成式（1-31）：

$$\ln \frac{k_2}{k_1} = \frac{E_a}{R} \left(\frac{T_2 - T_1}{T_1 T_2} \right) \tag{1-31}$$

应用式（1-31）可求算反应的活化能 E_a 或反应速率常数 k。

例 1-11 已知下列两反应的活化能,试求温度从 293 K 变到 303 K 时,反应速率各增加的倍数。

（1） $H_2O_2 \rightleftharpoons \frac{1}{2}O_2 + H_2O$ $E_a = 75.2 \text{ kJ} \cdot \text{mol}^{-1}$

（2） $N_2 + 3H_2 \rightleftharpoons 2NH_3$ $E_a = 335 \text{ kJ} \cdot \text{mol}^{-1}$

解：
$$\ln \frac{v_2}{v_1} = \ln \frac{k_2}{k_1} = \frac{E_a}{R} \left(\frac{T_2 - T_1}{T_1 T_2} \right)$$

对反应(1)：

$$\ln \frac{v_2}{v_1} = \frac{75.2 \times 1000}{8.314}\left(\frac{303-293}{293 \times 303}\right) = 1.019 \qquad \frac{v_2}{v_1} = 2.77$$

温度提高 10 K,反应速率为原速率的 2.77 倍。

对反应(2),同样可求得

$$\ln \frac{v_2}{v_1} = \frac{335 \times 1000}{8.314}\left(\frac{303-293}{293 \times 303}\right) = 4.539 \qquad \frac{v_2}{v_1} = 93.6$$

温度同样升高 10 K,但反应速率为原速率的 93.6 倍。

结论:反应的活化能 E_a 越大,温度对反应速率的影响越明显。

3. 催化剂对化学反应速率的影响

催化剂在现代化学化工中占有极其重要的地位,尤其是在现代大型化工生产和石油化工生产中,很多反应都必须靠使用性能优良的催化剂来实现。

能加速反应速率的催化剂,如合成氨工业中的铁催化剂、氯酸钾加热分解制氧气中的二氧化锰等,称为正催化剂;能减慢反应速率的催化剂,如橡胶中的防老化剂,称为负催化剂。

反应物和催化剂处于同一相中,不存在相界面的催化反应,称为均相催化。例如,NO_2 催化 $2SO_2 + O_2 === 2SO_3$,属于均相催化。若产物之一对反应本身有催化作用,则称之为自催化反应。自催化反应一般属于均相催化。

反应物和催化剂不处于同一相中,两者之间存在相界面,反应在相界面上进行的催化反应,称为多相催化、复相催化或非均相催化反应。例如,铁催化合成氨,反应在固-气界面上进行;银催化 H_2O_2 的分解,反应在固-液界面上进行。

催化剂通常具有以下特点:

(1) 催化剂能同等地改变正、逆反应的速率,催化剂只能缩短达到平衡的时间,而不能改变化学平衡状态。

(2) 催化剂有选择性,表现在特定的反应有特定的催化剂。例如,

$$C_2H_5OH \xrightarrow[350 \sim 360\ ℃]{Al_2O_3} C_2H_4 + H_2O$$

$$C_2H_5OH \xrightarrow[200 \sim 250\ ℃]{Cu} CH_3CHO + H_2$$

利用催化剂的选择性可以促进所需反应的进行,阻止不利的副反应发生。

(3) 反应前后催化剂的组成、性质和数量均保持不变,但催化剂可改变反应历程,减小活化能,提高反应速率,不涉及反应的热力学问题。

如反应:$A + B === AB$,其活化能 E_a 很大,无催化剂时反应很慢。加入催化剂 Cat.,机理改变了:

(a) $A + B + Cat. === ACat. + B$

(b) $ACat. + B === AB + Cat.$

由图 1-2 可见,(a)(b) 两步反应的活化能 E_a' 和 E_a'' 都小于原反应的 E_a,所以正逆向反应的速率都加快了,但反应的热效应(ΔH)并未改变,反应进行的方向并未改变。

(4) 催化剂有时会因中毒而失去催化功能。

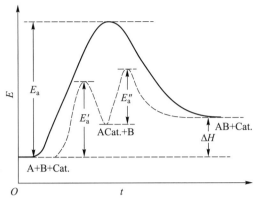

图 1-2　催化剂对反应历程和活化能的影响

1.6 化学平衡原理

1.6.1 可逆反应和化学平衡

1. 可逆反应

在同一条件下可同时向正、逆两个方向进行的反应称为可逆反应(reversible reaction)。从理论上讲,任何化学反应都具有可逆性,只是有些反应的可逆程度很小,难以观察。在一定条件下只能按一个方向进行到底的反应,称为不可逆反应,如氯酸钾加热分解的反应就可认为是不可逆反应:

化学平衡
及其特征

$$2KClO_3 \xrightarrow[\triangle]{MnO_2} 2KCl + 3O_2$$

2. 化学平衡

在一定温度下,定量的反应物在密闭容器内进行可逆反应,随着反应物的不断消耗,生成物的不断增加,正反应速率将不断减小,逆反应速率将不断增大,直至正反应速率和逆反应速率相等,各物质的浓度不再随时间变化。这时体系所处的状态称为化学平衡(chemical equilibrium)。

化学平衡的特点如下:

(1) 化学平衡是一种动态平衡(dynamic equilibrium),反应物、生成物浓度恒定,但并非反应处于静止状态,只不过正反应速率等于逆反应速率,从表观上看似乎反应已经停止。

(2) 化学平衡是一种相对平衡,当外界条件(如浓度、压力、温度)改变时,化学平衡将发生移动,经过一定时间后又建立起新的平衡。

(3) 对于一个确定的可逆反应,不管是从反应物开始反应,还是从生成物开始反应,亦或是从反应物和生成物同时开始,只要满足各组分物质浓度相当,都能够达到相同的平衡状态。

1.6.2 标准平衡常数

对某一可逆反应,无论从正反应开始还是从逆反应开始,在确定温度下最终达到平衡时,尽管每种物质的浓度(或分压)在各个体系中并不一致,但生成物平衡浓度(或分压)的幂的乘积与反应物平衡浓度(或分压)的幂的乘积之比值为一常数。描述这种比例关系的常数称为平衡常数。

1. 经验平衡常数(empirical equilibrium constant)

对于任一可逆反应：$aA+bB \rightleftharpoons cC+dD$

当反应在确定温度下达到平衡时，体系内各组分浓度或分压之间存在如下关系：

$$K_c = \frac{[C]^c \times [D]^d}{[A]^a \times [B]^b} \tag{1-32}$$

$$K_p = \frac{p_C^c \cdot p_D^d}{p_A^a \cdot p_B^b} \tag{1-33}$$

式中：K_c 与 K_p 分别称为浓度经验平衡常数和压力经验平衡常数。

注意事项：

(1) 当有纯固体、纯液体和稀溶液中的溶剂参加反应时，浓度项不列入平衡常数表达式中。例如，

$$2ZnS(s)+3O_2(g) \longrightarrow 2ZnO(s)+2SO_2(g) \qquad K_p = \frac{p_{SO_2}^2}{p_{O_2}^3}$$

$$Cr_2O_7^{2-}(aq)+H_2O(l) \longrightarrow 2CrO_4^{2-}(aq)+2H^+(aq) \qquad K_c = \frac{[CrO_4^{2-}]^2[H^+]^2}{[Cr_2O_7^{2-}]}$$

但在非水溶液中，若有水参加反应，水的浓度必须写入。例如：

$$C_2H_5OH(l)+CH_3COOH(l) \longrightarrow CH_3COOC_2H_5(l)+H_2O(l)$$

$$K_c = \frac{[CH_3COOC_2H_5] \times [H_2O]}{[C_2H_5OH] \times [CH_3COOH]}$$

(2) 每一个平衡常数对应于一个固定的化学反应方程式，同一反应，方程式不同平衡常数表达式及数值也不同，但相互之间存在一定的关系。例如，

$$C(s)+\frac{1}{2}O_2(g) \longrightarrow CO(g) \qquad K_p = \frac{p_{CO}}{p_{O_2}^{0.5}}$$

$$2C(s)+O_2(g) \longrightarrow 2CO(g) \qquad K_p' = \frac{p_{CO}^2}{p_{O_2}}$$

$$K_p' = K_p^2$$

(3) 对一特定反应来讲，平衡常数的大小只与温度有关，与物质的起始浓度无关。

(4) 平衡常数的物理意义：平衡常数的大小代表了可逆反应进行的程度，数值越大表示反应越完全。

2. 标准平衡常数

经验平衡常数表达式中的浓度项或分压项分别除以标准浓度 $c^{\ominus}$(1 mol·L⁻¹) 或标准压力 $p^{\ominus}$(100 kPa)所得的平衡常数称为标准平衡常数，用符号 $K^{\ominus}$ 表示。则与式(1-32)和(1-33)相对应的标准平衡常数表达式分别为：

对于任一可逆反应：$\qquad aA+bB \rightleftharpoons cC+dD$

$$K^{\ominus} = \frac{\left(\dfrac{[C]}{c^{\ominus}}\right)^c \left(\dfrac{[D]}{c^{\ominus}}\right)^d}{\left(\dfrac{[A]}{c^{\ominus}}\right)^a \left(\dfrac{[B]}{c^{\ominus}}\right)^b} \tag{1-34}$$

$$K^{\ominus} = \frac{\left(\dfrac{p_C}{p^{\ominus}}\right)^c \left(\dfrac{p_D}{p^{\ominus}}\right)^d}{\left(\dfrac{p_A}{p^{\ominus}}\right)^a \left(\dfrac{p_B}{p^{\ominus}}\right)^b} \tag{1-35}$$

对同时包含溶液和气体的反应,如 $S^{2-}(aq) + 2H_2O(l) \Longrightarrow H_2S(g) + 2OH^-(aq)$,标准平衡常数的表达式规定为

$$K^{\ominus} = \frac{\dfrac{p_{H_2S}}{p^{\ominus}} \cdot \left(\dfrac{[OH^-]}{c^{\ominus}}\right)^2}{\dfrac{[S^{2-}]}{c^{\ominus}}}$$

可见,$K^{\ominus}$ 是无量纲的。按中华人民共和国国家标准《物理化学和分子物理学的量和单位》（GB—3102.8-93）规定,$K^{\ominus}$ 的量纲为 1。

例 1-12 某温度下反应 $N_2 + 3H_2 \Longrightarrow 2NH_3$ 达平衡时,测得 $[NH_3] = 4\ mol \cdot L^{-1}$,$[N_2] = 3\ mol \cdot L^{-1}$,$[H_2] = 9\ mol \cdot L^{-1}$,求该温度时反应的标准平衡常数 $K^{\ominus}$。

解:

$$K^{\ominus} = \frac{\dfrac{[NH_3]^2}{c^{\ominus}}}{\dfrac{[N_2]}{c^{\ominus}} \cdot \left(\dfrac{[H_2]}{c^{\ominus}}\right)^3} = \frac{4^2}{3 \times 9^3} = 7.3 \times 10^{-3}$$

3. 多重平衡原理

多重平衡原理:两个反应相加（或减）得到第三个反应时,第三个反应的平衡常数等于前两个反应平衡常数的乘积（或商）。

前面章节可以用已知反应的热效应求算某些难以测量反应的热效应。在此,同样可以用已知反应的平衡常数求算其他相关反应的平衡常数。例如:

$$
\begin{array}{ll}
C(s) + O_2(g) \Longrightarrow CO_2(g) & K_1 \\
-)\quad CO(g) + 1/2O_2(g) \Longrightarrow CO_2(g) & K_2 \\
\hline
C(s) + 1/2O_2(g) \Longrightarrow CO(g) & K_3
\end{array}
$$

$$K_3 = K_1 / K_2$$

4. 应用平衡概念进行的有关计算

应用平衡概念可以进行平衡浓度（或压力）、理论转化率及平衡常数的计算,还可以从理论上求算欲达到一定转化率所需的合理原料配比等问题。

某一反应物的平衡转化率是指化学反应达平衡后,该反应物转化为生成物,从理论上能达到的最大转化率（以 α 表示）:

$$\alpha = \frac{\text{某反应物已转化的量}}{\text{反应开始时该反应物的总量}} \times 100\%$$

若反应前后体积不变,又可表示为

$$\alpha = \frac{\text{某反应物起始浓度－该反应物平衡浓度}}{\text{该反应物的起始浓度}} \times 100\%$$

转化率越大,表示正反应进行的程度越大。

例 1-13　523 K 时,将等物质的量的三氯化磷与氯气装入 5.00 L 容器中,平衡时,五氯化磷的分压为 100 kPa,平衡常数 $K^{\ominus} = 0.540$,求三氯化磷的平衡转化率。

解：
$$PCl_3(g) + Cl_2(g) \Longleftrightarrow PCl_5(g)$$

设平衡时 $p_{Cl_2} = p_{PCl_3} = x$,则

$$K^{\ominus} = \frac{p_{PCl_5}/p^{\ominus}}{(x/p^{\ominus})^2} = \frac{100/100}{(x/100)^2} = 0.540, x = 137.9 (kPa)$$

平衡时
$$n_{PCl_3} = n_{Cl_2} = \frac{pV}{RT} = \frac{137.9 \times 5.00}{8.314 \times 523} = 0.159 (mol)$$

$$n_{PCl_5} = \frac{pV}{RT} = \frac{100 \times 5.00}{8.314 \times 523} = 0.116 (mol)$$

开始时
$$n_{PCl_5} = 0.159 + 0.116 = 0.275 (mol)$$

则
$$\alpha_{PCl_3} = \frac{0.116}{0.275} \times 100\% = 42.2\%$$

例 1-14　在 721 K、100 kPa 时,当 HI 的热分解反应 $2HI(g) \Longleftrightarrow H_2(g) + I_2(g)$ 达到平衡时,有 22.0% 的 HI 分解为 H_2 和 I_2,求此反应的 $K^{\ominus}$。

解：为了便于物料衡算,根据反应方程式,可以设开始时 HI 的物质的量为 2 mol。

	$2HI(g)$	$\Longleftrightarrow$	$H_2(g)$	$+$	$I_2(g)$
开始的 n_B/mol	2		0		0
变化的 n_B/mol	-0.22×2		0.22		0.22
平衡的 n_B/mol	$2-0.44 = 1.56$		0.22		0.22

根据分压定律 $p_B = \frac{n_B}{n_{总}} P_{总}$,得平衡时各物质的分压：

$$p_{HI} = \frac{1.56}{2.00} \times p_{总} \qquad p_{H_2} = p_{I_2} = \frac{0.22}{2.00} \times p_{总}$$

则
$$K^{\ominus} = \frac{\dfrac{p_{H_2}}{p^{\ominus}} \cdot \dfrac{p_{I_2}}{p^{\ominus}}}{\left(\dfrac{p_{HI}}{p^{\ominus}}\right)^2} = 0.020$$

通过实验可以测量某些化学反应的平衡常数,但需要的工作量很大。能否从理论上计算平衡常数呢？在本章 1.4.3 节曾提到 $\Delta_r G_m = 0$ 时,体系处于平衡状态[式(1-21)],那么能否通过热力学数据来计算平衡常数呢？

1.6.3 标准平衡常数与标准自由能变

1. 反应商

对于反应 $a\mathrm{A}+b\mathrm{B} \Longrightarrow c\mathrm{C}+d\mathrm{D}$,定义某一时刻的反应商 Q 为

气相反应
$$Q = \frac{\left(\dfrac{p'_{\mathrm{C}}}{p^{\ominus}}\right)^c \left(\dfrac{p'_{\mathrm{D}}}{p^{\ominus}}\right)^d}{\left(\dfrac{p'_{\mathrm{A}}}{p^{\ominus}}\right)^a \left(\dfrac{p'_{\mathrm{B}}}{p^{\ominus}}\right)^b} \tag{1-36}$$

液相反应
$$Q = \frac{\left(\dfrac{[\mathrm{C}]'}{c^{\ominus}}\right)^c \left(\dfrac{[\mathrm{D}]'}{c^{\ominus}}\right)^d}{\left(\dfrac{[\mathrm{A}]'}{c^{\ominus}}\right)^a \left(\dfrac{[\mathrm{B}]'}{c^{\ominus}}\right)^b} \tag{1-37}$$

反应商 Q 与平衡常数 $K^{\ominus}$ 的表达形式相同,其区别在于其中 p' 或 $[\ \ ]'$ 均表示反应进行到某一时刻的分压或浓度,为非平衡分压或浓度。当反应达到平衡时,反应商 Q 和平衡常数 $K^{\ominus}$ 相等。将 Q 与 $K^{\ominus}$ 的值相比较,可以看出:

$$
\begin{aligned}
&Q < K^{\ominus} \text{时,} \quad \text{反应正向进行;}\\
&Q = K^{\ominus} \text{时,} \quad \text{反应达平衡;}\\
&Q > K^{\ominus} \text{时,} \quad \text{反应逆向进行。}
\end{aligned}
\tag{1-38}
$$

2. 化学反应等温式

前面已经讲到,我们可以用 $\Delta_r G_m$ 判别反应的自发性,与式(1-38)有什么内在联系呢?

对任一化学反应 $a\mathrm{A}+b\mathrm{B} \Longrightarrow c\mathrm{C}+d\mathrm{D}$,其某一时刻的反应商为 Q,化学热力学中用式(1-39)表明该反应的 $\Delta_r G_m$、$\Delta_r G_m^{\ominus}$ 与 Q 之间的关系,即

$$\Delta_r G_m = \Delta_r G_m^{\ominus} + RT\ln Q \tag{1-39}$$

化学反应
等温式

这一关系称为范托夫(van't Hoff)化学反应等温式(reaction isotherm)。

式(1-39)中反应的标准摩尔吉布斯自由能变 $\Delta_r G_m^{\ominus}$ 可以通过查出各反应物和产物的热力学函数求得[式(1-22′)、式(1-23)],反应商 Q 值可以通过设定各反应物和产物的浓度或分压而求得,这样就可以求出反应体系中各反应物和产物的浓度或分压为任何值时反应的 $\Delta_r G_m$。

当反应达到平衡时,$\Delta_r G_m = 0$;同时 $Q = K^{\ominus}$,代入式(1-39),则有

$$\Delta_r G_m^{\ominus} = -RT\ln K^{\ominus} \tag{1-40}$$

或
$$\Delta_r G_m = -RT\ln K^{\ominus} + RT\ln Q \tag{1-41}$$

式(1-39)、式(1-40)与式(1-41)是范托夫化学反应等温式的3种不同表达方式,具有相同的意义。它给出了判断化学反应进行方向的方法:

$$
\begin{aligned}
&Q < K^{\ominus} \text{时,} \quad \Delta_r G_m < 0, \quad \text{反应正向进行;}\\
&Q = K^{\ominus} \text{时,} \quad \Delta_r G_m = 0, \quad \text{反应达平衡;}\\
&Q > K^{\ominus} \text{时,} \quad \Delta_r G_m > 0, \quad \text{反应逆向进行。}
\end{aligned}
$$

也给出了重要的热力学函数 $\Delta_r G_m^{\ominus}$ 与化学反应平衡常数 $K^{\ominus}$ 之间的关系,为求 $K^{\ominus}$ 提供了可行的方法。

需要说明的是,通过热力学函数求出的平衡常数是标准平衡常数 $K^{\ominus}$。

例 1-15　（1）通过查表求算下列反应分别在 298 K 与 973 K 时的标准平衡常数。

$$NO(g)+1/2O_2(g) \Longrightarrow NO_2(g)$$

（2）若在 973 K 时将 1.0 mol NO、1.0 mol O_2 与 1.0 mol NO_2 混合于 100 L 的反应器中，反应如何进行？

解：（1）由本书附录 4 查得

	NO(g)	+	1/2O_2(g)	$\Longrightarrow$	NO_2(g)
$\Delta_f H_m^{\ominus}/(kJ \cdot mol^{-1})$	90.25		0		33.2
$S_m^{\ominus}/(J \cdot mol^{-1} \cdot K^{-1})$	210.65		205.03		240.0

因此 $\Delta_r H_m^{\ominus} = \Delta_f H_m^{\ominus}(NO_2) - \Delta_f H_m^{\ominus}(NO) = 33.2 - 90.25 = -57.05(kJ \cdot mol^{-1})$

$$\Delta_r S_m^{\ominus} = S_{m,NO_2}^{\ominus} - \left(S_{m,NO}^{\ominus} + \frac{1}{2}S_{m,O_2}^{\ominus}\right) = 240.0 - \left(210.65 + \frac{1}{2} \times 205.03\right)$$

$$= -73.16 \ (J \cdot mol^{-1} \cdot K^{-1})$$

$$\Delta_r G_m^{\ominus}(298 \ K) = \Delta_r H_m^{\ominus}(298 \ K) - 298 \times \Delta_r S_m^{\ominus}(298 \ K)$$

$$= -57.05 - 298 \times (-73.16)/1000 = -35.25(kJ \cdot mol^{-1})$$

由 $\Delta_r G_m^{\ominus} = -RT \ln K^{\ominus}$，得

$$\ln K^{\ominus}(298 \ K) = -\frac{-35.25 \times 1000}{8.314 \times 298} = 14.23$$

$$K^{\ominus}(298 \ K) = 1.51 \times 10^6$$

假设在 298~973 K，反应的焓变和熵变保持近似不变，则

$$\Delta_r G_m^{\ominus}(T) = \Delta_r H_m^{\ominus}(298 \ K) - T \times \Delta_r S_m^{\ominus}(298 \ K)$$

$$= -57.05 - 973 \times (-73.16)/1000 = 14.14(kJ \cdot mol^{-1})$$

$$\ln K^{\ominus}(973 \ K) = \frac{-\Delta_r G_m^{\ominus}}{RT} = \frac{-14.14 \times 1000}{8.314 \times 973} = -1.75$$

$$K^{\ominus}(973 \ K) = 0.174$$

（2）混合之初，$p_{NO} = p_{O_2} = p_{NO_2} = p$，由 $pV = nRT$，得

$$p = 1.0 \ mol \times 8.314 \ kPa \cdot L \cdot mol^{-1} \cdot K^{-1} \times 973 \ K/100 \ L = 80.9 \ kPa$$

$$Q = \frac{p_{NO_2}/p^{\ominus}}{(p_{NO}/p^{\ominus}) \cdot (p_{O_2}/p^{\ominus})^{0.5}} = \frac{80.9/100}{80.9/100 \times (80.9/100)^{0.5}} = 1.11 > K^{\ominus}(973 \ K)$$

所以反应逆向进行。

1.6.4　化学平衡的移动

化学平衡
的移动

化学平衡移动是指因外界条件的改变，体系由一个平衡态变到另一个平衡态的过程。从动力学的角度看，化学平衡是可逆反应的正、逆反应速率相等的状态；从能量变化角度说，可逆反应达平衡时，$\Delta_r G_m = 0$ 或 $Q = K^{\ominus}$。因此，一切能导致 $\Delta_r G_m$ 或 Q 值发生变化的外界条件（浓度、压力、温度）都会使平衡发生移动。

1. 浓度对化学平衡的影响

对于任一反应 $aA + bB \Longrightarrow cC + dD$，有

$$\Delta_r G_m = \Delta_r G_m^{\ominus} + RT \ln Q \quad 或 \quad \Delta_r G_m = RT \ln \frac{Q}{K^{\ominus}}$$

平衡时 $Q = K^{\ominus}$，$\Delta_r G_m = 0$，此时若不改变产物浓度而增大反应物浓度，则 $Q < K^{\ominus}$，$\Delta_r G_m < 0$，平衡将向正反应方向移动；反之亦然。

结论:在一定温度下,增大反应物浓度或减小产物浓度,平衡向正反应方向移动;反之,平衡向逆反应方向移动。

实际生产中,常不断地将产物取走使平衡右移来增大反应物的转化率;也常将价格便宜、比较易得的物料过量,使平衡正向移动,以提高另一物料的转化率。

例 1–16 含有 $0.100 \text{ mol} \cdot \text{L}^{-1} \text{AgNO}_3$, $0.100 \text{ mol} \cdot \text{L}^{-1} \text{Fe}(\text{NO}_3)_2$ 和 $0.0100 \text{ mol} \cdot \text{L}^{-1} \text{Fe}(\text{NO}_3)_3$ 的溶液中发生如下反应:$\text{Fe}^{2+} + \text{Ag}^+ \Longrightarrow \text{Fe}^{3+} + \text{Ag}$,298 K 时 $K^\ominus = 2.98$。请问:

(1) 反应向哪个方向进行?

(2) 平衡时 Ag^+、Fe^{2+}、Fe^{3+} 的浓度各为多大?

(3) Ag^+ 的转化率多大?

(4) 如果保持 Ag^+、Fe^{3+} 的浓度不变,而使 Fe^{2+} 的浓度变为 $0.300 \text{ mol} \cdot \text{L}^{-1}$,求在新条件下 Ag^+ 的转化率。

解: (1) 开始时,

$$Q = \frac{\dfrac{[\text{Fe}^{3+}]}{c^\ominus}}{\dfrac{[\text{Fe}^{2+}]}{c^\ominus} \cdot \dfrac{[\text{Ag}^+]}{c^\ominus}} = \frac{0.0100}{0.100 \times 0.100} = 1.00$$

$Q < K^\ominus$,所以反应向正方向进行。

(2) 平衡浓度的计算:

	Fe^{2+}	$+$	Ag^+	$\Longrightarrow$	Fe^{3+}	$+$	Ag
开始浓度/$(\text{mol} \cdot \text{L}^{-1})$	0.100		0.100		0.0100		
浓度变化/$(\text{mol} \cdot \text{L}^{-1})$	$-x$		$-x$		$+x$		
平衡浓度/$(\text{mol} \cdot \text{L}^{-1})$	$0.100-x$		$0.100-x$		$0.0100+x$		

$$K^\ominus = \frac{0.0100+x}{(0.100-x)^2} = 2.98$$

解得 $x = 0.0130$(一元二次方程的两个解为 0.0130 和 0.5229,其中 0.5229 大于起始浓度 0.100,没有意义应舍去)

即

$$[\text{Fe}^{3+}] = 0.0100 + 0.0130 = 0.0230 (\text{mol} \cdot \text{L}^{-1})$$
$$[\text{Fe}^{2+}] = [\text{Ag}^+] = 0.100 - 0.0130 = 0.087 (\text{mol} \cdot \text{L}^{-1})$$

(3) $\alpha_{\text{Ag}^+} = \dfrac{x}{0.100} = \dfrac{0.0130}{0.100} \times 100\% = 13.0\%$

(4) 设新条件下 Ag^+ 的转化率为 α',则

	Fe^{2+}	$+$	Ag^+	$\Longrightarrow$	Fe^{3+}	$+$	Ag
新平衡浓度/$(\text{mol} \cdot \text{L}^{-1})$	$0.300-0.100\alpha'$		$0.100-0.100\alpha'$		$0.0100+0.100\alpha'$		

$$K^\ominus = \frac{0.0100+0.100\alpha'}{(0.300-0.100\alpha') \cdot (0.100-0.100\alpha')} = 2.98$$

得 $\alpha' = 38.1\%$(一元二次方程的两个解为 38.1% 和 697.4%,其中 697.4% 大于 1,没有意义,应舍去)

由此可见,增大某反应物浓度,可使平衡向正反应方向移动,且使另一反应物的转化率提高。

2. 压力对化学平衡的影响

例如,合成氨反应 $\text{N}_2 + 3\text{H}_2 \Longrightarrow 2\text{NH}_3$ 已达平衡,其标准平衡常数 $K^\ominus = \dfrac{\left(\dfrac{p_{\text{NH}_3}}{p^\ominus}\right)^2}{\left(\dfrac{p_{\text{N}_2}}{p^\ominus}\right) \times \left(\dfrac{p_{\text{H}_2}}{p^\ominus}\right)^3}$

若将体系的体积压缩至原体积的一半,在平衡尚未移动之前,各组分的分压应该增大一倍,此时

$$Q = \frac{\left(\dfrac{2p_{NH_3}}{p^\ominus}\right)^2}{\left(\dfrac{2p_{N_2}}{p^\ominus}\right) \times \left(\dfrac{2p_{H_2}}{p^\ominus}\right)^3} = \frac{1}{4}K^\ominus$$

$Q < K^\ominus$,$\Delta_r G_m < 0$,平衡向正反应方向移动,正方向是气体分子数减少的方向。

结论:对反应方程式两边气体分子总数不相等的反应,恒温下,增大体系的压力,平衡向气体分子数减少的方向移动;减小压力,平衡向气体分子数增加的方向移动。

对反应方程式两边气体分子总数相等的反应($\Delta n = 0$),由于体系总压力的改变同等程度地改变反应物和生成物的分压,Q 值不变(仍等于 $K^\ominus$),故对平衡不发生影响。如向体系中加入惰性气体(指不参加反应的气体),若反应体系的总体积不变,则总压力增大,而各反应物分压不变,原平衡不变;若反应体系的总体积增大,造成各反应物的分压降低,则化学平衡向气体分子总数增加的方向移动。

3. 温度对化学平衡移动的影响

浓度或压力的变化可导致化学平衡移动,但平衡常数不变。温度对化学平衡移动的影响主要是因为影响到平衡常数的数值。

根据吉布斯公式 $\Delta_r G_m^\ominus = \Delta_r H_m^\ominus - T\Delta_r S_m^\ominus$ 和范托夫等温式 $\Delta_r G_m^\ominus = -RT\ln K^\ominus$,可以导出下列关系式:

$$\ln K^\ominus = \frac{-\Delta_r H_m^\ominus}{RT} + \frac{\Delta_r S_m^\ominus}{R} \tag{1-42}$$

设某一可逆反应,在温度 T_1、T_2 时对应的平衡常数为 $K_1^\ominus$ 和 $K_2^\ominus$,代入上式中得

$$\ln K_1^\ominus = \frac{-\Delta_r H_m^\ominus(298.15K)}{RT_1} + \frac{\Delta_r S_m^\ominus(298.15K)}{R}$$

$$\ln K_2^\ominus = \frac{-\Delta_r H_m^\ominus(298.15K)}{RT_2} + \frac{\Delta_r S_m^\ominus(298.15K)}{R}$$

综合以上两式,则有

$$\ln \frac{K_2^\ominus}{K_1^\ominus} = \frac{\Delta_r H_m^\ominus(298.15K)}{R}\left(\frac{T_2 - T_1}{T_1 T_2}\right) \tag{1-43}$$

对放热反应来讲,$\Delta_r H_m^\ominus < 0$,若 $T_2 > T_1$,则 $K_2^\ominus < K_1^\ominus$,升高温度,化学平衡向逆反应方向移动,即向吸热反应方向移动。对吸热反应来讲,$\Delta_r H_m^\ominus > 0$,若 $T_2 > T_1$,则 $K_2^\ominus > K_1^\ominus$,升高温度,化学平衡向正反应方向移动,同样向吸热方向移动。

结论:升高温度,化学平衡向吸热反应方向移动;降低温度,化学平衡向放热反应方向移动。

4. 催化剂对化学平衡的影响

因为催化剂只改变反应的活化能 E_a,不改变反应的热效应,因此不影响平衡常数的数值。即催化剂只能改变平衡到达的时间而不能使化学平衡移动,这无疑有利于提高生产效率。

综合上述各种因素对化学平衡的影响,法国人勒夏特列(Le Chatelier)于 1884 年归纳、总结出了一条关于平衡移动的普遍规律:当体系达平衡后,若改变平衡状态的任一条件(如浓度、压

力、温度),平衡就向着能减弱其改变的方向移动。这条规律称为勒夏特列原理。值得注意的是,该原理只适用于已达平衡的体系,而不适用于非平衡体系。

思 考 题

1. 理解下面热力学的基本概念:

(1) 体系与环境;(2) 状态与状态函数;(3) 过程与途径;(4) 热和功

2. 判断下列各说法是否正确:

(1) 热的物体比冷的物体含有更多的热量。

(2) 甲物体的温度比乙物体高,表明甲物体的热力学能比乙物体大。

(3) 热是一种传递中的能量。

(4) 同一体系:a. 同一状态可能有多个热力学能值。

  b. 不同状态可能有相同的热力学能值。

(5) 体系从始态到终态,若恒温变化,则表示体系与环境之间无热量交换。

(6) Q 和 W 都不是状态函数,故 $Q+W$ 也与途径有关。

3. 以下说法是否正确? 为什么?

(1) 冰在室温下自动融化成水,是熵增起了主要作用。

(2) $\Delta_r S_m^\ominus$ 为负值的反应均不能自发进行。

(3) 放热反应均是自发反应。

(4) $CaCO_3$ 在常温下不分解,是因为其分解反应为吸热反应;在高温($T > 1114K$)下分解,是因为此时分解放热。

(5) 因为 $\Delta_r G_m^\ominus = -RT \ln K^\ominus$,所以温度升高,平衡常数减小。

(6) 平衡常数和转化率都能表示反应进行的程度,但平衡常数与浓度无关,而转化率与浓度有关。

(7) 质量作用定律适用于任何化学反应。

(8) 反应速率常数取决于反应温度,与反应物、生成物的浓度无关。

(9) 反应活化能越大,反应速率也越大。

4. 某理想气体,经过恒压冷却、恒温膨胀、恒容升温后回到初始状态。过程中体系做功 15 kJ,求此过程的 Q 和 ΔU。

5. 能否用 $K^\ominus$ 来判断反应的自发性? 为什么?

6. 在下列空格中填上表示相关物理量的恰当符号,以及这个物理量的单位:

某过程的焓变_____、_____;某化学反应的焓变_____、_____;某化学反应的摩尔焓变_____、_____;某化学反应的标准摩尔焓变_____、_____;某物质的标准生成焓_____、_____;某物质的标准燃烧焓_____、_____。

7. 填空题。

(1) 对化学反应而言,$\Delta_r G_m$ 是_____的判据,若 $\Delta_r G_m = \Delta_r G_m^\ominus$,则反应物和生成物都处于_____状态。

(2) 平衡浓度_____随时间变化;_____随起始浓度变化;_____随温度变化;平衡常数_____随起始浓度变化;转化率_____随起始浓度变化。(填写"是"、"不是")

习 题

1. 某汽缸中有气体 10.0 L,从环境吸收了 1.00 kJ 热量后,在恒压(100 kPa)下体积膨胀到 15.0 L,试计算系统的热力学能变化(ΔU)。

2. 2.00 mol 理想气体在 350 K 和 152 kPa 条件下,经恒压冷却至体积为 35.0 L,此过程放出了 1260 J 热量。

试计算:

(1) 起始体积;(2) 终态温度;(3) 体系做功;(4) 热力学能变化;(5) 焓变。

3. 2 mol H_2 和 1 mol O_2 在 373 K、100 kPa 下反应,生成 2 mol 水蒸气,放出 483.7 kJ 热量。求生成 1 mol 水蒸气时的 ΔH 和 ΔU。

4. 用热化学方程式表示下列内容:

(1) 在 298.15 K 及标准态下,每氧化 1 mol C(石墨)生成 $CO_2(g)$ 可放热 393.5 kJ。

(2) $C_2H_6(g)$ 的标准生成反应。

5. 已知 298.15 K 时反应:

$$S(s) + O_2(g) \Longrightarrow SO_2(g) \qquad \Delta_r H_m^\ominus(1) = -296.8 \text{ kJ} \cdot \text{mol}^{-1};$$
$$S(s) + 3/2O_2(g) \Longrightarrow SO_3(g) \qquad \Delta_r H_m^\ominus(2) = -395.7 \text{ kJ} \cdot \text{mol}^{-1};$$

试计算反应 $2SO_2(g) + O_2(g) \Longrightarrow 2SO_3(g)$ 的 $\Delta_r H_m^\ominus(3)$。

6. 求下列反应的 $\Delta_r G_m^\ominus$(用两种方法求解),并判断反应在标准态、298 K 自发进行的方向。

$$2NO(g) + O_2(g) \Longrightarrow 2NO_2(g)$$

7. 应用公式 $\Delta_r G_m^\ominus(T) = \Delta_r H_m^\ominus - T\Delta_r S_m^\ominus(T)$ 计算下列反应的 $\Delta_r G_m^\ominus(298.15 \text{ K})$ 值,并判断反应在 298.15 K 及标准态下能否自发向右进行。

$$8Al(s) + 3Fe_3O_4(s) \Longrightarrow 4Al_2O_3(s) + 9Fe(s)$$

8. 求出下列反应自发进行的温度范围。

(1) $2H_2(g) + O_2(g) \Longrightarrow 2H_2O(l)$

(2) $CaCO_3(s) \Longrightarrow CaO(s) + CO_2(g)$

9. NO_2^- 和 I^- 在酸性溶液中的反应方程为:$2NO_2^- + 2I^- + 4H^+ \Longrightarrow I_2 + 2NO + 2H_2O$。根据测量结果,这个反应的速率表达式为:$v = k[NO_2^-][I^-][H^+]^2$,下列各种条件对初速率有何影响?

(1) NO_2^- 和 I^- 浓度不变,H^+ 浓度增至原浓度的 3 倍。

(2) 各种离子浓度均增加 1 倍。

(3) 有催化剂参加反应。

(4) 降低反应温度。

10. 温度相同时,四个基元反应的活化能数据如下:

反应	正反应 $E_a/(\text{kJ} \cdot \text{mol}^{-1})$	逆反应 $E_a/(\text{kJ} \cdot \text{mol}^{-1})$
1	30	55
2	75	15
3	26	40
4	30	40

假设指前因子相等,试分析判断:

(1) 哪个反应的正反应速率最大?

(2) 哪个反应放热最多?哪一个反应是吸热反应?

(3) 哪个反应可逆程度最大?

11. 反应 $CaCO_3(s) \Longrightarrow CaO(s) + CO_2(g)$,试由热力学数据确定:

(1) 200 ℃ 时平衡常数 $K^\ominus$。

(2) 当 $p(CO_2) = 1.0 \text{ kPa}$ 时,反应的 $\Delta_r G_m$ 及反应自发进行的方向。

12. 将空气中的 $N_2(g)$ 变成各种含氮的化合物的反应称为固氮反应。根据 $\Delta_f G_m^\ominus$ 计算下列 3 种固氮反应的 $\Delta_r G_m^\ominus$ 及 $K^\ominus$,并从热力学角度分析选择哪个反应最好?

（1） $N_2(g) + O_2(g) \rlap{\,=\!=\!=}{} 2NO(g)$

（2） $2N_2(g) + O_2(g) \rlap{\,=\!=\!=}{} 2N_2O(g)$

（3） $N_2(g) + 3H_2(g) \rlap{\,=\!=\!=}{} 2NH_3(g)$

13. 已知反应 $N_2O_4(g) \rlap{\,=\!=\!=}{} 2NO_2(g)$ 在总压为 100 kPa 和 325 K 达平衡时，N_2O_4 的解离度为 50.2%。试求：

（1）反应的 $K^{\ominus}$。

（2）相同温度下，若压力变为 5×100 kPa，N_2O_4 的解离度。

14. 1000 K 时在密闭容器中进行下列反应：

$$CO(g) + H_2O(g) \rlap{\,=\!=\!=}{} CO_2(g) + H_2(g) \qquad K^{\ominus} = 1.43。$$

若反应在压力 600 kPa 下进行，则

（1）当 H_2O 与 CO 物质的量之比为 1 时，CO 的平衡转化率如何？

（2）当 H_2O 与 CO 物质的量之比为 5 时，CO 的平衡转化率如何？

（3）根据计算结果，能得出什么结论？

第2章　溶液中的化学平衡

2.1　酸碱平衡

酸和碱是两类重要的化学物质,人们对酸碱的认识是逐步深入的。目前关于酸碱理论有阿伦尼乌斯(S. Arrhenius)提出的酸碱电离理论、布朗斯特(U. N. Brønsted)和劳里(T. M. Lowry)提出的酸碱质子理论、路易斯(Lewis)提出的酸碱电子理论及皮尔逊(Pearson)提出的软硬酸碱理论等。

1884 年,瑞典化学家阿伦尼乌斯(S. Arrhenius)提出了酸碱电离理论。酸碱电离理论认为酸是在水中电离出的阳离子全部是 H^+ 的物质;碱是在水中电离出的阴离子全部是 OH^- 的物质。在水中全部电离的酸和碱,称为强酸和强碱。酸碱反应的实质是 H^+ 和 OH^- 发生反应生成 H_2O。

酸碱电离理论首先赋予了酸碱科学定义,从化学组成上揭示了酸和碱的本质。

酸碱电离理论的缺陷是:① 难以解释为什么有些物质虽然不能完全电离出 H^+ 和 OH^-,却具有明显的酸碱性,例如,NH_4Cl、$NaHSO_4$ 显酸性,Na_2CO_3、$NaNH_2$、Na_2S 显碱性;② 将酸碱限制在水溶液中,不适用于非水体系。

2.1.1　酸碱质子理论和酸碱定义

酸碱平衡
的理论基
础

1923 年,丹麦化学家布朗斯特和英国化学家劳里同时独立地提出了酸碱质子理论。所以酸碱质子理论又被称为 Brønsted–Lowry 酸碱理论。

酸碱质子理论认为:凡是能给出质子(H^+)的物质即是酸;凡是能接受质子(H^+)的物质即是碱。酸碱之间的关系可表示为

$$酸 \rightleftharpoons 质子 + 碱$$

例如

$$HAc \rightleftharpoons H^+ + Ac^-$$

$$HClO_4 \rightleftharpoons H^+ + ClO_4^-$$

$$NH_4^+ \rightleftharpoons H^+ + NH_3$$

$$H_2PO_4^- \rightleftharpoons H^+ + HPO_4^{2-}$$

$$HPO_4^{2-} \rightleftharpoons H^+ + PO_4^{3-}$$

酸碱质子理论认为,上述酸(左边的物质)给出质子后,生成对质子具有一定亲和力、能接受质子的碱(右边的物质)。即酸给出质子后余留部分即为碱;碱接受质子后即是酸。酸碱的这种对应关系称为共轭关系,这种因一个质子的得失而相互转换的每一对酸碱,称为**共轭酸碱对**(conjugate acid–base pair)。

需要说明的是:

(1) 酸碱可以是正离子、负离子,也可以是中性分子。酸比它的共轭碱仅多一个质子。

（2）酸碱是相对的。同一种物质在不同的介质或溶剂中可能具有不同的酸碱性。例如，

HPO_4^{2-} 在半反应：$H_2PO_4^- \rightleftharpoons H^+ + HPO_4^{2-}$ 中是碱；

HPO_4^{2-} 在半反应：$HPO_4^{2-} \rightleftharpoons H^+ + PO_4^{3-}$ 中是酸。

（3）共轭酸碱体系是不能独立存在的。由于质子的半径极小，电荷密度极高，它不可能在水溶液中独立存在（只能以水合离子 H_3O^+ 的形式存在，或者说只能瞬间存在），因此上述的各种酸碱半反应在溶液中也不能单独进行，而是当一种酸给出质子时，溶液中必定有一种碱接受质子。

1. 酸碱反应

根据质子理论，任何酸碱反应都是两个共轭酸碱对之间的质子转移反应，就是酸和碱反应生成新酸和新碱。可以用通式表示为

$$\begin{array}{ccccc} & \overset{\displaystyle H^+}{\big\downarrow} & & & \\ HA & + & B & \rightleftharpoons & HB^+ + A^- \\ 酸1 & & 碱2 & & 酸2 \quad 碱1 \end{array}$$

与酸碱电离理论相比，酸碱质子理论扩大了酸碱及酸碱反应的范围。

2. 水的质子自递常数

水分子既可接受质子也可给出质子，一个水分子可以从另一个水分子中夺取质子而形成 H_3O^+ 和 OH^-，即

$$\begin{array}{ccc} \overset{\displaystyle H^+}{\big\downarrow} & & \\ H_2O + H_2O & \rightleftharpoons & H_3O^+ + OH^- \end{array}$$

即水分子之间存在着质子的传递作用，称为水的质子自递反应。这个反应的平衡常数称为水的质子自递常数。

$$K_w^{\ominus} = ([H_3O^+]/c^{\ominus})([OH^-]/c^{\ominus})$$

由于 $c^{\ominus} = 1\ \text{mol} \cdot \text{L}^{-1}$，所以常写作

$$K_w^{\ominus} = [H_3O^+][OH^-] \tag{2-1}$$

水合质子 H_3O^+ 也常简写作 H^+，因此水的质子自递常数还常简写为

$$K_w^{\ominus} = [H^+][OH^-] \tag{2-1'}$$

$K_w^{\ominus}$ 是温度的函数，室温下（25 ℃），$K_w^{\ominus} = 1.0 \times 10^{-14}$ 即 $pK_w^{\ominus} = -\lg K_w^{\ominus} = 14.00$。

2.1.2 酸碱解离常数及酸碱的强度

1. 酸碱解离常数

HAc 在水溶液中的解离平衡为

$$HAc + H_2O \rightleftharpoons H_3O^+ + Ac^-$$

其解离平衡常数 $K_a^{\ominus}$(省略 $c^{\ominus}$) 为

$$K_a^{\ominus} = \frac{[H_3O^+][Ac^-]}{[HAc]}$$

可简写为

$$K_a^{\ominus} = \frac{[H^+][Ac^-]}{[HAc]} \qquad\qquad (2-2)$$

HAc 的共轭碱的解离平衡为

$$H_2O + Ac^- \rightleftharpoons HAc + OH^-$$

其解离平衡常数 $K_b^{\ominus}$ 为

$$K_b^{\ominus} = \frac{[HAc][OH^-]}{[Ac^-]} \qquad\qquad (2-3)$$

显然,共轭酸碱对的 $K_a^{\ominus}$ 和 $K_b^{\ominus}$ 有下列关系

$$K_a^{\ominus} \cdot K_b^{\ominus} = [H^+][OH^-] = K_w^{\ominus} \qquad\qquad (2-4)$$

例 2-1　已知 NH_3 的解离反应为

$$H_2O + NH_3 \rightleftharpoons NH_4^+ + OH^- \qquad K_b^{\ominus} = 1.8 \times 10^{-5}$$

求 NH_3 的共轭酸的解离常数 $K_a^{\ominus}$。

解:NH_3 的共轭酸为 NH_4^+,它的解离反应为

$$NH_4^+ + H_2O \rightleftharpoons H_3O^+ + NH_3$$

根据式(2-4)$K_a^{\ominus} \cdot K_b^{\ominus} = K_w^{\ominus} = 1.0 \times 10^{-14}$,则

$$K_a^{\ominus} = \frac{K_w^{\ominus}}{K_b^{\ominus}} = \frac{1.0 \times 10^{-14}}{1.8 \times 10^{-5}} = 5.6 \times 10^{-10}$$

对于多元酸,要注意 $K_a^{\ominus}$ 和 $K_b^{\ominus}$ 的对应关系,如二元酸 H_2A 在水溶液中的解离反应为

$$H_2A + H_2O \rightleftharpoons H_3O^+ + HA^- \qquad K_{a_1}^{\ominus}$$

$$HA^- + H_2O \rightleftharpoons H_3O^+ + A^{2-} \qquad K_{a_2}^{\ominus}$$

$$A^{2-} + H_2O \rightleftharpoons HA^- + OH^- \qquad K_{b_1}^{\ominus}$$

$$HA^- + H_2O \rightleftharpoons H_2A + OH^- \qquad K_{b_2}^{\ominus}$$

显然,共轭酸碱对的 $K_a^{\ominus}$ 和 $K_b^{\ominus}$ 有下列关系:

$$K_{a_1}^{\ominus} \cdot K_{b_2}^{\ominus} = K_{a_2}^{\ominus} \cdot K_{b_1}^{\ominus} = [H_3O^+][OH^-] = K_w^{\ominus}$$

同理对三元酸可得

$$K_{a_1}^{\ominus} \cdot K_{b_3}^{\ominus} = K_{a_2}^{\ominus} \cdot K_{b_2}^{\ominus} = K_{a_3}^{\ominus} \cdot K_{b_1}^{\ominus} = [H_3O^+][OH^-] = K_w^{\ominus}$$

例 2-2　已知反应 $S^{2-} + H_2O \rightleftharpoons HS^- + OH^-$ 的 $K_{b_1}^{\ominus} = 8.3 \times 10^{-2}$,求 S^{2-} 的共轭酸的解离常数 $K_{a_2}^{\ominus}$。

解:S^{2-} 的共轭酸为 HS^-,其解离反应为

$$HS^- + H_2O \rightleftharpoons H_3O^+ + S^{2-}$$

根据 $K_{a_2}^{\ominus} \cdot K_{b_1}^{\ominus} = K_w^{\ominus}$,得

$$K_{a_2}^{\ominus} = \frac{K_w^{\ominus}}{K_{b_1}^{\ominus}} = \frac{10^{-14}}{8.3 \times 10^{-2}} = 1.2 \times 10^{-13}$$

2. 酸碱的强度

酸碱的强弱取决于物质给出质子或接受质子的能力。物质的酸性或碱性强弱可以通过酸或碱的解离常数 $K_a^\ominus$ 和 $K_b^\ominus$ 来衡量。不同酸碱的解离常数可查阅本书附录 5,其中 $pK_a^\ominus = -\lg K_a^\ominus$;$pK_b^\ominus = -\lg K_b^\ominus$。一般来说,$K_a^\ominus$ 越大,酸性就越强;$K_b^\ominus$ 越大,碱性就越强。

在共轭酸碱对中,如果酸越易给出质子,酸性越强,则其共轭碱对质子的亲和力就越弱,碱性就越弱。例如,$HClO_4$、HCl 都是强酸,它们的共轭碱 ClO_4^-、Cl^- 都是弱碱。反之,酸越弱,则其共轭碱就越容易接受质子,因而碱性就越强。由表 2-1 可知,以下四种酸的强度顺序为

$$HAc > H_2PO_4^- > NH_4^+ > HS^-$$

而它们共轭碱的强度恰好相反,强度顺序为

$$Ac^- < HPO_4^{2-} < NH_3 < S^{2-}$$

表 2-1 四种共轭酸碱对的 $K_a^\ominus$,$K_b^\ominus$ 值

共轭酸碱对	$K_a^\ominus$	$K_b^\ominus$
$HAc-Ac^-$	1.8×10^{-5}	5.6×10^{-10}
$H_2PO_4^- - HPO_4^{2-}$	6.3×10^{-8}	1.6×10^{-7}
$NH_4^+ - NH_3$	5.6×10^{-10}	1.8×10^{-5}
$HS^- - S^{2-}$	1.2×10^{-13}	8.3×10^{-2}

例 2-3 试求 $H_2PO_4^-$ 的 $pK_{b_3}^\ominus$ 和 $K_{b_3}^\ominus$,并判断 $H_2PO_4^-$ 的酸碱性。

解:根据 $K_{a_1}^\ominus \cdot K_{b_3}^\ominus = K_w^\ominus = 1.0 \times 10^{-14}$ 得 $pK_{b_3}^\ominus = 14.00 - pK_{a_1}^\ominus$

查阅本书附录 5,可知 $K_{a_1}^\ominus = 6.9 \times 10^{-3}$ $pK_{a_1}^\ominus = 2.16$

则 $\qquad\qquad pK_{b_3}^\ominus = 14.00 - 2.16 = 11.84 \qquad K_{b_3}^\ominus = 1.4 \times 10^{-12}$

在水溶液中存在如下平衡

酸式解离 $\qquad\qquad H_2PO_4^- + H_2O \Longrightarrow H_3O^+ + HPO_4^{2-} \quad K_{a_2}^\ominus$

碱式解离 $\qquad\qquad H_2PO_4^- + H_2O \Longrightarrow H_3PO_4 + OH^- \quad K_{b_3}^\ominus$

即 $H_2PO_4^-$ 为两性物质,既可作为酸失去质子,也可作为碱获得质子。查表得 $K_{a_2}^\ominus = 6.3 \times 10^{-8}$,显然 $K_{a_2}^\ominus > K_{b_3}^\ominus$,说明 $H_2PO_4^-$ 以酸式解离为主,即 NaH_2PO_4 水溶液呈弱酸性。

2.1.3 酸碱溶液中 pH 的计算

1. 一元弱酸(碱)溶液

HAc 在水溶液中的解离平衡为

$$HAc + H_2O \Longrightarrow H_3O^+ + Ac^-$$

其平衡常数如式(2-2)所示,由弱酸的解离常数,可以得出一元弱酸溶液中的 H^+ 浓度计算公式,进而可以计算弱酸溶液的 pH。

弱酸水溶液中,水本身的解离可以忽略不计(误差<5%时,$cK_a^\ominus \geq 20K_w^\ominus$),而弱酸的解离较弱,也可以忽略不计$\left(解离<5\%时,\dfrac{c}{K_a^\ominus} \geq 400\right)$,则其简化计算公式为

$$[H^+] = \sqrt{cK_a^\ominus} \tag{2-5}$$

当然还有两种情况,当水本身的解离仍可忽略不计(误差<5%时,$cK_a^\ominus \geqslant 20K_w^\ominus$),而弱酸的解离不能忽略时$\left(解离<5\%时,\dfrac{c}{K_a^\ominus}<400\right)$,则采用近似公式计算:

$$[H^+] = \frac{-K_a^\ominus + \sqrt{K_a^{\ominus 2} + 4cK_a^\ominus}}{2} \tag{2-6}$$

而当弱酸与水的解离相比,水的解离不能忽略($cK_a^\ominus < 20K_w^\ominus$),弱酸本身的解离可以忽略$\left(\dfrac{c}{K_a^\ominus} \geqslant 400\right)$时,则采用精确公式计算

$$[H^+] = \sqrt{cK_a^\ominus + K_w^\ominus} \tag{2-7}$$

一般来说,最简式最为常用,此时计算的$[H^+]$误差小于 5%。

对于一元弱碱溶液,只要将上述一元弱酸公式中的$[H^+]$换成$[OH^-]$,$K_a^\ominus$换成$K_b^\ominus$即可。

例 2-4　试求 0.10 mol·L^{-1}NH$_4$Cl 溶液的 pH。(已知 NH$_3$ 的 p$K_b^\ominus$=4.75)

解:由于 NH$_4^+$ 是 NH$_3$ 的共轭酸,其 $K_a^\ominus$ 为

$$K_a^\ominus = \frac{K_w^\ominus}{K_b^\ominus} = \frac{10^{-14}}{10^{-4.75}} = 5.6 \times 10^{-10}$$

由于

$$cK_a^\ominus = 0.10 \times 5.6 \times 10^{-10} = 5.6 \times 10^{-11} > 20K_w^\ominus$$

$$c/K_a^\ominus = 0.10/(5.6 \times 10^{-10}) = 1.8 \times 10^8 \gg 400$$

因此

$$[H_3O^+] = \sqrt{cK_a^\ominus} = \sqrt{5.6 \times 10^{-10} \times 0.10} = 7.5 \times 10^{-6}(mol \cdot L^{-1})$$

即

$$pH = 5.12$$

例 2-5　试求 0.10 mol·L^{-1}NH$_3$ 溶液的 pH。(已知 NH$_3$ 的 p$K_b^\ominus$=4.75)。

解:由于

$$cK_b^\ominus = 0.10 \times 1.8 \times 10^{-5} = 1.8 \times 10^{-6} > 20K_w^\ominus$$

$$c/K_b^\ominus = 0.10/(1.8 \times 10^{-5}) = 5.6 \times 10^3 > 400$$

所以

$$[OH^-] = \sqrt{cK_b^\ominus} = \sqrt{0.1 \times 1.8 \times 10^{-5}} = 1.34 \times 10^{-3}(mol \cdot L^{-1})$$

$$pOH = 2.87$$

即

$$pH = pK_w^\ominus - pOH = 14.00 - 2.87 = 11.13。$$

2. 多元酸(碱)溶液 pH 的计算

多元弱酸(或弱碱)在水溶液的解离是分步进行的。以二元弱酸 H$_2$S 为例,其解离可以分为两步:

一级解离:　　　　　　　　$H_2S \Longrightarrow H^+ + HS^-$,　　$K_{a_1}^\ominus = 8.9 \times 10^{-8}$

二级解离:　　　　　　　　$HS^- \Longrightarrow H^+ + S^{2-}$,　　$K_{a_2}^\ominus = 1.2 \times 10^{-13}$

总反应式:　　　　$H_2S \Longrightarrow 2H^+ + S^{2-}$,　　$K = K_{a_1}^\ominus K_{a_2}^\ominus = 1.07 \times 10^{-20}$

由此可见,$K_{a_1}^\ominus \gg K_{a_2}^\ominus$,所以一级解离比第二级解离大得多。H$_2$S 的酸度远远大于 HS$^-$ 的酸度。

对于多元弱酸的解离,由于 $K_{a_1}^\ominus \gg K_{a_2}^\ominus$,溶液中氢离子主要由第一级解离产生,第二步解离产生的 H$^+$ 在计算中可以忽略、因此,对于多元酸溶液,计算浓度时常常忽略它的二级解离,只考虑它的一级解离,计算过程中当成一元弱酸处理。即将以上公式中的 $K_a^\ominus$ 分别换成 $K_{a_1}^\ominus$ 即可。

例 2-6 已知室温下饱和 H_2CO_3 水溶液浓度约为 $0.040\ mol \cdot L^{-1}$，试求该溶液的 pH。

解：查阅本书附录 5，得 H_2CO_3 的 $pK_{a_1}^{\ominus} = 6.38$，$pK_{a_2}^{\ominus} = 10.25$。由于 $K_{a_1}^{\ominus} \gg K_{a_2}^{\ominus}$，所以按一元酸计算。

由于
$$cK_{a_1}^{\ominus} = 0.040 \times 10^{-6.38} \gg 20K_w^{\ominus}$$

$$c/K_{a_1}^{\ominus} = 0.040/10^{-6.38} = 9.6 \times 10^4 \gg 400$$

所以
$$[H^+] = \sqrt{cK_{a_1}^{\ominus}} = \sqrt{0.040 \times 10^{-6.38}} = 1.29 \times 10^{-4}(mol \cdot L^{-1})$$

$$pH = 3.89$$

而对于浓度为 $0.20\ mol \cdot L^{-1}$ 的 Na_2CO_3 水溶液，由于 $K_{b_1}^{\ominus} \gg K_{b_2}^{\ominus}$，可按一元碱处理。

由于
$$cK_{b_1}^{\ominus} = 0.20 \times 10^{-3.75} \gg 20K_w^{\ominus}$$

$$c/K_{b_1}^{\ominus} = 0.20/10^{-3.75} = 1125 > 400$$

所以
$$[OH^-] = \sqrt{cK_{b_1}^{\ominus}} = \sqrt{0.20 \times 10^{-3.75}} = 5.96 \times 10^{-3}(mol \cdot L^{-1})$$

$$[H^+] = 1.68 \times 10^{-12}(mol \cdot L^{-1})$$

即
$$pH = 11.77$$

2.1.4 酸碱平衡的移动

酸碱平衡
的移动

酸碱平衡是化学平衡的一种，当溶液的浓度、温度等条件发生改变时，酸碱的解离平衡可能会发生移动，直到建立新的平衡。由于酸碱反应大多是在常温常压下的液相反应，所以只考虑浓度变化对平衡的影响。

改变浓度可以采用稀释法，也可以在弱酸弱碱溶液中加入相同离子的强电解质，从而改变弱酸弱碱解离平衡中某一离子的浓度，引起平衡的移动。如 HAc 的解离平衡（$HAc \rightleftharpoons H^+ + Ac^-$），如果加水稀释，则平衡往右移动，HAc 的解离度增大。这种加水稀释使得弱电解质解离度增大的情况，可称为**稀释定律**。

如果往上述平衡溶液中加入 NaAc，由于 Ac^- 浓度增大，平衡往左移动，最终结果是降低了 HAc 的解离度，使溶液的酸性降低。再如往 NH_3 的水溶液中加入 NH_4Cl，由于 NH_4^+ 浓度的增加，也会降低 NH_3 在水中的解离度。因此在弱酸或者弱碱溶液中加入与它们解离产物相同的离子，平衡会发生移动，使弱酸或者弱碱的解离度降低，这种现象称为**同离子效应**。

2.1.5 缓冲溶液及其 pH 计算

酸碱缓冲
溶液

能抵抗外来少量强酸强碱或加水稀释的影响，而保持自身的 pH 基本不变的溶液称为缓冲溶液（buffer solution）。常见的缓冲溶液是由弱酸及其共轭碱（HAc-NaAc）、弱碱及其共轭酸（NH_3-NH_4Cl）组成，此外还有弱酸弱碱盐和浓度较大的强酸或者强碱。

本书以弱酸及其共轭碱（HAc-NaAc）缓冲溶液为例，讨论酸碱缓冲溶液的缓冲原理。

在 HAc-NaAc 溶液中，$[HAc]$ 和 $[Ac^-]$ 均较大，且存在下列平衡

$$HAc \rightleftharpoons H^+ + Ac^-$$

则由
$$K_a^{\ominus} = \frac{[H^+][Ac^-]}{[HAc]}$$

可得
$$[H^+] = K_a^{\ominus} \frac{[HAc]}{[Ac^-]} \tag{2-8}$$

从上式可知,当温度一定时,$K_a^\ominus$ 恒定,溶液的 pH 仅由比值[HAc]/[Ac⁻]决定。当向溶液中加入少量强酸时,平衡向左移动,虽然使体系中[Ac⁻]略减小,[HAc]略增大,但由于原溶液中[HAc]和[Ac⁻]均较大,所以比值[HAc]/[Ac⁻]基本不变,即溶液的 pH 基本不变。当向溶液中加入少量强碱时,平衡向右移动,虽然使体系中[Ac⁻]略增大,[HAc]略减小,但比值[HAc]/[Ac⁻]也基本不变,即溶液的 pH 也基本不变。同样,当加水稀释时,虽然 HAc 的解离度增大,比值[HAc]/[Ac⁻]也基本不变,即溶液的 pH 基本不变。

弱酸及其共轭碱(HA-A⁻)溶液的 pH 计算。

设弱酸 HA 的分析浓度为 c_a,其共轭碱 A⁻ 的分析浓度为 c_b,若忽略其解离,则按酸 HA 的解离平衡式可得计算[H⁺]的最简式为

$$[H^+] = K_a^\ominus \frac{[HA]}{[A^-]} \approx K_a^\ominus \frac{c_a}{c_b} \tag{2-9}$$

对数形式为
$$pH = pK_a^\ominus - \lg \frac{c_a}{c_b} \tag{2-10}$$

弱碱及其共轭酸(NH_3-NH_4Cl)pH 的计算简化式为

$$[OH^-] = K_b^\ominus \frac{c_b}{c_a} \tag{2-11}$$

对数形式为
$$pOH = pK_b^\ominus - \lg \frac{c_b}{c_a} \tag{2-12}$$

作为一般控制溶液酸度用的缓冲溶液,由于缓冲剂本身的浓度较大,而且对计算结果也不要求十分准确,故通常采用最简式计算即可。

例 2-7　10.0 mL 0.200 mol·L⁻¹ 的 HAc 溶液与 5.5 mL 0.200 mol·L⁻¹ 的 NaOH 溶液混合。求该混合液的 pH。已知 $pK_a^\ominus = 4.76$。

解:加入 HAc 的物质的量为　　　　$0.200 \times 10.0 \times 10^{-3} = 2.0 \times 10^{-3} mol$

加入 NaOH 的物质的量为　　　　$0.200 \times 5.5 \times 10^{-3} = 1.1 \times 10^{-3} mol$

因为反应后生成 Ac⁻ 的物质的量为 $1.1 \times 10^{-3} mol$,所以

$$c_a = (2.0-1.1) \times 10^{-3} / (10+5.5) \times 10^{-3} = 0.058 (mol·L^{-1})$$

$$c_b = 1.1 \times 10^{-3} / (10+5.5) \times 10^{-3} = 0.071 (mol·L^{-1})$$

$$pH = pK_a^\ominus - \lg \frac{c_a}{c_b} = 4.76 - \lg \frac{0.058}{0.071} = 4.85$$

例 2-8　NH_3-NH_4Cl 混合溶液中,NH_3 浓度为 0.8 mol·L⁻¹,NH_4Cl 浓度为 0.9 mol·L⁻¹,求该混合液的 pH。

解:查阅本书附录 5,得 NH_3 的 $pK_b^\ominus = 4.75$。

$$[OH^-] = \frac{c_b}{c_a} K_b^\ominus = \frac{0.8}{0.9} \times 10^{-4.75} = 1.58 \times 10^{-5} (mol·L^{-1})$$

$$[H_3O^+] = 6.33 \times 10^{-10} mol·L^{-1}, \quad pH = 9.20$$

或
$$pOH = pK_b^\ominus - \lg \frac{c_b}{c_a} = 4.75 - \lg \frac{0.8}{0.9} = 4.80$$

$$pH = 9.20$$

2.2 沉淀溶解平衡

与酸碱平衡体系不同,沉淀溶解平衡(precipitation dissolution equilibrium)是固-液两相的化学平衡体系。例如,在 NaCl 溶液中加入 AgNO$_3$ 溶液,会生成白色的 AgCl 沉淀;往固态 CaCO$_3$ 中加入一定量的盐酸,则可使 CaCO$_3$ 溶解。这种沉淀反应(precipitation reaction)与溶解反应(dissolution reaction)的特征是在反应过程中伴有新物相的生成或消失,存在着固态难溶电解质与由它解离产生的离子之间的平衡,这种平衡称为沉淀溶解平衡。

2.2.1 溶度积与溶解度

难溶强电解质的溶解过程是一个可逆过程。例如,BaSO$_4$ 放入水中,则受水分子的溶剂化作用,Ba^{2+} 和 SO$_4^{2-}$ 进入溶液形成水合离子,这是溶解过程。同时,已溶解的部分 Ba^{2+} 和 SO$_4^{2-}$ 在无序的运动中,可能遇到 BaSO$_4$ 固体表面而析出,这是沉淀过程。在一定的温度下,当溶解与沉淀的速率相等时,溶解与沉淀达到动态的两相平衡,称为沉淀溶解平衡。

$$BaSO_4(s) \underset{\text{生成沉淀}}{\overset{\text{沉淀溶解}}{\rightleftharpoons}} Ba^{2+}(aq) + SO_4^{2-}(aq)$$

则该平衡的标准平衡常数为 $K_{sp}^{\ominus}(BaSO_4) = [Ba^{2+}] \cdot [SO_4^{2-}]$。

对于任意难溶强电解质 A$_m$B$_n$ 在水中存在如下平衡:

$$A_mB_n(s) \underset{\text{沉淀}}{\overset{\text{溶解}}{\rightleftharpoons}} mA^{n+} + nB^{m-}$$

则

$$K_{sp}^{\ominus} = ([A^{n+}]/c^{\ominus})^m \cdot ([B^{m-}]/c^{\ominus})^n \qquad (2-13)$$

式(2-13)中 $K_{sp}^{\ominus}$ 是标准平衡常数,在沉淀溶解平衡中把此平衡常数称为该难溶物质的溶度积常数(solubility product constant)(简称溶度积),是表征难溶物溶解能力的特性常数。

由于 $c^{\ominus} = 1.0$ mol $\cdot$ L^{-1},式(2-13)常简写为

$$K_{sp}^{\ominus} = [A^{n+}]^m \cdot [B^{m-}]^n \qquad (2-14)$$

$K_{sp}^{\ominus}$ 与其他常数一样也是温度的函数,它可以由实验测得,也可以通过热力学数据(标准吉布斯自由能变 $\Delta_r G_m^{\ominus}$)计算得到。本书附录 6 列出了常见难溶电解质的溶度积常数 $K_{sp}^{\ominus}$,计算时可直接引用。

根据溶度积常数的表达式,难溶强电解质的溶度积和溶解度之间可以相互换算,应注意在换算时溶解度的单位必须采用 mol $\cdot$ L^{-1}。

设难溶盐 A$_m$B$_n$ 的溶解度为 s,则其组成离子在纯水中的平衡浓度 s 即为溶解度

$$A_mB_n(s) \rightleftharpoons mA^{n+} + nB^{m-}$$

平衡浓度/(mol $\cdot$ L^{-1}) $\qquad\qquad\qquad ms \qquad ns$

$$K_{sp}^{\ominus}(A_mB_n) = (ms)^m \cdot (ns)^n = m^m n^n s^{m+n}$$

$$s = \sqrt[m+n]{\frac{K_{sp}^{\ominus}}{m^m n^n}} \qquad (2-15)$$

例如,查阅本书附录 6 可得,BaSO$_4$ 在 298.15 K 时的溶度积为 1.07×10^{-10},则 298.15 K 时 BaSO$_4$ 在纯水中的溶解度为

$$s = \sqrt{K_{sp}^{\ominus}} = \sqrt{1.07 \times 10^{-10}} = 1.03 \times 10^{-5} (\text{mol} \cdot \text{L}^{-1})_{\circ}$$

显然,不同类型的难溶强电解质的溶度积与溶解度之间的关系不同。对相同类型难溶强电解质的溶解度,可以直接比较溶度积的大小来判断,如 $AgCl$、$AgBr$ 和 AgI 的溶度积常数分别为 $K_{sp}^{\ominus}(AgCl) = 1.77 \times 10^{-10}$、$K_{sp}^{\ominus}(AgBr) = 5.35 \times 10^{-13}$、$K_{sp}^{\ominus}(AgI) = 8.52 \times 10^{-17}$,其溶解度大小顺序依次为 $AgCl > AgBr > AgI$。比较不同类型电解质的溶解度大小时,如果溶度积相差较小就不能直接由溶度积大小来判断。

2.2.2　沉淀溶解平衡的移动

沉淀溶解平衡与其他化学平衡一样,条件的变化会导致平衡的移动。如在沉淀平衡体系中,若加入含有与平衡离子相同离子的易溶电解质,则平衡向生成沉淀的方向移动,导致难溶电解质的溶解度降低。

再如往 $CaCO_3$ 的沉淀溶解平衡加入盐酸,会导致 $CaCO_3$ 的溶解度增大;往 $AgCl$ 溶液中滴加浓氨水,也会导致 $AgCl$ 的沉淀溶解平衡往 $AgCl$ 溶解的方向移动,导致其溶解度增大。

2.2.3　溶度积规则

在一定条件下沉淀能否生成或溶解,可以通过溶度积规则来判断。我们已知化学反应自发进行的吉布斯自由能变化判据为

当 $\Delta_r G_m < 0$ 时,　　反应正向进行;

当 $\Delta_r G_m > 0$ 时,　　反应逆向进行;

当 $\Delta_r G_m = 0$ 时,　　反应处于平衡状态。

由化学反应等温式:

$$\Delta_r G_m = \Delta_r G_m^{\ominus} + RT \ln Q = -RT \ln K^{\ominus} + RT \ln Q \tag{2-16}$$

式中:Q 为反应商。若将式(2-16)应用于沉淀溶解平衡中,则 Q 为离子积,$K^{\ominus}$ 为 $K_{sp}^{\ominus}$,即可得如下判据:

(1) 当 $Q < K_{sp}^{\ominus}$ 时,$\Delta_r G_m < 0$,反应正向进行,沉淀将溶解。

(2) 当 $Q = K_{sp}^{\ominus}$ 时,$\Delta_r G_m = 0$,反应处于平衡状态,处于沉淀溶解平衡状态。

(3) 当 $Q > K_{sp}^{\ominus}$ 时,$\Delta_r G_m > 0$,反应逆向进行,将有沉淀生成。

以上规律称为溶度积规则,运用此规则可以判断在一定条件下某溶液中是否有沉淀生成或溶解。

1. 判断沉淀的生成

根据溶度积规则,在难溶电解质溶液中,如果 $Q > K_{sp}^{\ominus}$ 时,溶液中将有沉淀生成。

例 2-9　如果在 10 mL 0.010 mol·L^{-1} $BaCl_2$ 溶液中加入 30 mL 0.0050 mol·L^{-1} Na_2SO_4 溶液,有无沉淀产生?已知:$K_{sp}^{\ominus}(BaSO_4) = 1.07 \times 10^{-10}$。

解:两种溶液混合后,总体积为 40 mL,则

$$[Ba^{2+}] = \frac{0.010 \times 10}{40} = 2.5 \times 10^{-3} (\text{mol} \cdot \text{L}^{-1}),$$

$$[SO_4^{2-}] = \frac{0.0050 \times 30}{40} = 3.75 \times 10^{-3} (\text{mol} \cdot \text{L}^{-1})$$

反应商 $\qquad Q = [\text{Ba}^{2+}] \cdot [\text{SO}_4^{2-}] = 2.5 \times 10^{-3} \times 3.75 \times 10^{-3} = 9.4 \times 10^{-6}$

因为 $Q > K_{sp}^{\ominus}$，所以有 BaSO_4 沉淀生成。

2. 判断沉淀的溶解

根据溶度积规则，沉淀溶解的必要条件是 $Q < K_{sp}^{\ominus}$。因此，若能有效地降低沉淀平衡体系中有关离子浓度，使 $Q < K_{sp}^{\ominus}$，沉淀平衡将会向沉淀溶解的方向移动。常用的沉淀溶解方法主要有：

1）酸碱溶解法

利用酸或碱与难溶电解质的组分离子反应，生成可溶性弱电解质，使沉淀平衡向溶解的方向移动，可导致沉淀溶解。例如，为了溶解 CaCO_3 沉淀，可向沉淀平衡体系中加入盐酸。对于难溶金属硫化物和氢氧化物，加入酸时分别生成硫化氢气体和水，也可以使沉淀溶解。例如，

$$\text{FeS}(s) + 2\,\text{HCl} =\!\!=\!\!= \text{FeCl}_2 + \text{H}_2\text{S}\uparrow$$

$$\text{Al}(\text{OH})_3(s) + 3\,\text{H}^+ =\!\!=\!\!= \text{Al}^{3+} + 3\,\text{H}_2\text{O}$$

某些溶度积较大的氢氧化物如 $\text{Mg}(\text{OH})_2$、$\text{Mn}(\text{OH})_2$ 可溶于铵盐中，是由于生成弱碱 $\text{NH}_3 \cdot \text{H}_2\text{O}$。例如，

$$\text{Mg}(\text{OH})_2 + 2\,\text{NH}_4^+ =\!\!=\!\!= \text{Mg}^{2+} + 2\,\text{NH}_3 \cdot \text{H}_2\text{O}$$

两性金属氢氧化物沉淀还可溶于碱溶液中，如 $\text{Zn}(\text{OH})_2$ 沉淀在碱中的溶解反应为

$$\text{Zn}(\text{OH})_2(s) + 2\,\text{OH}^- =\!\!=\!\!= \text{ZnO}_2^{2-} + 2\,\text{H}_2\text{O}$$

2）氧化还原溶解法

一些溶度积常数很小的金属硫化物，如 CuS 等，即使加入高浓度的 HCl 或 H_2SO_4，都不能有效地降低 S^{2-} 的浓度，使沉淀溶解。如果利用具有氧化性的酸如 HNO_3 或王水等，通过氧化还原反应，将 S^{2-} 氧化成单质硫，便可显著降低 S^{2-} 的浓度，使沉淀溶解。例如，

$$3\,\text{CuS}(s) + 8\,\text{HNO}_3 =\!\!=\!\!= 3\,\text{Cu}(\text{NO}_3)_2 + 3\,\text{S}\downarrow + 2\,\text{NO}\uparrow + 4\,\text{H}_2\text{O}$$

3）配位溶解法

利用配位反应，使难溶盐的组分离子形成可溶性的配离子，从而达到沉淀溶解的目的。例如，

$$\text{AgCl}(s) + 2\,\text{NH}_3 \cdot \text{H}_2\text{O} =\!\!=\!\!= [\text{Ag}(\text{NH}_3)_2]^+ + \text{Cl}^- + 2\,\text{H}_2\text{O}$$

非常难溶的 HgS，只利用降低 S^{2-} 浓度的方法，不足以使其溶解。为使之溶解必须使用王水，因为 HNO_3 将 S^{2-} 氧化成单质硫而降低 S^{2-} 浓度，同时 HCl 使 Hg^{2+} 生成 $[\text{HgCl}_4]^{2-}$ 配离子而降低了 Hg^{2+} 浓度，最终使 $Q < K_{sp}^{\ominus}$，导致 HgS 沉淀溶解。

3. 沉淀的转化

借助于某一试剂的作用将沉淀从一种形式转化为另一种形式，称为沉淀的转化。例如，为了除去附着在锅炉内壁既难溶于水又难溶于酸的 CaSO_4 锅垢，可以用 Na_2CO_3 处理，将 CaSO_4 转化为可溶于酸的 CaCO_3。此反应过程可表示为

$$\text{CaSO}_4(s) =\!\!=\!\!= \text{Ca}^{2+} + \text{SO}_4^{2-}$$

$$\text{Na}_2\text{CO}_3 =\!\!=\!\!= \text{CO}_3^{2-} + 2\,\text{Na}^+$$

$$\Updownarrow$$

$$\text{CaCO}_3(s)$$

沉淀能否转化及转化的程度,取决于两种沉淀溶度积的相对大小。当沉淀类型相同时,$K_{sp}^{\ominus}$ 大的沉淀容易转化成 $K_{sp}^{\ominus}$ 小的沉淀,而且两者 $K_{sp}^{\ominus}$ 相差越大,转化越完全。上述例子的转化反应可表示为

$$CaSO_4(s) + CO_3^{2-} \Longrightarrow CaCO_3(s) + SO_4^{2-}$$

转化反应的平衡常数为

$$K^{\ominus} = \frac{[SO_4^{2-}]}{[CO_3^{2-}]} = \frac{[Ca^{2+}] \cdot [SO_4^{2-}]}{[Ca^{2+}] \cdot [CO_3^{2-}]} = \frac{K_{sp}^{\ominus}(CaSO_4)}{K_{sp}^{\ominus}(CaCO_3)} = \frac{7.10 \times 10^{-5}}{4.96 \times 10^{-9}} = 1.43 \times 10^4$$

可见,该沉淀转化反应的 $K^{\ominus}$ 很大,反应能进行得很完全。

2.3　配位平衡

配位化合物是由中心原子或离子和一定数目的配体(中性分子或阴离子)以配位键相结合而成的复杂分子或离子化合物。如氯化银沉淀能溶于氨水是因为生成了银氨配离子。我们结合一个例子来解释有关概念。

往硫酸铜溶液中滴加适量的氨水,我们可以观察到有浅蓝色沉淀生成,当进一步滴加氨水至过量时,沉淀消失,溶液变为深蓝色的透明溶液,生成了 $[Cu(NH_3)_4]SO_4$ 配合物,称为硫酸四氨合铜(Ⅱ)。下面以 $[Cu(NH_3)_4]SO_4$ 为例说明配合物的基本概念。

2.3.1　配合物的组成

配合物的组成与命名

一般配合物由内界和外界两部分组成。

1. 配合物内界

配合物中配位单元称为配合物的内界。如在配合物 $[Cu(NH_3)_4]SO_4$ 中,具有复杂结构的 $[Cu(NH_3)_4]^{2+}$ 称为配合物的内界,用方括号表示,此时内界为正离子。内界也可以为负离子,例如,$K_2[PtCl_6]$ 中的 $[PtCl_6]^{2-}$ 是配合物的内界。内界本身也可以是电中性的,如 $[Ni(CO)_4]$ 就没有外界。当配合物的内界带有电荷时,简称为配离子。

2. 配合物外界

配合物中配位单元未包括的部分称为配合物的外界。如在配合物 $[Cu(NH_3)_4]SO_4$ 中 SO_4^{2-} 称为配合物的外界。再如,$K_2[PtCl_6]$ 中 K^+ 是配合物的外界。

配合物的内界和外界以离子键相结合。配合物溶于水时,解离为内界和外界两部分,内界基本保持其复杂的结构单元(配合单元)。配合单元不仅能存在于水溶液中,也能存在于晶体中。有的配合物只有内界,如 $[Ni(CO)_4]$、$[Fe(CO)_5]$ 等。

3. 中心离子或中心原子

配合物的内界总是由中心离子(或原子)和配位体两部分组成。中心离子(或原子)位于配离子的中心,亦称配合物的形成体。例如,$[Cu(NH_3)_4]^{2+}$ 中的 Cu^{2+},$[Co(NH_3)_6]^{3+}$ 中的 Co^{3+},$[Fe(CN)_6]^{4-}$ 中的 Fe^{2+} 等正离子。形成体也可以是中性原子,如 $[Ni(CO)_4]$、$[Fe(CO)_5]$ 中的 Ni 原子和 Fe 原子。不同金属元素形成配合物的能力差别很大,一般说来,过渡金属元素形成配合物的能力较强。

4. 配位体与配位原子

配合物中与中心离子以配位键结合的中性分子或阴离子称为配位体,简称配体。配体分布在中心离子的周围。例如,$[Cu(NH_3)_4]SO_4$ 中的 NH_3、$[Co(NH_3)_5(H_2O)]^{3+}$ 中的 NH_3 和 H_2O、$[Fe(CN)_6]^{4-}$ 中的 CN^-、$[PtCl_6]^{2-}$ 中的 Cl^-、$[Ni(CO)_4]$ 中的 CO 等。

在配体中能提供孤电子对并与中心离子(或原子)形成配位键的原子称为配位原子。一般常见的配位原子主要是元素周期表中电负性较大的非金属原子。如 $[Cu(NH_3)_4]SO_4$ 中的 N 原子、$[Fe(CN)_6]^{4-}$ 中的 C 原子、$[Co(NH_3)_5(H_2O)]^{3+}$ 中的 N 原子和 O 原子、$[PtCl_6]^{2-}$ 中的 Cl 原子、$Ni(CO)_4$ 中的 C 原子等。

根据配体中所含配位原子数目的多少可将配体分为单齿配体和多齿配体。

(1) 单齿配体。只含一个配位原子,可提供一对孤电子对与中心离子或原子形成一个配位键的配体称为单齿配体(unidentate ligand),如 H_2O、CO、NH_3、Cl^-、CN^- 等。

(2) 多齿配体。一个配体中含两个或两个以上配位原子并能和中心离子形成多个配位键的配体称为多齿配体(multidentate ligand)。如草酸根($C_2O_4^{2-}$)、乙二胺($H_2NCH_2CH_2NH_2$,简写成 en,英文名称 ethylenediamine)和乙二胺四乙酸(ethylenediamine tetraacetic acid,简称 EDTA)等。

5. 配位数

与中心离子(或原子)直接以配位键相结合的配位原子的数目称为中心离子的配位数。一般中心离子都具有特征的配位数。常见的配位数为 2、4、6。

在单齿配体形成的配合物中

中心离子的配位数=单齿配体个数=配位原子的个数

例如,$[Co(NH_3)_6]Cl_3$ 中 Co^{3+} 的配位数即为 NH_3 分子的个数,故配位数为 6。

在多齿配体形成的配合物中

中心离子的配位数=多齿配体个数×每个多齿配体中配位原子的个数

例如,$[Co(en)_3]Cl_3$ 中配体个数是 3,每个 en 中有两个配位原子,因此 Co^{3+} 的配位数为 6。

配位数受到多种因素的影响,主要包括几何因素(中心离子的半径、配体的大小及几何构型)、静电因素(中心离子与配体的电荷)、中心离子的价电子层结构及浓度、温度等条件的影响。

一般中心离子的氧化数越高,越易吸引配体中的孤电子对,越易形成高配位数的配合物。一般中心离子的半径越大,配位数往往越大。

2.3.2 配合物的命名

1. 配合物内界的命名顺序

配合物内界的命名顺序为:配体数(用一、二、三等数字表示)→ 配体名称 →"合"字→中心离子名称→中心离子氧化数值(加括号,用罗马数字 Ⅰ、Ⅱ、Ⅲ 等注明)。例如,

$[Cu(NH_3)_4]^{2+}$ 　　　　四氨合铜(Ⅱ)离子

$[Fe(CN)_6]^{3-}$ 　　　　六氰合铁(Ⅲ)离子

2. 配体命名原则

若配离子内含有两个以上不同配体,则配体之间用"·"隔开。配体列出的顺序如下:

(1) 先无机配体,后有机配体;配体所用的缩写符号一律用小写字母。例如,

$[CoCl(SCN)(en)_2]^+$　　　　氯·硫氰酸根·二(乙二胺)合钴(Ⅲ)离子

（2）先阴离子类配体,后中性分子类配体。例如,

$[Co(NO_2)_4(NH_3)_2]^-$　　　　四硝基·二氨合钴(Ⅲ)离子

（3）先 A 后 B。同类配体中,按其配位原子元素符号的英文字母顺序排列。例如,

$[Co(NH_3)_5(H_2O)]^{3+}$　　　　五氨·一水合钴(Ⅲ)离子(一水中的"一"可以省略)

（4）先简后繁。同类配体的配位原子也相同,则将含较少原子数的配体排在前。例如,

$[Pt(NO_2)(NH_3)(NH_2OH)(py)]^+$　　　　硝基·氨·羟胺·吡啶合铂(Ⅱ)离子

（5）配位原子相同,配体中所含原子数目也相同,则按在结构式中与配位原子相连的元素符号的英文字母顺序排列。例如,

$[Pt(NH_2)(NO_2)(NH_3)_2]$　　　　氨基·硝基·二氨合铂(Ⅱ)

3. 配合物的命名

1）含配阳离子的配合物

若配合物的酸根是一简单的阴离子,则称"某化某";配合物的酸根是一复杂的阴离子,则称为"某酸某"。例如,

$[Co(NH_3)_5(H_2O)]Cl_3$　　　　三氯化五氨·一水合钴(Ⅲ)

$[PtCl(NO_2)(NH_3)_4]CO_3$　　　　碳酸一氯·一硝基·四氨合铂(Ⅳ)

2）含配阴离子的配合物

若外界为氢离子,配阴离子的名称之后用酸字结尾,称"某酸",若外界为除氢以外的阳离子,则称"某酸某"。例如,

$H_2[SiF_6]$　　　　六氟合硅(Ⅳ)酸

$K_4[Fe(CN)_6]$　　　　六氰合铁(Ⅱ)酸钾

3）既含配阳离子又含配阴离子的配合物

例如,$[Cu(NH_3)_4][PtCl_4]$　　　　四氯合铂(Ⅱ)酸四氨合铜(Ⅱ)

4）无外界配合物

例如,$[CoCl(OH)_2(NH_3)_3]$　　　　一氯·二羟基·三氨合钴(Ⅲ)

$[Fe(CO)_5]$　　　　五羰基合铁

4. 某些易混的酸根依配位原子的不同分别命名

—ONO　亚硝酸根　　　　　　　　—NO_2　硝基

—SCN　硫氰根　　　　　　　　　—NCS　异硫氰根

$[Co(ONO)(NH_3)_5]SO_4$　　　　硫酸亚硝酸根·五氨合钴(Ⅲ)

$[Co(NO_2)_3(NH_3)_3]$　　　　三硝基·三氨合钴(Ⅲ)

$Na_3[Co(NCS)_3(SCN)_3]$　　　　三异硫氰根·三硫氰根合钴(Ⅲ)酸钠

5. 常见配合物的俗名

$K_3[Fe(CN)_6]$　　　　铁氰化钾　赤血盐

$K_4[Fe(CN)_6]·3H_2O$　　　　亚铁氰化钾　黄血盐

$H[AuCl_4]$　　　　氯金酸

$H_2[PtCl_6]$　　　　氯铂酸

$H_2[PtCl_4]$ 　　　　　　　　氯亚铂酸

$H_2[SiF_6]$ 　　　　　　　　氟硅酸

$(NH_4)_2[PtCl_6]$ 　　　　　　氯铂酸铵

$Na_3[AlF_6]$ 　　　　　　　　氟铝酸钠

$[Ag(NH_3)_2]^+$ 　　　　　　银氨配离子

$[Cu(NH_3)_4]^{2+}$ 　　　　　铜氨配离子

2.3.3 配合物的生成与解离

在水溶液中,配离子是以比较稳定的结构单元存在的,但仍有少量的解离现象。配位平衡指水溶液中配离子与其解离产生的各种形式的离子和配体间的解离平衡。在水溶液中,配离子的解离与多元弱电解质的解离相似,是分步进行的,其解离的难易程度用解离常数或不稳定常数 $K_{\text{不稳}}^{\ominus}$ 的大小来衡量。各级解离反应的难易程度用各级(逐级)不稳定常数 $K_{\text{不稳}}^{\ominus}$ 来衡量。$[Cu(NH_3)_4]^{2+}$ 在水溶液中总解离反应如下:

$$[Cu(NH_3)_4]^{2+} \Longleftrightarrow Cu^{2+} + 4NH_3$$

$$K_{\text{不稳}}^{\ominus} = \frac{[Cu^{2+}][NH_3]^4}{[Cu(NH_3)_4^{2+}]} \tag{2-17}$$

$K_{\text{不稳}}^{\ominus}$ 越大,说明配离子的解离程度越大,在水溶液中越不稳定。

配离子解离反应的逆反应即为配离子的形成反应。配离子的形成反应平衡常数称为配离子的稳定常数(stability constant),用 $K_{\text{稳}}^{\ominus}$ 来表示。配离子的形成反应也是分步进行的,每一步都有一个稳定常数,称为逐级稳定常数 $K_{\text{稳}}^{\ominus}$。例如,

$$Cu^{2+} + NH_3 \Longleftrightarrow [Cu(NH_3)]^{2+}, \qquad K_{\text{稳}_1}^{\ominus} = 10^{4.31} = 1/K_{\text{不稳}_4}^{\ominus}$$

$$[Cu(NH_3)]^{2+} + NH_3 \Longleftrightarrow [Cu(NH_3)_2]^{2+}, \qquad K_{\text{稳}_2}^{\ominus} = 10^{3.67} = 1/K_{\text{不稳}_3}^{\ominus}$$

$$[Cu(NH_3)_2]^{2+} + NH_3 \Longleftrightarrow [Cu(NH_3)_3]^{2+}, \qquad K_{\text{稳}_3}^{\ominus} = 10^{3.04} = 1/K_{\text{不稳}_2}^{\ominus}$$

$$[Cu(NH_3)_3]^{2+} + NH_3 \Longleftrightarrow [Cu(NH_3)_4]^{2+}, \qquad K_{\text{稳}_4}^{\ominus} = 10^{2.3} = 1/K_{\text{不稳}_1}^{\ominus}$$

显然,逐级稳定常数与相应的逐级不稳定常数互为倒数。逐级稳定常数一般随配位数的增加而减小。

$[Cu(NH_3)_4]^{2+}$ 总的形成反应为

$$Cu^{2+} + 4NH_3 \Longleftrightarrow [Cu(NH_3)_4]^{2+}$$

$$K_{\text{稳}}^{\ominus} = \frac{[Cu(NH_3)_4^{2+}]}{[Cu^{2+}][NH_3]^4} = K_{\text{稳}_1}^{\ominus} \cdot K_{\text{稳}_2}^{\ominus} \cdot K_{\text{稳}_3}^{\ominus} \cdot K_{\text{稳}_4}^{\ominus} = 10^{13.32} = \frac{1}{K_{\text{不稳}}^{\ominus}} \tag{2-18}$$

由此可见,配离子的总稳定常数 $K_{\text{稳}}^{\ominus}$ 等于各逐级稳定常数的乘积。稳定常数 $K_{\text{稳}}^{\ominus}$ 与不稳定常数 $K_{\text{不稳}}^{\ominus}$ 互为倒数。

将各逐级稳定常数的乘积称为各级累积稳定常数(cumulative formation contants),用 β_i 来表示。例如,$[Cu(NH_3)_4]^{2+}$ 各级累积稳定常数 β_i 与各逐级稳定常数 $K_{\text{稳}_i}^{\ominus}$ 及配离子的总稳定常数 $K_{\text{稳}}^{\ominus}$ 的关系为

$$\beta_1 = K^{\ominus}_{\text{稳}_1}$$

$$\beta_2 = K^{\ominus}_{\text{稳}_1} \cdot K^{\ominus}_{\text{稳}_2}$$

$$\beta_3 = K^{\ominus}_{\text{稳}_1} \cdot K^{\ominus}_{\text{稳}_2} \cdot K^{\ominus}_{\text{稳}_3}$$

$$\beta_4 = K^{\ominus}_{\text{稳}_1} \cdot K^{\ominus}_{\text{稳}_2} \cdot K^{\ominus}_{\text{稳}_3} \cdot K^{\ominus}_{\text{稳}_4} = K^{\ominus}_{\text{稳}}$$

可见,最高级的累积稳定常数 β_n 等于配离子的总稳定常数 $K^{\ominus}_{\text{稳}}$。常见配合物各级累积稳定常数如表 2-2 所示。

表 2-2　常见配合物各级累积稳定常数

配离子	介质离子强度	n	$\lg \beta_n$
$[Ag(NH_3)_2]^+$	0.1	1,2	3.40,7.05
$[Cu(NH_3)_4]^{2+}$	0.1	1,2,3,4	4.22,7.89,10.93,13.23
$[Zn(NH_3)_4]^{2+}$	0.1	1,2,3,4	2.27,4.61,7.01,9.06
$[Ni(NH_3)_6]^{2+}$	0.1	1,2,3,4,5,6	2.75,4.95,6.64,7.79,8.50,8.49
$[AlF_6]^{3-}$	0.53	1,2,3,4,5,6	6.1,11.15,15.0,17.7,19.4,19.7
$[Zn(en)_3]^{2+}$	0.1	1,2,3	5.71,10.37,12.08

$K^{\ominus}_{\text{稳}}$ 和 $K^{\ominus}_{\text{不稳}}$ 是配离子的特征常数,可由实验测得。一般 $K^{\ominus}_{\text{稳}}$ 越大,则该配离子越稳定。比较同类型配离子的稳定性时可以直接比较其 $K^{\ominus}_{\text{稳}}$ 或 $K^{\ominus}_{\text{不稳}}$ 的大小。

由于在实际应用中,总是使用过量的配体,使中心离子绝大部分处在最高配位数状态,其他低配位数的各级离子可以忽略不计。

例 2-10　在室温下,0.010 mol 的 $AgNO_3$ 固体溶于 1.0 L 0.030 mol·L^{-1} 的氨水中(设体积不变),计算该溶液中游离的 Ag^+、NH_3、$[Ag(NH_3)_2]^+$ 的浓度。已知 $[Ag(NH_3)_2]^+$ 的 $K^{\ominus}_{\text{稳}} = 1.12 \times 10^7$。

解:设平衡时 $[Ag(NH_3)_2]^+$ 解离产生的 Ag^+ 的浓度为 x mol·L^{-1}。

$$Ag^+ \quad + \quad 2NH_3 \quad \Longleftrightarrow \quad [Ag(NH_3)_2]^+$$

初始浓度/(mol·L^{-1}) 　　　0　　　0.030-2×0.010　　　0.010

平衡浓度/(mol·L^{-1}) 　　　x　　　0.010+2x　　　0.010-x

$$K^{\ominus}_{\text{稳}} = \frac{[Ag(NH_3)_2^+]}{[Ag^+][NH_3]^2} = \frac{0.010-x}{x(0.010+2x)^2}$$

因 $K^{\ominus}_{\text{稳}}$ 较大,说明配离子稳定,解离得到的 Ag^+ 的浓度相对较小;又因过量配体抑制了配离子的解离,因此可作近似处理,即平衡时 $[NH_3] \approx 0.010$ mol·L^{-1},$[Ag(NH_3)_2^+] \approx 0.010$ mol·L^{-1}。

$$1.12 \times 10^7 = \frac{0.010}{x \cdot (0.010)^2}$$

解得

$$[Ag^+] = x = 8.9 \times 10^{-6} (\text{mol} \cdot L^{-1})$$

$$[NH_3] = [Ag(NH_3)_2^+] \approx 0.010 (\text{mol} \cdot L^{-1})$$

2.3.4 配位平衡的移动

配位平衡也是动态平衡。当外界条件改变时,配位平衡会发生移动。当体系中生成弱电解质或更稳定的配离子、发生沉淀反应及氧化还原反应时,配位平衡都将发生移动,导致各组分浓度发生变化。因此,溶液 pH 的变化、沉淀剂的加入、另一配位剂或金属离子的加入、氧化剂或还原剂的存在等,都将影响配位平衡,此时的平衡是涉及配位平衡与其他化学平衡的多重平衡。

1. 酸碱反应与配位平衡

在配位平衡中,当溶液的酸度改变时,常有两类副反应发生。

(1) 某些易水解的高价金属离子和 OH^- 反应生成一系列羟基配合物或氢氧化物沉淀,使金属离子浓度降低,导致配位平衡向配离子解离的方向移动,这种现象称金属离子的水解效应。如在含 $[Fe(C_2O_4)_3]^{3-}$ 配离子的溶液中加入少量碱或用水稀释时,Fe^{3+} 会发生水解。即

$$[Fe(C_2O_4)_3]^{3-} \rightleftharpoons Fe^{3+} + 3C_2O_4^{2-}$$
$$+$$
$$3OH^-$$
$$\Updownarrow$$
$$Fe(OH)_3$$

(2) 在溶液酸度增大时,弱酸根配体(如 $C_2O_4^{2-}$、$S_2O_3^{2-}$、F^-、CN^-、CO_3^{2-}、NO_2^- 等)或碱性配体(如 NH_3、OH^-、en 等)与 H_3O^+ 发生相应反应,使配体浓度降低,配位平衡也向配离子解离的方向移动,这种现象称为配体的酸效应。如在含 $[Fe(C_2O_4)_3]^{3-}$ 配离子的溶液中加入少量酸,平衡向 $[Fe(C_2O_4)_3]^{3-}$ 解离的方向移动。即

$$[Fe(C_2O_4)_3]^{3-} \rightleftharpoons Fe^{3+} + 3C_2O_4^{2-}$$
$$+$$
$$3H^+$$
$$\Updownarrow$$
$$3HC_2O_4^-$$

因此,要形成稳定的配离子,常需控制适当的酸度范围。

2. 沉淀反应与配位平衡

配位平衡和沉淀溶解平衡之间也是可以互相转化的,转化反应的难易可用转化反应平衡常数的大小衡量。转化反应平衡常数与配离子的稳定常数及沉淀的溶度积常数有关。

在配离子溶液中,加入适当的沉淀剂,金属离子生成沉淀使配位平衡发生移动。如在含 $[Ag(NH_3)_2]^+$ 的溶液中加入 KI,有黄色的 AgI 沉淀生成。

$$[Ag(NH_3)_2]^+ \rightleftharpoons Ag^+ + 2NH_3$$
$$+$$
$$I^-$$
$$\Updownarrow$$
$$AgI$$

相反,在沉淀中加入适当配位剂,又可破坏沉淀溶解平衡,使平衡向生成配离子的方向移动。如向 AgI 沉淀中加入 KCN 溶液,则沉淀溶解,平衡向生成 $[Ag(CN)_2]^-$ 的方向移动,即

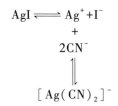

3. 氧化还原反应与配位平衡

氧化还原反应和配位平衡之间也是相互影响的。

金属 Cu 放在 $Hg(NO_3)_2$ 溶液中,Hg 就被置换出来:

$$Cu + Hg^{2+} \Longrightarrow Hg + Cu^{2+}$$

但金属 Cu 却不能从 $[Hg(CN)_4]^{2-}$ 溶液中置换出 Hg,这是由于 $[Hg(CN)_4]^{2-}$ 的稳定常数很大,溶液中 Hg^{2+} 浓度很小,导致 Hg^{2+}/Hg 电对的电极电势(见 2.4 介绍)降低,使得 Hg^{2+} 的氧化能力降低。

$$Hg^{2+} + 2e^- \Longrightarrow Hg \qquad \varphi_{Hg^{2+}/Hg}^{\ominus} = 0.851 \ V$$

$$[Hg(CN)_4]^{2-} + 2e^- \Longrightarrow Hg + 4CN^- \qquad \varphi_{[Hg(CN)_4]^{2-}/Hg}^{\ominus} = -0.374 \ V$$

2.4 氧化还原平衡

2.4.1 氧化还原反应与原电池

1. 氧化还原反应与氧化数

反应物之间有电子转移的化学反应,或者说在化学反应中元素的氧化数(oxidation number)有所改变的反应,称为氧化还原反应(oxidation-reduction reaction)。氧化数是某一个原子的荷电数,这个荷电数可由假设把每个键中的电子指定给电负性更大的原子而求得。可见,元素的氧化数是指元素原子在其化合物中的形式电荷数。如在离子型化合物中,离子所带的电荷数即为其氧化数;在共价化合物中,将共用电子全部归电负性大的原子所具有时,各元素的原子所带的电荷数称为该元素的氧化数。例如,在 HCl 中,Cl 的氧化数为 -1,H 的氧化数为 +1;在 CO_2 中,O 的氧化数为 -2,C 的氧化数为 +4。

对于氧化数有如下规定:

(1) 单质元素的氧化数为零。

(2) 一般物质中氧的氧化数为 -2,但在 H_2O_2,Na_2O_2 等过氧化物中氧的氧化数为 -1,在超氧化物(如 KO_2)中为 -1/2,在臭氧化物(如 KO_3)中为 -1/3,在 OF_2 中为 +2。

(3) 一般物质中 H 的氧化数为 +1,但在 NaH,KH 等金属氢化物中氢的氧化数为 -1。

(4) 中性分子中各元素原子的氧化数之代数和为零;多原子离子中各元素原子的氧化数之代数和等于离子的电荷数。

氧化数与化合价(chemical valence)有一定的区别和联系。氧化数是人为规定的一种宏观统计数值,有整数也有分数,有正数也有负数;化合价则代表一种元素的原子在化合物中形成的化学键的数目,是一种微观真实值,只有正整数。例如:在 CH_4、CH_3Cl、CH_2Cl_2、$CHCl_3$ 和 CCl_4 中,碳的化合价均为 +4,但其氧化数则依次为 -4、-2、0、+2 和 +4。

在氧化还原反应中,还原剂(reductant)中的原子失去电子(或共用电子对偏离),本身发生氧化反应,氧化数升高;氧化剂(oxidant)中的原子得到电子(或共用电子对靠近),本身发生还原反应,氧化数降低。根据氧化数的变化相等或电子得失数相等的原则,可以进行氧化还原反应方程式的配平。

2. 原电池

将 Zn 片放入 $CuSO_4$ 溶液中,可以看到 $CuSO_4$ 溶液的蓝色逐渐变浅,同时在 Zn 片上不断析出紫红色的 Cu,此现象表明 Zn 和 $CuSO_4$ 之间发生了氧化还原反应:

$$Zn(s)+Cu^{2+}(aq) \xrightarrow{\quad\quad} Zn^{2+}(aq)+Cu(s)$$

由于 Zn 片与 $CuSO_4$ 溶液接触,电子从 Zn 直接转移给 Cu^{2+},电子的转移是无秩序的,反应放出的化学能转变成热能。

如图 2-1 所示装置,在一个烧杯中放入 $ZnSO_4$ 溶液并插入 Zn 片,在另一个烧杯中放入 $CuSO_4$ 溶液并插入 Cu 片,两个烧杯用盐桥(一个倒置的 U 形管,管内充满含饱和 KCl 溶液的琼脂冻胶)连接起来,再用导线连接 Zn 片和 Cu 片,中间串联一个检流计,则可以观察到检流计的指针发生偏转,这表明导线中有电流通过。由检流计指针偏转方向可知,电流由 Cu 正极流向 Zn 负极,即电子从 Zn 极流向 Cu 极。

图 2-1 所示的装置能产生电流,是由于 Zn 比 Cu 活泼,Zn 易放出电子变成 Zn^{2+} 进入溶液中,电子沿导线移向 Cu 片,溶液中的 Cu^{2+} 在 Cu 片上接受电子而变

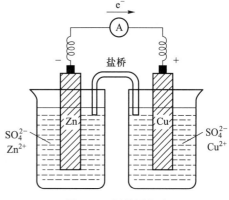

图 2-1 铜锌原电池

成金属铜沉积在 Cu 片上,所以电子定向地由 Zn 极流向 Cu 极,形成电子流。这种借助氧化还原反应把化学能转变成电能的装置,称为原电池(primary cell)。在上述反应进行的过程中,$ZnSO_4$ 溶液由于 Zn^{2+} 增多而带正电荷;相反,$CuSO_4$ 溶液由于 Cu^{2+} 的不断沉积,SO_4^{2-} 过剩而带负电荷,这样就会阻碍电子继续从 Zn 极流向 Cu 极,氧化还原反应受阻。盐桥的作用就是使阳离子(主要是盐桥中的 K^+)向 $CuSO_4$ 溶液迁移,使阴离子(主要是盐桥中的 Cl^-)向 $ZnSO_4$ 溶液迁移,使锌盐溶液和铜盐溶液一直保持着电中性,使氧化还原反应可以不断继续进行。

3. 氧化还原电对和电极反应

原电池由两个半电池组成,每一个半电池又均由同一种元素不同氧化数的物质对所构成,该物质对称为氧化还原电对,而氧化还原电对之间的反应叫半电池反应或电极反应。如在图 2-1 原电池中,两个电极反应为

负极(Zn):$\quad\quad Zn(s)-2e^- \rightleftharpoons Zn^{2+}(aq) \quad$ 氧化反应

正极(Cu):$\quad\quad Cu^{2+}(aq)+2e^- \rightleftharpoons Cu(s) \quad$ 还原反应

两个电极反应相加得到电池反应:$\quad Zn(s)+Cu^{2+}(aq) \xrightarrow{\quad} Zn^{2+}(aq)+Cu(s)$

氧化还原电对可表示为"氧化型/还原型",如 Zn^{2+}/Zn、Cu^{2+}/Cu、Fe^{3+}/Fe^{2+} 和 MnO_4^-/Mn^{2+} 等表示不同金属的氧化还原电对。非金属单质及其相应的离子也可以构成氧化还原电对,如 H^+/H_2;O_2/OH^- 等。

书写电极反应式时,一般以还原反应的形式表示,所以电极反应的通式可以写成:

$$氧化型 + ne^- \Longrightarrow 还原型$$

式中:n 为电极反应中的电子转移数,为单位物质的量的氧化型物质在还原过程中获得的电子的物质的量。

4. 原电池符号

电化学中常用特定符号表示原电池。例如,上述 Cu—Zn 原电池可以表示为

$$(-)Zn \mid ZnSO_4(c_1) \parallel CuSO_4(c_2) \mid Cu(+)$$

原电池符号的书写方法如下:

(1) 负极写在左边用(−)表示,正极写在右边用(+)表示。

(2) 用"$\mid$"表示不同的两相界面,用"$\parallel$"表示两电极之间的盐桥,组成电对溶液的浓度用 c 表示,若是气体以分压 p 表示。

(3) 如果组成电对的物质是非金属单质和相应的离子,或者是同一种元素不同氧化数的离子,如 H^+/H_2、O_2/OH^-、Sn^{4+}/Sn^{2+}、H_2O_2/H_2 等,则电极材料需外加惰性金属电极如金属铂、石墨等。液相中的离子、气相反应物或无定形固体沉淀与惰性金属电极之间用"$\mid$"表示。如锌电极与氢电极组成的原电池符号应写成:

$$(-)Zn \mid ZnSO_4(c_1) \parallel H_2SO_4(c_2) \mid H_2(p) \mid Pt(+)$$

(4) 同种元素不同氧化数的金属离子组成的电对可用逗号分开,如以氢电极与 Fe^{3+}/Fe^{2+} 电对组成的原电池符号可写成:

$$(-)Pt \mid H_2(p) \mid H^+(c_1) \parallel Fe^{3+}(c_2), Fe^{2+}(c_3) \mid Pt(+)$$

(5) 如果电池反应中存在 H^+、OH^- 等参与氧化还原反应的其他离子时,也应列在原电池符号中。例如,电池反应:

$$MnO_4^-(c_1) + 5Fe^{2+}(c_3) + 8H^+(c_5) \Longrightarrow Mn^{2+}(c_2) + 5Fe^{3+}(c_4) + 4H_2O$$

的原电池符号应写成:

$$(-)Pt \mid Fe^{2+}(c_3), Fe^{3+}(c_4) \parallel MnO_4^-(c_1), Mn^{2+}(c_2), H^+(c_5) \mid Pt(+)$$

2.4.2　电极电势及其影响因素

1. 电极电势

1889 年,德国化学家能斯特(H. W. Nernst)提出了双电层理论,可以用来说明金属和其盐溶液之间产生的电势及原电池产生电流的机理。如果把金属放在其盐溶液中,则在金属与其盐溶液的接触界面上就会发生两个不同的过程:一个是金属表面的阳离子受极性水分子的吸引而溶解进入溶液的过程;另一个是溶液中的水合金属离子受到在金属表面自由电子的吸引而重新沉积在金属表面的过程。当这两个方向相反的过程进行的速率相等时,即达到如下动态平衡:

$$M^{n+}(aq) + ne^- \Longrightarrow M(s) \tag{2-19}$$

如果金属越活泼或溶液中金属离子浓度越小,金属溶解的趋势就越大,达到平衡时金属表面因聚集了自由电子而带负电荷,溶液则因金属离子的进入而带正电荷,在金属与其盐溶液的接触界面处就建立起由电子和金属离子所构成的双电层,如图 2-2(a)所示。相反,如果金属越不活泼或溶液中金属离子浓度越大,金属溶解趋势小于金属离子沉积的趋势,达到平衡时也会构成相应的双电层,如图 2-2(b)所示。以上两种双电层之间都存在一定的电势差,该电势差实际上就

是该金属与其盐溶液中相应金属离子所组成的氧化还原电对的平衡电势,简称为电极电势(electrode potential),用符号 $\varphi_{M^{n+}/M}$ 表示。可以预料,金属不同及对应盐溶液的浓度不同,它们的平衡电势也就不同。若将两种不同平衡电势的氧化还原电对以原电池的方式连接起来,则在两电对电极之间就有一定的电势差,因而产生电流。

必须指出,迄今为止任何氧化还原电对的电极电势的绝对值还无法测定,只能利用相对电极电势。为了获得各种电极电势的相对值,电化学中选用了标准氢电极作为参比电极,并规定其电极电势为零。

2. 标准氢电极

标准氢电极结构如图 2-3 所示。将镀上一层铂黑的铂片浸入 H^+ 浓度为 $1\ mol \cdot L^{-1}$ 的稀硫酸溶液中,不断通入压强为 $p^{\ominus}$(100 kPa)的纯氢气,使铂黑上吸附的氢气达到饱和,这时 H_2 与溶液中 H^+ 之间的平衡关系为

$$2H^+(aq)+2e^- \Longrightarrow H_2(g)$$

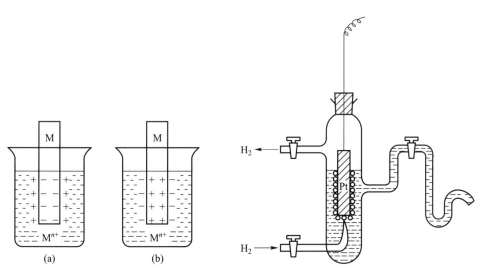

图 2-2　金属的双电层结构示意图　　　　图 2-3　标准氢电极

由标准压力的 H_2 饱和了的铂片和 H^+ 浓度为 $1\ mol \cdot L^{-1}$ 的溶液之间形成的电势差就是标准氢电极的电极电势,规定为零,写为 $\varphi^{\ominus}_{H^+/H_2}=0.000\ V$。

标准氢电极的符号是 $Pt \mid H_2(p^{\ominus}) \mid H^+(1\ mol \cdot L^{-1})$。

3. 标准电极电势

如果参加电极反应的物质均处于标准态,对应的电极电势称为标准电极电势(standard electrode potential),用符号 $\varphi^{\ominus}$ 表示,单位为 V。如果原电池的两个电极都是标准电极,这时的电池称为标准原电池,其对应的电动势为标准电动势,用符号 $E^{\ominus}$ 表示,单位仍为 V。这里所说的标准态是指纯液体或纯固体物质,如果是溶液状态,则有关物质的浓度均为标准浓度 $c^{\ominus}$,若涉及气体,则其分压为标准压强 $p^{\ominus}$。

例如,锌电极的标准电极电势,可通过测定由锌电极和标准氢电极组成的原电池的标准电动势求得。测定时,根据电位计指针的偏转方向,可知电流是由氢电极通过导线流向锌电极,所以

锌电极为负极,氢电极为正极。测得该电池的电动势($E^\ominus$)为 0.763 V,它等于正极的标准电极电势与负极的标准电极电势之差,即

$$E^\ominus = \varphi^\ominus(+) - \varphi^\ominus(-) = \varphi^\ominus_{H^+/H_2} - \varphi^\ominus_{Zn^{2+}/Zn} = 0.763 \text{ V}$$

因为 $\varphi^\ominus_{H^+/H_2} = 0.000$ V,所以 $\varphi^\ominus_{Zn^{2+}/Zn} = -0.763$ V。其中"–"号表示与标准氢电极组成原电池时,该电极为负极。同理可测得铜电极的标准电极电势为 $\varphi^\ominus_{Cu^{2+}/Cu} = +0.3402$ V,"+"号表示与标准氢电极组成原电池时,该电极为正极。用类似的方法可以测得其他电对的标准电极电势,本书附录 7 列出了常用氧化还原电对的标准电极电势值。

由标准电极电势值的大小可以判断标准态下物质的氧化还原能力的相对强弱。电极电势代数值越小,电对所对应还原型物质的还原能力越强,氧化型物质的氧化能力越弱;电极电势代数值越大,电对所对应氧化型物质的氧化能力越强,还原型物质的还原能力越弱。

使用本书附录 7 中的标准电极电势时应注意以下几点:

(1)本书采用 1953 年国际纯粹与应用化学联合会(IUPAC)所规定的还原电势,即所有电极电势均以还原反应的电极电势来表示。

(2)电极电势没有加和性。即不论半电池反应式的系数乘或除以任何实数,$\varphi^\ominus$ 值仍然不改变,即电极电势与电极反应的写法无关。例如,

$$Cl_2 + 2e^- \Longleftrightarrow 2Cl^- \qquad \varphi^\ominus = 1.358 \text{ V}$$

$$\frac{1}{2}Cl_2 + e^- \Longleftrightarrow Cl^- \qquad \varphi^\ominus = 1.358 \text{ V}$$

(3)$\varphi^\ominus$ 是水溶液体系的标准电极电势,对于非标准态,非水溶液体系,不能用 $\varphi^\ominus$ 比较物质的氧化还原能力。

(4)氧化还原反应常常与介质的酸碱度有关,引用 $\varphi^\ominus$ 时应注意实际的反应条件。例如,本书附录 7 中列出:

$$\frac{1}{2}O_2 + 2H^+(10^{-7} \text{ mol} \cdot L^{-1}) + 2e^- \Longleftrightarrow H_2O \qquad \varphi^\ominus = 0.815 \text{ V}$$

说明该电极反应的条件是 $[H^+] = 10^{-7}$ mol $\cdot$ L^{-1}、$p(O_2) = p^\ominus$,已经不符合标准电极反应的严格标准。

标准氢电极可用作电极电势的相对比较标准。但是标准氢电极要求氢气纯度很高,压力稳定,并且铂在溶液中易吸附其他组分而中毒,失去活性。因此,实际工作中常用易于制备、使用方便、电极电势稳定的甘汞电极等作为电极电势的对比参考,称为参比电极(reference electrode),参比电极的电势值也是相对标准氢电极而测得的。

2.4.3 影响电极电势的因素

影响电极电势的因素

电极电势的大小不仅取决于组成电极物质的本性,还取决于溶液中各物质的浓度、介质的酸度和反应温度等因素。本节讨论在一定温度(298 K)下影响电极电势的因素。

1. 能斯特方程式

由热力学原理可知,系统吉布斯自由能的减少等于恒温恒压条件下系统所做的最大非体积功,即 $\Delta_r G = W_{非max}$。当原电池反应进度为 ξ 时,转移的电子为 $n(mol)$,原电池所能做

的最大电功是 $W_{max}=-nFE$,所以,

$$\Delta_r G = -nFE \qquad (2-20)$$

式中:F 为法拉第常数($96500\ C \cdot mol^{-1}$),E 为电池电动势,即 $E=\varphi_{(+)}-\varphi_{(-)}$,单位为 V。等式两边的单位统一于 J。

在式(2-20)的两侧同时除以反应进度 ξ:

$$\frac{\Delta_r G}{\xi} = \frac{-nFE}{\xi}, \qquad 得\ \Delta_r G_m = -zFE \qquad (2-21)$$

式中 $z=n/\xi$,为转移电子的计量数(量纲为 1),公式的单位统一于 $J \cdot mol^{-1}$。

标准态下,式(2-21)变为

$$\Delta_r G_m^{\ominus} = -zFE^{\ominus} \qquad (2-22)$$

对任一氧化还原反应 $\qquad a Ox_1 + b Red_2 \Longrightarrow c Red_1 + d Ox_2$

其化学反应等温式(1-41)为 $\qquad \Delta_r G_m = \Delta_r G_m^{\ominus} + RT \ln Q$

其中

$$Q = \frac{\left(\dfrac{[Red_1]}{c^{\ominus}}\right)^c \cdot \left(\dfrac{[Ox_2]}{c^{\ominus}}\right)^d}{\left(\dfrac{[Ox_1]}{c^{\ominus}}\right)^a \cdot \left(\dfrac{[Red_2]}{c^{\ominus}}\right)^b}$$

将式(2-21)和式(2-22)代入化学反应等温式,可得

$$-zFE = -zFE^{\ominus} + RT \ln Q$$

经整理得

$$E = E^{\ominus} - \frac{RT}{zF} \ln Q \qquad (2-23)$$

将常数值代入式(2-23),并把自然对数转换成常用对数后得

$$E = E^{\ominus} - \frac{0.059}{z} \lg Q \qquad (2-24)$$

式(2-24)就是温度为 298.15 K 时,氧化还原反应的能斯特方程式。式中 z 为两个电极反应中电子转移数的最小公倍数,电动势的单位统一于 V。

对任一半电池反应 $\qquad a Ox + ne^- \Longrightarrow b Red$

对应的能斯特方程可写成

$$\varphi_{Ox/Red} = \varphi_{Ox/Red}^{\ominus} + \frac{0.059}{z} \lg \frac{[Ox]^a}{[Red]^b} \qquad (2-25)$$

式中:$z=n/\xi$,Q 的表达式中也省去了 $c^{\ominus}$,电极电势的单位仍统一于 V。

应用能斯特方程式时,应注意以下几点:

(1)电池反应的能斯特方程表达式(2-24)的右边两项之间为"$-$"号,此时对数的分子项为生成物,分母项为反应物。而以还原反应形式表示的半电池反应(电极反应)的能斯特方程表达式(2-25)中右边两项之间为"$+$"号,此时对数的分子项为氧化型物质,分母项为还原型物质。

(2)如果固体或纯液体参与反应时,它们的浓度不列入方程式中。如果有气体参与反应,气体物质用相对分压($p/p^{\ominus}$)表示。

(3)如果 H^+、OH^- 等其他离子参加反应,则应把它们的浓度列入能斯特方程式中。

(4)方程式中的浓度应为相对浓度 $[\ ]/c^{\ominus}$,其中 $c^{\ominus}=1.0\ mol \cdot L^{-1}$,可不列入方程式中,但相

对浓度的量纲为 1。例如,电极反应:

① $Zn^{2+}(aq) + 2e^- \rightleftharpoons Zn(s)$

$$\varphi_{Zn^{2+}/Zn} = \varphi_{Zn^{2+}/Zn}^{\ominus} + \frac{0.059}{2} \lg[Zn^{2+}]$$

② $Cl_2(g) + 2e^- \rightleftharpoons 2Cl^-(aq)$

$$\varphi_{Cl_2/Cl^-} = \varphi_{Cl_2/Cl^-}^{\ominus} + \frac{0.059}{2} \lg \frac{p_{Cl_2}/p^{\ominus}}{[Cl^-]^2}$$

③ $2H^+(aq) + 2e^- \rightleftharpoons H_2(g)$

$$\varphi_{H^+/H_2} = \varphi_{H^+/H_2}^{\ominus} + \frac{0.059}{2} \lg \frac{[H^+]^2}{p_{H_2}/p^{\ominus}}$$

④ $MnO_4^- + 5e^- + 8H^+ \rightleftharpoons Mn^{2+} + 4H_2O$

$$\varphi_{MnO_4^-/Mn^{2+}} = \varphi_{MnO_4^-/Mn^{2+}}^{\ominus} + \frac{0.059}{5} \lg \frac{[MnO_4^-] \cdot [H^+]^8}{[Mn^{2+}]}$$

电池反应　　⑤ $2MnO_4^- + 10Cl^- + 16H^+ \rightleftharpoons 2Mn^{2+} + 5Cl_2 + 8H_2O$

其对应的能斯特方程式为

$$E = E^{\ominus} - \frac{0.059}{10} \lg \frac{[Mn^{2+}]^2 \cdot \left(\dfrac{p_{Cl_2}}{p^{\ominus}}\right)^5}{[MnO_4^-]^2 \cdot [Cl^-]^{10} \cdot [H^+]^{16}}$$

应用能斯特方程式时还应注意,电极反应与相应的电池反应中的 z 值,如电极反应②与④中的 z 值分别为 2 和 5,而由这两个电极组成的原电池的电池反应⑤中的 z 值为 10,是两个电极反应电子转移数的最小公倍数。

2. 浓度与酸度的影响

从能斯特方程式可以看出,当体系温度一定时,对指定的电极反应来说,其电极电势与标准电极电势有关,也与比值 $[Ox]^a/[Red]^b$ 有关。而对给定的电池反应来说,其电池电动势除与标准电动势有关外,还与反应生成物与反应物的浓度方次比有关。

根据式(2-25)可知,氧化态物质浓度增大,电极电势增大,氧化态物质的氧化能力增强,对应还原态物质的还原能力减弱;反之,还原态物质的浓度增大,电极电势减小,氧化态物质的氧化能力减弱,对应还原态物质的还原能力增强。

若 H^+ 或 OH^- 参与电极反应,溶液的酸度会对电极电势有较大的影响。

例 2-11　已知 $[Cr_2O_7^{2-}] = [Cr^{3+}] = 1.0 \text{ mol} \cdot L^{-1}$,$\varphi_{Cr_2O_7^{2-}/Cr^{3+}}^{\ominus} = 1.33 \text{ V}$。试计算在 298 K,$[H^+]$ 分别为 2.0、1.0、1.0×10^{-3} 和 $1.0 \times 10^{-6} \text{ mol} \cdot L^{-1}$ 时,电极反应 $Cr_2O_7^{2-} + 6e^- + 14H^+ \rightleftharpoons 2Cr^{3+} + 7H_2O$ 的电极电势。

解:给定条件下,该电极反应的能斯特方程为

$$\varphi_{Cr_2O_7^{2-}/Cr^{3+}} = \varphi_{Cr_2O_7^{2-}/Cr^{3+}}^{\ominus} + \frac{0.059}{6} \lg \frac{[Cr_2O_7^{2-}] \cdot [H^+]^{14}}{[Cr^{3+}]^2}$$

因为　$[Cr_2O_7^{2-}] = [Cr^{3+}] = 1.0(\text{mol} \cdot L^{-1})$

$$\varphi_{Cr_2O_7^{2-}/Cr^{3+}} = \varphi_{Cr_2O_7^{2-}/Cr^{3+}}^{\ominus} + \frac{0.059}{6} \lg[H^+]^{14}$$

将已知$[H^+]$的数据代入上式就可求出不同$[H^+]$时的$\varphi_{Cr_2O_7^{2-}/Cr^{3+}}$,计算结果如下所示:

$[H^+]/(mol \cdot L^{-1})$	2.0	1.0	1.0×10^{-3}	1.0×10^{-6}
$\varphi_{Cr_2O_7^{2-}/Cr^{3+}}/V$	1.37	1.33	0.916	0.501

可见,对于有 H^+ 参加的反应,溶液的酸度对电极电势的影响非常明显,绝大多数含氧酸根的氧化能力都随酸度的增大而增强,在强酸性条件下具有较强的氧化性,就是因为电极电势增加所致。

3. 沉淀生成对电极电势的影响

如果电极反应中有沉淀生成,则形成沉淀的离子浓度大大减小,就会明显改变电极电势的大小。

例 2-12 在下列电极反应中:

$$Ag^+ + e^- \Longleftrightarrow Ag \qquad \varphi^{\ominus}_{Ag^+/Ag} = 0.7991 \text{ V}$$

若加入 NaCl 溶液,使溶液中 Cl^- 浓度维持在 $1.0 \text{ mol} \cdot L^{-1}$,试计算 $\varphi_{Ag^+/Ag}$ 值。

解: 由电极反应的能斯特方程:

$$\varphi_{Ag^+/Ag} = \varphi^{\ominus}_{Ag^+/Ag} + \frac{0.059}{z} \lg [Ag^+]$$

当加入 NaCl 溶液时因生成 AgCl 沉淀,则有

$$\varphi_{Ag^+/Ag} = \varphi^{\ominus}_{Ag^+/Ag} + \frac{0.059}{1} \lg \frac{K^{\ominus}_{sp}(AgCl)}{[Cl^-]} \tag{2-26}$$

当 $[Cl^-] = 1.0 \text{ mol} \cdot L^{-1}$ 时

$$\varphi_{Ag^+/Ag} = \varphi^{\ominus}_{Ag^+/Ag} + \frac{0.059}{1} \lg K^{\ominus}_{sp}(AgCl)$$

$$= 0.7991 + 0.059 \lg 1.77 \times 10^{-10} = 0.2237 (V)$$

实际上,0.2237 V 正是 AgCl 与 Ag 电对的标准电极电势,即

$$AgCl(s) + e^- \Longleftrightarrow Ag + Cl^- \qquad \varphi^{\ominus}_{AgCl/Ag} = 0.2237 \text{ V}$$

该电极反应的电极电势为

$$\varphi_{AgCl/Ag} = \varphi^{\ominus}_{AgCl/Ag} + \frac{0.059}{1} \lg \frac{1}{[Cl^-]}$$

在式(2-26)的电极反应中,因生成 AgCl 沉淀,使溶液中 Ag^+ 浓度变为极小,所以可认为实际进行的是式(2-27)的电极反应,即式(2-26)和式(2-27)为等效的电极反应,对应的电极电势也相等($\varphi_{Ag^+/Ag} = \varphi_{AgCl/Ag}$)。所以

$$\varphi^{\ominus}_{AgCl/Ag} = \varphi^{\ominus}_{Ag^+/Ag} + 0.059 \lg K^{\ominus}_{sp}(AgCl) \tag{2-27}$$

$\varphi^{\ominus}_{AgCl/Ag}$ 可通过上式计算,也可以从本书附录 7 查得。根据查得的 $\varphi^{\ominus}_{AgCl/Ag}$ 和 $\varphi^{\ominus}_{Ag^+/Ag}$ 可以计算 $K^{\ominus}_{sp}(AgCl)$。

2.4.4 电极电势的应用

1. 判断原电池的正、负极及计算原电池的电动势

在原电池中,电极电势代数值较大的电极为正极,较小的电极为负极,原电池的电动势 $E = \varphi_{(+)} - \varphi_{(-)}$。

例 2-13 试判断下列电池的正、负极,计算原电池电动势,并写出电池反应及原电池符号。

$$Cu \mid Cu^{2+}(0.1\ mol \cdot L^{-1}) \parallel Cl^{-}(0.1\ mol \cdot L^{-1}) \mid Cl_2(100\ kPa) \mid Pt$$

解：查阅本书附录 7 可得　　　　　　$\varphi^{\ominus}_{Cu^{2+}/Cu} = 0.34\ V$，　　$\varphi^{\ominus}_{Cl_2/Cl^{-}} = 1.36\ V$

根据能斯特方程，两电对的电极电势分别计算如下：

$$\varphi_{Cu^{2+}/Cu} = \varphi^{\ominus}_{Cu^{2+}/Cu} + \frac{0.059}{2} lg[Cu^{2+}]$$

$$= 0.34 + \frac{0.059}{2} lg\,0.1 = 0.31(V)$$

$$\varphi_{Cl_2/Cl^{-}} = \varphi^{\ominus}_{Cl_2/Cl^{-}} + \frac{0.059}{2} lg\frac{p_{Cl_2}/p^{\ominus}}{[Cl^{-}]^2}$$

$$= 1.36 + \frac{0.059}{2} lg\frac{100/100}{0.1^2} = 1.42(V)$$

因为 $\varphi_{Cl_2/Cl^{-}} > \varphi_{Cu^{2+}/Cu}$，故氯电极为正极，铜电极为负极。

原电池电动势　　　　　　　　　　$E = \varphi_{Cl_2/Cl^{-}} - \varphi_{Cu^{2+}/Cu} = 1.11(V)$

原电池反应　　　　　　　　　　　　$Cl_2 + Cu = 2Cl^{-} + Cu^{2+}$

原电池符号

$$(-)Cu \mid Cu^{2+}(0.1\ mol \cdot L^{-1}) \parallel Cl^{-}(0.1\ mol \cdot L^{-1}) \mid Cl_2(100\ kPa) \mid Pt(+)$$

2. 判断氧化剂、还原剂的相对强弱

根据电极电势代数值的相对大小，可以比较氧化剂或还原剂的氧化还原能力的相对强弱。电极电势越大，电对中氧化态物质的氧化能力越强；电极电势越小，电对中还原态物质的还原能力越强。例如，卤素单质与相应离子 F^{-}、Cl^{-}、Br^{-}、I^{-} 组成的电对的标准电极电势分别为 2.87 V、1.358 V、1.087 V、0.5355 V，则氧化态物质的氧化能力顺序是 $F_2 > Cl_2 > Br_2 > I_2$，还原态物质的还原能力顺序为 $I^{-} > Br^{-} > Cl^{-} > F^{-}$。

当一种氧化剂加入含有多种还原剂的混合体系中时，其反应次序为氧化剂首先氧化最强的还原剂。反之，当一种还原剂能还原几种氧化剂时，先还原最强的氧化剂。即两电对的电极电势差值越大时越容易发生氧化还原反应。

3. 判断氧化还原反应进行的方向

在第 1 章中我们已经介绍了化学反应的吉布斯自由能变 $\Delta_r G_m$ 可用来判断任一化学反应进行的方向。对于氧化还原反应来说，吉布斯自由能变 $\Delta_r G_m$ 和电动势 E 之间存在式（2-20）的关系，可以判断氧化还原反应自发进行的方向：

当 $E > 0$ 时，　　$\Delta_r G_m < 0$，　　反应自发进行；

当 $E < 0$ 时，　　$\Delta_r G_m > 0$，　　逆反应自发进行；

当 $E = 0$ 时，　　$\Delta_r G_m = 0$，　　反应达平衡状态。

可见，电池电动势（E）值可作为氧化还原反应自发进行的判据。在标准态下氧化还原反应自发进行的判据可利用 $\Delta_r G_m^{\ominus}$ 或 $E^{\ominus}$。

很多氧化还原反应有 H^{+} 和 OH^{-} 参加，溶液的酸度对氧化还原电对的电极电势有影响，因此有时也会改变反应进行的方向。例如，碘离子与砷酸的反应式为

$$H_3AsO_4 + 2I^{-} + 2H^{+} \Longrightarrow H_3AsO_3 + I_2 + H_2O$$

其氧化还原半反应分别为

$$H_3AsO_4+2H^++2e^- \Longrightarrow H_3AsO_3+H_2O \qquad \varphi^{\ominus}_{H_3AsO_4/H_3AsO_3} = 0.56\ V$$

$$I_2+2e^- \Longrightarrow 2I^- \qquad \varphi^{\ominus}_{I_2/I^-} = 0.5355\ V$$

在标准态下,I_2 不能氧化 H_3AsO_3(亚砷酸),而 H_3AsO_4 能氧化 I^-。但如果改变反应中 H^+ 浓度,例如,使溶液的 pH≈4,而其他物质的浓度维持在标准态时,可算出 $\varphi^{\ominus}_{H_3AsO_4/H_3AsO_3} = 0.320\ V$,此值小于 $\varphi^{\ominus}_{I_2/I^-}$,结果反应逆向进行,即 I_2 氧化 H_3AsO_3。

一般地说,如果 $E^{\ominus}$ 较小($E^{\ominus}<0.2\ V$),则需综合考虑浓度、酸度、温度等对电极电势的影响。

4. 判断氧化还原反应进行的程度

化学反应进行的程度可以用反应平衡常数的大小来衡量,平衡常数越大,反应进行得越完全。

热力学函数 $\Delta_rG^{\ominus}_m$ 与化学反应平衡常数 $K^{\ominus}$ 有如下关系:

$$\Delta_rG^{\ominus}_m = -2.303\ RT\lg K^{\ominus}$$

电极电势的
应用——
判断反应
方向的进
行程度

而 $\Delta_rG^{\ominus}_m$ 与 $E^{\ominus}$ 之间的关系为

$$\Delta_rG^{\ominus}_m = -zFE^{\ominus}$$

比较以上两式可得

$$\lg K^{\ominus} = \frac{zFE^{\ominus}}{2.303RT} \qquad (2-28)$$

在 298 K 下,将 R、T、F 值代入式(2-28)得

$$\lg K^{\ominus} = \frac{zE^{\ominus}}{0.059} \qquad (2-29)$$

式中:z 为氧化、还原半反应中电子转移数的最小公倍数。

由式(2-29)可知,在一定温度下,氧化还原反应的平衡常数($K^{\ominus}$)与标准电动势($E^{\ominus}$)及电子转移数 z 有关,而与物质浓度无关。$E^{\ominus}$ 越大,$K^{\ominus}$ 越大,正向反应进行得越完全。

例 2-14 试判断反应 $\qquad Pb^{2+}+Sn \Longrightarrow Pb+Sn^{2+}$

在(1)标准态;(2)$[Pb^{2+}] = 0.0010\ mol \cdot L^{-1}$,$[Sn^{2+}] = 1.0\ mol \cdot L^{-1}$ 时,反应自发进行的方向,并计算该反应在 298 K 的平衡常数。已知 $\varphi^{\ominus}_{Pb^{2+}/Pb} = -0.1263\ V$,$\varphi^{\ominus}_{Sn^{2+}/Sn} = -0.1364\ V$

解:(1)标准态时: $\qquad E^{\ominus} = \varphi^{\ominus}_{Pb^{2+}/Pb} - \varphi^{\ominus}_{Sn^{2+}/Sn}$

$$= -0.1263\ V - (-0.1364\ V) = 0.010\ V > 0$$

所以在标准态下,该反应由左向右自发进行,即 Sn 可以将 Pb^{2+} 还原。

该反应在 298 K 的平衡常数:$\lg K^{\ominus} = \dfrac{zE^{\ominus}}{0.059} = \dfrac{2 \times 0.010}{0.059} = 0.339$,$K^{\ominus} = 2.18$。

(2)非标准态时:$E = \varphi_{Pb^{2+}/Pb} - \varphi_{Sn^{2+}/Sn}$

$$= \varphi^{\ominus}_{Pb^{2+}/Pb} - \varphi^{\ominus}_{Sn^{2+}/Sn} - \frac{0.059}{2}\lg\frac{[Sn^{2+}]}{[Pb^{2+}]} = -0.079\ V < 0$$

故在此条件下,上述反应由右向左自发进行,即 Pb 可以将 Sn^{2+} 还原。反应的平衡常数不变。

应该指出,平衡常数很大并不说明该反应能快速进行。例如,反应:

$$2MnO_4^-+5Zn+16H^+ \Longrightarrow 2Mn^{2+}+5Zn^{2+}+8H_2O$$

的 $\varphi^{\ominus}_{MnO_4^-/Mn^{2+}} = 1.491\ V$,$\varphi^{\ominus}_{Zn^{2+}/Zn} = -0.763\ V$,标准电动势为 $E^{\ominus} = 2.254\ V$,可计算出反应的标准平衡常数 $K^{\ominus} = 5.54 \times 10^{380}$,$K^{\ominus}$ 非常大,该反应可以完全进行。然而实验证明,在酸性介质中纯锌与高

锰酸盐作用时,因反应速率非常慢而实际难以进行,只有在 Fe^{3+} 的催化下,反应才能明显进行。

　　5. 计算难溶电解质的 $K_{sp}^{\ominus}$ 或弱酸的 $K_a^{\ominus}$

　　用化学分析法很难直接准确测定难溶电解质在溶液中很低的离子浓度,所以很难应用离子浓度来计算 $K_{sp}^{\ominus}$,但可以设计原电池、测定其电池的电动势,从而计算 $K_{sp}^{\ominus}$。

　　例 2-15　设计如下原电池:$(-)Ag \mid AgCl(s) \mid Cl^-(0.01\ mol \cdot L^{-1}) \parallel Ag^+(0.01\ mol \cdot L^{-1}) \mid Ag(+)$ 并由实验测得原电池电动势为 0.34 V。已知 $\varphi_{Ag^+/Ag}^{\ominus} = 0.7991\ V$,试求 $K_{sp}^{\ominus}(AgCl)$。

　　解: 如果题中给出 $\varphi_{AgCl/Ag}^{\ominus} = 0.2223\ V$,可由式(2-27)

$$\varphi_{AgCl/Ag}^{\ominus} = \varphi_{Ag^+/Ag}^{\ominus} + 0.059\ \lg K_{sp}^{\ominus}(AgCl)$$

即 $0.2223 = 0.7991 + 0.059\ \lg K_{sp}^{\ominus}(AgCl)$,直接求得 $K_{sp}^{\ominus}(AgCl) = 1.67 \times 10^{-10}$。

　　但本题没有给出 $\varphi_{AgCl/Ag}^{\ominus}$ 的值,可用以下方法解之:

负极反应　$AgCl(s) + e^- \rightleftharpoons Ag(s) + Cl^-$　$\varphi_{AgCl/Ag} = \varphi_{AgCl/Ag}^{\ominus} + \dfrac{0.059}{1} \lg \dfrac{1}{[Cl^-]}$

正极反应　$Ag^+ + e^- \rightleftharpoons Ag(s)$　$\varphi_{Ag^+/Ag} = \varphi_{Ag^+/Ag}^{\ominus} + 0.059\ \lg[Ag^+]$

已知式(2-27)　$\varphi_{AgCl/Ag}^{\ominus} = \varphi_{Ag^+/Ag}^{\ominus} + 0.059\ \lg K_{sp}^{\ominus}(AgCl)$

原电池电动势为

$$E = \varphi_{Ag^+/Ag} - \varphi_{AgCl/Ag}$$
$$= (\varphi_{Ag^+/Ag}^{\ominus} + 0.059\ \lg[Ag^+]) - (\varphi_{AgCl/Ag}^{\ominus} + 0.059\ \lg \frac{1}{[Cl^-]})$$
$$= (\varphi_{Ag^+/Ag}^{\ominus} - \varphi_{AgCl/Ag}^{\ominus}) + 0.059 \left(\lg[Ag^+] - \lg \frac{1}{[Cl^-]} \right)$$
$$= \varphi_{Ag^+/Ag}^{\ominus} - [\varphi_{Ag^+/Ag}^{\ominus} + 0.059\ \lg K_{sp}^{\ominus}(AgCl)] + 0.059\ \lg([Ag^+] \cdot [Cl^-])$$
$$= 0.059\ \lg([Ag^+] \cdot [Cl^-]) - 0.059\ \lg K_{sp}^{\ominus}(AgCl)$$
$$= 0.059\ \lg(0.01 \times 0.01) - 0.059\ \lg K_{sp}^{\ominus}(AgCl) = 0.34(V)$$

求得　　　　　$\lg K_{sp}^{\ominus}(AgCl) = -9.78$,　　　$K_{sp}^{\ominus}(AgCl) = 1.67 \times 10^{-10}$

　　因为氢电极的电极电势是溶液 pH 的函数,所以可通过测定溶液的氢电极电势来确定溶液的 pH。若溶液是浓度为 $c(HA)$ 的一元弱酸水溶液,则可以根据溶液的 $[H^+]$ 计算该一元弱酸的解离常数 $K_a^{\ominus}$。

思　考　题

　　1. 从酸碱质子理论来看下面各物质对分别是什么?

　　(1) HAc, Ac^-　　　(2) NH_3, NH_4^+　　　(3) HCN, CN^-　　　(4) HF, F^-

　　(5) $(CH_2)_6N_4H^+, (CH_2)_6N_4$　　　(6) HCO_3^-, CO_3^{2-}　　　(7) $H_3PO_4, H_2PO_4^-$

　　2. HCl 的酸性要比 HAc 强得多,在同浓度 HCl 和 HAc 溶液中,哪一个的 H_3O^+ 浓度较高?中和等体积同浓度的 HCl 和 HAc 溶液,所需相同浓度的 NaOH 溶液的体积如何?

　　3. 判断是非题。

　　(1) 酸性水溶液中不含 OH^-,碱性水溶液中不含 H_3O^+。

　　(2) 将 $1 \times 10^{-5}\ mol \cdot L^{-1}$ 的 HCl 溶液稀释 1000 倍,溶液的 pH 等于 8.0。

　　(3) 在一定的温度下,改变溶液的 pH,水的离子积不变。

　　(4) 弱电解质的解离度随弱电解质浓度降低而增大。

　　(5) 氨水的浓度越小,解离度越大,溶液中 OH^- 浓度也越大。

（6）若 HCl 溶液的浓度为 HAc 溶液浓度的 2 倍，则 HCl 溶液中 H_3O^+ 浓度也为 HAc 溶液中 H_3O^+ 浓度的 2 倍。

4. 已知 $K_{sp}^{\ominus}(Ag_2SO_4) = 1.2 \times 10^{-5}$，$K_{sp}^{\ominus}(Ag_2CO_3) = 8.45 \times 10^{-12}$，$K_{sp}^{\ominus}(AgCl) = 1.77 \times 10^{-10}$，$K_{sp}^{\ominus}(AgI) = 8.51 \times 10^{-17}$，$K_{sp}^{\ominus}(Ag_2CrO_4) = 1.12 \times 10^{-12}$，$K_{sp}^{\ominus}(Ag_2S) = 6.69 \times 10^{-50}$。将上述各种银盐按在水中的溶解度由大到小的顺序进行排列。

5. 解释下列名词

（1）配位体、配位原子和配位数　　　　　（2）外界和内界

6. 写出反应方程式，解释下列现象。

（1）用氨水处理 $Mg(OH)_2$ 和 $Zn(OH)_2$ 的混合物，$Zn(OH)_2$ 溶解而 $Mg(OH)_2$ 不溶。

（2）NaOH 加入 $CuSO_4$ 溶液中生成浅蓝色的沉淀；再加入氨水，浅蓝色的沉淀溶解成为深蓝色的溶液，将此溶液用 HNO_3 处理又能得到浅蓝色溶液。

（3）用王水可溶解 Pt 和 Au 等惰性较大的贵金属，单独用硝酸或盐酸却不能溶解。

7. 判断正误，并说明理由。

（1）只有金属离子才能作为配合物的形成体。

（2）配合物由内界和外界两部分组成。

（3）配位体的数目就是形成体的配位数。

（4）配离子的几何构型取决于中心离子所采用的杂化轨道类型。

（5）配离子的电荷数等于中心离子的电荷数。

8. 指出下列物质中各元素的氧化数。

（1）Fe_3O_4　（2）PbO_2　（3）Na_2O_2　（4）$Na_2S_2O_3$　（5）NCl_3　（6）NaH　（7）KO_3　（8）KO_2　（9）N_2O_4

9. 氧化还原电对中氧化型或还原型物质发生下列变化时，电极电势将发生怎样的变化？

（1）氧化型物质生成沉淀　（2）还原型物质生成弱酸

10. 下列电对中，若 H^+ 浓度增大，哪种电对的电极电势增大、不变或减小？

（1）Cl_2/Cl^-　（2）$Cr_2O_7^{2-}/Cr^{3+}$　（3）$Fe(OH)_3/Fe(OH)_2$

11. 试用标准电极电势值，判断下列每组物质能否共存，并说明理由。

（1）Fe^{3+} 和 Sn^{2+}　（2）Fe^{3+} 和 Cu　（3）Fe^{3+} 和 Fe　（4）Fe^{2+} 和 $Cr_2O_7^{2-}$（酸性介质）　（5）Cl^-，Br^- 和 I^-

（6）I_2 和 Sn^{2+}

习　题

1. 已知 H_3PO_4 的 $pK_{a_1}^{\ominus} = 2.16$，$pK_{a_2}^{\ominus} = 7.21$，$pK_{a_3}^{\ominus} = 12.32$。求其共轭碱 PO_4^{3-} 的 $pK_{b_1}^{\ominus}$，HPO_4^{2-} 的 $pK_{b_2}^{\ominus}$ 和 $H_2PO_4^-$ 的 $pK_{b_3}^{\ominus}$。

2. 已知 HAc 的 $pK_a^{\ominus} = 4.76$，$NH_3 \cdot H_2O$ 的 $pK_b^{\ominus} = 4.75$。计算下列各溶液的 pH。

（1）$0.10 \ mol \cdot L^{-1}$ HAc 溶液　　　　　（2）$0.10 \ mol \cdot L^{-1} NH_3 \cdot H_2O$ 溶液

（3）$0.15 \ mol \cdot L^{-1} NH_4Cl$ 溶液　　　　（4）$0.15 \ mol \cdot L^{-1}$ NaAc 溶液

3. 今有 1.0 L $0.10 \ mol \cdot L^{-1}$ 氨水，计算：

（1）氨水中的 $[H_3O^+]$ 是多少？

（2）加入 5.35 g NH_4Cl 后，溶液的 $[H_3O^+]$ 是多少？（忽略体积的变化）。

（3）加入 NH_4Cl 前后氨水的解离度各为多少？

4. 欲配制 pH = 10.0 的缓冲溶液 500 mL，用了 $16.0 \ mol \cdot L^{-1}$ 氨水 420 mL，需加 NH_4Cl 多少克？

5. 欲使 100.0 mL $0.10 \ mol \cdot L^{-1}$ 的一元弱酸 HA（$K_a^{\ominus} = 1.0 \times 10^{-5}$）溶液 pH = 5.00，需加入固体 NaOH 多少克？

6. 已知 298 K 时,浓度为 0.010 mol·L^{-1} 的一元弱酸 HA,其溶液的 pH = 4.00。试计算:

(1) 298 K 时,HA 的标准解离常数和上述条件下的解离度。

(2) 将溶液稀释一倍后,标准解离常数和解离度。

7. 根据下列难溶化合物在水中的溶解度,计算 $K_{sp}^{\ominus}$。

(1) AgI 的溶解度为 1.08 μg/500 mL。

(2) Mg(OH)$_2$ 溶解度为 6.53 mg/1000 mL。

8. 计算 Mg(OH)$_2$ 在 0.10 mol·L^{-1} NH$_3$·H$_2$O 中的溶解度。

9. 在 10.0 mL 0.0015 mol·L^{-1} MgSO$_4$ 溶液中,先加入 0.495 g 固体 (NH$_4$)$_2$SO$_4$(忽略体积变化);然后加入 5.0 mL 0.15 mol·L^{-1} 氨水。通过计算说明是否有 Mg(OH)$_2$ 沉淀生成。

10. 将 25.0 mL 0.10 mol·L^{-1} AgNO$_3$ 溶液与 45.0 mL 0.10 mol·L^{-1} K$_2$CrO$_4$ 溶液混合,计算生成的 Ag$_2$CrO$_4$(s) 的物质的量和溶液中 [Ag$^+$] 和 [CrO$_4^{2-}$]。

11. 已知:Cu(OH)$_2$+2H$^+$ $\Longrightarrow$ Cu^{2+}+2H$_2$O 的 $K^{\ominus}$ = 2.2×10^8。计算:$K_{sp}^{\ominus}$[Cu(OH)$_2$]。

12. 如果 BaCO$_3$ 沉淀中尚有 0.010 mol BaSO$_4$,试计算 1.0 L 此沉淀的饱和溶液中应加入多少摩尔的 Na$_2$CO$_3$ 才能使 BaSO$_4$ 完全转化为 BaCO$_3$。

13. 已知 [Cu(NH$_3$)$_4$]$^{2+}$ 的逐级稳定常数的对数值分别为 4.22、7.89、10.93、13.23。试求该配合物的逐级累积稳定常数 β_i、稳定常数 $K_{稳}^{\ominus}$ 及不稳定常数 $K_{不稳}^{\ominus}$。

14. 将 0.0020 mol·L^{-1} [HgI$_4$]$^{2-}$ 溶液与 0.200 mol·L^{-1} KI 溶液等体积混合,求混合后溶液中 Hg^{2+} 的浓度。[已知:$K_{稳}^{\ominus}$([HgI$_4$]$^{2-}$) = 6.8×10^{29}]

15. 计算欲使 0.10 mol 的 AgCl(s) 完全溶解,至少需要 1.0 L 多大浓度的氨水?

16. 计算下列电极反应的标准电极电势。

(1) Ag$_2$CrO$_4$+2e$^-$ $\Longrightarrow$ 2Ag+CrO$_4^{2-}$

(2) Fe(OH)$_3$+e$^-$ $\Longrightarrow$ Fe(OH)$_2$+OH$^-$

17. 通过计算电极电势,判断原电池的正、负极,并写出电极反应和电池反应式。

(1) Cu│Cu^{2+}(0.2 mol·L^{-1})‖Sn^{4+}(0.01 mol·L^{-1}),Sn^{2+}(0.1 mol·L^{-1})│Pt

(2) Cd│Cd^{2+}(0.01 mol·L^{-1})‖Cl$^-$(0.1 mol·L^{-1})│Cl$_2$(101.3 kPa)│Pt

(3) Pb│PbSO$_4$(s)│SO$_4^{2-}$(0.1 mol·L^{-1})‖H$^+$(0.1 mol·L^{-1}),SO$_4^{2-}$(0.1 mol·L^{-1})│PbO$_2$(s),PbSO$_4$(s)│Pt

(4) Pb│Pb^{2+}(0.1 mol·L^{-1})‖S^{2-}(0.1 mol·L^{-1})│CuS(s)│Cu

18. 已知 $\varphi_{Cu^{2+}/Cu}^{\ominus}$ = 0.3402 V,$\varphi_{Cu^{2+}/Cu^+}^{\ominus}$ = 0.158 V,$K_{sp}^{\ominus}$(CuCl) = 1.72×10^{-7}。通过计算,判断反应 Cu^{2+}+Cu+2Cl$^-$ $\Longrightarrow$ 2CuCl 在 298 K、标准态下能否自发进行,并计算反应的平衡常数 $K^{\ominus}$ 和 $\Delta_r G_m^{\ominus}$。

19. 计算在 0.10 mol·L^{-1} Cu^{2+} 溶液中加入足量铁粉,反应达到平衡后,溶液中 Cu^{2+} 的浓度。

20. 已知:$\varphi_{Ag^+/Ag}^{\ominus}$ = 0.799 V,$\varphi_{Fe^{3+}/Fe^{2+}}^{\ominus}$ = 0.771 V。下列原电池:

(-) Ag│AgBr│Br$^-$(1.0 mol·L^{-1})‖Fe^{3+}(1.0 mol·L^{-1}),Fe^{2+}(1.0 mol·L^{-1})│Pt(+)

的标准电动势为 0.700 V,求 AgBr 的标准溶度积常数。

21. 已知:$\varphi_{Cl_2/Cl^-}^{\ominus}$ = 1.36 V,$\varphi_{HClO/Cl_2}^{\ominus}$ = 1.63 V。25 ℃ 时将 Cl$_2$ 溶于水中,p(Cl$_2$) = 1.00×10^5 Pa。计算氯水溶液的 pH。

第3章 定量分析基础

分析化学是化学的分支学科,是测定物质的化学组成或结构、研究测定方法及其相关理论的一门科学。分析化学在国民经济建设中有重要意义,如工业生产中原料、材料、半成品、成品的检验,新产品的开发,废水、废气、废渣等环境污染物的处理和监测都要用到分析化学。医学临床分析、药物理化检验、商品的检验和检疫等工作都离不开分析化学。

根据分析方法的原理,一般可将分析化学分为化学分析和仪器分析两大类;根据其承担的任务可分为定性分析和定量分析。鉴于在一般的科研和生产中,分析样品的来源、主要组成和分析对象的性质往往是已知的,故本章重点讨论分析化学中最主要的定量分析理论和方法。

在定量分析中,不仅要对样品中各组分进行准确的测量和正确的计算,还应对分析结果进行评价,判断其准确度,同时还要对产生误差的原因进行分析,采取适当措施减小误差,从而提高分析结果的准确度。

3.1 定量分析的方法和程序

3.1.1 定量分析的方法

1. 化学分析法

以物质的化学反应为基础的分析方法称为化学分析法。化学分析法又可分为滴定分析法和重量分析法。

1)滴定分析法

滴定分析法是将已知准确浓度的标准溶液滴加到被测物质的溶液中直至所加溶液物质的量按化学计量关系恰好反应完全,然后根据所加标准溶液的浓度和所消耗的体积,计算出被测物质含量的分析方法。滴定分析法也称为容量分析法,一般适用于含量大于1%的常量组分分析,这种方法操作简便、快速、应用较为广泛。

2)重量分析法

重量分析法是通过称量反应产物(固体)的质量以确定被测组分在样品中含量的分析方法。例如,测定试液中 SO_4^{2-} 含量时,在试液中加入过量的 $BaCl_2$ 使 SO_4^{2-} 定量生成 $BaSO_4$ 沉淀,经过滤、洗涤、干燥后,称量 $BaSO_4$ 的质量,从而计算试液中 SO_4^{2-} 的含量。重量分析法一般适用于含量大于1%的常量组分分析,这种方法操作费时、步骤烦琐,不适于生产中的控制分析,对低含量组分的测定误差较大,但准确度较高,目前常用于仲裁分析及标准物测定。

2. 仪器分析法

以物质的物理或物理化学性质为基础,在分析过程中需要特殊的仪器的分析方法称为仪器分析法。该方法特别适用于微量(0.01%～1%)和痕量(<0.01%)组分的分析,操作简便、快速。

3.1.2　定量分析的程序

定量分析的任务是确定样品中有关组分的含量。完成一项定量分析任务,一般要经过取样、样品的分解和预处理、分析测定、数据处理及分析结果的评价几个步骤:

1. 取样

所谓的样品是指在分析工作中被用来进行分析的物质体系。从整体中取出可代表全体组成的一小部分的过程就是取样。样品可以是固体、液体或气体。定量分析对取样的基本要求是样品在组成和含量上具有代表性和均匀性,即所分析的样品组成能代表整批物料的平均组成。

合理的取样是分析结果是否准确可靠的基础。取样的基本要求是能够代表样品的实际组成,一般来说要多点(指不同部位、深度)取样,然后将各点取样的样品粉碎之后混合均匀,再从混合均匀的样品中取少量进行分析。

2. 样品的分解和预处理

预处理包括样品的分解和分离与富集。

在定量分析中,通常采用湿法分析,即先将样品分解制成溶液再进行分析测定,因此,样品的分解是分析工作的重要步骤之一。分解样品的方法很多,主要有酸溶法、碱溶法和熔融法。具体操作时可根据样品的性质和分析要求选用适当的分解方法。

在分析过程中,若样品组分较简单而且彼此不干扰,经分解制成溶液后,可直接测定。但在实际分析工作中,遇到的样品往往含有多种组分,当进行测定时,常相互干扰,必须通过分离或掩蔽的方法除去干扰组分。

3. 分析测定

应根据样品的性质和分析要求,选择合适的分析方法。一般地,对于标准物和成品的分析,准确度要求较高,应选用标准分析方法,如国家标准;对于生产过程中的中间控制分析则要求快速简便,宜选用在线分析;对常量组分的测定,常采用化学分析法,如滴定分析、重量分析;对微量组分的测定应采用高灵敏度的仪器分析法。

4. 数据处理及分析结果的评价

分析过程中会得到相关的数据,对这些数据需进行分析及处理,计算出被测组分的含量。同时,对测定结果的准确性做出评价。

3.2　误差与分析数据处理

定量分析的目的是通过一定的分析方法和手段准确测定样品中各组分的含量。只有可靠的分析结果才能在生产和科研上起到积极的作用,在实际测量过程中,误差是客观存在的。因此,我们有必要了解分析过程中产生误差的原因及误差出现的规律,以便采取相应的措施减小误差,使测量结果尽量接近客观真实值。

3.2.1 误差的产生及表示方法

1. 误差的产生

误差是测量值与真实值之间的差值。误差是客观存在的,不可避免的。在定量分析中,由于受分析方法、测量仪器、所用试剂和分析者主观条件等多种因素的限制,使得分析结果与真实值不完全一致。即使采用最可靠的分析方法,使用最精密的仪器,由技术很熟练的分析人员进行测定,也不可能得到绝对准确的结果。同一个人在不同的条件下对同一种样品进行多次测定,所得出的结果也不会完全相同。所以,应该分析误差的性质和特点,找出误差产生的原因,研究减小误差的方法,以提高分析结果的准确度。

2. 误差的分类

1)系统误差

系统误差是指测定过程中由于某些经常性的、固定的、可重复出现的原因所造成的误差。系统误差的特点是它对分析结果的影响比较恒定,在测定中重复出现,使测定结果系统地偏高或系统地偏低。系统误差产生的原因明确、数值恒定可测、一般认为可以消除。所以它又称为可测误差。

系统误差按其产生的原因不同,可分为如下几种:

(1)方法误差。由于分析方法本身不够完善而引入的误差。例如,重量分析中由于沉淀溶解损失和在滴定分析中由于指示剂选择不当而造成的误差等都属于方法误差。

(2)仪器误差。由于仪器本身的缺陷或未调到最佳状态所造成的误差。如天平两臂不等长,砝码、滴定管、容量瓶等未经校正而引入的误差。

(3)试剂误差。由于试剂不纯或者所用的去离子水不合格而引入微量的待测组分或对测定有干扰的杂质所造成的误差。

(4)主观误差。由于操作人员主观原因造成的误差。例如,对终点颜色的辨别不同,有人偏深,有人偏浅;再如用吸管取样进行平行滴定时,有人总是想使第二份滴定结果与前一份滴定结果相吻合,在判断终点或读取滴定管读数时,就不自觉地受这种“先入为主”的影响,从而产生主观误差。

值得注意的是,操作过程中由于操作人员的粗心大意,或不遵守操作规程造成的差错,应属于错误,不是主观误差范围,这些错误的结果,应予以剔除。

2)偶然误差

偶然误差是指分析过程中由某些随机的、不固定的偶然因素造成的误差,也称为随机误差或不可测误差。如测量时环境温度、湿度及气压的微小变动而引起的测量数据的变动。偶然误差的特点是有时大、有时小、有时正、有时负,具有可变性。

表面上看偶然误差似乎没有什么规律,但统计学研究表明它服从正态分布,即绝对值相等的正误差和负误差出现的概率相等;小误差出现的概率大,大误差出现的概率小,而很大误差出现的概率近于零。

可见,在消除系统误差的情况下,平行测定的次数越多,测定值的算术平均值越接近真实值。因此,适当增加测定次数取其平均值,可以减小偶然误差。

3. 误差的表示方法

1）准确度和误差

分析结果的准确度是指测定值 x 与真实值 μ 相接近的程度。准确度的高低用误差来衡量。误差是测定值 x 与真实值 μ 之间的差值,误差越小,则分析结果准确度越高。误差可分为绝对误差(E_a)和相对误差(E_r)两种,其分别表示为

$$绝对误差 \quad E_a = x - \mu \tag{3-1}$$

$$相对误差 \quad E_r = \frac{x-\mu}{\mu} \times 100\% \tag{3-2}$$

相对误差表示误差在真实值中所占的百分数。例如,分析天平称量两物体的质量分别为 1.6380 g 和 0.1637 g,假定它们的真实质量分别为 1.6381 g 和 0.1638 g,则两者称量的绝对误差分别为

$$E_{a_1} = 1.6380 - 1.6381 = -0.0001 \text{ g}$$
$$E_{a_2} = 0.1637 - 0.1638 = -0.0001 \text{ g}$$

相对误差分别为

$$E_{r_1} = \frac{-0.0001}{1.6381} \times 100\% = -0.006\%$$

$$E_{r_2} = \frac{-0.0001}{0.1638} \times 100\% = -0.06\%$$

由此可知,绝对误差相等,相对误差并不一定相同,即同样的绝对误差,当被测定的量较大时,相对误差就比较小,测定的准确度也就比较高。因此,用相对误差来表示各种情况下测定结果的准确度更为确切。

绝对误差和相对误差都有正负之分。正值表示分析结果偏高,负值表示分析结果偏低。

2）精密度与偏差

在实际工作中,真值 μ 常常是不知道的,因此,无法求得分析结果的准确度,通常用精密度来说明分析结果的好坏。

精密度是指在确定条件下,几次测定结果相一致的程度,即反映几次测定结果的重现性。精密度的好坏用偏差来衡量。偏差是指个别测定结果 x 与几次测定结果的平均值 $\bar{x}$ 之间的差别。偏差越小,测定结果的精密度越好。

偏差也有绝对偏差和相对偏差之分。其分别表示为

$$绝对偏差 \quad d = x - \bar{x} \tag{3-3}$$

$$相对偏差 \quad d_r = \frac{d}{\bar{x}} \times 100\% \tag{3-4}$$

相对偏差表示绝对偏差在平均值中所占的百分数。

例如,标定某一标准溶液的浓度,三次测定结果分别为 0.1827 mol·L^{-1},0.1825 mol·L^{-1} 及 0.1828 mol·L^{-1},其平均值为 0.1827 mol·L^{-1}。

三次测定的绝对偏差分别为

$$0, -0.0002 \text{ mol·L}^{-1} \text{ 及} +0.0001 \text{ mol·L}^{-1}$$

三次测定的相对偏差分别为

$$0, -0.1\% \text{ 及 } +0.06\%$$

在实际工作中,经常采用平均偏差和相对平均偏差来衡量精密度的高低。

$$\text{平均偏差} \quad \overline{d} = \frac{\sum |x - \overline{x}|}{n} \tag{3-5}$$

$$\text{相对平均偏差} \quad \overline{d}_r = \frac{\overline{d}}{\overline{x}} \times 100\% \tag{3-6}$$

需要说明的是,用平均偏差表示精密度比较简单,但由于在一系列的测定结果中,小偏差占多数,大偏差占少数,如果按总的测定次数求算术平均偏差,所得结果会偏小,大偏差得不到应有的反映。如下面两组结果

$$x - \overline{x}: +0.11 \text{、} -0.73 \text{、} +0.24 \text{、} +0.51 \text{、} -0.14 \text{、} 0.00 \text{、} +0.30 \text{、} -0.21$$

$$n = 8 \qquad \overline{d}_1 = 0.28$$

$$x - \overline{x}: +0.18 \text{、} +0.26 \text{、} -0.25 \text{、} -0.37 \text{、} +0.32 \text{、} -0.28 \text{、} +0.31 \text{、} -0.27$$

$$n = 8 \qquad \overline{d}_2 = 0.28$$

两组测定结果的平均偏差虽然相同,但精密度却不同,第一组数值中出现两个大偏差,精密度较差。此时用平均偏差不能衡量测定结果的精密度,应采用标准偏差。标准偏差也称为均方根偏差。当测定次数趋于无穷大时,总体标准偏差表达式为

$$\sigma = \sqrt{\frac{\sum (x - \mu)^2}{n}} \tag{3-7}$$

式中:μ 为无限多次测定的平均值,称为总体平均值,即

$$\lim_{n \to \infty} \overline{x} = \mu$$

显然,在校正系统误差的情况下,μ 即为真值。在一般的分析工作中,只做有限次数据的测定,根据概率可以推出有限测定次数时的样本标准偏差 s 的表达式为

$$s = \sqrt{\frac{\sum (x - \overline{x})^2}{n - 1}} \tag{3-8}$$

根据式(3-8)计算,上述两组数据的样本标准偏差分别为:$s_1 = 0.38$,$s_2 = 0.29$。

可见标准偏差比平均偏差更灵敏地反映出大偏差的存在,因而能较好地反映测定结果的精密度。

相对标准偏差也称变异系数(CV),表达式为

$$CV = \frac{s}{\overline{x}} \times 100\% \tag{3-9}$$

定量分析中对准确度和精密度的要求,主要取决于分析目的、样品的复杂程度、被测组分含量的高低等。

3)准确度与精密度的关系

在实际分析工作中评价一项分析结果的优劣,通常从分析结果的准确度和精密度两个方面考虑。准确度是表示测定结果与真值符合的程度,而精密度是表示测定结果的重现性。两者的关系可用图 3-1 说明。

图 3-1 表示甲、乙、丙、丁四人测定同一样品中铁含量时所得结果。由图 3-1 可见:甲所得结果的准确度和精密度均好,结果可靠;乙分析结果的精密度虽然很高,但准确度较低;丙的精密度和准确度都很差;丁的精密度很差,平均值虽然接近真值,但这是由于大的正负误差相互抵消的结果;因此丁的分析结果也是不可靠的。

精密度是保证准确度的先决条件。精密度差,所得结果不可靠,但精密度好也不一定能准确度高。真正的准确度高必然精密度也好。

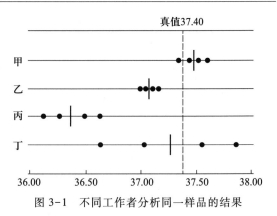

图 3-1　不同工作者分析同一样品的结果

3.2.2　提高分析结果准确度的方法

为了提高分析结果的准确度,必须减免分析过程中的误差。

1. 减少系统误差的方法

1）方法校正

由分析方法所造成的系统误差,如重量分析中沉淀的部分溶解等可用其他方法直接校正,选用公认的标准方法与所采用的方法进行比较,找出校正数据,消除方法误差。

2）仪器校准

在实验前对使用的仪器,如滴定管、移液管、容量瓶、砝码等进行校正,可减免仪器不准引起的系统误差;

3）空白试验

由试剂或蒸馏水和器皿引入杂质所造成的系统误差,通常可用空白试验来消除。空白试验就是在不加样品的情况下,按照与样品分析相同的操作步骤和条件进行试验,所得结果称为空白值。从样品的分析结果中扣除此空白值,就可以消除试剂误差。若空白值较低,则从测定结果中减去空白值,就可得到较可靠的测定结果。若空白值较高,则应更换或者提纯所用试剂。

4）对照实验

在相同条件下,对标准样品(已知结果的准确值)与被测样品同时进行测定,通过对标准样品的分析结果与其标准值的比较,可以判断测定是否存在系统误差。也可以对同一样品用其他可靠的分析方法进行测定,或由不同的个人进行实验,对照其结果,已达到检验是否存在系统误差的目的。

2. 减少偶然误差的方法

在消除系统误差的基础上,增加平行测定的次数,平均值就会更接近真实值。但是测定次数增加到一定程度(10 次),再继续增加测定次数,则效果不显著。在实际工作中,测定 4~6 次就已经足够了。在一般的化学分析中,对同一样品,通常要求平行测定 3~4 次,以获得较为准确的分析结果。

3. 减少相对误差的方法

测量过程中只有减少了测量误差,才能保证分析结果的准确度。

在滴定分析中,需要称量和滴定,这时就应该设法减少称量和滴定两步骤的误差。用一般的分析天平,以差减法进行称量,可能引起的最大绝对误差为±0.0002 g,为了使测量的相对误差小于±0.1%,则样品质量必须在 0.2 g 以上。

在滴定分析中,滴定管读数有±0.01 mL 的绝对误差。在一次滴定中,需读数 2 次,可造成最大的绝对误差为±0.02 mL,为了使测量体积的相对误差小于±0.1%,则消耗滴定剂的体积应在 20 mL 以上。在实际工作中,一般控制消耗滴定剂的体积为 20~30 mL,这样既减少了相对误差,又节省了时间和试剂。

3.2.3 可疑数据的取舍

在实际工作中,常常会遇到一组平行测定中有个别数据的精密度很差的情况,该数据与平均值之差是否属于偶然误差是可疑的。特别大或特别小的数据,称为可疑值(或离群值)。对可疑值的取舍,不能为了单纯追求实验结果的"一致性",而把这些数据随便舍弃。对可疑值是弃去还是保留,实际上是区分偶然误差和过失的问题,应根据偶然误差分布规律进行合理取舍。取舍方法很多,现介绍其中的 Q 检验法。

Q 检验法的步骤如下:

(1)将测定数据按递增的顺序排列 $x_1,x_2,\cdots,x_n$;

(2)求出最大与最小数据之差 x_n-x_1;

(3)求出可疑数据 x_1 或 x_n 与其最邻近数据之差 x_2-x_1 或 x_n-x_{n-1};

(4)求出 $Q_计=\dfrac{x_2-x_1}{x_n-x_1}$(检验 x_1)或 $Q_计=\dfrac{x_n-x_{n-1}}{x_n-x_1}$(检验 x_n); $\qquad$ (3-10)

(5)将 $Q_计$ 与 $Q_表$(见表 3-1)相比,若 $Q_计>Q_表$,则弃去可疑值,否则应予保留。

表 3-1 Q 值 表

测定次数 n	3	4	5	6	7	8	9	10
$Q_{0.90}$	0.94	0.76	0.64	0.56	0.51	0.47	0.44	0.41
$Q_{0.95}$	0.98	0.85	0.73	0.56	0.59	0.54	0.51	0.48

说明:表中 $Q_{0.90}$、$Q_{0.95}$ 分别表示置信度为 0.90 和 0.95 时的 $Q_表$ 值。

例 3-1 在一组平行测定中,测得样品中钙的质量分数分别为 22.38%,22.39%,22.36%,22.40% 和 22.44%。试用 Q 检验法判断 22.44% 能否弃去。(要求置信度为 0.90)

解:(1)按递增顺序排列:22.36%,22.38%,22.39%,22.40%,22.44%

(2) $\qquad\qquad x_n-x_1=(22.44-22.36)\%=0.08\%$

(3) $\qquad\qquad x_n-x_{n-1}=(22.44-22.40)\%=0.04\%$

(4) $\qquad\qquad Q_计=\dfrac{x_n-x_{n-1}}{x_n-x_1}=\dfrac{0.04\%}{0.08\%}=0.5$

(5)查表 3-1,$n=5$ 时,$Q_{0.90}=0.64$,即 $Q_计<Q_表$,所以 22.44% 应予保留。

3.3 有效数字和运算规则

为了得到准确的分析结果,不仅要准确地测定各种数据,而且还要准确地记录和计算。分析结果数据大小不仅表示样品中被测成分的含量,而且还反映测定的准确程度。因此,学习掌握有效数字及其运算规则至关重要。

3.3.1　有效数字

有效数字是指实际能测得到的数字。一个数据中的有效数字包括所有确定的数字和最后一位估读的数字。

在分析时,要得到准确的分析结果,除要进行准确测量外,还必须正确地记录和处理实验数据。数据不仅表示测量对象的数量的大小,同时也反映测量的准确程度和数据可靠程度,记录和处理实验数据必须使用有效数字。例如,用万分之一天平称得某物体的质量为 4.1184 g,有 5 位有效数字,其中 4.118 是确定的数字,4 是不确定的数字,可能有一定的误差,这五位数字也都是有效数字。而用托盘天平进行称量,应记录为 4.1 g,有效数字为 2 位。前者的相对误差为

$$\pm \frac{0.0002}{4.1184} \times 100\% = \pm 0.005\%$$

后者的相对误差为

$$\pm \frac{0.2}{4.1} \times 100\% = \pm 5\%$$

前者的准确度比后者要高 1000 倍。如果将托盘天平的结果写成 4.1000 g,就夸大了测量的准确性;同理,如果将电子天平的测量结果写成 4.1 g,就缩小了测量的准确性,都是不正确的。

又如,溶液在滴定管中的读数为 25.00 mL,这里前 3 位在滴定管上有刻度标出,是准确的,第 4 位数字因为没有刻度,是估读值,共有 4 位数字有效数字。如果记为 25 mL,则这一数字没有反映出滴定管的准确度。因此,有效数字的位数与测量的方法、所用的仪器的准确度有关。

在确定有效数字的位数时,应注意如下几点:

(1) 在有效数字中,数字"0"是否作为有效数字,应具体分析而定。如用万分之一天平称得某物体的质量为 0.5080 g,该数字为四位有效数字。"0"在数字前,即"5"前面的"0"不是有效数字,只起定位作用;"0"在数字中间是有效数字,即"8"前面的"0"是有效数字;"0"在数字后有时是有效数字,有时不确定。0.5080 中"8"后面的"0"是有效数字,表示该物体的质量准确到小数点后三位。而 17000 是自然数,并非测量所得,应看成足够有效,即自然数的有效数字位数不确定,此时"7"后面的"0"无法确定是否是有效数字。当写成指数 1.70×10^4 时,该数字是三位有效数字,即"7"后面的"0"是有效数字。

(2) 有效数字的位数应与测定仪器的精确程度相一致。在分析化学中,有一些惯例,如质量一般保留小数点后 4 位;滴定溶液的体积必须是小数点后面 2 位。如用万分之一天平称得"1 g"应记录"1.0000 g";同理,50 mL 滴定管,因为可以读至 0.01 mL,所以必须记录小数点后 2 位,如"0 mL"应记录"0.00 mL"。

(3) 对数或负对数(如 pH、pM、lg K)值的有效数字位数仅由小数的位数决定,且小数部分的所有"0"都为有效数字。如 pH = 5.02 只有两位有效数字,因为此时 $[H^+] = 9.5 \times 10^{-6}$,也是两位有效数字。

(4) 在变换单位时,有效数字位数不变。如 20.00 mL 可写成 0.02000 L 或写成 2.000×10^{-2} L,10.5 L 可写成 1.05×10^4 mL。

3.3.2 运算规则

1. 有效数字的修约

通常所说的实验结果大多是各种测量数据经计算而得到的。在计算过程中,必须运用有效数字的运算规则,做到合理取舍。既不能无原则地保留过多位数使计算复杂化,也不能随便舍弃任何尾数而使准确度受到损失。舍去多余数字的过程称为数字修约,该过程遵循"四舍六入五成双"的原则。即当被修约的数字小于等于 4 时舍,大于等于 6 时入;当被修约的数字等于 5 且 5 后面是零或者没有数字时,应确保修约的结果的末位数字成双,即 5 前面的数字是偶数时舍,奇数时则入;当 5 后面有大于零的任何数字时,无论 5 前面的数字是偶数还是奇数 5 都入。例如,将下列数字分别修约为四位:

$$3.1424 \rightarrow 3.142;$$

$$3.2156 \rightarrow 3.216;$$

$$5.6235 \rightarrow 5.624;$$

$$4.6245 \rightarrow 4.624;$$

$$20.44501 \rightarrow 20.45。$$

值得注意的是,如果运算分步进行,中间步骤的有效数字修约时应多保留一位,以免因修约引起的误差累积传递;一个确定的数字只能修约一次。如将 18.2348 修约为四位有效数字,应 18.2348→18.23,而不能 18.2348→18.235→18.24。

2. 有效数字的加减

当测定结果是几个测量值相加或相减时,保留有效数字的位数取决于小数点后位数最少的一个,即绝对误差最大的一个。

例如,计算 $\qquad$ 0.0121+25.64+1.05782

首先以这三个数字中小数点后位数最少者为基准修约。由于每个数据的最末一位都是可疑的,其中 25.64 小数点后第二位已经不准确了,即从小数点后第二位开始即使与准确的有效数字相加,得出的数字也不会准确了,因此,计算结果应保留小数点后两位。

$$0.0121+25.64+1.05782 = 26.70992 \approx 26.71$$

3. 有效数字的乘除

当测定结果是几个数据的乘除运算时,保留有效数字的位数取决于有效数字位数最少的一个,即相对误差最大的一个。例如,计算下式:

$$\frac{0.0325 \times 5.103 \times 60.06}{139.8}$$

各数的相对误差分别为:$0.0325: \dfrac{\pm 0.0001}{0.0325} \times 100\% = \pm 0.3\%$;

$$5.103: \pm 0.02\%; 60.06: \pm 0.02\%; 139.8: \pm 0.07\%。$$

由此可见,在上述四个数中,0.0325 是相对误差最大者,即有效数字位数最少者,因此计算结果应取三位有效数字。即

$$\frac{0.0325 \times 5.103 \times 60.06}{139.8} = 0.0713$$

4. 有效数字运算结果的取舍

在确定有效数字运算结果的位数时,还应注意下列几点:

（1）若某一个数据第一位有效数字大于或等于 8,则计算过程中有效数字的位数可多算一位,如 8.37 可看作四位有效数字。

（2）在计算过程中,可以暂时多保留一位数字,对最后结果应根据四舍六入五成双的原则弃去多余的数字。

（3）凡涉及化学平衡的有关计算,一般保留两位或三位有效数字。

（4）对于物质组成的测定,对质量分数大于 10% 的组分测定,计算结果一般保留四位有效数字;质量分数在 1%~10% 的组分测定,一般保留三位有效数字;对质量分数小于 1% 的组分测定,则通常保留两位有效数字。

（5）表示误差时,一般取一位有效数字,最多取两位。

（6）表示标准溶液的浓度时,一般取四位有效数字。

（7）采用计算器连续运算的过程中可能保留了过多的有效数字,但最后结果应修约为适当位数,以确保测定结果的准确度。

3.4　滴定分析法

3.4.1　滴定分析过程和分类

滴定分析法是将一种已知准确浓度的试剂溶液滴加到待测溶液中,直到所加试剂与被测物质按化学计量关系恰好反应完全为止,根据所加试剂的浓度和消耗的体积,计算出被测物质含量的分析法。滴加到被测物质溶液中的已知准确浓度的试剂溶液称为标准溶液,又称滴定剂。往被测溶液中滴加标准溶液的过程称为滴定。当滴定剂与被测物质按照化学计量关系恰好反应完全时的这一点,称为化学计量点。一般通过指示剂颜色的变化来判断化学计量点的到达,指示剂颜色变化而停止滴定的这一点称为滴定终点。在实际滴定分析操作中,指示剂颜色变化的变色点不一定恰好是化学计量点,由滴定终点和化学计量点之间的差别引起的误差,称为滴定误差或终点误差。

根据滴定剂与被测物的反应类型不同,滴定分析大体上可分为四种类型:即酸碱滴定法、配位滴定法、氧化还原滴定法及沉淀滴定法。

滴定分析法通常用于测定常量组分,即含量大于 1% 的组分。滴定分析法准确度较高,相对误差在 ±0.2% 之内,测定速度快、简便,因此应用广泛。

3.4.2　滴定分析对化学反应的要求

尽管化学反应有多种形式,但是并非任何一种化学反应都能用于滴定分析。滴定反应必须满足以下条件:

（1）反应必须根据确定的化学计量关系定量地进行。

（2）反应的完全程度通常要求 99.9% 以上。

（3）反应迅速。即反应能在瞬间完成,即使某些反应速率较慢,但可以采取适当的措施（如加热或加催化剂等)来加快反应速率。

（4）必须有简便的方法确定终点（如选择适当的指示剂）。

3.4.3 滴定方式

常用的滴定方式有如下几种：

（1）直接滴定法。凡能满足滴定分析要求的反应都可用标准溶液直接滴定被测物。例如，HCl 可用 NaOH 直接滴定，Fe^{2+} 可用 $KMnO_4$ 直接滴定。直接滴定法（direct titration）是最基本和最常用的一种滴定方式。

（2）返滴定法。当被测物与滴定剂的反应不满足滴定分析要求，如反应速率较缓慢时，可先加入一定过量的某种试剂，采用适当的方法使反应完全，再用另一种标准溶液滴定前面反应中剩余的试剂。这种滴定方式称为返滴定法（back titration）。例如，EDTA 与 Al^{3+} 反应很慢，可加入一定量过量的 EDTA 标准溶液，加热促使反应完全。冷却后，用 Zn^{2+} 标准溶液滴定剩余的 EDTA 标准溶液。这样根据两种标准溶液的浓度和体积，可求得 Al^{3+} 的量。

（3）置换滴定法。某些滴定剂与被测物的反应伴有副反应，不遵循一定的化学计量关系，或者缺乏合适的指示剂等，这时可采用置换滴定法，即先让某种试剂与被测物反应，定量地生成可以直接滴定的物质，然后进行滴定。这种滴定方式称为置换滴定（replacement titration）。例如，$K_2Cr_2O_7$ 与 $Na_2S_2O_3$ 反应时，$Na_2S_2O_3$ 的产物有 $S_4O_6^{2-}$ 和 SO_4^{2-} 等，反应无确定的化学计量关系。因此，不能采用直接滴定法由 $K_2Cr_2O_7$ 测定 $Na_2S_2O_3$。在酸性溶液中，$K_2Cr_2O_7$ 可以定量地从 KI 中置换出 I_2，而 $Na_2S_2O_3$ 与 I_2 的反应符合直接滴定要求。这样由 $K_2Cr_2O_7$ 与 I_2 的定量关系及 $Na_2S_2O_3$ 与 I_2 反应的定量关系，可以由 $K_2Cr_2O_7$ 的量间接计算 $Na_2S_2O_3$ 溶液的浓度。

（4）间接滴定法。某些被测物虽然不能直接与滴定剂反应，但有时可通过适当的化学反应将其转变成可被滴定的物质，用间接的方法进行滴定，这种方法称为间接滴定法（indirect titration）。例如，Ca^{2+} 并不能用 $KMnO_4$ 标准溶液滴定，若将其定量沉淀为 CaC_2O_4，过滤洗净后溶于稀 H_2SO_4 中，即可用 $KMnO_4$ 标准溶液滴定 $C_2O_4^{2-}$，从而间接地测定出 Ca^{2+} 的量。

返滴定法、置换滴定法、间接滴定法等滴定方式，大大扩展了滴定分析法的应用范围。

3.4.4 标准溶液和基准物质

1. 标准溶液

所谓的标准溶液，就是指一种已知准确浓度的溶液。并非任何试剂都可用来直接配制标准溶液，能用于直接配制标准溶液或标定标准溶液的纯物质，称为基准物质。

基准物质必须符合下列条件：

（1）纯度高。其质量分数不低于 99.9%。

（2）化学性质稳定。无论是固体或溶液状态均应具有足够的稳定性，不与大气中的 O_2、CO_2、H_2O 等组分作用，不吸湿，也不风化。

（3）组成与化学式完全相符。有结晶水的物质，结晶水的含量也应与化学式相符。

（4）在符合上述条件的基础上，要求试剂最好具有较大的摩尔质量，这样称量的量较多，从而减少称量的相对误差。例如，邻苯二甲酸氢钾和草酸作为标定碱溶液的基准物质，都符合上述三个要求，但前者的摩尔质量大于后者，因此邻苯二甲酸氢钾更适合作为标定碱的浓度的基准物质。

值得注意的是,基准物质与高纯度试剂两者不尽相同。因为高纯度试剂的组成与化学式不一定完全相符,这主要是指结晶水。因此不能随意用高纯度试剂来作为基准物质。

2. **标准溶液的配制**

在定量分析中,标准溶液的浓度常为 $0.05 \sim 0.2\ mol \cdot L^{-1}$,标准溶液的配制可分为直接配制法和间接配制法。

（1）直接配制法。准确称取一定量的基准物质,用蒸馏水溶解后转入容量瓶中定容摇匀,根据所称取物质的质量和定容的体积计算出该溶液的准确浓度。若要配制 1 L 浓度为 $0.1000\ mol \cdot L^{-1}$ 的 $AgNO_3$ 标准溶液,通过计算得知需称取 16.9870 g 纯 $AgNO_3$,若在分析天平上称取 $AgNO_3$ 16.9870 g,将其溶解并定容到 1.000 L 的容量瓶中,则其准确浓度为

$$\frac{16.9870\ g}{169.87\ g \cdot mol^{-1} \times 1.000\ L} = 0.1000\ mol \cdot L^{-1}$$

只有符合基准物质的前三个条件的化学试剂,才能用其直接配制标准溶液,在分析化学中,常用的基准物质有邻苯二甲酸氢钾、草酸、硼砂、无水碳酸钠、重铬酸钾、三氧化二砷、碘酸钾、溴酸钾及纯金属等。

（2）间接配制法。不符合基准物质的试剂,如 $NaOH$、KOH、HCl、H_2SO_4、$KMnO_4$、$Na_2S_2O_3$ 等,不能直接配制成标准溶液。一般先将它们粗略地配制成近似所需浓度的溶液,然后再用基准物质或已知浓度的另一种标准溶液来确定该标准溶液的准确浓度。用基准物质或另一种标准溶液来确定所配标准溶液准确浓度的过程称为标定。一般将标准溶液的用量控制在 $20 \sim 30$ mL,先估算出用于标定的基准物质的用量,然后在天平上准确称取基准物质的质量,溶解后用待标定的标准溶液滴定,根据消耗的体积,最后算出该标准溶液的浓度。标定一般至少要做 3 次平行测定,要求标定的相对偏差为 $0.1\% \sim 0.2\%$。

3. **标准溶液浓度的表示方法**

（1）物质的量浓度。这是最常用的表示方法,标准物质 A 的物质的量浓度为

$$c_A = \frac{n_A}{V}$$

式中 n_A 为物质 A 的物质的量,V 为标准溶液的体积。

（2）滴定度。在实际工作中常用滴定度来表示标准溶液的浓度,滴定度(T)指每毫升标准溶液可滴定的相当于可滴定的待测组分的质量,单位为 $g \cdot mL^{-1}$ 或 $mg \cdot mL^{-1}$,用 $T_{待测物/滴定剂}$ 表示。例如,高锰酸钾对铁的滴定度 $T_{Fe/KMnO_4} = 0.005728\ g \cdot mL^{-1}$,表示每毫升 $KMnO_4$ 溶液可把 0.005728 g 的 Fe^{2+} 滴定为 Fe^{3+},也就是说 1 mL $KMnO_4$ 溶液恰好能与 0.005728 g 的 Fe^{2+} 反应,如果在滴定中消耗 $KMnO_4$ 溶液 20.63 mL,则被测溶液中含铁的质量为

$$m_{Fe} = 0.005728\ g \cdot mL^{-1} \times 20.63\ mL = 0.1182\ g$$

习　题

一、填空题

1. 分析结果的准确度高时,其精密度一般_____,而精密度高的数据,其准确度_____高。

2. 在滴定分析中标定盐酸溶液常用的基准物质有_____和_____,标定 NaOH 溶液常用的基准物质有

_____ 和 _____。

3. pH = 5.30,其有效数字为 _____ 位;1.057 有 _____ 位有效数字;5.24×10^{-10} 有 _____ 位有效数字;0.0230 有 _____ 位有效数字。

4. 考虑有效数字,计算下式:11324 + 4.093 + 0.0467 = _____。

二、选择题

1. 单次测定的标准偏差越大,表明一组测定的( )越低。

A. 准确度　　　　　B. 精密度　　　　　C. 绝对误差　　　　　D. 平均值

2. 标定盐酸时,硼砂的实际质量为 0.4768 g,因失去部分结晶水,只称得 0.4758 g,将使盐酸的浓度( )。

A. 偏高　　　　　B. 偏低　　　　　C. 没有影响　　　　　D. 不确定

3. 按有效数字规定的结果 lg 0.120 应为( )。

A. −0.9　　　　　B. −0.92　　　　　C. −0.921　　　　　D. −0.9208

4. 下列物质中可用作基准物质的是( )。

A. KOH　　　　　B. H_2SO_4　　　　　C. $KMnO_4$　　　　　D. 邻苯二甲酸氢钾

5. 某一数字为 2.004×10^2,其有效数字位数是( )。

A. 2　　　　　B. 5　　　　　C. 6　　　　　D. 4

三、判断题

1. pH = 12.02,其有效数字是 1 位。( )

2. 若测定值的标准偏差越小,其准确度越高。( )

3. 在各种滴定分析中,从开始到结束,必须不断地用力摇动被滴定溶液,才能使反应迅速进行。( )

4. 可采用 NaOH 作基准物质来标定盐酸溶液。( )

5. 不论采用何种滴定方法,都离不开标准溶液,标准溶液也叫滴定剂。( )

6. 在分析测定中一旦发现特别大或特别小的数据,就要马上舍去不用。( )

四、问答题

1. 若将 $H_2C_2O_4 \cdot 2H_2O$ 基准物质长期保存于干燥器中,用以标定 NaOH 溶液的浓度时,结果偏高还是偏低?用该 NaOH 溶液测定有机酸的摩尔质量时,对测定结果有何影响?

2. 用基准物质 Na_2CO_3 标定 HCl 溶液时,下列情况对测定结果有何影响?

(1) 滴定速度太快,附在滴定管壁上的 HCl 溶液来不及流下来,就读取滴定体积。

(2) 在将 HCl 标准溶液倒入滴定管前,没有用 HCl 溶液润洗滴定管。

(3) 锥形瓶中的 Na_2CO_3 用蒸馏水溶解时,多加了 50 mL 蒸馏水。

(4) 滴定管旋塞漏出 HCl 溶液。

3. 下列情况引起的误差是系统误差还是随机误差?

(1) 使用有缺损的砝码。

(2) 称量时样品吸收了空气中的水分。

(3) 读取滴定管读数时,最后一位数字估计不准。

(4) 重量法测定 SiO_2 时,样品中硅酸沉淀不完全。

(5) 天平零点稍有变动。

(6) 用含有杂质的基准物质来标定 NaOH 溶液。

4. 对某样品的分析,甲、乙两人的分析结果分别为

甲 40.15%,40.14%,40.16%,40.15%

乙 40.25%,40.01%,40.10%,40.24%

试问哪一个结果比较可靠?说明理由。

五、计算题

1. 计算下列结果：

（1）$45.6782 \times 0.0023 \times 4500$

（2）$\dfrac{0.2000 \times (32.56 - 1.34) \times 321.12}{3.000 \times 1000}$

（3）$pH = 0.05$，求 c_{H^+}。

2. 欲配制 $0.10\ mol \cdot L^{-1}$ HCl 和 $0.10\ mol \cdot L^{-1}$ NaOH 溶液各 2 L，问需要浓盐酸（密度 $1.18\ g \cdot L^{-1}$，质量分数为 37%）和固体 NaOH 各多少？

3. 某样品含氯量经 4 次测定，结果分别为：34.30%，34.15%，34.42%，34.38%。试检验有无可疑值？应否舍弃？

4. 用邻苯二甲酸氢钾（$KHC_8H_4O_4$）标定浓度约为 $0.1\ mol \cdot L^{-1}$ NaOH 时，要求在滴定时消耗 NaOH 溶液 25～30 mL，问应称取 $KHC_8H_4O_4$ 多少克？

5. 用氧化还原滴定法测得纯 $FeSO_4 \cdot 7H_2O$ 中铁的质量分数分别为：20.10%，20.03%，20.04%，20.05%。试计算其绝对偏差、相对偏差、平均偏差、相对平均偏差、标准偏差。

第4章 物质结构基础

世界是由物质组成的,物质又是由相同或者不同的元素组成的。经过各种化学反应,这些元素的原子组成了千万种不同性质的物质,使得我们的世界变得万紫千红、丰富多彩。

原子是组成物质的最小粒子,原子的种类、数目、原子间的相互作用力和原子的空间排布方式决定了物质的性质。因此,认识物质,研究物质的组成、结构、性质及其变化规律,就必须了解原子结构、化学键和晶体结构方面的基本理论知识。

本章重点讨论原子核外电子的运动和排布规律,阐明元素和原子性质变化的周期性规律。并在原子结构的基础上,重点讨论化学键理论、分子的形成、空间构型及分子之间的相互作用。

4.1 原子核外电子的运动状态

4.1.1 概率密度和电子云图形

原子是由原子核及核外电子构成的。电子的质量极小,运动速度很快,运动空间又极小,只能在原子空间范围内运动。与经典力学中的宏观物体运动不同,在原子中,不能同时确定电子运动的位置和速度。原子核外的电子并不是在一定轨道上运动,其运动符合统计性规律。对于电子的运动,只能用统计的方法给出概率的描述。即电子运动的具体途径无法确定,但是从统计的结果却可以得知电子在核外某些区域出现的概率大,在另一些区域出现的概率小。电子在核外空间各处出现的概率大小,称为概率密度。为了形象地表示核外电子运动的概率分布情况,常用疏密不同的小黑点来表示,这种图像称为电子云。黑点较密的地方,表示电子出现的概率密度较大;黑点较稀疏处,表示电子出现的概率密度较小。

电子在核外空间各处出现的概率密度的形象表现,称为电子云。如图 4-1 所示,氢原子 1s 电子云呈球形对称分布,且电子云概率密度随离核距离的增大而减小。

不确定性原理——海森伯

微观粒子的波粒二象性

电子云

四个量子数

4.1.2 四个量子数

原子核外电子的运动状态可用四个量子数描述。

1. 主量子数(n)

主量子数描述核外电子离核的远近,电子离核由近到远分别用数值 $n=1,2,3,\cdots$ 有限的整数来表示,迄今已知的最大值为 7。此外,主量子数还代表了原子轨道能级的高低,n 越大,电子的能级就越大,能量就越高。n 是决定电子能量的主要量子数,n 相同则原子轨道

图 4-1 氢原子
1s 电子云示意图

能级相同。在光谱学上用一套大写字母表示电子层,其对应关系为

主量子数 n　1,　2,　3,　4,　5,　6,　7,　…
电子层　　　　K,　L,　M,　N,　O,　P,　Q,　…

2. 角量子数(l)

在同一个电子层内,运动状态也有所不同,电子的能量也有所差别,即一个电子层还可分为

n	l
1	0
2	0,　1
3	0,　1,　2
4	0,　1,　2,　3
…	…

若干个能量稍有差别、原子轨道形状不同的亚层。角量子数 l 就是用来描述原子轨道或电子云的形态。l 的数值不同,原子轨道或电子云的形状就不同,l 的取值受 n 的限制,可以取从 0 到 $n-1$ 的正整数。

l 的每个值代表一个亚层,第一电子层只有一个亚层,第二电子层有两个亚层,以此类推。亚层用光谱符号 s,p,d,f 等表示。角量子数、亚层符号的对应关系为

角量子数 l　0,　1,　2,　3,　…
亚层符号　　　s,　p,　d,　f,　…

每个亚层对应一种类型的原子轨道,原子轨道或电子云形状如图 4-2 所示。

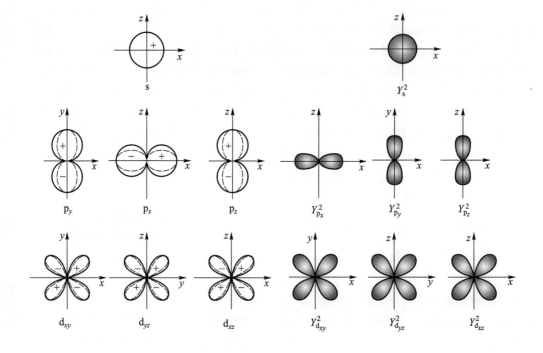

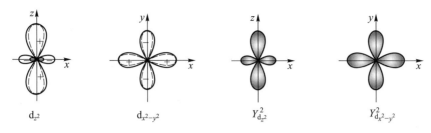

图 4-2　原子轨道的角度分布图与电子云的角度分布图

在多电子原子中,随着 l 值的增大同一电子层中原子轨道能量也依次升高,即 $E_{ns}<E_{np}<E_{nd}<E_{nf}$,角量子数 l 与 n 主量子数一起决定电子的能级。因此,角量子数也称副量子数。与主量子数决定的电子层间的能量差别相比,角量子数决定的亚层间的能量差要小得多。我国著名化学家徐光宪总结出:多电子原子中不同轨道的能量高低可用 $(n+0.7l)$ 的大小作为判据。如 4s$(n=4,l=0)$ 轨道的能量低于 3d 轨道 $(n=3,l=2)$ 的能量。

3. 磁量子数

原子轨道不仅有一定的形状,并且还具有不同的空间伸展方向。磁量子数 m 就是用来描述原子轨道在空间的伸展方向的。m 的取值受 l 的制约,它可以取从 $-l$ 经过 0 到 $+l$ 的整数 $(0,\pm1,\pm2,\cdots,\pm l)$。$l$ 确定后,m 可有 $2l+1$ 个值,即相应于每个能级(或亚层)中可以有 $2l+1$ 个原子轨道。

科技报国
——徐光宪

$l=0$ 时,$m=0$,表示 ns 亚层只有一个轨道,即 s 轨道。

$l=1$ 时,m 可取 0、±1,共 3 个值,表示 np 亚层有 3 个轨道,即 p_x、p_y 和 p_z 轨道。

$l=2$ 时,m 可取 $-2,-1,0,+1,+2$,共 5 个值,表示 nd 亚层有 5 个轨道,即 d_{xy}、d_{yz}、d_{xz}、d_{z^2}、$d_{x^2-y^2}$ 轨道。

通常把 n、l、m 都确定的电子运动状态称原子轨道。磁量子数 m 与能量无关,n、l 相同时,各原子轨道能量相同,称为等价轨道或简并轨道。

4. 自旋量子数 (m_s)

电子除了绕核运动外,还在做自旋运动,描述电子自旋运动的量子数称为自旋量子数 m_s。电子的自旋可有两个相反的方向,所以自旋量子数 m_s 只有两个值,即 $-1/2$ 和 $+1/2$,通常用向上或向下的箭头“↑”“↓”表示。

在四个量子数中,n、l、m 三个量子数可确定电子的原子轨道;n、l 两个量子数可确定电子的能级和离核远近;n 一个量子数只能确定电子的电子层。

要描述原子中每个电子的运动状态,需要用四个量子数才能完全表达清楚。主量子数决定电子处在哪一个电子层上,副量子数决定电子处在该主层中的哪个亚层及原子轨道的形状,磁量子数决定电子处在亚层的哪一个原子轨道上,自旋量子数决定电子在该轨道上的自旋方向。也就是说 n、l 和 m 三个量子数描述电子的原子轨道特征,而 m_s 描述轨道电子特征,例如,若已知核外某电子的四个量子数为:$n=2,l=1,m=-1,m_s=+1/2$,那么,就可以知道这是指第二电子层 p 亚层 $2p_x$ 或 $2p_y$ 轨道上自旋方向以 $+1/2$ 为特征的一个电子。

电子层、亚层、原子轨道、运动状态同四个量子数之间的关系,列于表 4-1 中。

表 4-1　电子层、亚层、原子轨道、运动状态

电子层	量子数	n	1	2	3	$\cdots,n$
	符号		K	L	M	
亚层 （能级）	量子数	n	1	2	3	$\cdots,n$
		l	0	0,1	0,1,2	$0,1,2,\cdots,(n-1)$
	亚层数		1	2	3	n
	符号		1s	2s,2p	3s,3p,3d	$n\mathrm{s},n\mathrm{p},n\mathrm{d},\cdots$
原子轨道 （波函数）	量子数	n	1	2	3	$\cdots,n$
		l	0	0,1	0,1,2	$0,1,2,\cdots(n-1)$
		m	0	0; 0,±1	0;0,±1; 0,±1,±2	$0;0,\pm1;0,\pm1,\pm2;\cdots$ $0,\pm1,\pm2,\cdots\pm l$
	层轨道数		1	4	9	n^2
	符号		1s	$2\mathrm{s},2\mathrm{p}_x$ $2\mathrm{p}_y,2\mathrm{p}_z$	$3\mathrm{s},3\mathrm{p}_x3\mathrm{p}_y3\mathrm{p}_z,$ $3\mathrm{d}_{xy}3\mathrm{d}_{yz}3\mathrm{d}_{xz}3\mathrm{d}_{z^2}3\mathrm{d}_{x^2-y^2}$	
运动状态	量子数	n	1	2	3	n
		l	0	0,1	0,1,2	$0,1,2,\cdots,(n-1)$
		m	0	0; 0,±1	0;0,±1; 0,±1,±2	$0;0,\pm1;0,\pm1,\pm2;\cdots$ $0,\pm1,\pm2,\cdots\pm l$
		m_s	±1/2	±1/2	±1/2	±1/2
	层状态数		2	8	18	$2n^2$
	符号		$1\mathrm{s}^2$	$2\mathrm{s}^2 2\mathrm{p}^6$	$3\mathrm{s}^2 3\mathrm{p}^6 3\mathrm{d}^{10}$	

4.2　原子核外电子排布与元素周期律

对于氢原子来说，在通常情况下，其核外的一个电子总是位于基态的 1s 轨道上。但对于多电子原子来说，其核外电子是按能级顺序分层排布的。

4.2.1　多电子原子轨道的能级

多电子原子的能级及电子排布规则

在多电子原子中，电子除了受原子核的吸引外，还受到其他电子的排斥作用，原子轨道能级关系较为复杂。1939 年鲍林根据光谱实验结果总结出多电子原子中各原子轨道能级的相对高低的情况，并用图近似地表示出来，称为"鲍林原子轨道近似能级图"（图 4-3）。

图 4-3 中每一"○"代表一原子轨道，其位置的高低表示各轨道能级的相对高低，图中每一个方框中的几个轨道能量是相近的，称为一个能级组。相邻能级组之间的能量相差比较大。每个能级组（除第一能级组）都是从 s 能级开始，终止于 p 能级。能级组数等于核外电子层数。能级组的划分是元素周期性产生的根源，能级组的划分与周期表中周期的划分是一致的。从图 4-3 可以看出：

（1）同一原子中的同一电子层内，不同亚层之间的能量次序为 $n\mathrm{s}<n\mathrm{p}<n\mathrm{d}<n\mathrm{f}$。

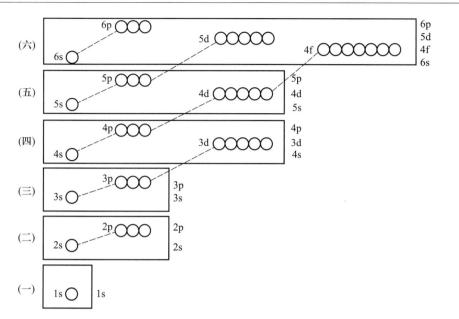

量子化学
大师——
鲍林

图 4-3 鲍林原子轨道近似能级图

（2）同一原子中的不同电子层内，相同类型亚层之间的能量次序为 1s<2s<3s<…, 2p<3p<4p<…。

（3）从第四能级组开始往后，出现了能级交错现象。例如，4s<3d<4p，5s<4d<5p，6s<4f<5d<6p。

以上多电子原子中不同轨道的能量高低均可用我国著名化学家徐光宪总结出的 $(n+0.7l)$ 规则进行计算说明。

对于鲍林原子轨道近似能级图，需要注意以下几点：

（1）鲍林原子轨道近似能级图只有近似的意义，不能完全反映出每个元素的原子轨道能级的相对高低。

（2）鲍林原子轨道近似能级图只能反映出同一原子内各原子轨道能级之间的相对高低。不能用它比较不同元素原子轨道能级的相对高低。

（3）鲍林原子轨道近似能级图实际上只能反映出同一原子外电子层中原子轨道能级的相对高低，而不一定能完全反映内电子层中原子轨道能级的相对高低。

（4）电子在某一轨道上的能量，实际与原子序数（核电荷数）有关。核电荷数越大，对电子的吸引力越大，电子离核越近，轨道能量就降得越低。轨道能级之间相对高低情况，与鲍林原子轨道近似能级图会有所不同。

4.2.2 基态原子中电子的排布

1. 基态原子中电子的排布原理

核外电子排布服从如下三条原则：

（1）能量最低原理。自然界中任何体系总是能量越低，所处的状态就越稳定，这个规律为能量最低原理。原子核外的排布也遵循这个原理。因此，依据鲍林的原子轨道能级图，电子首先填充在能量最低的轨道中，低能态轨道填满后，再填充能量高一级的轨道，使基态原子总处于能量

最低的稳定状态。电子填入轨道时遵循下列次序,如图 4-4 所示:

<u>1s　2s 2p　3s 3p　4s 3d 4p　5s 4d 5p　6s 4f 5d 6p　7s 5f 6d 7p</u>

（2）泡利不相容原理。1929 年,奥地利科学家泡利提出:在同一原子中不可能含有四个量子数完全相同的电子,即同一轨道中最多可容纳 2 个自旋方向相反的电子,这个规律称为泡利不相容原理。

应用泡利不相容原理,可以获得以下几个重要结论:

① 每一种运动状态的电子只能有一个。

② 由于每一个原子轨道包括两种运动状态,所以每一个原子轨道中最多只能容纳两个自旋方向不同的电子。

③ 因为 s、p、d、f 各分层中的原子轨道数分别为 1、3、5、7 个,所以 s、p、d、f 各分层中分别最多能容纳 2、6、10、14 个电子。

④ 每个电子层中原子轨道的总数为 n^2 个,因此,各电子层中电子的最大容量为 $2n^2$。参见表 4-1。

（3）洪德（Hund）规则。德国科学家洪德根据大量光谱实验数据提出:在同一亚层的简并轨道上,电子总是尽可能占据不同的

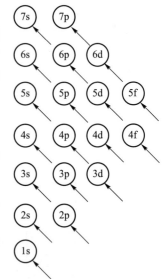

图 4-4　电子填入轨道顺序图

轨道,且自旋方向相同,这个规律称为洪德规则。例如,碳原子核外 6 个电子的排布形式为 $1s^2 2s^2 2p^2$,其中两个 p 电子单独地分布到等价轨道中,且自旋方向相同。

此外,洪德根据光谱实验,又总结出另一条规则,称为洪德规则的特例,即简并轨道全充满、半充满或全空的状态是比较稳定的。

简并轨道处于全充满、半充满、全空的概念为

$$全充满:np^6, nd^{10}, nf^{14}。$$
$$半充满:np^3, nd^5, nf^7;$$
$$全　空:np^0, nd^0, nf^0;$$

2. 基态原子中的电子排布

根据以上三条原则,参照鲍林原子轨道近似能级图,便可得到元素周期表中各元素原子核外电子的排布情况。必须注意,电子填充的先后顺序虽是 4s 轨道先于 3d 轨道,但在书写电子排布式时,仍然把主量子数小的 3d 轨道放在主量子数大的 4s 轨道前面,与同层的 3s、3p 轨道连在一起。

电子在核外的排布称为电子层构型（简称电子构型）,通常有三种表示方法:

（1）电子排布式。以电子在原子核外各亚层中分布情况来表示,原子序数写在元素符号的左下角,在亚层符号的右上角注明排列的电子数。如 $_{15}P$,其电子排布式为 $1s^2 2s^2 2p^6 3s^2 3p^3$;又如 $_{30}Zn$,其电子排布式为 $1s^2 2s^2 2p^6 3s^2 3p^6 3d^{10} 4s^2$。

由于参加化学反应的总是原子的外层电子,内层电子结构一般是不变的,因此当内层电子构型与稀有气体的电子构型相同时,就用该稀有气体的元素符号来表示原子的内层电子构型,并称为原子实。这样可避免电子排布式书写过于烦琐,如以上两例的电子排布也可简写成:

$$_{15}P:[Ne]3s^2 3p^3, _{30}Zn:[Ar]3d^{10} 4s^2$$

又如 Cr 和 Cu 原子核外电子的排布式,根据洪德规则的特例:

$_{24}$Cr 不是 $1s^2 2s^2 2p^6 3s^2 3p^6 3d^4 4s^2$,而是 $1s^2 2s^2 2p^6 3s^2 3p^6 3d^5 4s^1$。$3d^5 4s^1$ 都为半充满。

$_{29}$Cu 不是 $1s^2 2s^2 2p^6 3s^2 3p^6 3d^9 4s^2$,而是 $1s^2 2s^2 2p^6 3s^2 3p^6 3d^{10} 4s^1$。$3d^{10}$ 为全充满,$4s^1$ 为半充满。

需要注意的是基态原子失去电子的顺序为 $np \rightarrow ns \rightarrow (n-1)d \rightarrow (n-2)f$,即首先失去电子排布式中的最外层电子,这和填充时的顺序并不对应。如 Cu^+ 的电子排布为 $[Ar]3d^{10}$,Cu^{2+} 的电子排布为 $[Ar]3d^9$;Fe^{2+} 的电子排布为 $[Ar]3d^6$,Fe^{3+} 的电子排布为 $[Ar]3d^5$。

(2)轨道表示。按电子在核外原子轨道中的分布情况,用一个圆圈表示各个原子轨道(简并轨道的圆圈连在一起),用向上或向下箭头表示电子的自旋状态,例如,

又如 $_8$O 的电子排布 $1s^2 2s^2 2p^4$,根据洪德规则,其轨道上的电子排布式为

而不是

(3)量子数表示。按所处的状态用整套量子数表示。原子核外电子的运动状态是由四个量子数确定的,例如,$_7$N($[He]2s^2 2p^3$),则 $2s^2$ 的这 2 个电子用整套量子数表示为 $(2,0,0,+1/2)$ 和 $(2,0,0,-1/2)$;$2p^3$ 的这个 3 个电子用整套量子数表示为 $(2,1,-1,+1/2)$、$(2,1,0,+1/2)$ 和 $(2,1,1,+1/2)$。

4.2.3 原子的电子结构和元素周期律

元素的核外电子排布呈周期性变化,导致元素的性质也呈周期性变化。每一周期中的元素随着原子序数的递增,总是从活泼的碱金属开始(第 1 周期例外)逐渐过渡到稀有气体为止。对应于其电子结构的能级组则从 ns^1 开始至 np^6 结束,如此周期性地重复出现。在长周期或特长周期中,其电子层结构中还夹着 $(n-1)d$ 或 $(n-2)f(n-1)d$ 亚层。由此充分证明,元素性质的周期性变化,是元素的原子核外电子排布周期性变化的结果。这一规律称为元素周期律。

根据元素原子序数从小至大的排列顺序,将元素周期律以图表形式表示出来就是元素周期表。

1. 周期与能级组

周期表中每 1 个行代表 1 个周期,7 个行代表 7 个周期。第 1 周期只有 2 种元素,称为超短周期;第 2,3 周期各有 8 种元素,称为短周期;第 4、5 周期各有 18 种元素,称为长周期;第 6 周期有 32 种元素,称为超长周期;第 7 周期预测有 32 种元素。

将元素周期表与原子轨道近似能级图、原子的电子结构进行对照分析,可以看出:

(1)各周期的元素数目与其对应的能级组中的电子数目相一致。

(2)元素原子的电子层数就等于该元素在周期表中所处的周期数。也就是说,原子的最外层的主量子数与该元素所处的周期数相等。

2. 族与价电子构型

周期表中的纵列,称为族,一共有 18 个纵列,分为 8 个主(A)族、8 个副(B)族。同族元素虽

然电子层数不同,但价电子构型基本相同(少数除外)。

价电子是指原子参加化学反应时,能用于成键的电子。价电子所在的亚层统称为价电子层,简称价层。原子的价电子构型是指价层电子的排布式,它能反映出该元素原子在电子层结构上的特征。

(1)主族元素。凡原子核外最后一个电子填入 ns 或 np 亚层上的元素,都是主族元素。周期表中共有 8 个主族,表示为 $ⅠA \sim ⅧA$。$ⅠA \sim ⅡA$ 价电子构型为 $ns^{1 \sim 2}$,$ⅢA \sim ⅦA$ 价电子构型为 $ns^2np^{1 \sim 5}$,价电子总数等于其族数。同一族中各元素原子核外电子层数从上到下递增,因此化学性质具有递变性。$ⅧA$ 族为稀有气体元素。这些元素原子的最外层$(nsnp)$上电子都已填满,价电子构型为 ns^2 或 ns^2np^6,因此它们的化学性质很不活泼,也称为惰性气体元素。

(2)副族元素。凡原子核外最后一个电子填入$(n-1)d$ 或$(n-2)f$ 亚层上的元素,都是副族元素,也称为过渡元素。周期表中共有 8 个副族,即 $ⅢB \sim ⅧB$ 族元素,$ⅠB \sim ⅡB$ 族元素。其价层电子构型为$(n-1)d^{1 \sim 10}ns^{1 \sim 2}$。$ⅢB \sim ⅦB$ 族元素原子的价层电子总数等于其族序数。周期表中的第8、9、10列,由于同周期的元素性质相近,因此将其归纳为一族,称为 $Ⅷ$ 族。$Ⅷ$ 族是元素周期表中唯一包含三个纵列的族,它们的价电子数为 $8 \sim 10$,与其族序数不完全相同。$ⅠB$,$ⅡB$ 族元素由于$(n-1)d$ 亚层已经填满,所以最外层(即 ns)上的电子数等于其族数。同一副族元素的化学性质也具有一定的相似性,但其化学性质递变性不如主族元素明显。

镧系和锕系元素的最外层和次外层的电子排布近乎相同,只是倒数第三层的$(n-2)f$ 轨道上的电子排布不同,使得镧系 15 种元素,锕系 15 种元素的化学性质最为相似,在周期表中分别占据同一位置,因此将镧系、锕系元素单独拉出来,置于周期表下方各列一行来表示。

可见,价电子构型是周期表中元素分类的基础。周期表中"族"的实质是根据价电子构型的不同对元素进行分类。

3. 元素的分区

根据元素原子价层电子构型的不同,可以把周期表中的元素所在位置分成 5 个区,分别为 s 区、p 区、d 区、ds 区、f 区。具体对应情况列于表 4-2 中。

表 4-2　元素区域的划分

区域	价层电子构型	包含的元素
s 区	$ns^{1 \sim 2}$	$ⅠA$、$ⅡA$
p 区	$ns^2np^{1 \sim 6}$	$ⅢA \sim ⅦA$,$ⅧA$ 族
d 区	$(n-1)d^{1 \sim 10}ns^{0 \sim 2}$	$ⅢB \sim ⅦB$,$Ⅷ$ 族
ds 区	$(n-1)d^{10}ns^{1 \sim 2}$	$ⅠB$、$ⅡB$
f 区	$(n-2)f^{0 \sim 14}(n-1)d^{0 \sim 2}ns^2$	镧系、锕系

原子参数和元素性质的变化规律

4.3　元素性质的周期性

原子结构决定元素的性质,本节结合原子核外电子层结构的周期性变化,阐述元素一些主要性质的周期性变化规律。

4.3.1 原子半径(r)

原子核外电子运动的区域是无边界的,因此原子半径只是一种相对的概念。由于元素的存在状态不同,其原子半径的含义也不同,常见的半径有以下 3 种。

（1）共价半径。同核双原子分子中两个原子核间距的一半。

（2）金属半径。金属晶体中相邻原子核间距的一半。

（3）范德华半径。两个原子只靠分子间作用力而靠近时,原子核间距的一半。范德华半径主要针对稀有气体元素。

门捷列夫与元素周期表

对同一种元素来说,范德华半径>金属半径>共价半径。

由表 4-3 可见原子半径在周期表中的变化规律:

表 4-3　原子半径（稀有气体为范德华半径）　　　　　（单位:10^{-12} m）

I A	II A	III B	IV B	V B	VI B	VII B	VIII			I B	II B	III A	IV A	V A	VI A	VII A	VIII A
H																	He
30																	140
Li	Be											B	C	N	O	F	Ne
152	111.3											88	77.2	70	66	64	154
Na	Mg											Al	Si	P	S	Cl	Ar
186	160											143.1	117	110	104	99	188
K	Ca	Sc	Ti	V	Cr	Mn	Fe	Co	Ni	Cu	Zn	Ga	Ge	As	Se	Br	Kr
232	197	162	147	134	128	127	126	125	124	128	134	135	128	121	117	114	202
Rb	Sr	Y	Zr	Nb	Mo	Tc	Ru	Rh	Pd	Ag	Cd	In	Sn	Sb	Te	I	Xe
248	215	180	160	146	139	136	134	134	137	144	148.9	167	151	145	137	133	216
Cs	Ba		Hf	Ta	W	Re	Os	Ir	Pt	Au	Hg	Tl	Pb	Bi	Po	At	Rn
265	217.3		159	146	139	137	135	135.5	138.5	144	151	170	175	154.7	164	—	220

镧系元素:

La	Ce	Pr	Nd	Pm	Sm	Eu	Gd	Tb	Dy	Ho	Er	Tm	Yb	Lu
183	181.8	182.4	181.4	183.4	180.4	208.4	180.4	177.3	178.1	176.2	176.1	175.9	193.3	173.8

注:数据来自元素周期表数据（2d.hep.com.cn/pte,高等教育出版社出版）

（1）原子半径在族中的变化。同一主族元素自上而下,电子层数逐渐增加,电子排斥力增大,原子半径逐渐增大。副族元素的原子半径从上到下的递变不是明显,特别是第五、六周期元素的原子半径非常接近。

（2）原子半径在周期中的变化。在短周期中,由于电子的依次增加是在同一层中,核电荷对外层电子的吸引力逐渐增强,原子半径逐渐减小,到稀有气体半径突然增大,为它们是范德华半径之故。在长周期中,主族元素原子半径的递变规律和短周期相似;副族元素原子半径递变缓慢,这是由于过渡元素的电子依次增加在次外层的 d 轨道上,从而增强了电子间的排斥作用,削弱了原子核对电子的吸引。

按统计规律,同一周期中两个相邻元素的半径差值为主族元素 ~10 pm;过渡元素 ~5 pm;内过渡元素 <1 pm。

（3）镧系收缩及其对元素性质的影响。镧系元素随着原子序数的增加原子半径的减小称为镧系收缩（lanthanide contraction）。镧系收缩使第六周期镧系后面的副族元素的半径大致减小了11 pm，从而与第五周期同族元素的原子半径几乎相等（详见表 4-3），又因为同族元素的价层电子构型相同，因此，它们的性质十分接近，在自然界中常共生在一起而难以分离，如 Zr 与 Hf，Nb与 Ta，Mo 与 W，Tc 与 Re 等。

4.3.2　电负性（χ）

为了说明化学键的极性，鲍林提出了电负性的概念，认为元素的电负性是元素的原子在分子中吸引成键电子的能力。他指定最活泼的非金属氟的电负性为 3.98，然后通过计算得出其他元素电负性的相对值。电负性越大，表示该元素原子在分子中吸引成键电子的能力越强。反之，则越弱。表 4-4 列出了鲍林的元素电负性数值。

表 4-4　鲍林的元素电负性［以 $\chi(\mathbf{F}) = 3.98$ 为标度］

I A	II A	III B	IV B	V B	VI B	VII B	VIII			I B	II B	III A	IV A	V A	VI A	VII A	VIII A
H 2.20																	**He**
Li 0.98	**Be** 1.57											**B** 2.04	**C** 2.55	**N** 3.04	**O** 3.44	**F** 3.98	**Ne**
Na 0.93	**Mg** 1.31											**Al** 1.61	**Si** 1.90	**P** 2.19	**S** 2.58	**Cl** 3.16	**Ar**
K 0.82	**Ca** 1.00	**Sc** 1.36	**Ti** 1.54	**V** 1.63	**Cr** 1.66	**Mn** 1.55	**Fe** 1.83	**Co** 1.88	**Ni** 1.91	**Cu** 1.90	**Zn** 1.65	**Ga** 1.81	**Ge** 2.01	**As** 2.01	**Se** 2.55	**Br** 2.96	**Kr**
Rb 0.82	**Sr** 0.95	**Y** 1.22	**Zr** 1.33	**Nb** 1.6	**Mo** 2.16	**Tc** 2.1	**Ru** 2.2	**Rh** 2.28	**Pd** 2.2	**Ag** 1.93	**Cd** 1.69	**In** 1.78	**Sn** 1.96	**Sb** 2.05	**Te** 2.1	**I** 2.66	**Xe**
Cs 0.79	**Ba** 0.89	**La** 1.10	**Hf** 1.3	**Ta** 1.5	**W** 1.7	**Re** 1.9	**Os** 2.2	**Ir** 2.2	**Pt** 2.2	**Au** 2.4	**Hg** 1.9	**Tl** 1.8	**Pb** 1.8	**Bi** 1.9	**Po** 2.0	**At** 2.2	**Rn**

La	**Ce**	**Pr**	**Nd**	**Pm**	**Sm**	**Eu**	**Gd**	**Tb**	**Dy**	**Ho**	**Er**	**Tm**	**Yb**	**Lu**
1.10	1.12	1.13	1.14	—	1.17	—	1.12		1.22	1.23	1.24	1.25	—	1.27

注：鲍林标度 χ_{p} 来自高教社元素周期表数据（2d.hep.com.cn/pte，高等教育出版社出版）

由表 4-4 可见，同族元素，自上而下电负性逐渐减小，金属性增强；同周期元素，自左至右电负性逐渐增大，非金属性增强（稀有气体除外）。副族元素的电负性没有明显的变化规律。金属元素的电负性一般小于 2，非金属元素的电负性一般大于 2。这个界限也不是绝对的。在周期表中，右上角是电负性最大的元素氟，其非金属性最强；左下角是电负性最小的元素铯，其金属性最强。

4.4　化学键

4.4.1　离子键

电负性小的金属原子和电负性较大的非金属原子靠近时，电子从电负性小的金属原子转移到电负性大的非金属原子,从而形成了阳离子和阴离子。这种由原子间发生电子的转移,形成阴、阳离子,并通过静电引力而形成的化学键叫离子键。离子键的本质是正负离子间的静电作用力。由离子键形成的化合物叫离子化合物。阴、阳离子分别是键的两极,故离子键呈强极性。

离子键具有以下特征:

(1)离子键没有方向性。离子的电场分布是呈球形对称的,一个离子可以在任何方位上与带相反电荷的离子产生静电引力,因此离子键无方向性。

(2)离子键没有饱和性。从经典力学的观点看,只要离子周围空间允许,它将尽可能多地吸引带相反电荷的离子,所以说离子键没有饱和性。当然在实际的离子晶体中,由于空间位阻的作用,每一个离子周围紧邻排列的带相反电荷的离子是有限的。例如,在 NaCl 晶体中每一个 Na^+ 周围有 6 个 Cl^- 紧邻,而在 CsCl 晶体中,每一个 Cs^+ 周围有 8 个 Cl^- 靠得最近。

4.4.2 共价键

离子键理论解释了许多离子型化合物的形成和性质特点,但对于如何阐释同种元素的原子或电负性相近的元素的原子也能形成稳定的分子却无能为力。

共价键理论的要点

1. 共价键的形成

以 H_2 分子的形成为例,当两个独立的、距离很远的氢原子互相靠近欲形成氢分子时,有两种情况,如图 4-5 所示:

(1)两个氢原子中电子自旋方向相反。当这两个氢原子相互靠近时,随着核间距(R)减小,两个 1s 原子轨道发生重叠,在核间形成一个电子密度较大的区域,增强了原子核对电子的吸引,同时部分抵消了两核间的排斥,从而形成稳定的化学键。

(2)两个氢原子中电子自旋方向相同。当他们互相靠近时,两个 1s 原子轨道只能发生不同相位叠加(异号重叠),致使电子密度在两原子核间减少,增加了两核间的排斥力,随着两原子逐渐接近,系统能量不断升高,处于不稳定状态,不能形成化学键。

当两个 H 原子的成单电子自旋方向相反时,随着 H 原子的相互靠近,体系能量逐渐降低,在核间距达到 R_0 时体系能量最低。如果核间距继续缩短,随着两个原子核排斥力的增大,体系能量迅速升高。因此,两个 H 原子在核间距达到 R_0 的平衡距离时形

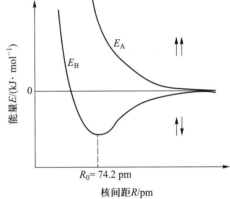

E_A—排斥态的能量曲线;E_B—基态的能量曲线

图 4-5 两个 H 原子相互靠近时
体系能量的变化

成了稳定的 H_2 分子,此种状态称为 H_2 分子的基态。如果两个 H 原子的成单电子自旋方向相同,则随着原子的逐渐靠近,体系的能量不断升高,并不出现低能量的稳定状态。

因此,氢分子中共价键的形成是由于自选方向相反的电子相互配对,原子轨道重叠,从而使系统能量降低,系统趋向稳定的结果。

2. 价键理论的要点

价键理论(valence bond theory)是建立在形成分子的原子应有未成对电子,这些未成对的电子在自旋方向相反时才可以两两配对形成共价键,所以价键理论又称电子配对法,简称 VB 法。

其基本要点如下：

（1）两原子接近时，自旋方向相反的未成对价电子可以配对形成共价键——电子配对原理。

（2）成键电子的原子轨道重叠越多，两核间的电子概率密度越大，所形成的共价键越牢固——最大重叠原理。

3. 共价键的特征

（1）共价键具有饱和性。由于共价键的形成基于成键原子价层轨道的有效重叠，而每一个成键原子提供的成键轨道是有限的，因此，每一个成键原子形成的共价（单）键也必然是有限的，即共价键具有"饱和"性。例如，H 原子只有 1 个 1s 价层轨道，所以只能形成 1 个共价键；B、C、N 等第二周期的元素有 2s2p 共 4 个价层轨道，故最多可形成 4 个共价键，如 BF_4^-、CH_4、NH_4^+ 等；而第三周期的元素 Si、P、S 等，因有 3s3p3d 共 9 个价层轨道，则可以形成多于 4 个的共价键，如 SiF_6^{2-}、PCl_5、SF_6 等均可稳定存在（但不存在 CF_6^{2-}、NCl_5、OF_6）。

（2）共价键具有方向性。原子轨道中，除 s 轨道是呈球形对称，没有方向外，p、d、f 轨道在空间都有一定的伸展方向，因此，当核间距一定时，成键轨道只有选择固定的重叠方位才能满足最大重叠原理，使体系处于最低的能量状态。所以，当一个（中心）原子与几个（配位）原子形成共价分子时，配位原子在中心原子周围的成键方位是一定的，这称为共价键具有方向性。共价键的方向性决定了共价分子具有一定的空间构型。

例如，HCl 分子中共价键的形成，只有 s 轨道沿 p_x 轨道的对称轴方向才能发生最大的重叠［见图 4-6（a）］。

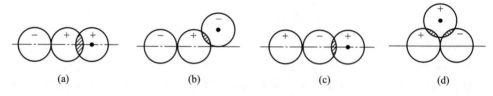

(a)　　　　　(b)　　　　　(c)　　　　　(d)

图 4-6　HCl 分子的形成

共价键的
类型

4. 共价键的类型

（1）σ 键。当成键原子轨道沿键轴（两原子核间的连线）方向靠近，以"头碰头"的形式重叠，重叠部分沿键轴呈圆柱形对称，这种键称为 σ 键。形成 σ 键的电子称为 σ 电子。可形成 σ 键的原子轨道有 s-s 轨道重叠，p_x-s 轨道重叠，p_x-p_x 轨道重叠，如图 4-7（a）所示。

（2）π 键。当两成键原子轨道沿键轴方向靠近，原子轨道以"肩并肩"的形式重叠，重叠部分对于通过键轴的一个平面呈镜面反对称性，这样形成的键称为 π 键，如图 4-7（b）所示。形成 π 键的电子称为 π 电子。可形成 π 键的原子轨道有 p_y-p_y 轨道重叠，p_z-p_z 轨道重叠，p-d 轨道重叠。

通常 π 键形成时原子轨道的重叠程度小于 σ 键，故 π 键的稳定性小于 σ 键，π 电子容易参与化学反应。

有关 σ 键和 π 键的特征见表 4-5。

在共价型分子中，σ 键、π 键的形成与成键原子的价层电子结构有关。两原子间形成的价键，若为单键，必为 σ 键，若为多键，其中必含一个 σ 键。例如，H_2、F_2、HF 分子各有一个 σ 键；在

N_2 分子中,除了含有一个由 $2p_x-2p_x$ 轨道以"头碰头"的方式重叠形成的 σ 键,还含有两个 $2p_y-2p_y$ 和 $2p_z-2p_z$ 轨道以"肩并肩"的方式形成的 π 键。

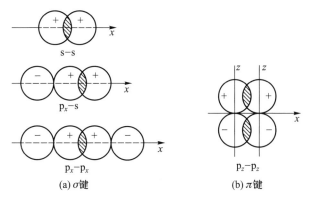

图 4-7　σ 键和 π 键示意图

表 4-5　σ 键和 π 键的特征

键的类型	σ 键	π 键
原子轨道重叠方式	沿键轴方向相对重叠	沿键轴方向平行重叠
原子轨道重叠部分	两原子核之间,在键轴处	键轴上方和下方,键轴处为零
原子轨道重叠程度	大	小
键的强度	牢固	不牢固
化学活泼性	不活泼	活泼

（3）非极性共价键和极性共价键。若化学键中正、负电荷重心重合,则键无极性,反之则键有极性。根据键的极性可将共价键分为非极性共价键和极性共价键。

由同种原子形成的共价键(如单质分子 H_2、O_2、N_2 等分子中的共价键),电子云在两核中间均匀分布(并无偏向),这类共价键称为非极性共价键。另一些化合物如 HCl、CO、H_2O、NH_3 等分子中的共价键是由不同元素的原子形成的。由于元素的电负性不同,对电子对的吸引能力也不同,所以共用电子对会偏向电负性较大的元素的原子,使其带负电荷,而电负性较小的电子带正电荷。键的两端出现了正、负极,正、负电荷重心不重合,这样的共价键称为极性共价键。

键的极性大小取决于成键两原子的电负性差。电负性差越大,键的极性就越强。如果两个成键原子的电负性差足够大,致使共用电子对完全转移到另一个原子上而形成阴、阳离子,这样的极性键就是离子键。从极性大小的角度,可将非极性共价键和离子键看成极性共价键的两个极端,或者说极性共价键是非极性共价键和离子键之间的某种过渡状态。

（4）配位键。以上提到的共价键都是成键原子各提供一个未成对电子所形成的。还有一类特殊的共价键,其共用电子对是由成键原子中一方单独提供,但为成键原子双方所共用,另一个原子只提供空轨道,这种键称为配位共价键,简称配位键。用"→"表示,箭头从提供共用电子对的原子指向接受共用电子对的原子。例如,在 CO 分子中,C 的价层电子为 $2s^2 2p^2$,O 的价层电子为 $2s^2 2p^4$,C 和 O 的 2p 轨道上各有 2 个未成对电子,可以形成一个 σ 键和一个 π 键。此外,C 原子的 2p 轨道上还有一个空轨道,O 原子的 2p 轨道上又有一对孤对电子,正好提供给 C 原子的空轨道而形成配位键。配位键的形成如图 4-8 所示。

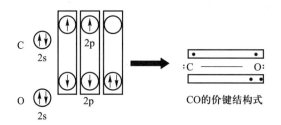

图 4-8 CO 分子中配位键的形成

由此可见,要形成配位键必须满足两个条件:① 提供共用电子对的原子应有孤对电子;② 接受电子对的原子应有空轨道。所形成的配位键也分 σ 配位键和 π 配位键。

配位键的形成方式和共价键有所不同,但成键后两者是没有本质区别的。此类共价键在无机化合物中是大量存在的,如 NH_4^+、SO_4^{2-}、PO_4^{3-}、ClO_4^- 等都含有配位共价键。

5. 键参数

描述化学键性质的物理量称为键参数。常见的键参数有键能、键长和键角等,利用键参数可以判断分子的几何构型、分子的极性及热稳定性等。

(1)键能。键能是衡量化学键稳定性的物理量,它表示拆开一个键或形成一个键的难易程度。由于形成共价键必须放出能量,那么拆开共价键时,就需要提供能量。键能的定义是:在 100 KPa 和 298.15 K 条件下,断裂气态分子的单位物质的量(1 mol)的化学键,把它变成气态原子或基团时所需的能量,称为键能,用符号 E 表示,其单位 $kJ \cdot mol^{-1}$。

一般来说,键能越大,相应的共价键就越牢固,组成的分子就越稳定。

(2)键长。分子内成键两原子核之间的平衡距离(即核间距)称为键长。在不同化合物中,相同的化学键,键长和键能并不相等。例如,CH_3OH 中和 C_2H_6 中均有 C—H 键,而它们的键长和键能不同。相同原子形成的共价键的键长,单键>双键>三键。键长越短,键的稳定性越高。几种 C—C 键和 N—N 键的键长和键能如下:

	C—C	C=C	C≡C	N—N	N=N	N≡N
键长/pm	154	134	120	145	125	110
键能/($kJ \cdot mol^{-1}$)	356	598	813	167	418	942

(3)键角。同一原子形成的两个化学键之间的夹角称为键角。键角是表示分子空间构型的主要参数。如果知道了某分子内全部化学键的键长和键角,那么这个分子的几何构型就确定了。键长和键角一般通过分子光谱、X 射线衍射等结构实验测定。

4.5 杂化轨道理论

价键理论成功地阐述了共价键的形成过程、本质和特征,但却无法解释多原子分子的空间构型。例如,CH_4 分子中 C 原子的电子排布式 $1s^2 2s^2 2p^2$,p 轨道上只有 2 个未成对电子,按照价键理论,与 H 原子只能形成 2 个 C—H 键。但实验证明 CH_4 的空间构型为正四面体,中心 C 原子与 4 个 H 原子形成 4 个等同的 C—H 键,每个 C—H 键之间的夹角为 109°28'。为了更好地解释分子的空间构型,1931 年鲍林在价键理论的基础上,提出了杂化轨道理论。

4.5.1 杂化轨道理论的基本要点

(1)在形成分子时,同一原子中不同类型、能量相近的原子轨道可以继续组合,重新分配能量和空间伸展方向,组成新的利于成键的原子轨道。这一过程称为轨道杂化,新形成的轨道称为杂化轨道。有几个原子轨道进行杂化,就形成几个新的杂化轨道。

(2)轨道经杂化后,其角度分布及形状均发生了变化,如 s 轨道和 p 轨道杂化形成的杂化轨道,其电子云的形状既不同于 s 轨道(球形对称),也不同于 p 轨道(哑铃形),而是变成了电子云比较集中在一头的不对称形状,形成的杂化轨道一头大、一头小,成键时大的一头重叠,这样重叠的程度最大,所以杂化轨道的成键能力比未杂化前更强,形成的分子也更加稳定。

杂化轨道理论需要注意的是:
(1)孤立原子的轨道不发生杂化,只有在形成分子时杂化才是可能的。
(2)原子中不同类型的原子轨道只有能量相近的才能杂化。
(3)一定数目的原子轨道杂化后,可得轨道数目相同、能量相等的杂化轨道。

4.5.2 杂化轨道类型与分子几何构型的关系

1. sp 杂化

中心原子的 1 个 ns 轨道和 1 个 np 轨道杂化形成 2 个 sp 杂化轨道,杂化轨道间的夹角为 $180°$,呈直线形,每个 sp 杂化轨道含有 $\frac{1}{2}$s 轨道成分和 $\frac{1}{2}$p 轨道成分,所形成分子的空间构型为直线形。图 4-9 绘出了 $BeCl_2$ 分子形成时中心 Be 原子的轨道杂化情况和分子的空间构型。

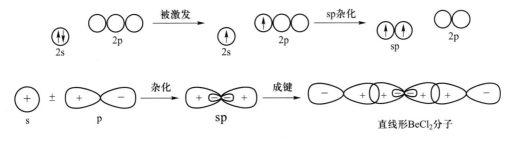

图 4-9 $BeCl_2$ 分子形成示意图

2. sp^2 杂化

中心原子的 1 个 ns 轨道和 2 个 np 轨道杂化形成 3 个 sp^2 杂化轨道,sp^2 杂化轨道间的夹角为 $120°$,呈平面三角形分布,每个 sp^2 杂化轨道含有 $\frac{1}{3}$s 轨道成分和 $\frac{2}{3}$p 轨道成分,所成分子的空间构型为平面三角形。图 4-10 绘出了 BF_3 分子形成时中心 B 原子的轨道杂化情况和分子的空间构型。

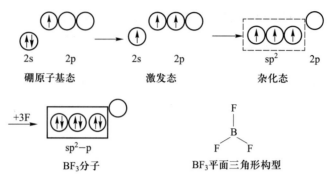

图 4-10　BF_3 分子形成示意图

3. sp^3 杂化

中心原子的 1 个 ns 轨道和 3 个 np 轨道杂化形成 4 个 sp^3 杂化轨道,相互间的夹角为 109°28′,呈正四面体分布,每个 sp^3 杂化轨道含有 $\frac{1}{4}$s 轨道成分和 $\frac{3}{4}$p 轨道成分,分子的空间构型为正四面体形。图 4-11(a)给出了 CH_4 分子形成时中心 C 原子的轨道杂化情况和分子的空间构型。

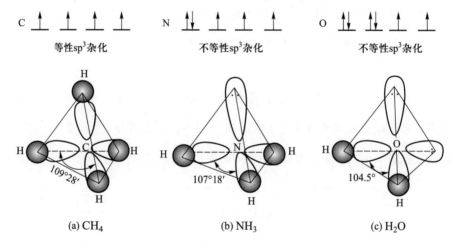

图 4-11　CH_4、NH_3、H_2O 中心原子杂化情况和分子的空间构型

4. 不等性杂化

如果在杂化轨道中有不参加成键的孤对电子存在,使所形成的各杂化轨道的成分和能量不完全相等,这类杂化称为不等性杂化。例如,NH_3 和 H_2O 分子中的 N,O 原子就是以不等性 sp^3 杂化轨道进行成键的。

实验测定 NH_3 为三角锥形,键角为 107°18′,略小于正四面体时的键角。N 原子的 1 个 s 轨道和 3 个 p 轨道进行杂化,形成 4 个 sp^3 杂化轨道。其中 3 个杂化轨道各含有 1 个成单电子,第 4 个杂化轨道则被 1 对孤对电子所占有。含成单电子的杂化轨道分别与 3 个 H 原子的 1s 轨道重叠形成 3 个 σ 键,而孤对电子占据的杂化轨道不参与成键。在不等性杂化中,由于孤对电子没有参与成键,因此,相对于成键电子对来讲,孤对电子靠 N 原子核更近,对成键电子对的排斥力更大,从而使得孤对电子对成键电子产生了额外的"压迫"作用,2 个 O—H 键之间的夹角从正四面体中的 109°28′减小到 107°18′,如图 4-11(b)所示。

H₂O 分子的形成与此类似,其中 O 原子也采取不等性 sp^3 杂化,只是杂化轨道中有 2 个被孤对电子占据。由于 H₂O 分子中有 2 对孤对电子,它们对 2 对成键电子的"压迫"作用相对于 NH₃ 分子中的"压迫"作用更强,因此 H₂O 分子中 2 个 O—H 键的键角更小,为 104.5°,呈 V 形(或角形),如图 4-11(c)。

表 4-6 归纳出 s-p 型等性和不等性杂化的区别。

表 4-6 s-p 型等性和不等性杂化的比较

杂化轨道类型		键角	轨道几何形状	分子几何形状	实例
sp	等性杂化	180°	直线形	直线形	$BeCl_2$、CO_2、$HgCl_2$
sp^2	等性杂化	120°	平面三角形	平面三角形	BF_3、SO_3、C_2H_4
	不等性杂化(含 1 对孤对电子)	<120°	平面三角形	V 形	SO_2、NO_2
sp^3	等性杂化	109°28′	正四面体	正四面体	CH_4、SiF_4、NH_4^+
	不等性杂化 含 1 对孤对电子	<109°28′	四面体	三角锥	NH_3、PCl_3、H_3O^+
	含 2 对孤对电子	<109°28′	四面体	V 形	H_2O、OF_2

4.6 价层电子对互斥理论

杂化轨道理论可以对已知空间构型的分子的成键和空间构型进行理论解释,但是难以预测分子构型。1940 年,西奇威克(Sidgwick)在总结了大量实验结果的基础上,提出了价层电子对互斥理论(valence shell electron pair repulsion theory),简称 VSEPR 法。该理论可以用来预测共价分子的分子构型,其推断结果基本与实验事实相符合。

4.6.1 基本要点

(1)共价化合物 AB_n 型分子或离子的空间构型,主要取决于中心原子 A 价层轨道中的电子对数。

这些价层电子对在中心原子周围按尽可能互相远离的位置排布,以使彼此间的排斥力最小,分子的能量最低。例如,$BeCl_2$ 分子中 Be 原子的价层电子对数为 2,分子的空间构型为直线形;BF_3 分子中 B 原子的价层电子对数为 3,分子的空间构型为平面三角形;CCl_4 分子中 C 原子的价层电子对数为 4,分子的空间构型为正四面体。

(2)孤对电子之间的排斥力大于成键电子对的排斥力。孤对电子只受中心原子 A 的吸引,电子云较大,对邻近电子对的排斥力较大;成键电子对受 A 和 B 两个原子的吸引,电子云较小,对邻近电子对的排斥力较小。相邻价层电子对之间的静电排斥力大小顺序为:孤对电子-孤对电子>孤对电子-成键电子对>成键电子对-成键电子对。价电子对间排斥力的大小,影响了分子中的键角和分子构型。例如,H₂O 分子中 O 原子周围有 4 对价层电子对,2 对孤对电子的排斥力大于 2 对成键电子对之间的排斥力,成键电子对之间的夹角小于正四面体中的 109°28′,只有 104.5°,H₂O 的空间构型为 V 形。

（3）分子中的双键和三键仍看作一对电子，只是排斥力大小有差别：三键>双键>单键。由于重键比单键所含电子数多，排斥力较大，故含重键的键角较大，而使单键之间的键角变小。例如，甲醛 HCHO 分子中 C 原子周围有 8 个电子（2 个单键 1 个双键），双键看作 1 对电子，则 C 原子周围有 3 对价层电子，分子为平面三角形，但由于双键的排斥力大于单键，因此，键角∠HCO（122.1°）大于键角∠HCH（115.8°）。同样乙烯 C_2H_4 分子中键角∠HCC 大于键角∠HCH。

4.6.2　价层电子对数的确定

由价层电子对互斥理论的基本要点可知，判断分子的空间构型，首先要确定中心原子 A 的价层电子对数，其计算公式为

$$价层电子对数 = \frac{中心原子的价层电子数 + 配位原子提供的电子数}{2}$$

价层电子数遵循的规则：

（1）中心原子提供所有的价电子。例如，H_2O 分子中 O 原子提供 6 个价电子。

（2）配位原子提供成单电子（但规定 O、S 作为配位原子时不提供电子）。例如，SiF_4 中 4 个配位原子 F 各提供 1 个成单电子，中心 Si 原子提供 4 个价电子，Si 原子共有 8 个价层电子；而 SF_6 中心原子的价层电子数为 12。CO_2 中心原子 C 的价层电子数为 4，价层电子对数为 2；SO_2 与 SO_3 中心原子 S 的价层电子数均为 6，而价层电子对数均为 3。

如果中心原子 A 的价层电子总数为奇数，则计算中心原子 A 的价层电子对数时剩余的成单电子作为成对电子，如 NO_2 分子中 N 有 5 个价层电子，当作 3 对处理。

（3）对于多原子离子，要算入其所带电荷数（负电荷加入，正电荷减去）。例如，在 NH_4^+、NH_2^-、SO_4^{2-}、PO_4^{3-} 中，中心原子的价层电子数均为 8，价层电子对数均为 4。

4.6.3　分子空间构型的判断

价层电子对互斥理论可以预测分子的空间构型，见表 4-7，下面举几个例子进行说明：

（1）在 CO_3^{2-} 中，中心原子 C 有 4 个价电子，O 原子不提供价电子，带 2 个单位负电荷，价层电子对数 =（4+2）/2=3，孤对电子数为 0。由表 4-7 可知，C 原子的价层电子对的排布为平面三角形，该离子的空间构型为平面三角形。

（2）在 PO_4^{3-} 中，中心原子 P 有 5 个价电子，O 原子不提供价电子，带 3 个单位负电荷，夹层电子对数 =（5+3）/2=4，孤对电子数为 0。由表 4-7 可知，P 原子的价层电子对的排布为正四面体，该离子的空间构型为正四面体。

（3）在 IF_5 中，中心原子 I 有 7 个价电子，F 原子提供 1 个电子，价层电子对数 =（7+1×5）/2=6，孤电子对数 =（7-5）/2=1。由表 4-7 可知，I 原子的价层电子对的排布为八面体，该分子的空间构型为四方锥。

总之，价层电子对互斥理论可以有效地预测前三周期元素所形成的分子（或离子）的空间构型，并且与杂化轨道理论判断分子空间构型所得结果相吻合。

表 4-7　分子的空间构型与价层电子对数的关系

价层电子对数	成键电子对数	孤电子对数	价层电子对的空间构型	分子的空间构型	实例
2	2	0	直线形	直线形	$BeCl_2$、CO_2
3	3	0	平面三角形	平面三角形	BF_3、BCl_3
	2	1	平面三角形	V 形（或角形）	$SnBr_2$、$PbCl_2$
4	4	0	正四面体	正四面体	CH_4、NH_4^+
	3	1	四面体	三角锥	NH_3、PCl_3
	2	2	四面体	V 形（或角形）	H_2O、H_2S
5	5	0	三角双锥	三角双锥	PCl_5
	4	1	三角双锥	不规则四面体	SF_4
	3	2	三角双锥	T 形	ClF_3
	2	3	三角双锥	直线形	XeF_2
6	6	0	正八面体	正八面体	SF_6
	5	1	八面体	四方锥	IF_5
	4	2	八面体	平面正方形	XeF_4

4.7　分子间力和氢键

　　分子中除有化学键外，在分子与分子之间还存在着比化学键弱得多的相互作用力，称为分子间力。气态物质能凝聚成液态，液态物质能凝固成固态，正是分子间力作用的结果。分子间力是1879 年由荷兰物理学家范德华首先发现并提出的，它是决定物质熔点、沸点、溶解度等物理化学性质的一个重要因素。

4.7.1　分子的极性

　　想象在分子中正、负电荷分别集中于一点，称为正、负电荷中心，即"+"极和"-"极。如果两个电荷中心之间存在一定距离，即形成偶极，这样的分子就有极性，称为极性分子。如果两个电荷中心重合，分子就没有极性，称为非极性分子。

　　对于由共价键结合的双原子分子，键的极性和分子的极性是一致的。例如，O_2、N_2、H_2、Cl_2等分子都是由非极性共价键结合的，它们是非极性分子；HI、HBr、HCl、HF 等分子都是由极性共价键结合的，它们是极性分子。

　　对于由共价键结合的多原子分子，除考虑键的极性外，还要考虑分子构型是否对称。例如，CH_4、SiH_4、CCl_4、$SiCl_4$等分子呈正四面体中心对称结构，CO_2 分子呈直线形中心对称结构，其分子结构中正负电荷中心重合，故这些分子都属于非极性分子。而在 H_2O、NH_3、$SiCl_3H$ 等分子中，键都是极性的，而 H_2O 分子是 V 形的，NH_3 分子是三角锥形的，$SiCl_3H$ 分子是变形四面体结构，其分子结构中正负电荷中心不重合，所以这些分子是极性的。

分子的极性大小通常用偶极矩（μ）来表示,偶极矩的定义为分子中偶极所带的电量（q）与正负电荷中心间距（d）的乘积:

$$\mu = q \times d$$

偶极矩又称偶极长度。一个电子所带的电荷为 1.602×10^{-19} C,偶极长度 d 的数量级为 10^{-10} m,因此偶极矩 μ 的数量级在 10^{-30} C·m 范围,通常就把 3.336×10^{-30} C·m 作为偶极矩的单位,称为"德拜",以 D 表示。即 $1D = 3.336 \times 10^{-30}$ C·m。

偶极矩是一个矢量,规定方向是从正极到负极。分子偶极矩的大小可通过实验测定,但无法单独测定 q 和 d。

$\mu = 0$ 的分子为非极性分子,$\mu \neq 0$ 的分子为极性分子。μ 值越大,分子的极性越强。分子的极性既与化学键的极性有关,又与分子的几何构型有关,所以测定分子的偶极矩,有助于比较物质极性的强弱和推断分子的几何构型。

4.7.2　分子间力

分子间力与化学键相比,是比较弱的力。气体的液化、凝固主要靠分子间力。分子间力包括取向力、诱导力、色散力。

1. 取向力

极性分子本身具有永久偶极,当极性分子与极性分子相互靠近时,由于永久偶极的作用,同电相斥、异电相吸,极性分子会产生一种定向排列,这种由于极性分子永久偶极的作用而产生的分子间作用力称为取向力。取向力只存在于极性分子与极性分子之间,如图 4-12 所示。取向力的本质是静电引力,因此分子间的偶极矩越大,取向力就越大。

图 4-12　取向力产生示意图

2. 诱导力

当极性分子与非极性分子相互靠近时,非极性分子在极性分子永久偶极的作用下,正、负电荷中心分离产生诱导偶极,诱导偶极与极性分子的永久偶极之间的相互作用称为诱导力,如图 4-13 所示。诱导力不仅存在于非极性分子与极性分子之间,也存在于极性分子与极性分子之间。诱导力随着分子的极性增大而增大,也随着分子的变形性增大而增大。

图 4-13　诱导力产生示意图

3. 色散力

非极性分子中电子和原子核处在不断的运动之中,使分子的正、负电荷中心不断地发生瞬间的相对位移,使分子产生瞬时偶极。当两个或多个非极性分子在一定条件下充分靠近时,就会由于瞬时偶极而发生异极相吸作用。这种作用力虽然是短暂的,但原子核和电子时刻在运动,瞬时偶极不断出现,异极相邻的状态也时刻出现,所以分子间始终维持这种作用力。这种由于瞬时偶极而产生的相互作用力,称为色散力,如图4-14所示。

图4-14 色散力产生示意图

色散力不仅是非极性分子间的作用力,它也存在于极性分子间及极性分子与非极性分子之间,即色散力存在于所有分子之间。通常色散力的大小随分子的变形性增大而增大,组成、结构相似的分子,相对分子质量越大,分子的变形性就越大,色散力也就越大。

分子间力对物质的性质有很大影响,如熔点、沸点、溶解度、黏度、表面张力、硬度等。分子间力的大小可以解释一些物理性质的递变规律。例如,稀有气体,卤素及有机同系物的熔、沸点均随相对分子质量的增大而升高。卤素单质 F_2、Cl_2、Br_2、I_2 中,在常温下,F_2 和 Cl_2 是气体,Br_2 是液体,I_2 是固体,这是因为从 F_2 到 I_2 随相对分子质量的增加,色散力随之增大,故熔点、沸点依次升高。物质的溶解度大小也随溶质分子间、溶剂分子间及溶质和溶剂分子间的作用力不同而不同。如极性分子易溶于极性分子,非极性分子易溶于非极性分子,这称为"极性相似相溶"。NH_3 易溶于 H_2O,I_2 易溶于苯或 CCl_4,而不易溶于 H_2O。再如极性小的聚乙烯、聚异丁烯等物质,分子间力较小,因而硬度不大;含有极性基团的有机玻璃等物质,分子间力较大,具有一定的硬度。

4.7.3 氢键

根据分子间力对物质性质的影响规律,大家已经知道,对于结构相似的同系列物质的熔点、沸点一般随着相对分子质量的增大而升高。但在氢化物中,NH_3、H_2O、HF 的熔点、沸点比相应同族的氢化物都高得多,如图4-15所示。

此外,氢氟酸的酸性也比其他氢卤酸显著地弱。这说明这些分子除了普遍存在的分子间力外,还存在着另外一种作用力,致使这些简单分子成为缔合分子,分子缔合的重要原因是分子间形成了氢键。氢键是一种特殊的分子间力。在 HF、H_2O、NH_3 分子中,由于 F、O、N 均为电负性大、半径小的原子,当 H 原子与这些原子成键时,共用电子对远离 H 原子,使其几乎成为一个带足够正电荷的"裸露"质子,这样的 H 原子当与另一个带负电荷的 O、F、N 原子靠近时,就会产生超出分子间力之外的相互作用力,这种作用力称为氢键。

氢键可用 X—H—Y 表示,其中 X、Y 代表电负性大、半径小且有孤对电子的原子,一般是 F、O、N 等原子。X、Y 可以是同种原子,也可以是不同种原子。氢键既可以在同种分子或不同种分子间形成,也可以在分子内形成,如在邻硝基苯中。氢键形成示意图如图4-16所示。

与共价键相似,氢键也有方向性和饱和性:每个 X—H 只能与一个 Y 原子相互吸引形成氢键;Y 与 H 形成氢键时,尽可能采取 X—H 键键轴的方向,使 X—H—Y 在一条直线上。

氢键的强度超过一般分子间力,但远不及正常化学键。氢键键能在 $25\sim40$ kJ·mol^{-1},如 HF 的氢键键能为 28 kJ·mol^{-1}。氢键的形成会对某些物质的物理性质产生一定的影响,如对于 HF、H_2O、NH_3,欲使固体熔化或液体汽化,除要克服纯粹的分子间力外,还必须额外地提供一份能量来破坏分子间的氢键。因此其熔点、沸点比同族内的其他氢化物要高。分子内氢键常使物质的熔点、沸点降低。如果溶质分子与溶剂分子间能形成氢键,将有利于溶质的溶解,NH_3 在水中有较大的溶解度就与此有关。液体分子间若有氢键存在,其黏度一般比较大。例如,甘油、磷酸、浓硫酸都是因为分子间有多个氢键存在,通常为黏稠状的液体。

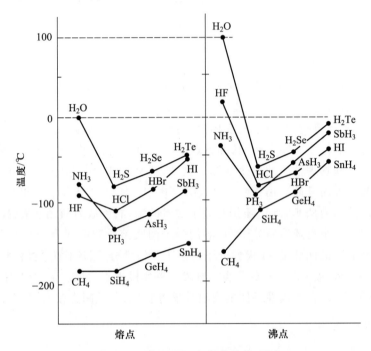

图 4-15　ⅣA～ⅦA 氢化物的熔、沸点

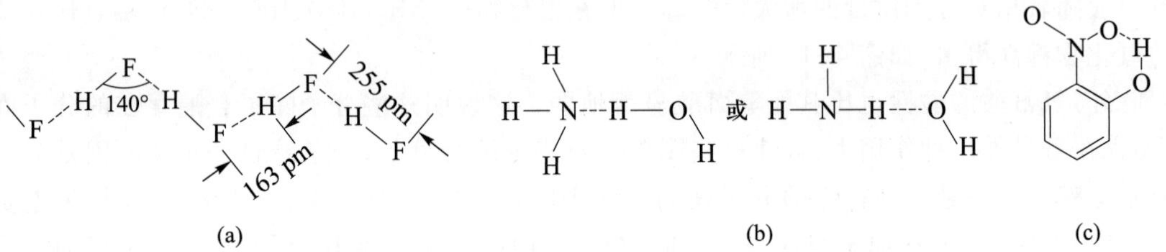

图 4-16　氢键形成示意图

习　题

一、填空题

1. 完成下表(不看周期表):

价层电子构型	区	周期	族	原子序数	最高氧化值	电负性相对大小
$4s^1$						
$3s^2 3p^5$						
$3d^5 4s^2$						
$5d^{10} 6s^1$						

2. 原子核外电子运动具有_____和_____的特征,其运动规律可用量子力学来描述。

3. 原子序数为 24 的元素,其基态原子的核外电子排布式为_____,其价电子构型为_____,该元素位于元素周期表的第_____族,第_____周期,元素符号是_____。

4. 完成下表(不看周期表):

原子序数(Z)	电子层结构	价层电子构型	区	周期	族	金属或非金属
	$[Ne]3s^23p^5$					
		$4d^55s^1$				
				6	II B	
43						

5. N 原子的电子排布写成 $1s^22s^22p_x^22p_y^1$,违背了_____规则。

6. 填充合理量子数:

(1) $n = $_____,$l = 2, m = 0, m_s = +1/2$

(2) $n = 2, l = $_____,$m = \pm 1, m_s = -1/2$

(3) $n = 3, l = 0, m = $_____,$m_s = +1/2$

(4) $n = 4, l = 3, m = 0, m_s = $_____

7. 填充下表(用"无"或"有"表示):

作用力	I_2 和 CCl_4	HCl 和 H_2O	NH_3 和 H_2O	N_2 和 H_2O
取向力				
诱导力				
色散力				
氢键				

8. H_2S 分子的构型为_____形,中心原子 S 采取_____杂化。H—S—H 键角_____$109°$(填"大于""小于"或"等于")。

9. 表征化学键的物理量,统称为_____,常用的有_____、_____、_____。

二、选择题

1. 元素性质的周期性取决于(　　)。

A. 原子中核电荷数的变化　　　　B. 原子中价电子数目的变化

C. 元素性质变化的周期性　　　　D. 原子中电子分布的周期性

2. 在 $l = 2$ 的电子亚层中可能容纳的电子数是(　　)。

A. 2　　　　　　B. 6　　　　　　C. 10　　　　　　D. 14

3. 下列原子轨道中,属于等价轨道的一组是(　　)。

A. 2s,3s　　　　B. $2p_x$,$3p_x$　　　　C. $2p_x$,$2p_y$　　　　D. 3d,4d

4. 下列不存在的能级是(　　)。

A. 3s　　　　　　B. 2p　　　　　　C. 3f　　　　　　D. 4d

5. Fe 原子的电子构型是 $1s^22s^22p^63s^23p^63d^64s^2$,未成对的电子数是(　　)。

A. 0　　　　　　B. 2　　　　　　C. 4　　　　　　D. 6

6. 在下列各种含 H 的化合物中含有氢键的是(　　)。

A. HCl   B. H_3BO_3 C. CH_3F D. PH_3

7. BeF_2 分子是直线形这一事实,意味着 Be—F 键涉及( )。

A. sp 杂化   B. sp^2 杂化   C. sp^3 杂化

8. 120° 键角出现在具有( )几何构型的物质中。

A. 直线   B. 正方形   C. 三角形   D. 四面体

9. 下列各键中,不具有饱和性和方向性特征的是( )。

A. 配位键   B. 共价键   C. 离子键   D. 氢键

10. 下列分子中,偶极距为零的是( )。

A. $CHCl_3$ B. NF_3 C. BF_3 D. HCN

11. 下列分子中,属于极性分子的是( )。

A. O_2 B. CO_2 C. BBr_3 D. $CHCl_3$

12. 下列各物质只需克服色散力就能沸腾的是( )。

A. H_2O B. $Br_2(l)$ C. $NH_3(l)$ D. C_2H_5OH

13. 下列说法正确的是( )。

A. 凡是中心原子采用 sp^3 杂化轨道成键的分子,其几何构型都是正四面体

B. 凡是 AB_3 型的共价化合物,其中心原子均使用 sp^2 杂化轨道成键

C. 在 AB_2 型共价化合物中,其中心原子均使用 sp 杂化轨道成键

D. sp^3 杂化可分为等性 sp^3 杂化和不等性 sp^3 杂化

14. 共价键最可能存在于( )。

A. 金属原子之间   B. 金属原子和非金属原子之间

C. 非金属原子之间   D. 电负性相差很大的元素的原子之间

三、判断题

1. 原子中的电子的能量几乎完全是通过主量子数 n 的数值来确定。( )

2. 同一原子中,不可能有运动状态完全相同的电子存在。( )

3. 每个原子轨道必须同时用 n,l,m,m_s 四个量子数来描述。( )

4. 主量子数为 1 时,有两个自旋方向相反的轨道。( )

5. 磁量子数为零的轨道都是 s 轨道。( )

6. 只有非极性分子和极性分子之间才有诱导力。( )

7. 共价键不一定都具有饱和性和方向性。( )

8. 原子轨道重叠越多,形成的共价键就越稳定。( )

9. 多原子分子中,键的极性越强,分子的极性就越强。( )

10. s 电子间形成的共价键为 σ 键,p 电子之间形成的化学键为 π 键。( )

11. HNO_3 可形成分子内氢键,因此其熔点、沸点较低。( )

12. 氢键就是 H 与其他原子间形成的化学键。( )

13. 极性键组成极性分子,非极性键组成非极性分子。( )

14. sp^3 杂化轨道是指 1s 轨道与 3p 轨道混合而成的轨道。( )

15. HBr 的分子间力比 HI 的小,故 HBr 没有 HI 稳定(即容易分解)。( )

四、问答题

1. 试讨论在原子的第 4 层(N)上:

(1)亚层数有多少?并用符号表示各亚层。

(2)各亚层上的轨道数分别是多少?该电子层上的轨道总数是多少?

（3）哪些轨道是等价轨道？

2. 写出下列量子数相应的各类轨道的符号。

（1）$n=2, l=1$ （2）$n=3, l=2$

（3）$n=4, l=3$ （4）$n=2, l=0$

3. 某元素的原子序数为 35，试回答：

（1）其原子中的电子数是多少？有几个未成对电子？

（2）其原子中填有电子的电子层、能级组、能级、轨道各有多少？价电子数有几个？

（3）该元素属于第几周期、第几族？是金属还是非金属？最高氧化值是多少？

4. 若元素最外层上仅有一个电子，该电子的量子数为 $n=4, l=0, m=0, m_s=+1/2$，问：

（1）符合上述条件的元素可能有几个？原子序数各为多少？

（2）写出各元素的核外电子排布式及其价电子构型，并指出其价层电子结构及在周期表中的区和族。

5. 已知元素 A、B 的原子的电子排布式分别为 $[Kr]5s^2$ 和 $[Ar]3d^{10}4s^24p^4$，A^{2+} 和 B^{2-} 的电子层结构均与 Kr 相同。试推测：

（1）A、B 的元素符号、原子序数及在周期表中的位置（区、周期、族）。

（2）元素 A、B 的基本性质。

6. 有 A、B、C、D 四种元素，其价电子数依次为 1、2、6、7，其电子层数依次增加一层，已知 D^- 的电子层结构与 Ar 原子的相同，A 和 B 的次外层各有 8 个电子，C 的次外层有 18 个电子。试判断这四种元素：

（1）原子半径由小到大的顺序。

（2）电负性由小到大的顺序。

（3）金属性由弱到强的顺序。

7. 为什么碳原子的价电子构型是 $2s^22p^2$，而不是 $2s^12p^3$？为什么碳原子的两个 2p 电子是成单的，而不是成对的？

8. 下列物质中哪些是离子化合物？哪些是共价化合物？哪些是极性分子？哪些是非极性分子？

KBr $CHCl_3$ CO CsCl NO BF_3 SiF_4 SO_2 SO_3 SCl_2 $COCl_2$ HI

9. 试解释下列现象：

（1）水的沸点高于同族其他氢化物的沸点。

（2）NH_3 易溶于水，而 CH_4 却难溶于水。

10. BF_3 分子是平面三角形的几何构型，但 NF_3 分子却是三角锥形的几何构型，试用杂化轨道理论加以说明。

11. 试用杂化轨道理论说明下列分子的中心原子可能采取的杂化类型，并预测其分子的几何构型：

BBr_3 CO_2 CF_4 PH_3 SO_2

12. 试判断下列分子的极性，并加以说明：

He   CO CS_2（直线形）   NO PCl_3（三角形）

SiF_4（正四面体形） BCl_3（平面三角形） H_2S（V 形）

13. 试判断下列各组的两种分子间存在哪些分子间力：

（1）Cl_2 和 CCl_4 （2）CO_2 和 H_2O （3）H_2S 和 H_2O

（4）NH_3 和 H_2O （5）HBr 液体 （6）苯和 CCl_4

14. 判断下列化合物中有无氢键存在，如果存在氢键，是分子间氢键还是分子内氢键？

（1）C_6H_6 （2）C_2H_6 （3）NH_3 （4）H_3BO_3 （5）HNO_3

第5章 元素化学

  元素化学是无机化学的重要组成部分,对于元素化学的学习,应当与物质结构部分相结合,注重结构决定性质,性质反映结构这一主线,并将其贯穿在本章元素部分的学习中,从微观结构的角度上理解物质的性质。

  s 区元素的原子最外层仅有 1 到 2 个 s 电子,原子很容易失去此类电子形成具有稀有气体结构的阳离子(氢除外),从而表现出较强的金属性,如单质具有较低的标准电极电势,具有很强的化学反应活性,氢氧化物的碱性都比较强等。p 区元素原子的价层电子构型为 $ns^2np^{1\sim6}$,较容易得到电子形成阴离子,从而表现出较强的非金属性。d 区和 ds 区元素的价层电子构型为 $(n-1)d^{1\sim10}ns^{0\sim2}$,不仅可以失去最外层的 s 电子,在一定条件下也可以失去次外层的 d 电子,表现出多变的氧化数和丰富的氧化还原性质。

  本章主要介绍的元素包括:卤素、氧、硫、铬、锰、铁、钴、镍,均为常见的非金属和金属元素。

5.1 非金属元素通论

  在元素周期表的前六个周期中,非金属元素一共有 22 种,除氢位于 s 区的 I A 族外,其余的非金属元素都集中在 p 区的右上角。其中,Ⅷ A 族元素(又称为稀有气体元素)具有稳定的 ns^2np^6 价电子构型(氦为 $1s^2$),其余的非金属元素价电子构型为 $ns^2np^{1\sim5}$,具有强烈的得电子倾向,从而表现出较大的电负性。

  Ⅷ A 族元素由于表现出特殊的稳定性,较难和其他元素形成化合物,因此表现为单原子分子,Ⅶ A 族元素及第二周期的氮和氧形成双原子分子,以上元素单质在固态时均为分子晶体,熔、沸点较低,常温常压下多为气态。硫单质的最稳定存在形式为八原子的环状分子 S_8,白磷分子(P_4)为正四面体的结构,硼、硅、碳单质的熔、沸点很高,属于原子晶体。部分非金属元素还存在着同素异形体,例如,碳单质的同素异形体有:石墨、金刚石、C_{60} 等;磷单质的同素异形体有:白磷、红磷、黑磷等。非金属单质一般导电性能较差。

  除稀有气体外,非金属元素的原子大多具有强烈的得电子倾向,其中电负性较大的几种元素,如卤素、氧、硫可直接与活泼金属元素化合,并放出大量的热。氮、磷、氢等需要加热或高温才能与某些金属化合,而非金属性较低的碳、硅则很难与金属直接化合。

  非金属元素都可以和氢元素形成气态氢化物。在这些气态氢化物中,非金属的氧化数显示出负值,其绝对值等于 $8-n$(n 为元素所处的族数)。气态氢化物越稳定,形成越容易,说明该元素的非金属性越强。例如,氢和氟的化合甚至可以在冷暗处瞬间完成,生成的 HF 在高温下不分解;碘和氢在高温下边化合边分解;而 PH_3 则很难由白磷和氢直接化合得到,须由金属磷化物水解制得,且受热即分解为单质。

非金属元素除部分稀有气体和氟、氧外都能形成含氧酸,非金属性越强,对应的最高价含氧酸的酸性就越强,例如,高氯酸($HClO_4$)是最强的无机含氧酸,而碳酸(H_2CO_3)则是一种二元弱酸。对于同一个元素,通常情况下,价态越低的含氧酸的氧化性越强。

5.2 几种重要的非金属元素

5.2.1 卤素及其化合物的性质

元素周期表中ⅦA族包括氟(F,fluorine)、氯(Cl,chlorine)、溴(Br,bromine)、碘(I,iodine)、砹(At,astatine)五种元素,因它们均易成盐,故称为卤族元素,简称卤素(halogen)。砹具有放射性,直至20世纪40年代才被制得。

自然界中含氟的矿石主要有萤石(CaF_2)、冰晶石(Na_3AlF_6)和氟磷灰石[$Ca_5F(PO_4)_3$]。另外,氟还存在于动物的骨骼、牙齿、毛发、鳞片和羽毛等组织内部。氯、溴和碘多以溶解状态存在于海洋和卤水中,氯也以光卤石($KCl \cdot MgCl_2 \cdot 6H_2O$)的形式存在于盐矿中,而碘则主要存在于废油井卤水和海藻中。

卤素原子的外层电子构型为ns^2np^5,与稀有气体原子外层的8电子稳定构型相比只差一个电子,与同周期其他元素的原子相比具有较大的电负性。

1. 单质

1)物理性质

卤素单质皆为双原子分子,固态时为非极性分子晶体。常温、常压下氟是浅黄色气体,氯是黄绿色气体,溴是棕红色液体,碘是紫黑色带有金属光泽的固体。随着卤素原子半径的增大和核外电子的增多,卤素分子之间的色散力逐渐增大,因而单质的熔点、沸点、汽化热和密度等物理性质按 F—Cl—Br—I 顺序依次增大。在 20 ℃压力超过 660 kPa 时,气态氯可转变为液态氯。利用这一性质,可将氯气液化装在钢瓶中储运。固态碘由于具有高的蒸气压,加热时产生升华现象。利用碘的这一性质,可将粗碘进行精制。

卤素在水中的溶解度不大,其中氟与水剧烈反应:

$$2F_2 + 2H_2O \Longrightarrow 4HF + O_2$$

因而不能存在于水中。溴和碘易溶于有机溶剂,如乙醇、乙醚、氯仿、四氯化碳和二硫化碳中,其中溴显黄到棕红的颜色,而碘显棕到紫红的颜色。

碘在纯水中的溶解度很小,但能以I_3^-的形式大量存在于碘化物溶液中,碘化物浓度越大,能溶解的碘就越多,溶液颜色也越深。

卤素单质均有毒,能够刺激眼、鼻、气管的黏膜,少量的氯气具有杀菌作用,用于自来水消毒。若不慎吸入一定量的氯气,会当即窒息、呼吸困难。此时应立即去室外,也可吸入少量氨气解毒,严重的需及时送医院抢救。液溴对皮肤能造成难以痊愈的灼伤,若溅到身上,应立即用大量水冲洗,再用5%$NaHCO_3$溶液淋洗后敷上油膏。

2)卤素的成键特征

根据卤素的原子结构和性质,卤素的成键特征如下:

(1)结合一个电子成为负离子 X^-,存在于和活泼金属形成的离子型化合物中,如 LiF、

$CaCl_2$、KBr、KI 等。

（2）提供一个成单 p 电子与其他可提供成单电子的原子形成一个共价单键，如 HX、X_2。

（3）以 X^- 的形式作为配位体形成配合物，如 AlF_6^{3-}、$CuCl_4^{2-}$、HgI_4^{2-} 等。

（4）原子本身的价层轨道杂化后与其他原子半径小的卤素原子形成共价化合物，如 ClF_3、BrF_5 等。

（5）X 采取 sp^3 杂化形成含氧酸。X 与氧原子形成 σ 键，非羟基氧原子上的 2p 电子又反馈给 X 的价层 d 轨道形成 p-d π 键。除高碘酸外，卤素形成的含氧酸共有四种形式：HOX、HXO_2、HXO_3、HXO_4。F 原子由于无价层 d 轨道，所以只有 HOF。

3）化学性质

卤素化学活泼性高、氧化能力强，其中氟是极强的氧化剂。氟能氧化所有金属及除氮、氧和某些稀有气体以外的非金属单质。卤素的氧化能力按照由氟到碘的顺序减弱。卤素的氧化性反应主要表现为

（1）与金属反应。F_2 能与所有金属直接反应生成离子型化合物；Cl_2 能与多数金属直接反应生成相应化合物；Br_2 和 I_2 只能与较活泼的金属直接反应生成相应化合物。干燥时 F_2 能使 Cu、Ni 钝化，Cl_2 能使 Fe 钝化，这些金属可以用来作为制备、储存和运输 F_2、Cl_2 的器皿。

（2）与非金属反应。F_2 与除 He、Ne、Ar、O_2、N_2 之外的所有非金属直接反应生成相应的共价化合物；Cl_2、Br_2 能与多数非金属直接反应生成相应的共价化合物；I_2 只能与少数非金属直接反应生成共价化合物，如 PI_3。

F_2 与 H_2 的反应，在冷暗处即可产生爆炸；Cl_2 与 H_2 反应需要光照或加热；Br_2 和 I_2 与 H_2 反应则要在较高的温度下才能进行，并且同时存在 HBr 和 HI 的分解。

（3）与水反应。卤素与水反应有两种方式：

① 氧化反应：
$$2X_2+2H_2O \Longrightarrow 4H^++4X^-+O_2$$

② 歧化反应：
$$X_2+H_2O \Longrightarrow H^++X^-+HXO$$

虽然从热力学上讲 F_2、Cl_2、Br_2 都能与水（pH＝7）发生氧化反应，但从反应速率看只有 F_2 是可行的，且反应激烈。Cl_2、Br_2、I_2 都发生上述②式的歧化反应，而且反应程度依次减弱，碘的水溶液是稳定的。歧化反应的产物还与酸度、温度及反应速率有关。

当水溶液呈碱性时，BrO^-、IO^- 会进一步歧化生成 BrO_3^- 和 IO_3^-，而且随温度升高歧化程度加强。在实验室条件下主要反应为

$$Cl_2+2NaOH \Longrightarrow NaCl+NaClO+H_2O \qquad （室温）$$
$$3Cl_2+6NaOH \Longrightarrow 5NaCl+NaClO_3+3H_2O \qquad （>75\ ℃）$$
$$Br_2+2NaOH \Longrightarrow NaBr+NaBrO+H_2O \qquad （室温）$$
$$3Br_2+6NaOH \Longrightarrow 5NaBr+NaBrO_3+3H_2O \qquad （>50\ ℃）$$
$$3I_2+6NaOH \Longrightarrow 5NaI+NaIO_3+3H_2O \qquad （常温）$$

4）制备和应用

（1）F_2。氟的制备是采用中温电解氧化法，通常是电解 3 份氟氢化钾（KHF_2）和 2 份无水氟化氢的熔融混合物。

$$2KHF_2 \xrightarrow{\text{电解}} 2KF + H_2 \uparrow + F_2 \uparrow$$
$$\text{（阴极）} \quad \text{（阳极）}$$

1986 年，化学家 K. Christe 设计出制备 F_2 的化学反应：

$$2K_2MnF_6 + 4SbF_5 \xrightarrow{150\ ℃} 4KSbF_6 + 2MnF_3 + F_2 \uparrow$$

但目前尚未能取代电解法。

氟主要用来制造制冷剂氟利昂-12（CCl_2F_2）、聚四氟乙烯、杀虫剂 CCl_3F、灭火剂 CBr_2F_2。但氟利昂可破坏大气臭氧层，1987 年联合国的蒙特利尔协议规定 2010 年起全球停止生产氟利昂。在原子能工业中氟用于 ^{235}U 和 ^{238}U 的分离，因为在铀的化合物中只有 UF_6 具有挥发性，先将铀氧化成 UF_6，然后用气体扩散法将两种铀的同位素分离。

氟是骨骼生长和预防牙病必需的微量元素。饮水中适宜的含氟量为 $1 \sim 1.5\ mg \cdot L^{-1}$。含量大于 $4\ mg \cdot L^{-1}$ 时，人体容易得斑釉病，出现氟中毒，造成骨骼生长异常，以致瘫痪；含量小于 $0.005\ mg \cdot L^{-1}$ 时，儿童龋齿发病率相当高，老年人缺氟会导致骨骼变脆，易骨折。

（2）Cl_2。工业制氯主要采用电解饱和食盐水溶液的方法。石墨作阳极，铁网作阴极，中间用石棉隔膜分开。电解反应为

$$2NaCl + 2H_2O \xrightarrow{\text{电解}} \underset{\text{（阳极）}}{Cl_2 \uparrow} + \underset{\text{（阴极）}}{H_2 \uparrow + 2NaOH}$$

实验室中制备氯气是用二氧化锰或高锰酸钾氧化浓盐酸或氯化物来实现的：

$$MnO_2 + 4HCl（浓） \xrightarrow{\quad} MnCl_2 + Cl_2 \uparrow + 2H_2O$$
$$2KMnO_4 + 16HCl（浓） \xrightarrow{\quad} 2KCl + 2MnCl_2 + 5Cl_2 \uparrow + 8H_2O$$

大量氯气用于制造盐酸、农药、染料、含氯有机化合物、聚氯乙烯塑料等，也用于纸浆和棉布的漂白及饮用水消毒。近年来逐渐改用臭氧或二氧化氯作消毒剂，因为氯气能与水中所含的有机烃形成致癌的卤代烃。氯的生理功能是控制人体中细胞、组织液和血液内的电解质平衡和酸碱平衡，使体液保持畅通，大量出汗后，饮水中应补充一定的盐分。

（3）Br_2。工业制溴是将 Cl_2 通入浓缩的新鲜卤水中，将溴离子氧化成单质溴：

$$Cl_2 + 2Br^- \xrightarrow{\quad} 2Cl^- + Br_2$$

因卤水中 Br^- 浓度太低，故要用空气把生成的 Br_2 吹出并吸收在 Na_2CO_3 溶液中加以浓缩，再用酸处理：

$$3Br_2 + 3CO_3^{2-} \xrightarrow{\quad} 5Br^- + BrO_3^- + 3CO_2 \uparrow$$
$$5Br^- + BrO_3^- + 6H^+ \xrightarrow{\quad} 3Br_2 + 3H_2O$$

然后加热蒸出溴，盛入陶瓷罐储存。

溴主要用于制造汽油抗爆剂、照相感光剂、药剂（镇静剂）、农药和染料，也用于军事上制造催泪性毒剂。

（4）I_2。在我国四川地下天然卤水中含有丰富的碘化物（每升含碘 $0.5 \sim 0.7\ g$），向这种卤水中通氯气，即可把碘置换出来。用此法制碘应避免通入过量的氯气，因为过量的氯气可将碘进一步氧化为碘酸：

$$I_2 + 5Cl_2 + 6H_2O \xrightarrow{\quad} 2IO_3^- + 10Cl^- + 12H^+$$

智利硝石母液中含有一定量的 $NaIO_3$，向其母液中加入 $NaHSO_3$ 也可得到碘：

$$2NaIO_3+5NaHSO_3 \longrightarrow I_2+2Na_2SO_4+3NaHSO_4+H_2O$$

碘和碘化钾的乙醇溶液(碘酒)在医药上用作消毒剂,碘仿(CHI_3)用作防腐剂,碘化物是重要的化学试剂,也用于防止甲状腺肿大,食用加碘盐中加入的是 KIO_3,碘化银用于制造照相底片和人工降雨。

2. 卤化氢与氢卤酸

1) 物理性质

常温、常压下,卤化氢均为无色有刺激性的气体。按 HF—HCl—HBr—HI 的顺序极性依次减弱,分子间作用力依 HCl—HBr—HI 顺序依次增强,因此它们的熔点、沸点依次升高。HF 分子间存在较强的氢键,所以在卤化氢中它具有最大的熔化热、汽化热,最高的沸点,熔点也高于 HCl 和HBr。卤化氢都易溶于水,其水溶液称为氢卤酸。

2) 化学性质

(1) 酸性。盐酸、氢溴酸与氢碘酸都是强酸而且酸性依次增强。氢氟酸是一种弱酸,是因为氢键导致的缔合状态影响了解离作用。但当其浓度大于 $5\ mol \cdot L^{-1}$ 时,酸度反而变大,原因是二聚分子(H_2F_2)的浓度增大,其酸性比 HF 强。

$$HF \Longleftrightarrow H^++F^- \qquad K^\ominus = 6.3 \times 10^{-5}$$

$$HF+F^- \Longleftrightarrow HF_2^- \qquad K^\ominus = 5.1$$

(2) 还原性。卤化氢的还原性依 HF—HCl—HBr—HI 顺序增强:

$$2HI+2FeCl_3 \longrightarrow 2FeCl_2+2HCl+I_2$$

$$2HBr+H_2SO_4(浓) \longrightarrow SO_2+2H_2O+Br_2$$

$$16HCl(浓)+2KMnO_4 \longrightarrow 2KCl+2MnCl_2+8H_2O+5Cl_2 \uparrow$$

(3) 热稳定性。卤化氢的热稳定性是指其受热是否易分解为单质:

$$2HX \overset{\triangle}{\Longrightarrow} H_2+X_2$$

卤化氢的热稳定性大小可由生成焓来衡量。卤化氢的标准生成焓从 HF 到 HI 依次增大,它们的热稳定性急剧下降。HI(g)加热到 200 ℃ 左右就明显分解,而 HF(g)在 1000 ℃ 还能稳定存在。

3) 制备与应用

卤化氢的制备通常有以下方法:

(1) 高沸点难挥发的酸与卤化物作用:

$$CaF_2+H_2SO_4 \overset{\triangle}{\Longrightarrow} CaSO_4+2HF \uparrow$$

$$NaCl+H_2SO_4 \overset{\triangle}{\Longrightarrow} NaHSO_4+HCl \uparrow$$

因 Br^-、I^- 具有一定的还原性,而浓硫酸氧化性较强,故不能用于制备 HBr 和 HI:

$$2NaBr+2H_2SO_4 \overset{\triangle}{\Longrightarrow} Na_2SO_4+Br_2+SO_2 \uparrow +2H_2O$$

$$8NaI+5H_2SO_4 \overset{\triangle}{\Longrightarrow} 4Na_2SO_4+4I_2+H_2S \uparrow +4H_2O$$

但可用低氧化性的浓 H_3PO_4 代替浓 H_2SO_4:

$$NaBr+H_3PO_4 \xrightarrow{\triangle} NaH_2PO_4+HBr\uparrow$$

$$NaI+H_3PO_4 \xrightarrow{\triangle} NaH_2PO_4+HI\uparrow$$

（2）卤素单质直接与氢气反应，这样产生的氯化氢用水吸收而成盐酸：

$$Cl_2+H_2 \xrightarrow{光照} 2HCl$$

虽然 F_2 与 H_2 反应更完全，但因反应太剧烈而无法控制，此法不能用于 HF 的制备。Br_2、I_2 与 H_2 的反应需在高温下进行，而 HBr、HI 在温度较高时又会分解，影响其产率。解决问题的关键是通过合成有效的催化剂降低反应的温度来减少 HBr 的分解。在较低的温度下用合适的催化剂催化 Br_2 与 H_2 的反应合成 HBr 的工艺已投入实际生产。

（3）实验室常用非金属卤化物水解或在有水存在时磷和卤素单质反应制备 HBr 和 HI。

$$PBr_3+3H_2O \Longrightarrow H_3PO_3+3HBr（碘同）$$

$$2P+3Br_2+6H_2O \xrightarrow{\triangle} 2H_3PO_3+6HBr\uparrow（碘同）$$

（4）烃类化合物的卤化。F_2、Cl_2、Br_2 与饱和烃或芳香烃反应时，生成卤代烃和相应卤化氢，例如，

$$C_2H_6+Br_2 \Longrightarrow C_2H_5Br+HBr$$

具有实际应用意义的是盐酸和氢氟酸。盐酸是一种重要的工业原料和化学试剂，在皮革工业、焊接、电镀、搪瓷和医药领域有广泛应用。浓盐酸的质量分数约为 37%，密度为 $1.19\ g\cdot cm^{-3}$，物质的量浓度为 $12\ mol\cdot L^{-1}$。氢氟酸可用于测定矿物或钢样中 SiO_2 的含量，并广泛应用于玻璃器皿加工。

3. 卤素的含氧酸及其盐

1）次氯酸和漂白粉

次氯酸具有较强的氧化能力，在酸性介质中氧化性更强。目前还未制得纯的次氯酸，得到的只是它的水溶液。

$$X_2+H_2O \Longrightarrow H^++X^-+HXO（X=Cl、Br、I）$$

该反应为可逆反应，所得次氯酸的浓度很低。如往氯水中加入和 HCl 作用的物质，则可得到浓度较大的次氯酸溶液。例如，

$$2Cl_2+CaCO_3+H_2O \Longrightarrow CaCl_2+CO_2\uparrow+2HClO$$

$$2Cl_2+Ag_2O+H_2O \Longrightarrow 2AgCl\downarrow+2HClO$$

将 Cl_2 通入石灰乳可制得漂白粉：

$$2Cl_2+3Ca(OH)_2 \Longrightarrow Ca(ClO)_2+CaCl_2\cdot Ca(OH)_2\cdot 2H_2O$$

漂白粉的漂白作用主要是基于次氯酸的氧化性。漂白粉在空气中长期存放时会吸收 CO_2、H_2O，生成 HClO 分解而失效。

次氯酸的分解主要有两种形式：

$$2HClO \Longrightarrow 2HCl+O_2$$

$$3HClO \Longrightarrow 2HCl+HClO_3$$

后者为歧化反应。HClO 在室温下分解很慢，但温度达到 75 ℃时几乎完全歧化为氯酸。

2）氯酸及其盐

$HClO_3$ 只能存在于溶液中，其最高浓度为 40%，为强氧化剂。如：

$$HClO_3 + 5HCl \Longrightarrow 3Cl_2 \uparrow + 3H_2O$$

$$5HClO_3 + 3I_2 + 3H_2O \Longrightarrow 6HIO_3 + 5HCl$$

ClO_3^- 也可发生歧化反应，如：

$$4ClO_3^- \Longrightarrow 3ClO_4^- + Cl^-$$

氯酸盐的稳定性高于氯酸，常见的氯酸盐有 $KClO_3$ 等。$KClO_3$ 的分解有两种方式：

$$4KClO_3 \xrightarrow[>400\,℃]{} 3KClO_4 + KCl \tag{1}$$

$$2KClO_3 \xrightarrow[200\,℃]{MnO_2} 2KCl + 3O_2 \tag{2}$$

无催化剂时在较高的温度下反应（1）是主要的，但有 MnO_2 催化剂时较低温度下以反应（2）为主。实验室中用该法制备氧气。

固体 $KClO_3$ 是一种强氧化剂，在工业上有重要用途，如制造火柴、卷烟纸、火药、信号弹、焰火等，还可用作除草剂。氯酸盐通常在酸性溶液中显氧化性。例如，$KClO_3$ 在中性溶液中不能氧化 KI，但酸化后即可将 I^- 氧化为 I_2：

$$ClO_3^- + 6I^- + 6H^+ \Longrightarrow 3I_2 + Cl^- + 3H_2O$$

3）高氯酸及其盐

与前述氯含氧酸相比，高氯酸的稳定性相对较高，但也只能存在于水溶液中，在酸性溶液中有较强的氧化性。

$HClO_4$ 是最强的无机含氧酸。市售试剂是 72% 的溶液，浓度太大时不稳定，冷的稀酸无明显氧化性。高浓度的高氯酸遇有机物撞击易爆炸，本身也易分解：

$$4HClO_4 \Longrightarrow 2Cl_2 \uparrow + 7O_2 \uparrow + 2H_2O$$

高氯酸盐的稳定性高于氯酸盐，用 $KClO_4$ 制成的炸药称为"安全炸药"。高氯酸盐多数易溶于水，但常见的 $KClO_4$、NH_4ClO_4、$RbClO_4$、$CsClO_4$ 的溶解度却较小。据此，高氯酸盐可用于钾的定量测定。

5.2.2 氧、硫及其化合物的性质

元素周期表中ⅥA族包括氧（O，oxygen）、硫（S，sulphur）、硒（Se，selenium）、碲（Te，tellurium）、钋（Po，polonium）五种元素，称为氧族元素。其中，钋具有放射性，硒、碲属于分散元素，本节只讨论氧和硫及其化合物的性质。

氧是地壳中分布最广、含量最多的元素，在地壳中含量为 4.61×10^5 mg·kg^{-1}。氧在自然界中的存在形式主要有三种：空气中氧以单质（O_2、O_3）的形式存在；海水中氧以 H_2O 的形式存在；岩石层中氧以 SiO_2、硅酸盐及其他氧化物与含氧酸盐的形式存在。

自然界中硫以单质硫和化合态硫两种形态存在，在地壳中的含量为 3.50×10^2 mg·kg^{-1}。单质硫矿床主要集中在火山地区，化合态的硫主要有：黄铁矿（FeS_2）、闪锌矿（ZnS）、方铅矿（PbS）、黄铜矿（$CuFeS_2$）、辉锑矿（Sb_2S_3）、石膏（$CaSO_4 \cdot 2H_2O$）、重晶石（$BaSO_4$）、天青石（$SrSO_4$）、芒硝（$Na_2SO_4 \cdot 10H_2O$）等。

氧族元素原子的外层电子构型为 ns^2np^4,与稀有气体原子外层 8 电子稳定构型相比差两个电子,电负性比同周期的卤素原子要小。

1. 氧与硫的成键特征

1) 氧的成键特征

(1) 得到 2 个电子成为 O^{2-} 形成离子型化合物,如 Na_2O、CaO、Fe_2O_3 等。

(2) 提供两个成单电子,形成两个共价单键,如 H_2O、OF_2、CH_3OH 等。

(3) 与 C、N 等形成三重键,如 NO、CO 分子中包含 σ 键和 π 键。

(4) 形成氢键,如 O—H⋯O。

(5) 氧分子结合两个电子以过氧离子 O_2^{2-} 的形式形成离子化合物,如 BaO_2;或以共价过氧键—O—O—的形式形成共价型化合物,如 H_2O_2。

(6) 氧分子结合一个电子形成超氧离子 O_2^-,形成超氧化物,如 KO_2。

(7) O_2 可以作为电子对给予体与金属离子配位,如血红素是 Fe^{2+} 与卟啉衍生物(记为 Hm)的配合物,O_2 分子可以与其配位起到为人体运送 O_2 的作用。

$$[HmFe]+O_2 \Longleftrightarrow [HmFe{\leftarrow}O_2]$$

2) 硫的成键特征

(1) 得到 2 个电子成为 S^{2-},形成离子型化合物,如 Na_2S、$(NH_4)_2S$、BaS 等。

(2) 与 Cl、Br、I 类似,S 可采取 sp^3 杂化与氧原子形成 σ 键,非羟基氧原子上的 2p 电子可反馈给 S 的 d 轨道形成 p-d π 键,形成含氧酸。如 H_2SO_4 中也存在 p-d π 键。

(3) 硫原子之间可形成共价单键而形成长链,如单质 S_8 为单键成环,而连四硫酸钠($Na_2S_4O_6$)中的 S—S—S—S 为单键成链。

2. 氧及其化合物

1) 单质

常温常压下,氧气是一种无色无味的气体,在 -182.962 ℃ 时能凝成淡蓝色的液体,-218.79 ℃ 时凝聚成淡蓝色的固体。在常压、293 K 时 1 L 水中仅能溶解 30 mL 氧气。

工业用氧气 97% 来源于液态空气分馏,3% 来源于水的电解。实验室制备氧气常用加热分解含氧化合物的方法。例如,

$$2BaO_2 \xrightarrow{\triangle} 2BaO+O_2\uparrow$$

$$2KClO_3 \xrightarrow[\triangle]{MnO_2} 2KCl+3O_2\uparrow$$

O_3 是 O_2 的同素异形体,键长 127.8 pm,键角 116.8°,呈 V 形结构(与 SO_2 类似)。O_3 是一种淡蓝色的气体,有一种特殊的腥臭味。

在高温和放电的条件下,O_2 可以变为 O_3。O_3 的氧化性很强($\varphi^{\ominus}_{O_3/H_2O}=2.076$ V),被称为绿色氧化剂。例如,下述反应(1)可用来处理工业含氰废水,反应(2)利用 I_2 使淀粉变蓝,可以定量测定 O_3 的含量。

认识臭氧

$$2CN^-+3O_3+H_2O \Longrightarrow 2CO_2+N_2+2OH^-+2O_2 \tag{1}$$

$$2I^-+O_3+H_2O \Longrightarrow I_2+O_2+2OH^- \tag{2}$$

2）水

水是地球上分布最广的物质，是生命之源。它几乎占去了地球表面的 3/4。

水分子中 O 原子采取 sp^3 杂化，与 H 原子生成两个 σ 键，由于孤电子对与成键电子对的排斥作用，键角被压缩为 104.5°。液态水中，水分子通过氢键形成缔合分子 $(H_2O)_x$，$x = 2, 3, 4, \cdots$。水分子的缔合是一种放热过程。温度升高缔合程度下降。273 K 时结冰，成为一个巨大的缔合水分子。

3）过氧化氢

过氧化氢俗称双氧水。纯 H_2O_2 是一种淡蓝色的黏稠液体，有更强的形成氢键的趋势与缔合程度。沸点比水高（150.2 ℃），熔点与水接近（-0.41 ℃）。可与水以任意比例混合。市售试剂为 30%~35% 的水溶液。医药上用 3% 的水溶液作杀菌消毒剂。

（1）结构。H_2O_2 分子中有一个过氧键—O—O—，O 的氧化数为 -1，两个 O 原子都采取 sp^3 不等性杂化。每个 O 原子与一个 H 原子形成 σ 键，形成折线形分子。过氧键就像在一本展开的书的夹缝上，两个 H 原子在打开的两页纸面上，纸面夹角为 93°51′，两个 H—O—O 键的夹角均为 96°52′。

（2）化学性质。H_2O_2 的特征化学性质是不稳定性与氧化还原性。

① 不稳定性。H_2O_2 在见光、受热或有重金属离子（如 Fe^{2+}、Mn^{2+}、Cu^{2+}、Cr^{3+} 等）存在时，容易分解成水和氧气，因此应存放在塑料瓶或加有 Na_2SnO_3、$Na_4P_2O_7$ 等稳定剂的棕色试剂瓶中并放在避光阴凉处。

② 氧化还原性。H_2O_2 的分解反应是一个歧化反应：

$$2H_2O_2 =\!=\!= O_2\uparrow + 2H_2O \qquad \Delta_r H_m^\ominus = -196 \text{ kJ} \cdot \text{mol}^{-1}$$

不论是酸性介质，还是碱性介质，这个歧化反应都很容易进行。在常温、无杂质的情况下分解速率不快。

H_2O_2 不论在酸性还是碱性介质中都具有很强的氧化性：

$$H_2O_2 + 2I^- + 2H^+ =\!=\!= I_2 + 2H_2O \quad （用于 I^- 的分析）$$

$$5H_2O_2 + I_2 =\!=\!= 2HIO_3 + 4H_2O$$

$$4H_2O_2 + PbS =\!=\!= PbSO_4 + 4H_2O \quad （用于油画漂白）$$

$$3H_2O_2 + 2CrO_2^- + 2OH^- =\!=\!= 2CrO_4^{2-} + 4H_2O$$

H_2O_2 作为还原剂的能力并不强，只与较强的氧化剂反应：

$$2MnO_4^- + 5H_2O_2 + 6H^+ =\!=\!= 2Mn^{2+} + 5O_2\uparrow + 8H_2O \quad （用于 H_2O_2 的含量分析）$$

$$H_2O_2 + Cl_2 =\!=\!= 2HCl + O_2 \quad （用于除氯）$$

$$2HIO_3 + 5H_2O_2 =\!=\!= 5O_2\uparrow + I_2 + 6H_2O$$

将 HIO_3 与 H_2O_2 混合并加入少量 $MnSO_4$ 与淀粉，则会出现蓝色-无色交替现象，这就是所谓的摇摆反应（或振荡反应）。随着 H_2O_2 的消耗，变色周期越来越长，最后稳定于蓝色。

③ 弱酸性。 $\qquad H_2O_2 \rightleftharpoons HO_2^- + H^+ \qquad K_{a_1}^\ominus = 1.55 \times 10^{-12}$

H_2O_2 与 $Ba(OH)_2$ 或 $NaOH$ 反应可生成过氧化物：

$$H_2O_2 + Ba(OH)_2 =\!=\!= BaO_2 + 2H_2O$$

④ 过氧键的鉴定。$K_2Cr_2O_7$ 的酸性溶液,加入有机溶剂(如乙醚),再加入 H_2O_2,振荡,有机层中有蓝色的过氧化铬 CrO_5 生成。此反应可用于 H_2O_2 与 $Cr(Ⅲ)$、$Cr(Ⅵ)$ 的鉴定。

$$4H_2O_2 + Cr_2O_7^{2-} + 2H^+ \Longrightarrow 2CrO_5 + 5H_2O$$

(3)制备。过氧化氢的制备通常有 3 种方法:

① 金属过氧化物与稀硫酸作用:

$$BaO_2 + H_2SO_4 \Longrightarrow BaSO_4 \downarrow + H_2O_2$$

这种方法首先要制备 BaO_2,成本很高,只是偶尔在实验室中应用。

② 电解硫酸氢铵水溶液:

$$2NH_4HSO_4 \xrightarrow{\text{电解}} (NH_4)_2S_2O_8 + H_2 \uparrow$$

$$(NH_4)_2S_2O_8 + 2H_2O \xrightarrow{H_2SO_4} 2NH_4HSO_4 + H_2O_2$$

其中的硫酸氢铵可以循环使用。世界上许多大型生产厂家都是采用此方法。

③ 乙基蒽醌法:

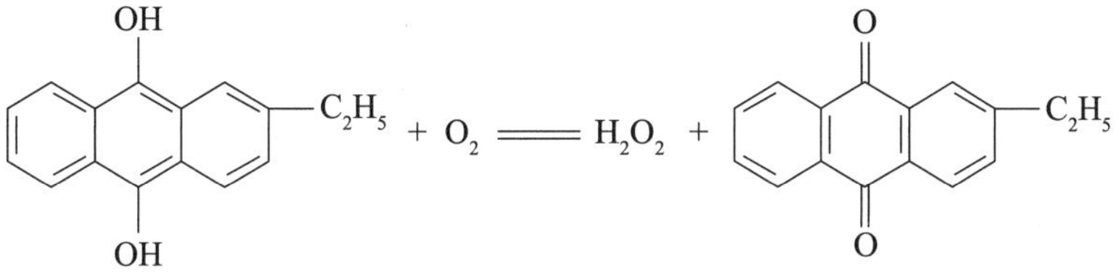

$$\text{（蒽酚结构式）} + O_2 \Longrightarrow H_2O_2 + \text{（蒽醌结构式）}$$

乙基蒽酚还原空气中游离态的氧,生成了乙基蒽醌与 H_2O_2,然后以 Pd 为催化剂在苯溶液中用 H_2 还原,蒽醌又转化为蒽酚,可循环使用。乙基蒽酚并没有消耗,消耗的只是氢气和氧气。由于这种方法能耗小、无污染,被国内外许多厂家采用。

过氧化氢主要用于漂白毛丝织物、清洗油画,作氧化还原剂、水处理剂、杀菌消毒剂,高浓度 H_2O_2 还可作火箭燃料的氧化剂。

3. 硫及其化合物

1)单质

单质硫有多种同素异形体,如正交硫(亦称斜方硫,S_α),单斜硫(S_β)等,由 S_α 转变 S_β 为吸热反应,因此 298 K 最稳定单质为 S_α。

$$S_\alpha \Longrightarrow S_\beta \qquad \Delta_r H_m^\ominus = 0.30 \text{ kJ} \cdot \text{mol}^{-1}$$

368.4 K 以上斜方硫会转化为单斜硫。斜方硫与单斜硫都易溶于 CS_2,都是由 S_8 环状分子组成的。S_8 分子为曲折的八元环状,硫原子轨道以 sp^3 杂化成键,相邻原子之间的键角为 107.6°,二面角为 99.3°,如图 5-1 所示。

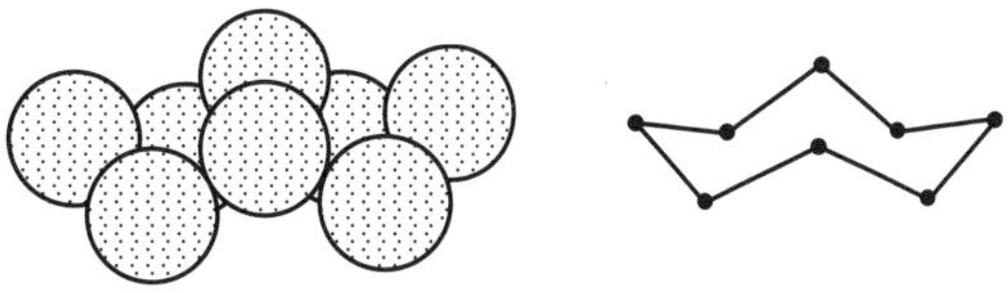

硫的用途很广,可以用于制造硫酸、硫化橡胶、黑火药、硫代硫酸钠、亚硫酸钠、硫化物等。农业上可作杀虫剂,医药上可制硫黄软膏治皮肤病等。

图 5-1 S_8 分子结构示意图

2)硫化氢

H_2S 的分子呈 V 形,键角(92°)小于水分子的键角(104.5°)。H_2S 是一种具有臭鸡蛋味的有毒气体,吸入大量 H_2S 会造成人的昏迷或死亡,空气中的允许含量为 $0.01 \text{ mg} \cdot \text{L}^{-1}$。

在常温常压下 H_2S 饱和水溶液的浓度为 $0.1\ mol\cdot L^{-1}$,这被人们看作一个常数。H_2S 的水溶液称为氢硫酸,是一个二元弱酸:

$$H_2S \Longrightarrow H^+ + HS^- \qquad K_{a_1}^{\ominus} = 1.07\times10^{-7}$$

$$HS^- \Longrightarrow H^+ + S^{2-} \qquad K_{a_2}^{\ominus} = 1.26\times10^{-13}$$

H_2S 的化学性质主要表现为还原性:

$$2H_2S + O_2 == 2S\downarrow + 2H_2O$$

$$H_2S + I_2 == 2HI + S\downarrow$$

$$H_2S + 4Br_2 + 4H_2O == H_2SO_4 + 8HBr$$

由于空气中的 O_2 能将 H_2S 氧化成单质 S,因此,氢硫酸在空气中不能长期放置,应现制现用。实验室中是用金属硫化物与稀硫酸反应来制备 H_2S,常用启普发生器来实现。

$$FeS + H_2SO_4 == FeSO_4 + H_2S\uparrow$$

二氧化硫对环境的危害

3）硫的氧化物

（1）二氧化硫。二氧化硫是一种无色有刺激性气味的气体,长期吸入会造成人的慢性中毒,引起食欲丧失,大便不通和气管炎症。空气中 SO_2 限量为 $0.02\ mg\cdot L^{-1}$,熔点为 $-72.7\ ℃$,沸点为 $-10\ ℃$。SO_2 是极性分子,易溶于水,常温常压下 1 体积水能溶解 40 体积的 SO_2。

SO_2 的化学性质以氧化还原性为主:

$$2H_2S + SO_2 == 3S + 2H_2O$$

$$SO_2 + Cl_2 == SO_2Cl_2$$

$$2SO_2 + O_2 \xrightarrow[\triangle]{V_2O_5} 2SO_3 \quad （工业上用此催化氧化反应制备 SO_3 与硫酸）$$

SO_2 因易与有色的有机物加合而具有漂白性能,常用来漂白纸浆、麻制品和草编制品。这种漂白作用不同于氧化漂白,当加合物中的 S(Ⅳ) 被氧化剂氧化后,有机色素的颜色恢复。

工业上主要通过燃烧黄铁矿或单质硫来制备 SO_2:

$$3FeS_2 + 8O_2 \xrightarrow{高温} Fe_3O_4 + 6SO_2$$

$$S + O_2 \xrightarrow{点燃} SO_2$$

实验室中则主要用亚硫酸盐与酸反应来制取 SO_2:

$$Na_2SO_3 + H_2SO_4 == Na_2SO_4 + SO_2\uparrow + H_2O$$

（2）三氧化硫。在常温、常压下,三氧化硫是一种无色液体,熔点为 $16.8\ ℃$,沸点为 $44.8\ ℃$。液态 SO_3 是以聚合态存在的,在气态时才存在单个的 SO_3 分子。SO_3 可与水以任意比例混合,溶于水生成硫酸并放出大量热。因 SO_3 与水蒸气会形成酸雾,故工业上不用水吸收 SO_3 制硫酸,而用浓硫酸吸收。

SO_3 的化学性质主要表现为强氧化性。例如,

$$5SO_3 + 2P == P_2O_5 + 5SO_2\uparrow$$

4）亚硫酸及其盐

亚硫酸是一种二元中强酸,$K_{a_1}^{\ominus} = 1.3\times10^{-2}$,$K_{a_2}^{\ominus} = 6.3\times10^{-8}$。$SO_2$ 溶于水时,主要以物理溶解的形式存在,即简单的水合分子 $SO_2\cdot H_2O$,H_2SO_3 的含量很少,因此,SO_2 水溶液仅显示出弱酸

性。H_2SO_3 只存在于水溶液,目前尚未制得纯 H_2SO_3。市售亚硫酸试剂中 SO_2 含量不少于 6%。

亚硫酸盐中,碱金属和铵盐易溶于水,其他盐类均难(微)溶于水,但都溶于强酸。

亚硫酸及其盐的主要化学性质是氧化还原性:

$$H_2SO_3+2H_2S =\!=\!= 3S+3H_2O$$

$$2MnO_4^-+5SO_3^{2-}+6H^+ =\!=\!= 2Mn^{2+}+5SO_4^{2-}+3H_2O$$

$$Na_2SO_3+S \xrightarrow{煮沸} Na_2S_2O_3 \quad (硫代硫酸钠的制备反应)$$

亚硫酸及盐的还原性强弱次序为:亚硫酸盐>亚硫酸>SO_2

亚硫酸盐广泛应用于医学、照相、织物漂白、染料、鞣革、造纸等工业。还可以用作除氯剂,用于除去漂白布匹时残余的氯。

5)硫酸及其盐

纯硫酸为无色油状液体,是难挥发的酸,熔点为 10.37 ℃,沸点为 317 ℃,市售浓硫酸(98%)密度为 1.84 g·cm^{-3}。

(1)浓硫酸的化学性质:

① 强酸性。H_2SO_4 的第一步解离是完全的,$K_{a_2}^{\ominus}=1.2\times10^{-2}$。

② 强氧化性。许多金属和非金属均可被浓硫酸氧化:

$$Cu+2H_2SO_4(浓) \xrightarrow{\triangle} CuSO_4+SO_2\uparrow+2H_2O$$

$$S+2H_2SO_4(浓) \xrightarrow{\triangle} 3SO_2\uparrow+2H_2O$$

冷的浓硫酸可使 Al、Fe、Cr 等金属钝化。

③ 吸水性和脱水性。浓硫酸具有强的吸水性,常用作干燥剂;浓硫酸还会使碳水化合物脱水而损坏,因此,使用时应注意不要撒在皮肤和衣物上。浓硫酸稀释时放出大量热,一定要在不断搅拌下缓慢地将浓硫酸加入水中。

(2)硫酸盐有正盐和酸式盐两种:

① 酸式盐的突出的性质有两点:易溶于水,由于 HSO_4^- 的解离而显酸性;固体盐受热时,脱水生成焦硫酸盐,例如,

$$2NaHSO_4 \xrightarrow{\triangle} Na_2S_2O_7+H_2O$$

② 硫酸正盐中除 $BaSO_4$、$SrSO_4$、$CaSO_4$、$PbSO_4$、Ag_2SO_4 外多数易溶于水。突出的性质为:热稳定性高,在几乎所有的含氧酸盐中,硫酸盐的热稳定性最高;多数盐含结晶水,组成为 $M_2SO_4\cdot MSO_4\cdot 6H_2O$ 和 $M_2SO_4\cdot M_2(SO_4)_3\cdot 24H_2O$ 的一类硫酸复盐称为矾,常见的例子为 $(NH_4)_2SO_4\cdot FeSO_4\cdot 6H_2O$(莫尔盐,淡绿色)、$K_2SO_4\cdot MgSO_4\cdot 6H_2O$(钾镁矾,无色)、$K_2SO_4\cdot Al_2(SO_4)_3\cdot 24H_2O$(明矾,无色)、$K_2SO_4\cdot Cr_2(SO_4)_3\cdot 24H_2O$(铬钾矾,深紫色)、$K_2SO_4\cdot Fe_2(SO_4)_3\cdot 24H_2O$(铁钾矾,淡紫色)等。

$(NH_4)_2SO_4\cdot FeSO_4\cdot 6H_2O$ 在空气中的稳定性比 $FeSO_4\cdot 7H_2O$ 高得多,因此,分析化学中用莫尔盐来配制 Fe^{2+} 的标准溶液。硫酸盐在工业上有很重要的用途,如 $Na_2SO_4\cdot 10H_2O$(芒硝)是重要化工原料,$CuSO_4\cdot 5H_2O$(蓝矾)是消毒杀菌剂和农药,铝盐是净水剂及造纸充填剂,$FeSO_4\cdot 7H_2O$(绿矾)是农药和治疗贫血的药剂及制造蓝黑墨水的原料等。

氮和磷元素化合物性质

氢元素及其化合物性质

5.3　金属元素通论

在元素周期表中,除 22 种非金属元素外,其余都是金属元素,分布在 s 区、d 区、ds 区、f 区和 p 区的左下角。

除 Au、Cs 为金黄色,Cu 为红色之外,其他金属单质都显示出银白色的金属光泽。金属元素单质的物理性质相差较大,熔点最低的金属 Hg 在常温下呈液态,熔点为 $-38.829\ ℃$,熔点最高的金属 W,熔点高达 $3414\ ℃$。碱金属的硬度较小,可以用小刀切割,而金属 Cr 可以达到莫氏硬度 9 级。密度最小的 Li,密度大约只有水的一半,为 $0.534\ g \cdot cm^{-3}$,密度最大的 Os,密度为 $22.587\ g \cdot cm^{-3}$。

金属元素单质都有易于失去的最外层和次外层价电子,在化学反应中一般表现为还原性,即失去电子形成正价的金属离子,失去电子的数目和金属元素在周期表中的位置有关,一般来说,主族金属元素(s 区和 p 区)失去的电子数目与所在的族数 n 相同,副族金属元素(d 区和 ds 区)较为复杂,很多金属具有可变的化合价。虽然金属单质都有失去电子形成金属离子的倾向,但是由于不同金属的结构和活动性不同,在实际的反应中表现出很大的差异,以金属单质和非氧化性酸反应为例:K、Na 等碱金属与酸反应极为剧烈,常伴有燃烧或者爆炸;第四周期的过渡金属元素(如 Fe、Zn 等)一般与非氧化性酸反应温和,该反应用于实验室制取少量氢气;而对于某些第五周期的过渡金属元素,与氧化性酸反应较为缓慢,常需要加热等条件;对于 Pt、Au 等金属,对非氧化性酸的耐受性很强,几乎观察不到反应,只能溶于王水中。

s 区金属:s 区元素包含ⅠA 族和ⅡA 族,除氢外都是金属元素,其中ⅠA 族的元素称为碱金属元素,ⅡA 族的元素称为碱土金属元素。ⅠA 族金属的熔点、沸点较低,密度较小,其中 Li 为密度最小的金属,密度大约只有水的一半。s 区金属元素的金属性为同周期中最强的,具有很强的失电子倾向,因此表现出非常活泼的化学性质。

本区金属的氢氧化物除 $Be(OH)_2$ 为两性氢氧化物,LiOH 和 $Mg(OH)_2$ 为中强碱外,其余都为强碱,且碱性随着周期数的增加而增大。NaOH 和 KOH 由于在水中的溶解度较大,碱性强,因此被广泛应用在纸张、肥皂生产、金属冶炼、石油精制、食品加工和机械工业等方面。

p 区金属:p 区金属元素集中在该区的左下角,由于在周期表中的位置和非金属元素相邻,因此,本区金属元素的金属性较弱,Al、Sn、Pb 等元素的氢氧化物表现出两性,它们的化合物还往往表现出明显的共价性。p 区金属元素的价电子构型为 $ns^2np^{1\sim4}$,ns 和 np 电子可同时成键,因此对于较高周期的 Sn、Pb、Sb 和 Bi 在化合物中常有两种氧化态。

p 区金属元素的低氧化态的化合物中部分离子性较强,高价氧化态化合物多数为共价化合物,如 $SnCl_4$、SbF_5 等。另外,大部分 p 区金属元素在化合物中,电荷较高,半径较小,极化作用比较强,其盐类在水中极易水解,其离子只能存在于较强的酸性溶液中。

d 区和 ds 区金属:元素周期表中的 d 区和 ds 区全部由金属元素构成,称为过渡金属元素,其价层电子构型为 $(n-1)d^{1\sim10}ns^{0\sim2}$。这两区元素具有多种氧化数:过渡元素的低氧化态常以简单离子的形式存在,如 Cr^{3+}、Mn^{2+} 等,高氧化态常以含氧酸根的形式存在,如 CrO_4^{2-} 和 MnO_4^- 等,此类含氧酸根的氧化性较强,常作为氧化剂使用。第五、六周期过渡元素中的Ⅷ族元素的最高氧化数可以达到 $+8$,与其所在的族数相同,如 Ru($+8$),Os($+8$)。d 区元素还能形成氧化数为 0,甚至负数的化合物,如在 $Fe(CO)_5$ 中,Fe 的氧化数为 0。

过渡金属单质的物理性质差别较大,主要体现在:① 熔点差别悬殊。熔点最高者是 W,t_m = 3414 ℃;熔点最低者是 Hg,t_m = −38.829 ℃。② 硬度差别较大。很多过渡金属,如 Au、Sc 等,质地较为柔软;硬度最大的是 Cr,其莫氏硬度为 9。③ 密度差别较大。密度最小的是 Sc,密度为 2.985 g·cm^{-3};密度最大的是 Os,密度为 22.587 g·cm^{-3}。另外,过渡金属单质的化学活泼性差别也很明显:Ti、Cr、Mn、Fe、Co、Ni 等属于活泼金属,可与稀 HCl 溶液反应,而 Nb、Ta 等呈化学惰性,甚至不与王水反应,作为不活泼元素的重要标志之一,几乎所有贵金属都能以单质形式存在于自然界。

过渡金属
元素与人
类健康

5.4　几种重要的金属元素

5.4.1　钛及其化合物的性质

1. 单质

钛被认为是一种稀有金属,是由于在自然界中存在分散且难以提取,但其相对丰度在所有元素中居第十位。重要的钛矿石有金红石(TiO_2)、钛铁矿($FeTiO_3$)及钒钛铁矿。我国钛资源丰富,攀西地区(四川攀枝花和西昌)的钒钛铁矿就有几十亿吨,占全国储量的 90% 以上。

金属钛呈银白色,有光泽、熔点高、密度小、耐磨、耐低温、延伸性好,并且具有优越的抗腐蚀性,尤其是对海水。钛表面形成一层致密的氧化物保护膜,使之不被酸、碱侵蚀,但易溶于氢氟酸。钛及其合金广泛地用于制造喷气发动机、超音速飞机、潜水艇(防雷达、防磁性水雷)及有关化工设备。此外,钛与生物组织相容性好,结合牢固,用于接骨和制造人工关节,由纯钛制造的假牙是任何金属材料无法比拟的,所以钛又被称为"生物金属"。因此,继 Fe、Al 之后,预计钛将成为应用广泛的第三金属。

目前钛的生产,是先将金红石矿或钛铁矿在氯气流下加热到 900 ℃,得到挥发性四氯化钛。$TiCl_4$ 的沸点为 136.4 ℃,可用分馏纯化除去 $FeCl_3$,然后在 800 ℃于氩气气氛下(因钛易与氮、氧化合)用镁或钠还原,得到多孔金属(又叫海绵钛)。

$$TiO_2(s) + 2C(s) + 2Cl_2(g) \Longrightarrow TiCl_4(g) + 2CO(g)$$

$$TiCl_4(g) + 2Mg(l) \xrightarrow{800 \sim 900\ ℃} Ti(s) + 2MgCl_2(s)$$

2. 钛的重要化合物

1) 二氧化钛

TiO_2 的化学性质不活泼,且覆盖能力强、折射率高,可用于制造高级白色油漆。TiO_2 在工业上称为"钛白",它兼有锌白(ZnO)的持久性和铅白[$PbCO_3$·$Pb(OH)_2$]的遮盖性,是高档白色颜料,其最大的优点是无毒,在高级化妆品中用作增白剂。TiO_2 也用作高级铜版纸的表面覆盖剂。在陶瓷中加入 TiO_2,可提高陶瓷的耐酸性。TiO_2 也用作乙醇脱水、脱氢的催化剂。纳米尺度的 TiO_2 粉体具有更为优越的各种特殊性能,目前纳米 TiO_2 的制备和应用研究受到了科学家的极大关注。

2) 钛酸盐和钛氧盐

二氧化钛为两性偏碱性氧化物,可形成两系列盐:钛酸盐(如 $FeTiO_3$)和钛氧盐(如 $TiOSO_4$)。钛酸盐大都难溶于水。$BaTiO_3$(白色)、$PbTiO_3$(淡黄)介电常数高、具有压电效应,是最重要的压电陶瓷材料。压电效应是指某些电介质在承受机械压力时,其表面会产生与施加压力成正比的电荷(称为正压电效应);在电压的作用下,某些材料会发生变形(称为逆压电效应)。压电陶瓷材料是一种可以使电能和机械能相互转换的功能材料,这些材料主要有:钛酸钡、锆钛酸铅、偏铌酸铅和偏铌酸钡等,它们在航天、导弹、雷达、通信、精密测量、红外技术及引爆等领域有广泛应用,是现代无线电技术中不可或缺的材料。

钛氧盐的代表是硫酸氧钛 $TiOSO_4$。在含 Ti(Ⅳ)离子的溶液中加入 H_2O_2,在不同条件下可生成不同颜色的产物。如在强酸性溶液中呈红色,在稀酸性或中性溶液中则生成较稳定的橙色配合物 $[TiO(H_2O_2)]^{2+}$:

$$TiO^{2+} + H_2O_2 =\!=\!= [TiO(H_2O_2)]^{2+}(橙色)$$

该反应用在比色分析法中测定钛或过氧化氢。

3)四氯化钛

四氯化钛($TiCl_4$)是钛最重要的卤化物,通常由 TiO_2、氯气和焦炭在高温下反应制得。

$$TiO_2 + 2C + 2Cl_2 \xrightarrow{1123\ K} TiCl_4 + 2CO$$

TiO_2 与 Cl_2 直接反应不能制得 $TiCl_4$。$TiCl_4$ 为共价化合物(分子晶体,正四面体构型),其熔点和沸点分别为 $-23.2\ ℃$ 和 $136.4\ ℃$,常温下为无色液体,易挥发,具有刺激气味,易溶于有机溶剂。$TiCl_4$ 极易水解,在潮湿空气中因水解而冒烟。

$$TiCl_4 + 3H_2O =\!=\!= H_2TiO_3 \downarrow + 4HCl \uparrow$$

利用此反应可以制造烟幕。

5.4.2　铬及其化合物的性质

铬在所有的金属中硬度最大,同时具有耐磨、耐腐蚀、良好光泽等优良性能,常用作金属表面的镀层(如自行车、汽车、精密仪器的零件常为镀铬金属制件),并大量用于制造合金。含铬 $12\% \sim 14\%$ 的不锈钢具有极强的耐腐蚀能力,在化工制造业中占有极其重要的地位。铬钢含铬 $0.5\% \sim 1\%$,硬而有韧性。

铬的表面极易钝化,化学性质稳定,常温下不溶于硝酸和王水。未钝化的铬比较活泼,可与稀盐酸、稀硫酸缓慢反应,生成蓝色的溶液(Cr^{2+}),放出氢气。空气中的氧可使 Cr^{2+} 氧化为 Cr^{3+},使溶液转化为蓝绿色。

在酸性溶液中 Cr^{3+} 可稳定存在,氧化数为 $+6$ 的铬($Cr_2O_7^{2-}$)有较强氧化性,可被还原为 Cr^{3+};而 Cr^{2+} 有较强还原性,可被氧化为 Cr^{3+}。在碱性溶液中,氧化数为 $+6$ 的铬(CrO_4^{2-})氧化性很弱,相反,Cr(Ⅲ)易被氧化为 Cr(Ⅵ)。

1. 铬(Ⅲ)化合物

Cr_2O_3 呈绿色,常用作绿色颜料,作为玻璃、搪瓷、陶瓷、水泥等的着色剂。Cr_2O_3 可由重铬酸铵分解制取。

$$(NH_4)_2Cr_2O_7 \xrightarrow{\triangle} Cr_2O_3 + N_2 \uparrow + 4H_2O$$

向铬盐溶液中加 NaOH 或氨水,形成称为氢氧化铬的灰蓝色胶状沉淀,但这种沉淀实际上是组成不确定的水合三氧化二铬 $Cr_2O_3 \cdot nH_2O$。其性质与氢氧化铝相似,溶于酸也溶于碱。溶于过量碱后生成亮绿色的 $Cr(OH)_4^-$,或写作 CrO_2^-。

$$\text{Cr}^{3+} \underset{}{\overset{3\text{OH}^-}{\rightleftharpoons}} \text{Cr}(\text{OH})_3 \text{ 或 } \text{Cr}_2\text{O}_3 \cdot n\text{H}_2\text{O} \rightleftharpoons \text{HCrO}_2 + \text{H}_2\text{O} \overset{\text{OH}^-}{\rightleftharpoons} \text{CrO}_2^- \text{ 或 } \text{Cr}(\text{OH})_4^-$$
$$\quad\text{（蓝紫色）}\qquad\qquad\qquad\text{（灰蓝色）}\qquad\qquad\qquad\qquad\qquad\qquad\text{（亮绿色）}$$

在酸性介质中将 Cr^{3+} 氧化成 $\text{Cr}_2\text{O}_7^{2-}$ 较为困难,必须用较强的氧化剂,如 $(\text{NH}_4)_2\text{S}_2\text{O}_8$、$\text{PbO}_2$、$\text{KMnO}_4$。

$$2\text{Cr}^{3+} + 3\text{S}_2\text{O}_8^{2-} + 7\text{H}_2\text{O} \xrightarrow[\triangle]{\text{Ag}^+ \text{催化}} \text{Cr}_2\text{O}_7^{2-} + 6\text{SO}_4^{2-} + 14\text{H}^+$$

$$2\text{Cr}^{3+} + 3\text{PbO}_2 + \text{H}_2\text{O} \xrightarrow{\triangle} \text{Cr}_2\text{O}_7^{2-} + 3\text{Pb}^{2+} + 2\text{H}^+$$

$$10\text{Cr}^{3+} + 6\text{MnO}_4^- + 11\text{H}_2\text{O} \xrightarrow{\triangle} 5\text{Cr}_2\text{O}_7^{2-} + 6\text{Mn}^{2+} + 22\text{H}^+$$

$\text{Cr}(\text{III})$ 在碱性介质中以 CrO_2^- 或 $\text{Cr}(\text{OH})_4^-$ 的状态存在,易被氧化,如可被 H_2O_2 氧化成铬酸盐。

$$2\text{CrO}_2^- + 3\text{H}_2\text{O}_2 + 2\text{OH}^- = 2\text{CrO}_4^{2-} + 4\text{H}_2\text{O}$$

2. 铬(Ⅵ)化合物

铬(Ⅵ)的重要化合物主要有铬酸钾(K_2CrO_4)和重铬酸钾($\text{K}_2\text{Cr}_2\text{O}_7$)。$\text{K}_2\text{CrO}_4$ 为黄色晶体,$\text{K}_2\text{Cr}_2\text{O}_7$ 为橙红色晶体(俗称红矾钾)。$\text{K}_2\text{Cr}_2\text{O}_7$ 不易潮解,又不含结晶水,故常用作化学分析中的基准物质。

向铬酸盐溶液中加入酸,溶液由黄色变为橙红色,而向重铬酸盐溶液中加入碱,溶液由橙红色变为黄色。这表明在铬酸盐或在重铬酸盐溶液中存在如下平衡:

$$2\text{CrO}_4^{2-} + 2\text{H}^+ \underset{\text{OH}^-}{\overset{\text{H}^+}{\rightleftharpoons}} \text{Cr}_2\text{O}_7^{2-} + \text{H}_2\text{O}$$
$$\text{（黄色）}\qquad\qquad\qquad\text{（橙红色）}$$

实验证明,当 $\text{pH} > 11$ 时,几乎 100% 以 CrO_4^{2-} 的形式存在;当 $\text{pH} < 1.2$ 时又几乎 100% 以 $\text{Cr}_2\text{O}_7^{2-}$ 的形式存在。

重铬酸盐大都易溶于水;而铬酸盐,除 K^+、Na^+、NH_4^+ 盐外,一般难溶于水。向重铬酸盐溶液中加入 Ba^{2+}、Pb^{2+}、Ag^+ 时,可使上述平衡向生成 CrO_4^{2-} 的方向移动,生成相应的铬酸盐沉淀。

$$\text{Cr}_2\text{O}_7^{2-} + 2\text{Ba}^{2+} + \text{H}_2\text{O} = 2\text{H}^+ + 2\text{BaCrO}_4 \downarrow \text{（柠檬黄）}$$

$$\text{Cr}_2\text{O}_7^{2-} + 2\text{Pb}^{2+} + \text{H}_2\text{O} = 2\text{H}^+ + 2\text{PbCrO}_4 \downarrow \text{（铬黄）}$$

$$\text{Cr}_2\text{O}_7^{2-} + 4\text{Ag}^+ + \text{H}_2\text{O} = 2\text{H}^+ + 2\text{Ag}_2\text{CrO}_4 \downarrow \text{（砖红）}$$

上述反应可用于鉴定 $\text{Cr}_2\text{O}_7^{2-}$。柠檬黄、铬黄可作为颜料。

重铬酸盐在酸性溶液中有强氧化性,可以氧化 H_2S、H_2SO_3、HCl、HI、FeSO_4 等许多物质,本身被还原为 Cr^{3+}。

$$\text{Cr}_2\text{O}_7^{2-} + 3\text{H}_2\text{S} + 8\text{H}^+ = 2\text{Cr}^{3+} + 3\text{S} + 7\text{H}_2\text{O}$$

$$\text{Cr}_2\text{O}_7^{2-} + 6\text{Fe}^{2+} + 14\text{H}^+ = 2\text{Cr}^{3+} + 6\text{Fe}^{3+} + 7\text{H}_2\text{O}$$

在化学分析中常选用 $\text{K}_2\text{Cr}_2\text{O}_7$ 作为滴定剂测定铁的含量。

5.4.3 锰及其化合物的性质

锰位于元素周期表中的ⅦB族,在自然界的储量位于过渡元素中的第三位,仅次于铁和钛,主要以软锰矿($\text{MnO}_2 \cdot x\text{H}_2\text{O}$)形式存在。我国锰矿有一定储量,但质量较差。1973

含铬废水
的处理

年美国发现深海有"锰结核"(含锰 25%),估计海底存有锰结核 30000 多亿吨,可供人类使用几千年。我国南海有大量的"锰结核"资源。

锰是银白色金属,质硬而脆,化学性质活泼,可与稀酸作用,甚至在常温下缓慢地溶于水,放出氢气。锰主要用于制造合金。含 Mn 10% ~ 15% 的锰钢具有良好的抗冲击、耐磨损及耐腐蚀性,可用作耐磨材料,如制造粉碎机、钢轨和装甲板等。几乎所有的钢都含有锰。锰能和熔解在钢里的氧及硫化合减弱钢的脆性。锰也是人体必需的微量元素之一。

1. Mn(Ⅱ)化合物

在酸性溶液中,$Mn^{2+}(3d^5)$ 比同周期其他 M(Ⅱ),如 $Cr^{2+}(3d^4)$、$Fe^{2+}(3d^6)$ 等稳定,只有用强氧化剂如 $NaBiO_3$、PbO_2、$(NH_4)_2S_2O_8$,才能将 Mn^{2+} 氧化为紫红色的高锰酸根。

$$2Mn^{2+}+14H^++5NaBiO_3(s)=2MnO_4^-+5Bi^{3+}+5Na^++7H_2O$$

这个反应可鉴定溶液中的微量 Mn^{2+}。

在碱性溶液中,白色的 $Mn(OH)_2$ 不稳定,容易被空气中的氧气氧化为 $MnO(OH)_2$。

$$2Mn(OH)_2+O_2 === 2MnO(OH)_2$$
$$\text{(白色沉淀)}\qquad\qquad\text{(棕色沉淀)}$$

重要的 Mn(Ⅱ)盐为硫酸锰 $MnSO_4 \cdot 7H_2O$,常用作种子发芽的促进剂,植物合成叶绿素的催化剂等,也常用于油漆催干、矿石浮选等方面。

2. 二氧化锰

MnO_2 为棕黑色粉末,是锰最稳定的氧化物,在酸性溶液中有强氧化性,例如,

$$MnO_2+4HCl(浓) === MnCl_2+Cl_2\uparrow+2H_2O$$

在实验室中利用此反应制取少量氯气。MnO_2 与碱共熔,可被空气中的氧所氧化,生成绿色的锰酸盐。

$$2MnO_2+4KOH+O_2 \xrightarrow{\text{熔融}} 2K_2MnO_4+2H_2O$$

在实验室中常用 MnO_2 为催化剂加热使 $KClO_3$ 分解制取氧气:

$$2KClO_3 \xrightarrow{MnO_2} 2KCl+3O_2\uparrow$$

在工业上,MnO_2 有许多用途,例如,MnO_2 是炼钢工业中制造锰合金的主要原料;可用作干电池的去极化剂,以氧化干电池阳极反应所产生的氢气,保证电池放电反应正常进行;可用作火柴的助燃剂、玻璃的脱色剂、某些有机反应的催化剂及合成磁性记录材料铁氧体的原料等。

3. 锰酸盐、高锰酸盐

(1)锰酸盐为氧化值为 +6 的锰的化合物,仅以深绿色的锰酸根(MnO_4^{2-})形式存在于强碱溶液中。在中性或酸性溶液中 MnO_4^{2-} 会立即歧化,生成 MnO_4^- 与 MnO_2,溶液由绿色变为紫红色。

$$3MnO_4^{2-}+4H^+ === 2MnO_4^-+MnO_2+2H_2O$$

(2)高锰酸钾 $KMnO_4$ 是最重要的七价锰化合物,俗称灰锰氧,深紫红色晶体,能溶于水,是一种强氧化剂。工业上用电解 K_2MnO_4 的碱性溶液或用 Cl_2 氧化 K_2MnO_4 来制备。

$$2MnO_4^{2-}+2H_2O \xrightarrow{\text{电解}} 2MnO_4^-+H_2\uparrow+2OH^-$$
$$\text{(阳极)}\quad\text{(阴极)}$$

$$2MnO_4^{2-}+Cl_2 === 2MnO_4^-+2Cl^-$$

$KMnO_4$ 加热到 200 ℃ 以上发生如下分解反应:

$$2KMnO_4(s) \xrightarrow{\triangle} K_2MnO_4 + MnO_2 + O_2(g)$$

$KMnO_4$ 在酸性溶液中会缓慢地分解而析出 MnO_2：

$$4MnO_4^- + 4H^+ \Longrightarrow 4MnO_2\downarrow + 3O_2\uparrow + 2H_2O$$

在碱性溶液中也会分解：

$$4MnO_4^- + 4OH^- \Longrightarrow 4MnO_4^{2-} + O_2\uparrow + 2H_2O$$

光对此分解有催化作用，因此 $KMnO_4$ 必须保存在棕色瓶中。

　　$KMnO_4$ 的氧化能力随介质的酸性减弱而减弱，其还原产物也因介质酸碱性不同而变化。MnO_4^- 在酸性、中性（或微碱性）、强碱性介质中还原产物分别为 Mn^{2+}、MnO_2 及 MnO_4^{2-}。例如，

酸性介质　　　　　$2MnO_4^- + 5SO_3^{2-} + 6H^+ \Longrightarrow 2Mn^{2+} + 5SO_4^{2-} + 3H_2O$
　　　　　　　　　（紫红色）　　　　　　　　（淡红色或无色）

若该反应中 MnO_4^- 过量，则会与生成的 Mn^{2+} 反应生成棕色的 MnO_2。

中性介质　　　　　$2MnO_4^- + 3SO_3^{2-} + H_2O \Longrightarrow 2MnO_2\downarrow + 3SO_4^{2-} + 2OH^-$
　　　　　　　　　　　　　　　　　　　　（棕色）

强碱性介质　　　　$2MnO_4^- + SO_3^{2-} + 2OH^- \Longrightarrow 2MnO_4^{2-} + SO_4^{2-} + H_2O$
　　　　　　　　　　　　　　　　　　　（绿色）

若该反应中 MnO_4^- 的用量不足，则生成的 MnO_4^{2-} 会与过量的 SO_3^{2-} 反应生成棕色的 MnO_2。

　　$KMnO_4$ 在化学工业中用作生产维生素 C、糖精等的氧化剂，在轻化工业中用于纤维、油脂的漂白和脱色，在医疗上用作杀菌消毒剂，在日常生活中可用于饮食用具、器皿、蔬菜、水果等消毒。在分析化学中，也用作氧化还原滴定法中的滴定剂，可滴定铁、草酸、过氧化氢等物质的含量。反应开始时速率较慢，但生成的 Mn^{2+} 可催化反应，故反应速率随 Mn^{2+} 浓度的增大而加快。实验室中常用草酸标定高锰酸钾溶液的浓度。

5.4.4　铁、钴、镍及其化合物的性质

　　元素周期表的Ⅷ族包括铁（Fe, iron）、钴（Co, cobalt）、镍（Ni, nickel）、钌（Ru, ruthenium）、铑（Rh, rhodium）、钯（Pd, palladium）、锇（Os, osmium）、铱（Ir, iridium）、铂（Pt, platinum）9 种元素。Fe、Co、Ni 三种元素性质相近，称为铁系元素。后六种属于稀贵金属元素，统称铂系元素。Ru、Rh、Pd 称为轻铂系元素，Os、Ir、Pt 称为重铂系元素，其密度是所有金属中最大的，约为 $22\ g\cdot cm^{-3}$，其中 Os 的密度最大，为 $22.587\ g\cdot cm^{-3}$。本节主要介绍铁、钴、镍及其重要化合物。

　　1. 单质

　　Fe、Co、Ni 均为有光泽的银白色金属，Fe、Co 略带灰色，Ni 为银白色，均具有铁磁性，其合金是很好的磁性材料。铁是地球表面最丰富、最重要的金属之一。

　　Fe、Co、Ni 的价电子层构型分别为 $3d^64s^2$、$3d^74s^2$ 和 $3d^84s^2$，原子半径相近，性质上有许多相似之处。

　　铁系元素在自然界中分布极广，一般以氧化物或硫化物矿的形式存在，如赤铁矿（Fe_2O_3）、磁铁矿（Fe_3O_4）、黄铁矿（FeS_2）、辉钴矿（CoAsS）及镍黄铁矿（$FeS\cdot NiS$）等，钴和镍常共生。

　　钢铁的冶炼主要是用焦炭还原铁的氧化物：

$$Fe_2O_3 + 3C \xrightarrow{高温} 2Fe + 3CO$$

$$Fe_2O_3 + 3CO \xrightarrow{高温} 2Fe + 3CO_2$$

铁系元素的主要价态分别为: Fe: +2、+3、+6; Co: +2、+3; Ni: +2、+3, 属中等活泼性金属。它们的化学性质主要表现在:

(1) 可溶于稀酸, 在高温时与非金属单质及水蒸气发生剧烈反应。例如,

$$2Fe+3X_2 === 2FeX_3(X=F、Cl、Br)$$

$$M+X_2 === MX_2(M=Co、Ni)$$

$$3Fe+2O_2 \xrightarrow{1500\ ℃} Fe_3O_4$$

$$3M+4H_2O \xrightarrow{高温} M_3O_4(M=Fe、Co、Ni)+4H_2$$

Fe 在微湿空气中生锈, 生成的 $Fe_2O_3 \cdot xH_2O$ 结构松散, 无保护作用; Co 和 Ni 被空气氧化可生成薄而致密的膜, 可保护金属不被继续腐蚀。

(2) Fe、Co、Ni 与浓 HNO_3 常温下不反应 (钝化)。

(3) Fe 能被浓碱腐蚀, Co、Ni 的耐碱腐蚀性较好, 镍坩埚可作为熔炼碱性物质的反应器。

2. 氧化物和氢氧化物

1) 氧化物

(1) MO(M=Fe、Co、Ni) 均为难溶于水的碱性氧化物, 易溶于酸。

(2) Fe_2O_3 具两性, 以碱性为主, 可以与酸反应, 与碱反应需共熔。

$$Fe_2O_3+6HCl === 2FeCl_3+3H_2O$$

$$Fe_2O_3+Na_2CO_3 \xrightarrow{共熔} 2NaFeO_2+CO_2$$

Fe_2O_3 常用作红色颜料、磁性材料与催化剂。

(3) Co_2O_3、Ni_2O_3 具强氧化性。

$$Ni_2O_3+6HCl === 2NiCl_2+Cl_2 \uparrow +3H_2O$$

(4) Fe_3O_4 具强磁性和良好的导电性, 又称为磁性氧化铁。它是 Fe(Ⅱ) 和 Fe(Ⅲ) 的混合物。

2) 氢氧化物

(1) $M(OH)_2(M=Fe、Co、Ni)$ 的还原性。Fe^{2+} 与碱反应刚生成的 $Fe(OH)_2$ 白色沉淀很快会被空气氧化为棕色的 $Fe(OH)_3$, $Ni(OH)_2$ 与 $Co(OH)_2$ 可被强氧化剂 (如 Br_2) 氧化。

$$4Fe(OH)_2(白色)+O_2+2H_2O === 4Fe(OH)_3(棕色)$$

$$2Co(OH)_2(粉红色)+Br_2+2OH^- === 2Co(OH)_3(棕色)+2Br^-$$

$$2Ni(OH)_2(绿色)+Br_2+2OH^- === 2Ni(OH)_3(黑色)+2Br^-$$

(2) $M(OH)_3(M=Fe、Co、Ni)$ 的氧化性。$M(OH)_3$ 的氧化性按 Fe、Co、Ni 的顺序增强。如 $Co(OH)_3$、$Ni(OH)_3$ 与其相应的氧化物一样, 溶于酸时只能生成二价盐。

$$4Ni(OH)_3+4H_2SO_4 === 4NiSO_4+10H_2O+O_2 \uparrow$$

$$2Co(OH)_3+6HCl(浓) === 2CoCl_2+Cl_2 \uparrow +6H_2O$$

(3) $Fe(OH)_3$ 略显两性, 以碱性为主。

$$Fe(OH)_3+3HCl === FeCl_3+3H_2O$$

新沉淀的 $Fe(OH)_3$ 可溶于强碱:

$$Fe(OH)_3 + 3OH^- \overset{\triangle}{=\!=\!=} Fe(OH)_6^{3-}$$

或

$$Fe(OH)_3 + KOH \overset{\triangle}{=\!=\!=} KFeO_2 + 2H_2O$$

3. 盐类

1）M（Ⅱ）盐

笼统地说，铁系 M^{2+} 与强酸根（如 Cl^-、NO_3^-、SO_4^{2-} 等）生成易溶盐；与弱酸根（如 F^-、S^{2-}、CO_3^{2-}、$C_2O_4^{2-}$、PO_4^{3-} 等）生成难溶盐。

常用二价盐主要为硫酸盐或氯化物，其无水盐与含水盐的颜色不同，配位水分子的数目不同，颜色也会变化。例如，其无水氯化物：Fe（Ⅱ）白色，Co（Ⅱ）蓝色，Ni（Ⅱ）土黄色；含水盐：$FeSO_4 \cdot 7H_2O$ 浅绿色，$CoCl_2 \cdot 6H_2O$ 粉红色，$NiSO_4 \cdot 7H_2O$ 亮绿色。

（1）$FeSO_4 \cdot 7H_2O$。$FeSO_4 \cdot 7H_2O$ 俗称绿矾或铁矾。在潮湿空气中，$FeSO_4$ 能迅速被氧化，使表面蒙上一层棕黄色的碱式硫酸铁。

$$4FeSO_4 + O_2 + 2H_2O = 4Fe(OH)SO_4$$

相对地说，Fe（Ⅱ）在酸性介质中稳定性好一些，保存 Fe（Ⅱ）的水溶液时应加入一定量的酸，并加入几粒无锈铁钉以防止氧化。

$FeSO_4$ 易形成复盐，如 $(NH_4)_2SO_4 \cdot FeSO_4 \cdot 6H_2O$，称为莫尔盐，比绿矾稳定，可以在空气中长期存放而不被空气氧化，是最常用的 Fe^{2+} 盐，是分析化学中常用的还原剂，用于标定 $K_2Cr_2O_7$、$KMnO_4$ 等。

（2）$CoCl_2 \cdot 6H_2O$。将 $CoCl_2 \cdot 6H_2O$ 加热可逐步脱水，形成带不同数目结晶水的不同颜色的产物。

$$CoCl_2 \cdot 6H_2O \xrightarrow{329\ K} \underset{(紫红色)}{CoCl_2 \cdot 2H_2O} \xrightarrow{373\ K} \underset{(蓝紫色)}{CoCl_2 \cdot H_2O} \xrightarrow{383\sim393\ K} \underset{(蓝色)}{CoCl_2}$$
$$\underset{(粉红色)}{}$$

在变色硅胶中加入 $CoCl_2$，可根据其颜色的变化指示硅胶的含水情况。$CoCl_2$ 还常用作医药试剂、陶瓷着色剂及油漆干燥剂。

（3）$NiSO_4 \cdot 7H_2O$。硫酸镍是制备其他镍盐和含镍催化剂的原料，在镀镍和陶瓷彩釉方面也有广泛应用。

2）M（Ⅲ）盐

（1）氧化性。只有 Fe（Ⅲ）盐可存在于溶液，Co^{3+} 盐只能以固态存在，溶于水后即被还原为 Co^{2+}，无 Ni（Ⅲ）盐。

Fe（Ⅲ）盐在水溶液中属中强氧化剂，可与铜、锌等金属及一些还原性物质，如 I^-、H_2S、Sn^{2+} 等发生氧化还原反应。例如，

$$2FeCl_3 + H_2S = 2FeCl_2 + S + 2HCl$$

$$2FeCl_3 + SnCl_2 = 2FeCl_2 + SnCl_4$$

（2）$Fe(H_2O)_6^{3+}$ 极易水解。在强酸性介质中（pH = 0 左右）$Fe(H_2O)_6^{3+}$ 显浅紫色，pH 升至 2～3 时，由于水解使溶液显棕黄色。pH = 4～5 时，即生成 $Fe(OH)_3$ 或 $Fe_2O_3 \cdot xH_2O$ 的胶状沉淀。

（3）$FeCl_3$。$FeCl_3$ 易溶于水和有机溶剂，水溶液呈酸性。气态以双聚分子 Fe_2Cl_6 存在。因水解产物能与水中悬浮物质一起沉降，$FeCl_3$ 常用作水处理剂；$FeCl_3$ 可使蛋白质迅速凝固，常用

作止血剂；$FeCl_3$ 能溶于有机溶剂并显氧化性，可作有机反应的氧化剂和有机合成的催化剂；$Fe(Ⅲ)$ 能氧化 Cu，用 35% 的 $FeCl_3$ 溶液作印刷线路的腐蚀剂。

$$2FeCl_3 + Cu = CuCl_2 + 2FeCl_2$$

4. 配位化合物

1）氨合物

由于 $Fe(OH)_2$（$K_{sp}^{\ominus} = 4.87 \times 10^{-17}$）和 $Fe(OH)_3$（$K_{sp}^{\ominus} = 2.64 \times 10^{-39}$）的溶解度太小，因此，无论是在氨水中还是在 $NH_3 - NH_4Cl$ 缓冲溶液中，Fe^{2+} 和 Fe^{3+} 均难以生成氨合配合物，而只能生成 $Fe(OH)_2$ 和 $Fe(OH)_3$ 沉淀。

向 $Co(Ⅱ)$ 盐的溶液中加入适量氨水，生成蓝绿色沉淀，氨水过量则沉淀溶解生成棕黄色的 $[Co(NH_3)_6]^{2+}$，但在空气中可被缓慢氧化成棕红色的 $[Co(NH_3)_6]^{3+}$：

$$4[Co(NH_3)_6]^{2+} + O_2 + 2H_2O = 4[Co(NH_3)_6]^{3+} + 4OH^-$$
$$\text{（棕黄色）} \qquad\qquad\qquad \text{（棕红色）}$$

Ni^{2+} 与过量氨水反应可形成稳定配离子 $[Ni(NH_3)_6]^{2+}$，颜色为蓝紫色。

2）氰合物

在 $Fe(Ⅱ)$ 化合物中加入 KCN 溶液，先生成 $Fe(CN)_2$ 白色沉淀，当 KCN 过量时，$Fe(CN)_2$ 溶解，形成低自旋配离子 $[Fe(CN)_6]^{4-}$ 的黄色溶液。蒸发上述溶液，可得到亚铁氰化钾 $K_4[Fe(CN)_6] \cdot 3H_2O$，俗称黄血盐，常温下是一种淡黄色晶体。向含有 Fe^{3+} 的溶液中加入黄血盐溶液，生成难溶的蓝色配合物 $KFe[Fe(CN)_6]$，称为普鲁氏蓝（Prussian blue）。常用此反应定性检验溶液中的 Fe^{3+}。

$$K^+ + Fe^{3+} + [Fe(CN)_6]^{4-} = KFe[Fe(CN)_6] \downarrow \text{（普鲁氏蓝）}$$

$[Fe(CN)_6]^{4-}$ 相当稳定，在黄血盐的水溶液中几乎检不出 Fe^{2+}。$[Fe(CN)_6]^{4-}$ 是一种沉淀剂，还可以沉淀 Cu^{2+}、Cd^{2+}、Co^{2+}、Mn^{2+}、Ni^{2+}、Pd^{2+}、Zn^{2+} 等，沉淀的颜色各不相同，但不为蓝色。

铁氰化钾 $K_3[Fe(CN)_6]$ 俗称赤血盐，常温下是一种暗红色晶体。向含有 Fe^{2+} 的溶液中加入赤血盐溶液，同样生成难溶的蓝色配合物 $KFe[Fe(CN)_6]$，称为滕氏蓝（Turnbull's blue）。常用此反应定性检验溶液中的 Fe^{2+}。

$$K^+ + Fe^{2+} + [Fe(CN)_6]^{3-} = KFe[Fe(CN)_6] \downarrow \text{（滕氏蓝）}$$

滕氏蓝与普鲁士蓝沉淀虽然颜色看上去不同，但它们的穆斯堡尔光谱及衍射图却完全相同，实际上两种价态的铁都在配合物的内界，蓝色是电子在 $Fe(Ⅱ)$ 与 $Fe(Ⅲ)$ 之间传递的结果，其化学式写成 $K[FeFe(CN)_6]$ 可能更合理。在 $K_2Fe[Fe(CN)_6]$ 中仅有 $Fe(Ⅱ)$ 存在，化合物呈白色。

黄血盐可以被氧化成 Fe^{3+} 的氰根配合物：

$$2K_4[Fe(CN)_6] + Cl_2 = 2K_3[Fe(CN)_6] + 2KCl$$

滕氏蓝与普鲁士蓝的生成反应常用于鉴定 Fe^{2+} 和 Fe^{3+}，这些蓝色配合物广泛用于油漆和油墨工业及图画颜料与蜡笔的制造。

3）硫氰合物

向 Fe^{3+} 的酸性水溶液中加入 KSCN 或 NH_4SCN 时，可生成血红色的配离子 $[Fe(SCN)_n]^{3-n}$（$n = 1 \sim 6$），该反应十分灵敏，常用于鉴定 Fe^{3+} 和比色分析法测定 Fe^{3+} 的含量。

Co^{2+} 也可与 SCN^- 形成配合物，为正四面体构型的蓝色 $[Co(SCN)_4]^{2-}$。它在水溶液中

铜和锌元素及其化合物的性质

不稳定,易解离,但在有机溶剂中十分稳定。在定性分析中,需用 NH_4SCN 的浓溶液,并加入丙酮萃取,利用丙酮溶剂中是否出现蓝色来鉴定 Co^{2+} 的存在。

$$Co^{2+}+4SCN^- \Longleftrightarrow [Co(SCN)_4]^{2-} \quad （丙酮溶液中呈天蓝色）$$

但在有 Fe^{3+} 杂质时,需用 F^- 掩蔽。

Ni^{2+} 不能与 SCN^- 形成稳定配合物。

稀土元素的性质和应用

习 题

1. 用两种简便的方法鉴别 NaCl、NaBr 与 NaI。

2. H_2O_2 能否与下列物质共存？为什么？

       H_2S PbS MnO_2 $KMnO_4$

3. 如何除去 NH_3 气中少量的 H_2O？如何除去 NO 中含有的少量 NO_2？如何除去 N_2 中含有的少量 O_2？

4. 试用两种以上方法区分 $NaNO_2$ 与 $NaNO_3$。

5. 根据下述实验,写出有关的化学反应式。

（1）打开盛有 $TiCl_4$ 的试剂瓶,立即冒白烟。

（2）向 $TiOSO_4$ 酸性溶液中加入 H_2O_2,可生成橙色配合物。

（3）向 $TiCl_4$ 中加入浓盐酸和金属锌粒,得到紫色溶液。

6. 向 $K_2Cr_2O_7$ 溶液中加入下列试剂,各会发生什么现象？写出相应的化学反应式。

（1）$NaNO_2$ 或 $FeSO_4$ （2）H_2O_2 与乙醚   （3）NaOH

（4）$BaCl_2$、$Pb(NO_3)_2$ 或 $AgNO_3$ （5）浓 HCl 溶液   （6）H_2S

7. 根据下述实验,写出有关的反应式。

（1）分别在酸性、碱性、中性介质向高锰酸钾溶液中滴加亚硫酸钠溶液。

（2）向高锰酸钾溶液中滴加过氧化氢。

（3）向 $MnSO_4$ 溶液中加入 NaOH 溶液后再通入空气。

（4）硝酸锰加热分解。

（5）选择 3 种氧化剂将 Mn^{2+} 氧化成 MnO_4^-。

（6）用实验说明 $KMnO_4$ 的氧化能力比 $K_2Cr_2O_7$ 强。

8. 写出下列有关反应式,并解释反应现象。

（1）$ZnCl_2$ 溶液中加入适量 NaOH 溶液,再加入过量的 NaOH 溶液。

（2）$CuSO_4$ 溶液中加入少量氨水,再加过量氨水。

9.（1）举出 3 种两性氢氧化物的例子。

（2）举出 5 种能与 $NH_3 \cdot H_2O$ 形成稳定配合物的离子。

（3）写出 $NH_3 \cdot H_2O$ 分别与 Fe^{3+}、Co^{2+} 的反应式与实验现象。

（4）选择适当的配合剂溶解 $Zn(OH)_2$。

10. 解释下列现象。

（1）$CuCl_2$ 浓溶液逐渐加水稀释时,溶液颜色逐渐由黄棕色经绿色而变为蓝色。

（2）$CuSO_4$ 溶液中加入氨水时,颜色由浅蓝色变成深蓝色,当用大量水稀释时,则析出蓝色絮状沉淀。

（3）当 SO_2 通入含 $CuSO_4$ 与 NaCl 的浓溶液中时析出白色沉淀。

第 6 章　生命中的化学

　　生命活动是生物活性分子之间有组织的化学反应综合表现,生命体可以储存和传递信息、对内调节和对外适应、利用环境的物质与能量。从分子水平上研究生命现象,把各个层次的生命活动有机地联系起来,从本质上去探讨生命活动规律、揭示生命的奥秘,是 21 世纪生命科学的主要任务。然而,要解决生命学科中的任何一个难题,都离不开化学学科的支撑,在过去的 100 多年中,化学基础研究在推动生命科学的发展、提高人类健康水平等方面都起到了关键的作用。

　　本章将从结构组成及生物学功能的角度介绍构成生命的基本物质——蛋白质和核酸,并对以基因工程为代表的现代生物技术的应用及其对人类生活的巨大影响作简要介绍,讨论生命活动的基本规律,探索微量元素与人体健康的关系。

6.1　蛋白质

6.1.1　概述

　　蛋白质(protein)是生命体最重要的组成基础,与各种生命活动息息相关。蛋白质可以维持细胞和组织的生长、代谢和修复,并提供人体每日的能量消耗。各类蛋白质所参与的生命活动各不相同:大部分生物酶的化学本质是蛋白质,由活细胞产生,可高效、特异性催化反应进行;肌肉的主要组成为蛋白质,是运动系统的动力部分;载体蛋白帮助物质跨膜运输,保证细胞内的正常营养运送和功能代谢。

　　成人(体重 60 kg)在不进食蛋白质时,其尿液中每日仍排出一定量的含氮终产物(53 mgN/kg体重),约 20 g 蛋白质,因此蛋白质的每日最低摄入量为 30~50 g,我国营养学会推荐量为 80 g/日。蛋白质的营养价值主要取决于氨基酸组成,尤其是必需氨基酸的数量、种类及量质比。食物中的氨基酸组成与人体内蛋白质的氨基酸组成越接近,越易被人体吸收利用,营养价值也就越高。

6.1.2　氨基酸

　　蛋白质被水解后会得到一系列同时含有氨基和羧基的化合物,即氨基酸,它是蛋白质的基本组成单位。根据氨基连接在碳链上的不同位置,氨基酸又可分为 α-、β-、γ-、…氨基酸,而由天然蛋白水解获得的氨基酸均为 α-氨基酸,即氨基连接在与羧基相邻的第一个碳原子(α-碳)上,如图 6-1 所示。

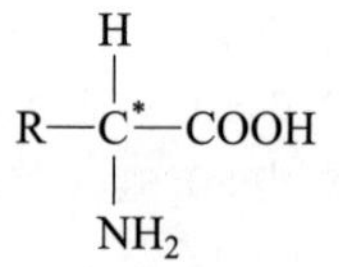

　　参与构建天然蛋白质的氨基酸共计 20 种(见表 6-1),可分为必需氨基酸及非必需氨基酸。必需氨基酸指人体需要但不能自身合成的氨基酸,必须通过饮食获得,如赖氨酸、色氨酸、苯丙氨酸、甲硫氨

$$
R-\overset{\overset{\displaystyle H}{|}}{\underset{\underset{\displaystyle NH_2}{|}}{C^*}}-COOH
$$

图 6-1　α-氨基酸结构通式
(C^* 为 α-碳,且为手性中心)

酸、苏氨酸、异亮氨酸、亮氨酸和缬氨酸为 8 种必需氨基酸。非必需氨基酸为人体自身可以合成或由其他氨基酸转化获得的氨基酸,不需要从食物中获取,其种类相对较多,包括甘氨酸、谷氨酸、酪氨酸和苯丙氨酸等。

表 6-1 α-氨基酸的名称和结构

中文名称	甘氨酸	丙氨酸	缬氨酸	亮氨酸	异亮氨酸
英文缩写	Gly	Ala	Val	Leu	Ile
结构式					

中文名称	甲硫氨酸	脯氨酸	色氨酸	丝氨酸	酪氨酸
英文缩写	Met	Pro	Trp	Ser	Tyr
结构式					

中文名称	半胱氨酸	苯丙氨酸	天冬酰胺	谷氨酰胺	苏氨酸
英文缩写	Cys	Phe	Asn	Gln	Thr
结构式					

中文名称	天冬氨酸	谷氨酸	组氨酸	精氨酸	赖氨酸
英文缩写	Asp	Glu	His	Arg	Lys
结构式					

在上述氨基酸中,结构最简单的为甘氨酸,其 R 取代基为 H 原子。除此之外,氨基酸 α-C 上连接的 4 个基团各不相同,为不对称分子。该类分子在空间上存在两种立体构型,即 L 构型和 D 构型,二者于空间上不可重合,就如左右手一般呈镜像对称,因此称作手性分子(chiral molecule)。人体中的氨基酸组成均为 L 构型,绝大多数天然氨基酸为 L 构型,但在某些抗生素及细菌的细胞壁中发现 D 型氨基酸的存在。

氨基酸多为无色晶体,熔点较高(大多超过 200 ℃),具有不同味感,其中谷氨酸单钠盐和甘氨酸是味精的主要成分。氨基酸的溶解性与其结构相关,水溶性有所差别(赖氨酸、脯氨酸溶解度较大,酪氨酸、组氨酸溶解度较小),微溶于有机溶剂。

从光谱学的角度来看,氨基酸没有特殊的发色团,因此其吸收光谱波段较短,多位于远紫外区(<220 nm),在可见光波段无吸收。由表 6-1 查得,酪氨酸、苯丙氨酸和色氨酸具有苯环结构,使其最大吸收峰在 250 nm 以上,而一般蛋白质均含这三种氨基酸,因此可以根据分光光度法测定样品于特定波长处的吸光度,并根据朗伯-比尔定律(即吸光度与浓度成正比关系),计算得到蛋白质含量。

氨基酸通常以两性离子的形式存在于水溶液中,通过调节溶液 pH 可以改变氨基酸的带电状态,如图 6-2 所示,使得氨基酸正负电荷数相等的 pH 即为该氨基酸的等电点(isoelectric point, pI),此时氨基酸的净电荷为零,即呈电中性状态。当向溶液中加入酸使 pH<pI 时,羧基结合质子,氨基酸整体带正电。若通过加入碱调节溶液 pH>pI 时,羧基解离,铵根离子去质子化,氨基酸整体则带负电。pH=pI 时,氨基酸在水溶液中的溶解度最小。不同结构的氨基酸等电点不同,因此可以通过控制溶液 pH 的方法分离提纯氨基酸。

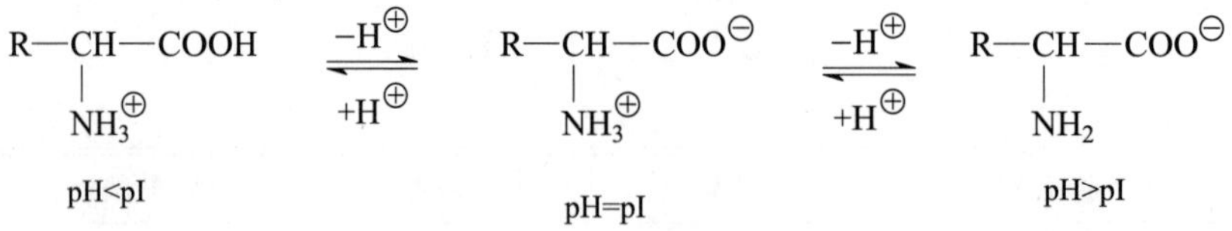

图 6-2　氨基酸的解离

6.1.3　蛋白质的结构

一分子氨基酸的 α-羧基与另一分子氨基酸的 α-氨基通过脱水缩合而形成的共价酰胺键称为肽键[图 6-3(a)],该化合物即为肽(peptide)。由两个氨基酸形成的肽叫作二肽,五个氨基酸形成五肽,以此类推,由多个氨基酸组成的即为多肽,一般而言,十肽以下为寡肽。肽结构中的氨基酸称为氨基酸残基,含有游离的 α-羧基的一端称为羧基端或 C-端,另一端含有游离 α-氨基的一端称为氨基端或 N-端。多肽链中氨基酸的顺序以 N-端为起点,以 C-端为终点,并以此顺序的氨基酸表示肽链,如图 6-3(b)所示的五肽即可表示为 Ser-Gly-Tyr-Ala-Leu。

肽的命名一般参考其来源及应用,如蛇毒多肽、脑啡肽、激素类多肽等。多肽一般是蛋白质组成的亚结构单位,但也有少部分活性肽可以游离单独存在,这类多肽的分子量通常较小,并具有特殊的生理功能,亦称为活性肽。

蛋白质是由一条或几条多肽链通过一定的作用构成的生物大分子,其与多肽没有严格的界线,通常情况下,我们认为分子量在 6 kDa(kDa,千道尔顿,生物化学中常用的蛋白质分子量单位,1 kDa=1000 摩尔质量)以上的多肽可以称为蛋白质。蛋白质分子的结构决定了其功能特性,其结构非常复杂,通常可以从四个层次依次分析,即一级结构、二级结构、三级结构和四级结构,如图 6-4 所示。其中,后三层次涉及三维构象,又可称为高级结构。

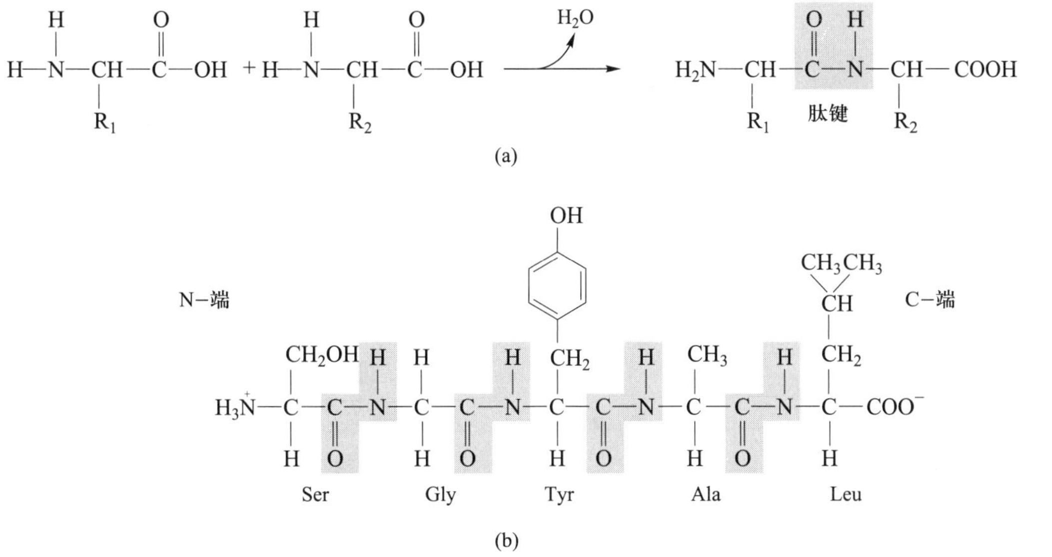

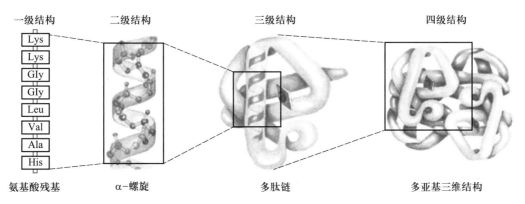

图 6-3　肽键的形成（a）和五肽 Ser-Gly-Tyr-Ala-Leu 的结构式（b）

一级结构　　二级结构　　　　　三级结构　　　　　四级结构

Lys
Lys
Gly
Gly
Leu
Val
Ala
His

氨基酸残基　　α-螺旋　　　　　多肽链　　　　　多亚基三维结构

图 6-4　蛋白质一、二、三、四级结构示意图

蛋白质的一级结构包括多肽链数目、氨基酸的排列顺序及链内、链间的二硫键数目和位置。其中,最重要的是多肽链中氨基酸的排列,它是蛋白质生物功能的基础,其细微的变化即可引起截然不同的功能表达。例如,镰刀形红细胞贫血病就是由于血红蛋白上氨基酸组成的改变而引起的,其中一条支链上的第六个氨基酸由谷氨酸突变为缬氨酸（羟基变为甲基）,镰变的红细胞发生溶血,阻碍了血液的正常流动。

蛋白质的空间结构包括二、三、四级结构。蛋白质的二级结构是指肽链中主链原子在空间的排布、走向、旋转及折叠方式,仅涉及主链的空间构象,不考虑侧链行为。其最主要的结构有 α-螺旋、β-折叠和 β-转角,如图 6-5 所示。α-螺旋结构中,肽链中的各肽平面围绕同一轴旋转上升,每旋转一周上升 0.54 nm,含 3.6 个氨基酸残基,残基间距为 0.15 nm;肽链内氢键取向几乎与轴平行,第一个氨基酸残基的肽键羰基与第四个氨基酸残基的肽键氨基间存在氢键作用;蛋白质分子为右手 α-螺旋,左手螺旋极为稀少。β-折叠结构的氢键主要存在于两条肽链之间,或同一肽链的不同部分之间;几乎所有肽键都参与氢键;根据肽链 N-端的相对朝向,存在平行式（同向)和反平行式(异向)两种类型。β-转角是稳定性相对较差的环状结构,主要存在于球状蛋白分子中,由四个氨基酸残基组成,第一个残基的—C ≡O 和第四个残基的—N—H 形成氢键,从而构成一个紧密的环,多处在蛋白质分子的表面。

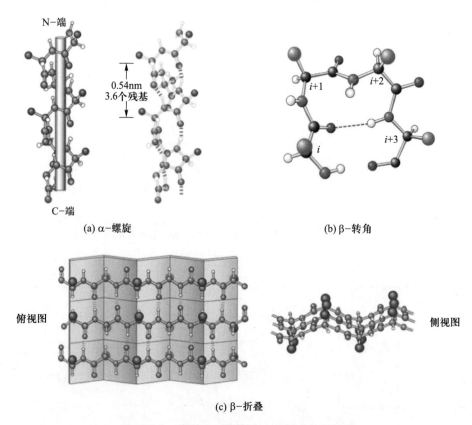

(a) α-螺旋

(b) β-转角

(c) β-折叠

图 6-5　α-螺旋、β-转角和 β-折叠结构示意图

丁铎尔效应

蛋白质的三级结构建立在二级结构基础之上,肽链的不同区段的侧链基团相互作用,在空间上进一步盘绕、折叠,形成包括主链和侧链构象在内的特征三维结构。其特定结构主要由次级键维持稳定,包括离子键、分子间力、氢键和疏水键等,其中疏水键在蛋白质三级结构中的作用尤为重要。蛋白质的四级结构则建立在以上三级结构之上,具有以上三级结构的肽链通过非共价键构建形成,但并非所有的蛋白质都具有四级结构。

6.1.4　蛋白质的性质

与多肽类似,蛋白质在水溶液中亦存在两性解离。其在等电点时溶解度最小,在电场中不移动,通过控制水溶液 pH 可以控制蛋白质带电状态,可通过蛋白质电泳实现对其分离纯化。蛋白质属于生物大分子,因此分子量很大,溶解后可形成胶体溶液并具有丁铎尔效应、布朗运动等特质。同时,利用胶体溶液中蛋白质主体粒度较大、无法通过半透膜的性质,可应用透析法实现蛋白质提纯。

蛋白质胶体溶液的稳定性受多重因素影响,包括其自身分子量、电荷情况和水合作用等,因此可以通过控制溶液条件,改变蛋白质的溶解性,从而使其从溶液中析出,达到蛋白质分离提纯的效果。蛋白质的沉淀分为可逆沉淀(非变性沉淀)和不可逆沉淀(变性沉淀)。前者在温和条件下实现,如等电点沉淀法、盐析法和有机溶剂沉淀法等,过程中蛋白质结构性质不受破坏,可重新溶解,是蛋白质分离纯化的基本方法。而不可逆沉淀与之相反,蛋白质结构性质受到破坏,不可重新溶解,沉淀条件往往比较强烈,如热沉淀、重金属盐沉淀、强酸碱沉淀和生物碱沉淀等。

施一公:
追梦科研

蛋白质的结构决定其性质,若结构受到破坏,蛋白质的理化性质则会发生改变并丧失其生理活性,该现象即为蛋白质的变性(denaturation)。该过程不可逆,即不能恢复其理化性质,通常伴随着不可逆沉淀,引发要素主要为热、紫外光及强酸碱等。

王应睐:
酿得百花
终成蜜

6.2 核酸化学

6.2.1 概述

核酸(nucleic acid)是由许多核苷酸单体聚合而成的生物大分子化合物,是生命的最基本物质之一。核酸广泛存在于各种生命体中,包括动物、植物及微生物细胞中。根据化学组成不同,核酸可分为脱氧核糖核酸(DNA)和核糖核酸(RNA)。前者是重要的遗传物质,是储存、复制和传递遗传信息的主要物质基础。后者主要作用为引导蛋白质的表达,并在部分病毒细胞中作为遗传物质存在。

6.2.2 化学组成

核酸的基本组成元素有碳、氢、氧、氮、磷等,同时作为生命体中重要的生物大分子,与蛋白质相比,其于元素组成上有两个差异,即核酸不含硫、磷元素的含量基本恒定,为9%~10%。

核酸的结构组成如图6-6所示,其基本结构单元是核苷酸,每个核苷酸通过磷酸酯键相连。每个核苷酸单元又是由磷酸和核苷构成,而核苷由戊糖(五碳糖)和碱基通过糖苷键作用连接而成。

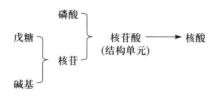

图6-6 核酸的结构组成

戊糖有2种,分别是D-2-脱氧核糖和D-核糖,根据戊糖的结构不同,可以将核酸分为脱氧核糖核酸(DNA)和核糖核酸(RNA)两大类,两类核酸的组成见表6-2。碱基是含N的杂环化合物,分为嘌呤碱和嘧啶碱两类,嘌呤碱包括腺嘌呤(adenine,A)和鸟嘌呤(guanine,G),嘧啶碱包括胞嘧啶(cytosine,C)、胸腺嘧啶(thymine,T)和尿嘧啶(uracil,U),其结构式如图6-7所示。DNA和RNA分子的碱基组成均含有腺嘌呤(A)、鸟嘌呤(G)和胞嘧啶(C),此外胸腺嘧啶(T)仅存在DNA中,尿嘧啶(U)仅存在RNA中。

表 6-2　两类核酸的化学组成

核酸	脱氧核糖核酸 DNA				核糖核酸 RNA			
核苷酸 （基本结构单元）	脱氧腺嘌呤核苷酸	脱氧鸟嘌呤核苷酸	脱氧胞嘧啶核苷酸	脱氧胸腺嘧啶核苷酸	腺嘌呤核苷酸	鸟嘌呤核苷酸	胞嘧啶核苷酸	尿嘧啶核苷酸
碱基　嘌呤碱 　　　嘧啶碱	腺嘌呤 A	鸟嘌呤 G	胞嘧啶 C	胸腺嘧啶 T	腺嘌呤 A	鸟嘌呤 G	胞嘧啶 C	尿嘧啶 U
戊糖	D-2-脱氧核糖				D-核糖			
酸	磷酸				磷酸			

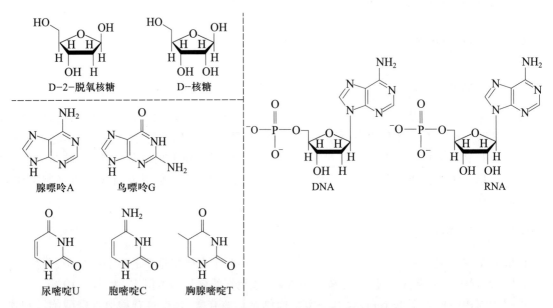

图 6-7　戊糖、碱基及 DNA 和 RNA 的化学结构式

　　核苷是由戊糖与碱基通过糖苷键作用连接而成的，例如，戊糖中的 C-1′与鸟嘌呤的 N-9′以 N—C 键（亦称为 N-糖苷键）连接，生成的鸟嘌呤核苷中的戊糖在 5′碳原子上羟基的位置被进一步磷酸酯化形成核苷酸。

　　大部分（约 90%）DNA 分布于细胞核内，其余主要分布在线粒体、叶绿体、质粒等核外位置。DNA 是遗传信息携带者，决定了细胞和物种个体的基因。DNA 是双链结构，分子量一般很大，大部分是链状结构大分子，少部分呈环状结构。RNA 则在细胞核与细胞液中均有分布，参与 DNA 遗传信息的翻译和表达。RNA 是单链结构，分子量较 DNA 小得多。根据 RNA 的功能，可将其分为 3 类：

　　（1）信使 RNA（mRNA），将 DNA 的遗传信息传递至核糖体。

　　（2）转移 RNA（tRNA），在蛋白质合成的过程中转运氨基酸、解读 mRNA 遗传密码，参与 DNA 反转录合成，以及其他代谢核基因表达调控。

　　（3）核糖体 RNA（rRNA），核糖体的主要组成部分，可分别与 mRNA 和 tRNA 作用，催化肽键的形成，促使蛋白质合成的正确进行。

　　此外，某些病毒以 RNA 作为遗传信息的载体。

6.2.3　核酸的结构

核酸的结构亦分为 4 个层次。

核酸的一级结构即为其碱基顺序。DNA 的碱基序列是遗传信息在分子水平上的表现形式,DNA 分子中四种核苷酸数量庞大,其排列组合千变万化,自然界中生物物种的多样性即来源于此。mRNA 上每三个碱基对组成一个密码子,并对应编码特定氨基酸(终止密码子除外),因此 mRNA 的碱基排序决定了氨基酸顺序,进而决定了编码蛋白质的功能。

DNA 的二级结构的最基本形式是双螺旋结构,如图 6-8 所示,这是 J. Watson 和 F. Crick 根据 DNA 结晶的 X 射线衍射图谱和分子模型于 1953 年提出的结构模型,并对其生物学意义作出了科学的解释和预测。

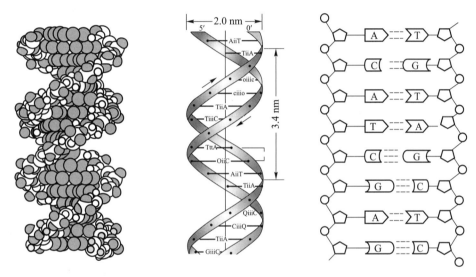

图 6-8　DNA 双螺旋结构示意图

DNA 双螺旋结构具有如下特点:

(1) DNA 分子由两条 DNA 单链(脱氧核糖核苷酸链)组成,两条链平行盘绕同一根中心轴,从而形成右手双螺旋结构,其中两条单链方向相反。

(2) 碱基位于双股螺旋的内侧,戊糖和磷酸位于外侧,碱基环与螺旋中心轴垂直,戊糖环平面与碱基环垂直。

(3) 双股螺旋的横截面直径约 2 nm,每条链相邻两个碱基之间的距离为 0.34 nm,每个螺旋由 10 个核苷酸形成,其螺矩(即螺旋旋转一圈)为 3.4 nm。

两条 DNA 单链相互作用形成双螺旋主要由链间碱基对之间的氢键维系。碱基间的相互作用严格遵循碱基互补配对原则,即腺嘌呤(A)与胸腺嘧啶(T)之间有两个氢键作用,鸟嘌呤(G)与胞嘧啶(C)间则为三重氢键结合。因此,在 DNA 分子中,嘌呤数与嘧啶数相等。

在生理条件下,DNA 双螺旋结构非常稳定,维持其高度稳定的因素有以下 4 项:

(1) 两条 DNA 单链之间形成了大量的非共价氢键。

(2) 双螺旋结构内部为疏水环境,单链碱基对之间的氢键免受外界水分子的破坏。

（3）DNA 溶液相中存在大量阳离子（如 Na^+、K^+ 和 Mg^{2+}），可以有效中和侧链磷酸基团的负电荷，减少了 DNA 链之间的静电排斥。

（4）分子间力等其他弱相互作用力亦对维持双股螺旋的稳定起到一定作用。

DNA 三级结构是指双链 DNA 分子通过扭曲和折叠所形成的特定构型，如超螺旋。其与蛋白质进一步结合、作用即为四级结构。

RNA 是单链分子，因此其结构组成中碱基数量无固定比例，即嘌呤碱基与嘧啶碱基的数量不一定相等。RNA 分子可以形成"发夹形"结构，即部分区域形成双螺旋结构，其他部分形成突环，双螺旋部分碱基配对并不严格，如可以形成 G-U 配对。

6.2.4　DNA 的复制和基因突变

生物体的遗传信息可以通过 DNA 的复制传递下去，其复制过程如图 6-9 所示。

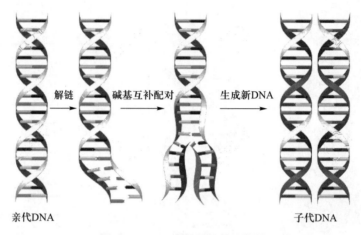

图 6-9　DNA 半保留复制示意图

在复制开始阶段，DNA 双股螺旋打开，拆分成两条单链即为模板 DNA，按照碱基互补配对的原则，在 DNA 聚合酶催化下，合成与模板 DNA 完全互补的新链，并形成 2 个新的 DNA 分子，即为子代 DNA。通过这种模式复制得到的 2 个子代 DNA 与亲代 DNA 完全相同，每个子代双链中均有一条链来自亲代 DNA，这种复制方式即为半保留复制。

DNA 核酸序列的改变将引起其表达的蛋白质氨基酸序列（一级结构）的变化，从而导致生物性状变异。因此，生物的变异和进化可以理解为由 DNA 结构突变而引起的表达蛋白的结构性质变化的结果。

核酸探针

　　遗传变异的分子机制是 DNA 分子中负责编码氨基酸的密码子核酸序列发生改变，DNA 遗传密码的改变主要有碱基顺序颠倒、碱基调换及碱基的缺失或增加。这些突变均可在 DNA 复制过程中产生，并通过复制机制遗传下去。由于 DNA 碱基顺序的改变引起生物遗传性状显著变化的现象，称为基因"突变"。基因突变通常发生在 DNA 复制阶段，和 DNA 损伤修复、癌变和衰老有关，同时也是生物进化的重要因素之一。因此，研究基因突变具有深远的生物学意义。

基因突变的物理诱因主要有：大剂量紫外光（波长约 260 nm）照射，可诱使相邻的两个嘧啶碱基共价聚合成二聚体;X射线及放射性物质的高能量辐射,能直接导致DNA变异;电离辐射下的水介质可产生高活性自由基,其与DNA的分子反应可导致结构变化。化学诱因主要有三类:碱基修饰剂(如烷基化试剂、亚硝酸盐)可直接通过化学反应修改DNA分子结构;碱基类似物(如5-溴尿嘧啶)可直接取代T与A配对;嵌入染料(如溴化乙锭)可与DNA融合,从而导致DNA复制错误。

6.3 现代生物化学技术

6.3.1 概述

将现今的分子生物学与其他学科和现代技术手段融合发展,可以解决人类社会在健康、食品、环保、能源等方面所面临的一系列问题,对农牧业、制药业及其他相关产业的发展具有极为重要的意义。现今的生化技术已从早期的遗传工程(或基因工程)、细胞工程、酶工程和发酵工程的基础上进一步拓展,逐步发展了蛋白质工程、海洋生物工程、生物计算机、生物传感器等新型科技领域,覆盖了人类生活的方方面面,极大地改变了人们的生活,已成为全世界发展最快的高新技术之一。

6.3.2 基因工程

基因工程(genetic engineering)是在分子生物学和分子遗传学的基础上综合发展起来的生物技术科学,一般认为是基因水平上的遗传工程。按照功能性规划设计,人为地将其对应的生物遗传物质(即目标DNA分子)提取出来,在体外使用目标工具酶剪切后与载体DNA分子连接起来构建杂种DNA分子,将其导入受体细胞中,并进行正常的复制和表达,最终可以在生物原有的遗传特性基础上表达新信息、获得新品种、生产新产品。基因工程技术为基因结构功能的研究和改造提供了有力的手段。

该技术在操作过程中需要2种酶的参与。限制性核酸内切酶可以识别特定的基因片段,并对特定部位的磷酸二酯键进行剪切,又称内切酶。DNA连接酶可将由内切酶剪切出的黏性末端重新"缝合",故也称"基因针线",对DNA的复制和修复具有重要意义。

基因工程的具体操作流程如下(图6-10):

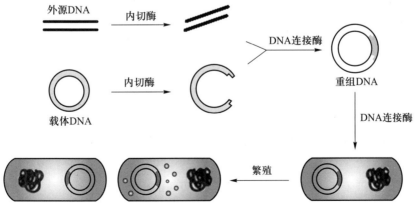

图6-10 基因工程的操作流程

（1）提取目的基因。使用限制性核酸内切酶从核酸分子上切取目标基因片段。

（2）目的基因与载体结合。使用内切酶处理载体基因，并与目的基因结合，形成重组 DNA，这一步是基因工程最重要的操作。

（3）将目的基因导入受体细胞。受体细胞主要是细菌，因为其操作方便、易于培养、繁殖迅速。

（4）目的基因的检测和表达。细胞不断地分裂后，新细胞仍然含有目的基因，该基因得到表达，产生目标产物。

1）克隆

童第周：
中国克隆
之父

克隆（clone）是指利用生物技术产生与原个体有完全相同基因组的子代，其中所采用的生物技术即为克隆技术。根据工作对象层次，克隆可分为基因克隆、细胞克隆和个体克隆三大类：基因克隆的工作对象在分子（DNA）水平上，目标是获得大量的目标基因或表达产物；细胞克隆则为了复制得到相同的目标细胞；个体克隆是为产生与亲代相同的生物个体。

1997 年 2 月《自然》杂志报道了一项震惊世界的研究成果：英国爱丁堡罗斯林研究所的一个科研小组利用克隆技术成果培育出一只小羊多莉，如图 6-11 所示。这是世界上第一只用已经分化的成熟的体细胞核（乳腺细胞）通过核移植技术克隆出的羊。多莉没有父亲，但有三个母亲：一只芬兰多塞特白面绵羊是基因母亲，负责提供 DNA；一只苏格兰黑脸羊是线粒体母亲，负责提供卵子；另一只苏格兰黑脸羊是生育母亲，负责代孕。其克隆过程为：先将母羊 A 乳腺细胞中所有遗传物质吸出，然后融入母羊 B 除核的卵细胞中，从而形成一个含有新遗传物质的卵细胞，待其分裂发育成胚胎，当这一胚胎生长到一定程度时再植入母羊 C 的子宫中继续生长发育。

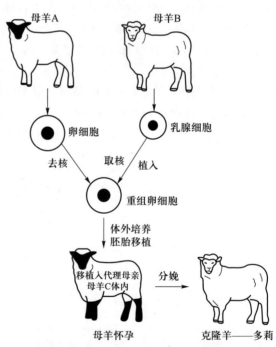

图 6-11　克隆羊多莉及其克隆过程

多莉的诞生在理论上证实分化了的动物细胞核也具有全能性，在分化过程中细胞核中的遗传物质仍有保留,在实践上证明了由体细胞进行动物克隆是可行的,为动物品种的优化和转基因动物的培养提供了有效的操作方案。

克隆技术对胚胎学、发育遗传学、医学等学科发展具有重大意义,各国纷纷开展了相关研究。1963 年,我国科学家童第周通过将一只雄性鲤鱼的遗传物质注入雌性鲤鱼的卵中从而成功克隆了一只雌性鲤鱼。2017 年,世界上首个体细胞克隆猴"中中"在我国诞生。克隆猴的研究推动基于非人灵长类疾病动物模型构建,并助力于相关医药研发产业链的发展,药物研发驶入"快车道",意味着我国在非人灵长类疾病动物模型研究中处于国际领先地位。

2) 生物医药

基因工程在医药领域有广阔的应用前景。早期治疗糖尿病的胰岛素药剂主要从动物胰中提取生产,经常供不应求,而现如今,在医药市场上由基因工程方法生产的人胰岛素占据了一半的市场份额,解决了胰岛素产量不足的问题。医药行业利用基因工程菌生产生化药物已是一门较为成熟的技术,目前生长激素、干扰素、乙肝疫苗等都可以由基因工程菌大规模、高效率生产。

利用基因工程技术,还可以培育能"批量生产药物"的转基因动物生物反应器,通过转基因活体动物的特定组织或器官可以生产具有生物活性的珍贵稀少的药用功能蛋白,解决了植物和酵母生产无活性、细胞培养产量低的问题。其主要生产过程为:将药用蛋白基因与载体 DNA 结合得到重组基因,将其导入到哺乳动物受精卵中并植入母体中,该转基因动物正常成长发育后即可从其分泌物(如乳汁)中提取目标蛋白。转基因动物分泌的转基因蛋白产物与人体天然蛋白在结构和生物活性等方面均高度相似,且具有较高的产量,是植物、菌种、酵母乃至转基因细胞体系无法比拟的。目前,科学家们已经成功构建转基因牛和山羊等动物的乳腺生物反应器并表达了抗凝血酶、血清白蛋白、生长激素和 α-抗胰蛋白酶等重要的转基因蛋白药物。

3) 基因诊断

基因诊断基于分子生物学及分子遗传学,分析、鉴定在 DNA 分子水平上的病变(包括置换、缺失或插入等突变引起的遗传性疾病)。基因诊断首先需要对待测的 DNA 片段进行分离、扩增,然后鉴定 DNA 的异常状态,其次是连接酶链反应。目前 PCR 扩增技术是应用最广泛的 DNA 片段分离扩增手段,常用的 DNA 分析手段有限制性片段长度多态性(RFLP)、单链构象多态性(SS-CP)、核酸分子杂交、变性梯度凝胶电泳及 DNA 序列分析等。

得益于人类基因组计划的开展,目前已探明上千个致病基因。通过采集人员生物样品(如血液),通过 PCR 技术测定 DNA 序列,若检测结果与正常人有异,就可以分析出此人易患哪种疾病,可以早做预警。例如,好莱坞女星安吉丽娜·朱莉通过基因检测查出携带了一种强致癌基因 BRCA1,会造成较高的乳腺癌和卵巢癌的患病率(分别是 87% 和 50%),为降低罹癌风险,她先后切除乳腺和卵巢。

4) 基因组计划

人类基因组计划(human genome project, HGP)旨在测定人类染色体(指单倍体)中由 30 亿个碱基对组成的核苷酸序列,从而绘制人类基因组图谱,最终破译人类遗传信息。人类基因组计划于 1985 年提出,于 1990 年正式启动。中国在 1999 年 9 月加入这项计划,成为继美、英、日、德、法之后第六个参与国,负责测定全部序列的百分之一。截止到 2003 年,人类基因组计划的测序工作已完成。

基因组序列图是分子层面上的人类"生命说明书",奠定了人类自我认知的基石,推动了生命与医药科学的革命性进展。人类基因组计划一个最重要的作用就是探知致病基因,若个体的基因与图谱比对出现突变,即可解释为与其对应的疾病相关。人类基因组计划还可以解释不同族群之间的差异,例如,在脂肪组织上,欧洲人与非洲和亚洲人种差异较大,这就解释了为什么欧洲人更适合在寒冷地区生活。

人类基因组计划基本完成后,生命科学研究进入了后基因组时代。人体内真正发挥作用的是蛋白质,虽然人体只有 3 万~4 万个基因,但其可以按照不同组合方式产生蛋白质,即蛋白质种类可多达数几百万种。因此,研究蛋白质的精确结构,对工作机理的阐释、深入了解生物医学中的遗传机理至关重要。

李振声院士辩驳美国学者:中国人能养活自己!

5）转基因作物与食品

转基因作物又称转基因改制作物,是指运用基因技术定向进化培养具有特定遗传特性的农作物,该技术可根据人们的需要,给农作物引入新的表达特性,避免了传统嫁接及杂交技术的不可控性和不定向性。通过基因工程技术,可以在产量、品质、抗旱、抗寒等方面定向提高农作物的性质。转基因作物应用最广的作物有大豆、玉米、棉花和油菜,调控的主要性状为抗除草剂、抗虫、抗病等。

转基因作物的优点显著:提高生物育种的效率,将一种特定的目标基因引入另一品种即可获得,避免了传统育种所需的冗长操作,缩短了育种所需时长;可降低生产成本,优化了农作物在抗病、抗虫等方面的性质,减少了药剂等方面的开支;可提高农作物产量,增加了抗杂草、抗旱等性能,可以使农作物更易适应环境,可抵御环境灾害所带来的损失。例如,通过对马铃薯的改造,可以使其具有抗病毒基因外,也能提高其个体内蛋白质含量;通过将蛋白水解酶抑制剂基因引入烟草,则可以使以烟叶为食的害虫不能消化摄取的蛋白质而不能繁殖,最终获得抗虫害的烟草品种;通过对番茄进行基因改造,可以获得不易软化和擦伤的品种,因此可以等其成熟后采摘且能保存较长时间,避免为防止损坏而早摘而导致的口感不佳的现象。

美国是转基因农作物份额最高的国家,例如,耐除草剂棉花的种植面积于 2019 年即达到95%,转基因抗虫玉米和棉花的种植面积至 2019 年已分别达到83%和92%。欧洲一些国家的消费主体认为转基因食品影响人体健康,欧盟要求转基因成分超过一定比例的产品必须贴上标签。中国已经开展了在棉花、水稻、小麦、玉米和大豆等农作物上的转基因研究,并取得多项研究成果。在国内市场上,70%的大豆制品(如豆油、酱油、膨化食品等)都含来自转基因作物,麦当劳、肯德基等快餐食品中,转基因的成分也很高。

6.3.3　生物芯片

生物芯片是根据生物分子间特异性相互作用的原理,采用光导原位合成或微量点样等方法,将大量生物大分子(如核酸片段、多肽分子)有序固化于支持物表面,组成密集的二维阵列,当其与标记的待测生物样品中靶标杂交,即于芯片表面集成生化分析过程,可通过特定的仪器对杂交信号的强度进行分析,从而实现对 DNA、RNA、多肽、蛋白质等生物分子的高通量快速检测。

在生物制药领域,生物芯片可用于筛选新的药物。新药在上市前需要通过临床试验,若需考察药物(如基因药物)对人基因的影响,可以采用基因芯片对一系列的基因序列进行统一检测,生物芯片可以高效完成检测分析。在医学诊断方面,可以通过基因芯片对处于妊娠早期的妇女检测,避免遗传疾病的发生。在食品安全方面,基因芯片可以应用于对食品中病原体的检测,该检测可同时针对多种病毒及其亚型进行高效分析。

2020 年爆发的新型冠状病毒使得对病毒检测的产品需求激增,其中针对新型冠状病毒检测的生物芯片获得快速研发并投入使用。生物芯片在基因检测、癌症辅助诊疗方面的应用获得稳步推广,并迎来快速发展。

6.3.4 干细胞技术

干细胞是指在一定条件下可以无限制自我更新与增殖分化的一类细胞,具有再生为各种组织器官的潜能。根据不同的分化潜能,干细胞可分为全能干细胞、多能干细胞、单能干细胞。全能干细胞具有分化形成任何功能细胞的潜能,甚至可以形成完整个体,如胚胎干细胞;多能干细胞相较而言失去了发育成完整个体的能力,但仍具有分化形成各种类型细胞的潜能,如造血干细胞可分化出至少 12 种血细胞;单能干细胞,只能进行单一分化,即产生一种类型的细胞,如上皮组织基底层的干细胞。

目前,干细胞技术已被应用在一些医学治疗方面。例如,血液干细胞技术已成为骨髓移植方面的临床常规应用,但是该项技术的应用规模还远远不够。干细胞的研究与应用将有可能实现对组织坏死性疾病的治疗,在此之前仍有许多问题亟待解决,如阐明胚胎干细胞发育的调控机制,建立分离成体干细胞的措施,克服移植可能引起的免疫排斥等。

6.3.5 COVID-19 核酸检测

2020 年初新型冠状病毒感染席卷全球,新型冠状病毒检测是阻击疫情的第一关,也是极为关键的环节。新型冠状病毒感染者在出现症状的头几天就有较强的传染性,甚至在未出现症状时也可能感染他人。及时准确的检测,一方面可以保证尽早地确诊病患,尽快地进行治疗,从而减缓病情恶化,降低死亡率;另一方面也有利于尽早隔离确诊病例并追踪其行动路径来避免病毒继续传播,减缓疫情发展。正因如此,新型冠状病毒检测需求在全球范围内激增。

自疫情暴发以来,中国采取了一系列防控措施。实践证明,"早发现,早检测,早隔离,早治疗"是行之有效的,其中,大范围的病毒检测起到关键作用。

针对新型冠状病毒的检测方法主要分为两类:核酸检测方法和免疫检测方法。新型冠状病毒是一种仅含有 RNA 的病毒,病毒中特异性 RNA 序列是区分该病毒与其他病原体的标志物,核酸检测常用方法就是利用荧光定量 PCR(聚合酶链式反应)检测新型冠状病毒特异序列。人体感染病毒后,免疫系统会做出应激反应产生抗体,免疫检测方法就是利用抗原抗体之间的特异性结合来检测患者对病毒的免疫应答。核酸检测最重要的优点是特异性好,灵敏度高,可以实现早期检测,但由于取样、样本保存和试剂盒质量等原因,可能出现"假阴性"。免疫检测最重要的优点是操作简单,速度快,但更多适用于患者已经出现明显的临床症状、机体已出现免疫应答的情况,无法实现早期检测,而且易受到样本中存在的干扰物质的影响,导致"假阳性"。综上,核酸检测是目前公认的新型冠状病毒感染确诊的"金标准",抗体检测可以作为核酸检测的重要补充。

疫苗的设计原理

认识冠状病毒

6.3.6 新型冠状病毒疫苗

鉴于人类可能与新型冠状病毒长期共存的"新常态",疫苗研发势在必行。

新冠病毒
是如何检
测的——
荧光定量
PCR 技术
介绍

疫苗简介

从病原体中提取出病原蛋白质基因,并分离出目的基因,将目的基因克隆入质粒,再经大量生产纯化质粒,然后注射入活体,人为引入病毒抗原,抗原呈递细胞(APC)会将把抗原携带的表位序列呈递给不同的 T 细胞亚群,这些 T 细胞会被进一步活化为辅助性 T 细胞(Th 细胞)和细胞毒性 T 细胞(Tc 细胞)。B 细胞在 Th 细胞的辅助下识别抗原,进而产生抗体,由此形成体液免疫。Tc 细胞可直接识别抗原,裂解被感染的细胞,实现细胞免疫。

目前,新型冠状病毒疫苗的开发策略有灭活和减活病毒疫苗、腺病毒载体疫苗、重组蛋白疫苗、核酸疫苗、病毒样颗粒疫苗和多肽疫苗等。灭活疫苗采用的是死病毒,安全性好,但免疫原性也变弱,主要诱发体液免疫。减活疫苗则采用的是毒性降低的病毒,免疫原性强,可同时诱发体液免疫和细胞免疫,但是存在潜在危险性,需要在对病原毒性的分子认识的基础上进行更合理的减毒,使其无法恢复毒性。腺病毒载体疫苗是将载体腺病毒的关键基因敲除,将新型冠状病毒的靶基因整合到载体的基因组里,借助载体实现细胞内化并在体内产生抗原,诱导机体产生体液和细胞免疫。重组蛋白疫苗则是利用生物工程方法大量表达靶蛋白抗原,纯化后进行疫苗构建。核酸疫苗包括 DNA 疫苗和 mRNA 疫苗,其原理是将病毒的遗传物质 DNA 和 mRNA 运送到 APC 细胞,翻译表达靶抗原,让细胞识别,相当于给病毒画了肖像,具有同样特征的病毒进入体内时,会被免疫细胞识别,引起机体免疫反应。病毒样颗粒疫苗是去除了核酸的病毒蛋白体,充分保留了靶抗原信息,可实现高效疫苗递送,有利于免疫系统的识别。多肽疫苗是已鉴定的 B 表位或是 T 表位序列,其骨架由酰胺键构成。

6.4　生命活动简介

核酸是遗传信息的携带者与传递者,生物界中的生物体大部分以 DNA 作为遗传物质,少数病毒则将其遗传信息储存在 RNA 中,而生命活动的具体表现方式则主要通过蛋白质的特异性表达而体现出来。

6.4.1　分子生物学的中心法则

遗传信息由 DNA 传递到 RNA,再通过蛋白质的合成表达出来的过程是分子生物学研究的核心,完成遗传信息的转录和翻译的过程即为中心法则(central dogma),如图 6-12 所示。

1957 年英国科学家 Crick 率先提出中心法则,认为细胞内的遗传信息是按照 DNA→RNA→蛋白质的顺序传递,即从 DNA 到 RNA(转录),从 RNA 到蛋白质(翻译),不存在逆向过程,而这两种信息传递形式均在所有生物细胞中得到验证。1970 年美国科学家 Temin 和 Baltimore 在一些病毒细胞中发现其复制过程是,先由病毒 RNA 为模板合成对应 DNA,再由 DNA 模板合成新的病毒 RNA,在此由 RNA 合成 DNA 的步骤被称为反向转录。因而 Crick 于 1970 年更新了中心法则的内容,提出了更为完善的图解形式。

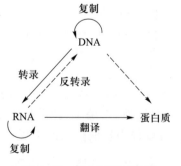

图 6-12　中心法则示意图

遗传信息的传递可以分为两类。第一类用实线箭头表示,遗传信息的传递途径广泛存在于所有生物细胞中,即 DNA→DNA(复制),DNA→RNA(转录)和 RNA→蛋白质(翻译)。第二类是特殊的遗传信息转移途径,即 RNA→RNA(复制),RNA→DNA(反向转录),DNA→蛋白质,其中 RNA 的复制仅在 RNA 病毒中存在,而由 DNA 直接到蛋白质表达的路径仅在理论上成立,尚未在活细胞中获得验证。

6.4.2 蛋白质的合成

DNA 通过转录作用,将其所携带的遗传信息(基因)传递给 mRNA(即转录),在三种 RNA(mRNA、tRNA 和 rRNA)的共同作用下,完成蛋白质的合成。生物的遗传信息从 DNA 传递给 mRNA 的过程称为转录。根据 mRNA 链上的遗传信息合成蛋白质的过程,被称为翻译和表达。

和 DNA 不同的是,RNA 仅以单链形式存在并主要存在三种类型。信使 RNA 也就是 mRNA,可以将遗传密码从细胞核内的 DNA 上携带到核外核糖体上。基因的转录就是以 DNA 为模板,合成与其碱基序列互补配对的 mRNA 序列。细胞活动的某个阶段,DNA 双螺旋解开成为转录模板,在 RNA 聚合酶催化下,合成 mRNA。mRNA 携带目标蛋白质的全部信息,蛋白质的生物合成实际上是以 mRNA 作为模板进行的。另一种转运 RNA 即 tRNA 比 mRNA 小得多,充当氨基酸分子的搬运工,帮助翻译 mRNA 携带的遗传密码,并转录成正确的肽。

蛋白质的翻译过程也就是将 mRNA 中的遗传信息以氨基酸序列的形式表示出来,其依据便是核苷酸序列与蛋白质的氨基酸序列之间的对应关系。3 个核苷酸决定一个氨基酸种类,这种核苷酸序列被称为遗传的三联密码或密码子。已知 DNA 和 RNA 分子分别由 4 种不同的核苷酸分子组成,根据排列组合计算,应该存在 64 个密码子。而天然蛋白质中的氨基酸组成有 20 种,因此密码子和核苷酸并不是一一对应的关系,即一种氨基酸有多组密码子对应。20 个氨基酸对应 61 个密码子,其中大部分氨基酸(甲硫氨酸和色氨酸除外)都对应 2~6 个密码子编码,这种现象称为遗传密码的简并性,而另外 3 个密码子为翻译终止密码。除此之外,遗传密码还具有如下特点:通用性和变异性,几乎所有生物都通用这一套密码子表,线粒体及少数生物有变异;变偶性,一个 tRNA 的反密码子可以识别多个简并密码子;具有防错系统,若一个碱基被置换,该处将被编码成相同氨基酸或理化性质最接近的氨基酸(密码子中第二位决定氨基酸极性,第三位决定简并性)。

氨基酸的
遗传密码
子表

氨基酰-tRNA 可以通过反密码臂上的三联体反密码子识别 mRNA 上相应的遗传密码,并将所携带的氨基酸按照遗传密码的顺序运送到相应的位置上,最后在核糖体中合成肽链,其中 rRNA 起催化作用。在肽链合成的起始阶段,mRNA 和起始氨基酰-tRNA 分别与核蛋白体结合而形成翻译起始复合物;在肽链延长阶段,根据 mRNA 的密码子序列,氨基酸从 N-端向 C-端依序延伸合成肽链,直到合成终止;在肽链终止阶段,当 mRNA 上出现终止密码,多肽链停止合成,肽链从肽酰-tRNA 中释放,mRNA、核蛋白体等分离。肽链翻译结束后,根据信号肽的指示进行定向输送。肽链的修饰可以在内质网和高尔基体中完成,多肽可以在内质网中进行糖基化修饰,切除信号肽,形成二硫键,在高尔基体中糖基可被进一步修饰,多肽可被分类并输送到各处。

6.5　化学与生命健康

6.5.1　概述

大自然中一切物质都是由化学元素组成的,人体也不例外。人体中含 60 多种化学元素,是人类健康和生命活动不可或缺的部分。常见的一些疾病也与这些物质有重要关系,正确的化学理念对人体健康、人们的生活质量也都有重要的作用。因此,认识了解这些化学知识并且运用正确的化学理念有助于人们健康饮食、合理用药,搭配调理,从而维护生命健康。

6.5.2　常量元素

人体中除了构成有机物质的元素外,比较重要的无机矿物质元素是钠、钾、氯、钙、镁、磷和硫,占人体总灰分的 60% ~ 80%,这些常量元素往往成对出现,对机体发挥着极其重要的生理作用。骨组织的形成、神经冲动的传导、肌肉收缩的调节、酶的激活、体液的平衡和渗透压的维持等多种生理、生化过程,都离不开常量矿物元素的调节。机体在新陈代谢过程中要消耗一定的常量矿物元素,必须及时补充,尽管这些矿物元素广泛存在于食物中,一般不易造成缺乏,但在某些特定环境或针对某些特殊人群,额外补充相应的常量矿物元素具有重要的现实意义。

1) 钙

钙是人体中的重要元素成分,居体内各组成元素的第五位,是含量最丰富的元素之一,同时也是含量最丰富的矿物质元素。它占人体总质量的 1.5% ~ 2.0%,占人体总矿物质的 85% 左右。钙是生命活动的砥柱,主要集中在骨骼和牙齿中,约占总钙量的 99%,其余 1% 存在于软组织、细胞及血液中。

钙在肠道中吸收很不完全,这主要由钙离子与食物中的草酸根等阴离子形成不溶性钙盐所致,因此,植物中的钙质不易被人体吸收。维生素 D 能促进胃肠道内钙、磷的吸收,并促进钙在骨组织中沉积。当钙和磷的比例在(1∶1) ~ (1∶2)的范围内时钙的吸收率最高,水产品的钙磷比大多在此范围内。

钙的生理功能有如下几个方面:

(1) 构成骨骼和牙齿的主要成分,缺乏时,骨、齿发育不良。

(2) 维持肌肉神经的正常兴奋,如血钙增高可抑制肌肉、神经的兴奋性,血钙降低则可提高其兴奋性,从而引起抽搐。

(3) 参与血凝过程并对很多种酶有激活作用。

世界卫生组织推荐的每日供给量标准为成年男女 400 ~ 500 mg,孕妇为 1000 ~ 1200 mg。我国近年修订的每日供给量为成年男女 600 mg,孕妇 1500 mg。

食物中钙的来源以水产品(如牡蛎、梭子蟹、小虾皮)、乳制品最佳,不但含量丰富,而且吸收率高,是婴儿最理想的钙源。其次是芝麻酱、海带、蔬菜和豆类等。

2) 磷

磷是人体必需元素之一,人体中含磷量为 750 ~ 1130 g,其中 70% ~ 80% 的磷与钙、镁结合生成磷酸盐,存在于骨骼和牙齿中。磷广泛分布于动、植物性食物中,除植酸磷外,其他大部分都能为人体吸收。谷类主要含植酸磷,可通过酵母发酵的方法,将植酸磷转化为无机磷酸盐,从而提高其吸收率。维生素 D、食物中的铁、镁、锰等金属离子由于可以与磷酸盐形成难溶盐类而会妨碍磷的吸收。

磷是组织细胞中很多重要成分的原料,如核酸、磷脂以及某些酶等;磷参与多种物质的吸收和代谢,如糖、脂肪等;三磷酸腺苷(ATP)中的磷具有贮存和转移能量的作用;血液中以磷酸盐形式存在的 $HPO_4^{2-}/H_2PO_4^-$ 缓冲系统,可调节体内酸碱平衡。

一般国家对磷的供给量没有明确规定,因为食物种类广泛,磷的来源不成问题。一般来讲,如果膳食中钙和蛋白质含量充足,磷也能满足需要。含磷较多的食物有:葵花子、虾米、干贝、鱼子酱、豆类、花生、肉类、核桃、蛋黄等。

3)镁

成年人体内含镁量为 20~30 g,70% 的镁以磷酸盐和碳酸盐的形式存在于骨骼和牙齿中,其余的镁存在于软组织中。镁是细胞内的主要阳离子之一,也是骨骼和牙齿的组成成分,是糖、蛋白质等物质代谢的必需元素,它能与体内许多重要成分形成复合物,是许多酶所必需的激活剂。镁是钙的拮抗剂,也是维持心肌功能所必需的,有助于预防心脏病和冠状动脉血栓。镁可以减少血液中胆固醇的含量,保持血管畅通,适量的镁对预防尿道结石具有一定意义。长期缺镁会使骨质变脆、牙齿生长不良等。

根据对人体镁平衡的研究并结合食物中镁的利用率,一般成人每日的适宜供给量为 200~300 mg。膳食中镁的主要食物来源有:小米、燕麦、大麦、豆类、花生、核桃、小麦、菠菜、芹菜叶、肉类和动物肝等。

4)钾

钾在人体内占总矿物元素含量的 5%,仅次于钙和磷。其中 70% 存在于肌肉中,10% 在皮肤中,其余在红细胞、骨髓和内脏中。

钾作为人体的一种常量元素,在维持细胞内的渗透压和体液酸碱平衡,维持机体神经组织、肌肉组织的正常生理功能,以及细胞内糖和蛋白质的代谢等方面具有重要的意义,机体中大量的生物学过程都不同程度地受到血浆钾的浓度影响。值得注意的是,钾的大部分生理功能都是在与钠离子的协同作用中表现出来的,因此,维持体内钾、钠离子的浓度平衡对生命活动是十分重要的。

一般成人每天摄取 2~2.5 g 的钾是比较合适的。钾广泛存在于各种动、植物食物中,尤其是大豆、花生仁、虾米中更含有丰富的钾,马铃薯、香蕉、番茄、橙子以及肉类、鱼类都含有较多的钾。

6.5.3 微量元素

在人体组织中含量极少,少于体重的万分之五的元素叫微量元素,或者叫痕量元素。目前发现的微量元素有 Fe、Cu、I、Zn、Mn、Co、Mo、Se、Cr、F、Ni、Si、Sn、V 等。微量元素与人类健康关系极大,已有研究证明,对人类健康危害最大的各种心脑血管病和癌症均与人体内元素(尤其是微量元素)平衡失调有关,如各种心脏病与 Co、Zn、Cr、Mn 等元素不平衡有关,脑血管与 Ca、Mg、Se、Zn 等不足有关,肝癌与 Mn、Fe、Ba 低而 Cu 高有关。我国四大地方病也是元素不平衡造成的,如克山病(产生心肌病变等)和大骨节病与硒等缺乏有关,地方性甲状腺肿大和克汀病则是严重缺碘引起的。

有害微量元素 Pb、Hg、Cd 和 As 对人体的危害机理是与蛋白质分子中的巯基、羟基及氨基等官能团结合,抑制或破坏这些酶系统的活性,使这些酶不能被合成或使其功能发生变化,从而影响细胞的正常代谢,导致人体病变(中毒)或死亡。此外,镉和巯基的亲和力比锌大,故可取代肌体内含锌酶中的锌,使其失去功能。Pb、Hg、Cd 和 As 的毒性大小与其形态和溶解度有关。一般来说,有机化合物(如四乙基铅,甲基汞等)的毒性较大,无机化合物(如 $PbCl_2$ 和 $HgCl_2$ 等)的毒性较小;低价态(如 $PbCl_2$ 和 As_2O_3 等)的毒性较大,高价态(如 $PbCl_4$ 和 As_2O_5 等)的毒性较小;溶解度大的(如 $CdCl_2$ 和 $PbCl_2$ 等)毒性较大,溶解度小的(如 CdS 和 PbS 等)毒性较小。

微量元素在人体生物化学过程中起着重要作用,数量小、能量大,被誉为"生命的火花",微量元素在人体中的生理功能有以下方面:

(1)微量元素是金属酶的构成成分和酶的活化剂。酶是一种大而复杂的蛋白质,它的作用在于强化生化作用。几千种已知的酶中大多数含有一个或几个金属原子,一旦除去金属,这些酶就会失去活性。

(2)微量元素是激素和维生素的活性成分。如果一些激素和维生素没有微量元素参与,也就失去了活性,甚至不能合成。如若没有碘,甲状腺激素就无法合成,铬可激活胰岛素,钴是合成 B 族维生素的主要成分。

(3)微量元素可协助常量元素的输送。铁是血红素的中心离子,进而构成血红蛋白,在体内能把氧气带到每一个细胞中去,以供代谢。

(4)微量元素在体液内与钾、钠、钙、镁等离子协同作用,可起调节渗透压、离子平衡和体液酸碱度平衡的作用,以保持人体正常的生理功能。

微量元素对人体的作用十分复杂,其特异的生理功能与元素本身的性质、摄入方式,特别是浓度紧密相关。人体必需微量元素只有在一定浓度范围才能有效,过多或缺少都会给机体造成不良后果,具体见表 6-3。

表 6-3　与生命金属元素有关的病症

元素	缺乏时的疾病	积累过量时的疾病
Fe	贫血	血色素沉着症
Cu	贫血,卷毛综合征	Wilson 病(铜蓝蛋白缺乏病)
Co	贫血	血红细胞增多症、冠状衰竭
Zn	侏儒症、阻碍生长发育	金属烟雾发烧症,胃癌
Cr	糖尿病、动脉硬化	致癌
Mn	骨骼畸形	机能失调
Ni	血红蛋白和红细胞减少	致肺癌
Se	肝坏死、白肌症	神经官能症

微量元素与人体的关系不是孤立的,微量元素之间、微量元素与蛋白质、酶、脂肪、维生素之间都存在相互作用。如铜和铁在肌体内显示生理协同作用,即铜能促进肌体对铁的吸收;如果缺乏铜,在生物合成机制中的铁就不能进入血红蛋白分子。因此,当人体铁充足而缺乏铜时,同样会发生贫血,葡萄糖酸铜、硫酸铜被作为营养强化剂用于食品加工中。化学元素之间还有相互拮

抗作用。例如铁可以拮抗锡的毒性,锌对镉引起的高血压病的不良影响有逆转生理效应,硒可作为汞的特殊解毒剂。也有一些拮抗作用对人体健康有害。例如,锌过量会影响铜的吸收,干扰铜的正常生理功能;锶和钡可取代钙,使骨骼缺钙,引起佝偻病;砷取代磷,硒和碲可取代硫等。研究元素的生物拮抗效应,利用元素间的取代作用,能给一些疑难病、地方病的预防或治疗提供新的启示。

维生素的功能

6.5.4 维生素

维生素是活细胞为维持正常生理功能所必需的而需要量又极微(一般以几毫克或几微克计)的天然有机物质。有些生物体自身能合成一部分维生素,但大多数要从食物中获取。

维生素种类较多,目前已经发现了 20 多种。人们每天需要的各种维生素大约有 13 种,即维生素 A、C、D、E、K 和 8 种 B 族维生素,8 种 B 族维生素包括 B1、B2、B5、B6、B12、叶酸、泛酸和生物素。长期缺乏任何一种维生素都会导致某种营养不良及相应的疾病。这些虽性质各异,但具有以下共同特点:

世界首例免疫艾滋病的基因编辑婴儿在中国诞生

(1)维生素或其前体都在天然食物中存在,但是没有一种天然食物含有人体所需的全部维生素。

(2)在体内不提供热能,一般也不是机体的组成成分。

(3)参与维持机体正常生理功能,需要量极少,通常以毫克,甚至微克计,但是绝对不可缺少。

民法典文化解读·基因编辑的风险

(4)一般不能在体内合成,或合成的量少,不能满足肌体需要,必须经常由食物供给。

食物中某种维生素长期缺乏或不足可引起代谢紊乱和出现病理状态,形成维生素缺乏症,人类正是在同这些维生素缺乏症的斗争中来研究和认识维生素的。

维生素不能为机体提供能量,也不能作为构成组织的物质,其主要功能是作为辅酶的成分,在调节机体代谢方面起作用。当人体缺乏一种或多种维生素时,会导致代谢受阻、生长迟缓并发生各种疾病。一些维生素在代谢中的作用非常专一,它们的缺乏直接影响生化反应,导致代谢紊乱而引起各种特殊的病症。维生素可分为脂溶性和水溶性两类,前者有 VA、VD、VE 和 VK1,后者有 VB1、VB2、VB6 和烟酸、泛酸、生物素、叶酸、VB12 及 VC。

思 考 题

1. 2018 年 11 月 26 日,南方科技大学贺建奎副教授宣布一对名为露露和娜娜的基因编辑婴儿于 11 月在中国健康诞生,由于这对双胞胎的一个基因(CCR5)经过修改,她们出生后即能天然抵抗艾滋病病毒 HIV。这一消息迅速激起轩然大波,震惊世界。

请综合分析基因工程这把"双刃剑"对科技进步和社会文明的影响。

2. 新型冠状病毒感染(COVID-19)在全球流行,给全人类的生命安全和经济发展造成了极大威胁。新型冠状病毒具有超高的传染性和一定的致死率,疫苗无疑是预防和控制传染病最有效的手段,国内外已有 176 种新冠疫苗正处于不同的研发阶段。

请依次简述新型冠状病毒核酸检测、疫苗生产的原理。

第7章 材料化学

材料是人类赖以生存和发展的物质基础,信息、材料和能源被誉为当代文明的三大支柱。从物理化学属性来分,材料包括金属材料、无机非金属材料、有机高分子材料和不同类型材料所组成的复合材料。材料科学主要研究材料的组织结构、性质、制备流程和应用及它们之间的相互关系,是一门与工程技术密不可分的应用科学,涉及化学、物理学、冶金学等多门科学。材料化学是研究材料科学中化学问题的科学,具有明显的交叉学科性质。具体来说,材料化学涉及材料的制备、结构、性能及应用方面的所有与化学相关的问题。

本章将带领大家领略材料化学的奥秘,并介绍材料前沿科技。

7.1 材料化学概述

7.1.1 材料化学简介

材料化学是从化学角度进行材料科学的研究,包括材料中原子、离子或分子的排列方式、不同组成间的化学反应等;材料制备工艺过程中的化学问题;材料的化学性质及其他各类性质中的化学因素;环境对材料的影响(如腐蚀)等。

材料化学很早就进入人类的生活,闻名世界的"四大发明"中,就有两项是化学和材料的结合:通过蒸煮草木灰把植物中的纤维物质提炼出来便制成了纸浆;一硝二磺三木炭的组合则生成了火药。

进入近代后,化学在理解材料的构效关系中发挥越来越重要的作用。18世纪末,分析化学的发展促使人们第一次认识到钢中存在碳原子,且碳原子在决定钢的性质方面起着十分关键的作用,从而引导人们开始从材料组成的角度来研究材料。

经过几百年的努力,化学家发现了许多存在于自然界的天然化合物,同时也制备出了大量自然界所不存在的合成化合物,两者的总和超过了2000万种,其中一部分构成了现代文明社会的物质基础。目前全世界的化学家们平均每天能够研究出7000多种新化合物,为材料的选择提供了丰富的来源。

7.1.2 材料化学的特点

材料化学具有跨学科性,它既是材料科学的一个分支,又是化学学科的一个次级学科,这使得材料化学与物理学、生物学、药物学等众多学科紧密相连。

材料化学是理论与实践相结合的实践型学科,材料变为器件或产品的过程要解决一系列工程技术问题,需要理论与实践相结合,一方面用理论指导实践,另一方面通过大量实践使得理论得到进一步发展。

7.1.3 材料化学的主要内容

材料化学是一门注重实践的科学,是一门研究材料制备、结构、性能和应用的学科。在材料加工过程中,通过特定的化学反应路径,可获得具备优异性能或某种特殊功能的新型材料,这就是材料化学研究的内容。

材料的制备是将原子、分子聚合起来并最终转变为产品的一系列连续过程,该过程是提高材料质量、降低生产成本和提高经济效益的关键,也是开发新材料、新器件的中心环节。材料的结构指组成原子、分子在不同层次上彼此结合的形式、状态和空间分布,包括原子与电子结构、分子结构、晶体结构、相结构、晶粒结构、表面与晶界结构、缺陷结构等。

材料的性能是指材料在一定的条件下对外部作用反应的定量表述,如力学性能、物理性能等。

邮票上的
航天——
国人之飞
天梦

7.1.4 化工新材料

根据中国石油和化学工业联合会化工新材料专委会统计,2019 年我国化工新材料产业规模约 6000 亿元,市场总消费规模约 9000 亿元;进口额约 3000 亿元,约占化工产品总进口额的 25%;消费量约 3488 万吨,自给率为 70.6%。其中,自给率最低的为高端聚烯烃,仅 45.3%。

飞机上的
新材料

新材料是支撑战略性新兴产业和重大工程不可或缺的物质基础。与发达国家相比,我国新材料产业起步较晚、基础薄弱。"十二五"以来,我国出台多项政策文件,在材料领域全面部署,对标发达国家奋起直追。经过不懈努力,我国在体系建设、产业规模、技术进步、集群效应等方面取得了较大进步,为国民经济和国防建设做出了重要贡献,已成为名副其实的材料大国。与此同时,我国新材料产业发展也存在诸多问题,材料强国之路任重道远。中国石油和化学工业联合会发布的《石油和化学工业"十四五"发展指南》提出,要加快化工新材料产业发展,提出"十四五"末化工新材料的自给率要达到 75%,占化工行业整体比重超过 10%。

材料现代
发展史

7.2 金属材料

金属在自然界的分布广泛,是人类最早认识并开发利用的材料之一。人类文明的发展和社会的进步同金属材料关系密切。继石器时代之后出现的铜器时代、铁器时代,均以金属材料的应用为其显著标志。迄今为止,在自然界存在及人工合成的 118 种元素中,金属元素约占 80%,多达 96 种,位于元素周期表的左方及左下方,包括 s 区(除 H 外)、d 区、ds 区和 f 区的所有元素及 p 区左下角的 10 种元素。

7.2.1 金属材料概述

金属材料是指金属元素或以金属元素为主构成的具有金属特性材料的统称。包括纯金属、合金、金属间化合物和特种金属材料等。金属氧化物(如氧化铝)不属于金属材料。

1. 金属材料分类

金属材料通常分为黑色金属、有色金属和特种金属材料。

（1）黑色金属又称钢铁材料,包括含铁 90% 以上的工业纯铁,含碳 2%～4% 的铸铁,含碳小于 2% 的碳钢,以及各种用途的结构钢、不锈钢、耐热钢、高温合金、精密合金等。广义的黑色金属还包括铬、锰及其合金。

（2）有色金属是指除铁、铬、锰以外的所有金属及其合金,通常分为轻金属、重金属、贵金属、半金属、稀有金属和稀土金属等。有色合金的强度和硬度一般比纯金属高,并且电阻大、电阻温度系数小。

（3）特种金属包括不同用途的结构金属材料和功能金属材料。其中有通过快速冷凝工艺获得的非晶态金属材料,以及准晶、微晶、纳米晶金属材料等;还有隐身、抗氢、超导、形状记忆、耐磨、减振阻尼等特殊功能合金及金属基复合材料等。

2. 金属材料的特质

金属材料的特质,一般有疲劳、塑性、耐久性、硬度等。

（1）许多机械零件和工程构件,是承受交变载荷工作的。在交变载荷的作用下,虽然应力水平低于材料的屈服极限,但经过长时间的应力反复循环作用以后,也会发生突然脆性断裂,这种现象称为金属材料的疲劳。疲劳断裂是工程上最常见、最危险的断裂形式。

（2）塑性是指金属材料在载荷外力的作用下,产生永久变形（塑性变形）而不被破坏的能力。金属材料在受到拉伸时,长度和横截面积都要发生变化,因此,金属的塑性可以用长度的伸长（延伸率）和断面的收缩（断面收缩率）两个指标来衡量。一般把延伸率大于百分之五的金属材料称为塑性材料（如低碳钢等）,而把延伸率小于百分之五的金属材料称为脆性材料（如灰口铸铁等）。

（3）耐久性,即耐腐蚀性。金属腐蚀的主要形态有均匀腐蚀、孔蚀、电偶腐蚀、缝隙腐蚀、应力腐蚀等。

（4）硬度表示材料抵抗硬物体压入其表面的能力。它是金属材料的重要性能指标之一。一般硬度越高,耐磨性越好。常用的硬度指标有布氏硬度、洛氏硬度和维氏硬度。实践证明,金属材料的各种硬度值之间,硬度值与强度值之间具有近似的相应关系。因为硬度值是由起始塑性变形抗力和继续塑性变形抗力决定的,材料的强度越高,塑性变形抗力越高,硬度值也就越高。

7.2.2　金属材料的制备

金属是从矿石中提取出来的,矿石主要成分是金属氧化物、硫化物及少数卤化物。从矿石提取金属及其化合物的生产过程被称为提取冶金,因这类过程离不开化学反应,所以又称为化学冶金。按提取金属工艺过程的不同,化学冶金分为火法冶金、湿法冶金及电冶金。其中,电冶金包括电炉冶炼、熔盐及水溶液的电解。

从理论方面来说,火法冶金过程是物理化学原理在高温化学反应中的应用,湿法冶金则是水溶液化学及电化学原理的应用。由于大多数金属主要是通过高温冶金反应取得的,因此火法冶金是最主要的冶金方法。即使某些采用湿法的有色金属提取,也仍要经过某些火法冶炼过程,如焙烧就是作为原料的初步处理。

矿石在进入冶炼过程之前,要经过矿石的处理,包括分级、均分、破碎、选矿、球团、烧结等。其中一些是属于物理-机械的处理,另一些则是物理化学的处理。在冶炼中,主要是通过还原熔炼获得粗金属,然后再通过氧化熔炼除去粗金属中的有害杂质。火法冶金过程具体包括焙烧、熔炼、精炼、蒸馏、离析等,进行的化学反应主要包括热分解、还原、氧化、硫化、卤化等。总体来说,火法冶金存在工艺流程短、生产率高、设备简单等优点,但不利于处理成分结构复杂的矿石或贫矿。

下面主要介绍利用金属化合物的还原反应来制备金属材料。

自然界中存在的化合物多以化学元素周期表右上角的 O、S、F、Cl 四种元素与其他元素组成的化合物形式存在,如氧化物(如 Fe_2O_3)、氟化物(如 CaF_2)、硫化物(如 CuS)、氯化物(如 NaCl)等。人类最早使用碳还原制造了铁。后来逐渐发现,在高温下很多物质相互作用可以得到一些新的物质。人们利用金属化合物的还原反应,可以得到许多具有特定结构和功能的金属材料。还原物质可以是 C 等固体,也可以是 CO、H_2、CH_4 等气体,或是电力等。制备常见金属,如 Fe、Al、Mg、Ca 等的还原反应如下所示:

1)C 还原。

$$FeO(s)+C(s) \Longrightarrow Fe(s)+CO(g)$$

$$TiO_2(s)+C(s)+2Cl_2(g) \Longrightarrow TiCl_4(l)+CO_2(g)$$

2)气体还原。

$$FeO(s)+CO(g) \Longrightarrow Fe(s)+CO_2(g)$$

$$PbO(s)+CO(g) \Longrightarrow Pb(l)+CO_2(g)$$

$$WO_2(s)+2H_2(g) \Longrightarrow W(s)+2H_2O(g)$$

$$MoO_2(s)+2H_2(g) \Longrightarrow Mo(s)+2H_2O(g)$$

$$ZrO(s)+CH_4(g) \Longrightarrow Zr(l)+CO(g)+2H_2(g)$$

3)对化合物 Me_1X,利用与 X 结合力比金属物质 Me_1 大的金属 Me_2 进行还原。

$$PbS(l)+Fe(s) \Longrightarrow Pb(l)+FeS(l)$$

$$2MgO(s)+Si(s) \Longrightarrow 2Mg(g)+SiO_2(s)$$

$$TiCl_4(g)+2Mg(l) \Longrightarrow Ti(s)+2MgCl_2(l)$$

$$TiO_2(s)+2Ca(g) \Longrightarrow Ti(s)+2CaO(s)$$

$$UF_4(s)+2Ca(s) \Longrightarrow U(l)+2CaF_2(l)$$

式中:s 代表固体,g 代表气体,l 代表液体。

7.2.3　重要的金属材料

1. 钢铁

铁在自然界中蕴藏量极为丰富,在地壳中的含量为 5%,居地球物质中的第四位。所谓钢铁是对钢和铁的总称,主要由铁和碳两种元素构成,又称铁碳合金。钢铁中按含碳量不同可分为:生铁——含 C 量为 2.0%~4.5%;钢——含 C 量为 0.05%~2.0%;熟铁——含 C 量小于 0.05%。生铁含碳量高,硬而脆,几乎没有塑性。钢不仅有良好塑性,而且钢制品具有强度高、韧性好、耐高温、耐腐蚀、易加工、抗冲击、易提炼等优良物化应用性能,因此被广泛利用。长期以来,钢和钢材的产量、品种、质量是衡量一个国家工业、农业、国防和科学现代化的重要标志之一。

钢铁的生产工艺主要包括炼铁、炼钢、连铸、轧钢等流程。第一步炼铁是把烧结矿和块矿中的铁还原出来,经高炉炼铁冶炼成液态生铁,作为后续炼钢的原料。第二步炼钢主要是除去液态生铁中过多的碳、硫、磷等杂质或者加入合金成分。第三步连铸是将钢水凝固后,切成指定长度的连铸坯的过程。第四步轧钢是将第三步得到的钢锭及连铸坯以热轧方式在不同的轧钢机轧成各型号的钢。

2. 铝及铝合金

铝元素(Al)在地壳中的含量仅次于氧和硅,居第三位,是地壳中含量最丰富的金属元素,为仅次于钢铁的第二大类金属材料。铝是强度低、塑性好的金属,以其轻、良好的导电和导热性能、高反射性和耐氧化性而被广泛使用。

除应用部分纯铝外,为了提高强度或综合性能,在铝中掺入其他金属或非金属元素,如铜、镁、锌、硅等,制备成合金以制作各种加工材料或铸造零件。铝合金的突出特点是密度小、强度高。铝中加入 Mn、Mg 形成的 Al-Mn、Al-Mg 合金具有很好的耐蚀性,良好的塑性和较高的强度,称为防锈铝合金,用于制造油箱、容器、管道、铆钉等。硬铝合金的强度较防锈铝合金高,但防蚀性能有所下降,这类合金有 Al-Cu-Mg 系和 Al-Cu-Mg-Zn 系。最近,研究者开发了高强度硬铝,实现了强度进一步提高的同时密度比普通硬铝减小 15%,且能挤压成型,可用作摩托车骨架和轮圈等构件。高强度铝合金被广泛应用于制造飞机、舰艇和载重汽车等,可增加它们的载重量及提高运行速度,并具有抗海水侵蚀、避磁性等特点。

自然界中的铝均以化合物形式存在,目前经济的提取方式是从铝土矿中提取,主要工艺分为以下两个步骤:第一步是从铝土矿中提取纯矾土(成分为氧化铝,Al_2O_3),该步骤是将铝土矿粉碎好,后与氢氧化钠在高压下加热,获得可溶性的铝酸钠及沉淀物(指铁、钛和硅残余物,统称"赤泥"),后续在高度稀释的铝酸钠溶液中加入氢氧化铝晶核,激发并加速氢氧化铝的结晶过程,最后通过高温焙烧得到无水氧化铝;第二步是采用霍尔-赫劳尔特过程将氧化铝转化为铝。由于纯铝的机械性能较差,通常在制备工艺过程中添加极少量的合金元素获得铝合金,以提高抗拉强度、屈服强度和硬度。

3. 钛及钛合金

钛(Ti)是一种银白色的过渡金属,其特征为重量轻、强度高,具有金属光泽,耐湿氯气腐蚀,但不能应用于干氯气中。金属钛在高温环境中的还原能力极强,能与氧、碳、氮及其他许多元素化合,还能从部分金属氧化物(如氧化铝)中夺取氧。常温下钛与氧气化合生成一层极薄致密的氧化膜,这层氧化膜常温下不与硝酸、稀硫酸、稀盐酸及王水反应,它与氢氟酸、浓盐酸、浓硫酸反应。钛的冶炼过程一般都在 800 ℃ 以上的高温下进行,因此必须在真空中或在惰性气氛保护下操作。

钛合金具有强度高、热强度高、抗蚀性好、低温性能好、化学活性大、导热弹性小等优势,20世纪 50~60 年代,主要是发展航空发动机用的高温钛合金和机体用的结构钛合金。20 世纪 70年代开发出一批耐蚀钛合金,20 世纪 80 年代以来,耐蚀钛合金和高强钛合金得到进一步发展。主要用于制作飞机发动机压气机部件,其次用于制作火箭、导弹和高速飞机的结构件。

制备金属钛最常见的方法是镁热还原法和钠还原法。镁热还原法是用镁还原四氯化钛($TiCl_4$)获得金属钛的过程,是主要的生产方法之一。该方法于 1940 年由卢森堡科学家克劳尔研制,又称克劳尔法。该还原作业需在高温、惰性气体保护气氛中进行,还原产物采用真空蒸馏法分离出剩余的金属镁和氯化镁,最终获得海绵状金属钛。钠还原法又称亨特法,是制取金属钛最早的研究方法,该生产过程与镁热还原法几乎完全相同,同样在惰性气氛保护下,采用钠还原$TiCl_4$,生产海绵钛。钛合金是以金属钛为基础引入其他金属元素组成的合金,可根据目标性能引入不同的金属元素。

4. 铜及铜合金

铜是人类最早使用的金属之一。人们很早就开始采掘露天铜矿,并用获取的铜制造武器、工具和其他器皿,铜的使用对早期人类文明的进步影响深远。自然界中的铜,多数以化合物即铜矿石存在。

纯铜呈紫红色,故又称紫铜,有极好的导热、导电性,其导电性仅次于银而居金属的第二位。铜具有优良的化学稳定性和耐蚀性能,是优良的电工用金属材料。

铜合金广泛使用的有黄铜、青铜和白铜等。黄铜含锌及少量的锡、铅、铝等,有优良的导热性和耐腐蚀性,可用作各种仪器零件材料;在黄铜中加入少量 Sn,具有很好的抗海水腐蚀的能力;在黄铜中加入少量的有润滑作用的 Pb,可用作滑动轴承材料。青铜是人类使用历史最久的金属材料,它是 Cu-Sn 合金;锡青铜常用于制造齿轮等耐磨零部件和耐蚀配件;铝青铜的耐蚀性比锡青铜还好;铍青铜是强度最高的铜合金,它无磁性又有优异的抗腐蚀性能,是可与钢相竞争的弹簧材料。白铜是 Cu-Ni 合金,有优异的耐蚀性和高的电阻,故可用作苛刻腐蚀条件下工作的零部件和电阻器的材料。

天然条件下的金属铜主要从硫化物矿中经冶金熔炼工艺提炼得到,少量铜采用湿法冶金工艺制造。常见的铜制造分为冰铜(铜含量约为 75% 的硫化铜与硫化铁的混合物)、粗铜(铜含量约为 96%~98%)、阳极铜(铜纯度为 99%)及电解铜(铜纯度高达 99.99%)四个步骤。在金属铜中引入锌、铝、锰、铁、锡、镍等,可以制造出具有特殊化学或机械性能的特种合金。

5. 稀土金属及应用

稀土金属又称稀土元素,是元素周期表ⅢB族中钪、钇、镧系 17 种元素的总称,常用 R 或 RE 表示。从 1794 年发现第一个稀土元素钇,到 1972 年发现自然界的稀土元素钷,历经 178 年,人们才把 17 种稀土元素全部在自然界中找到。

稀土金属具有极为重要的用途,是当代高科技新材料的重要组成部分。由稀土金属与有色金属组成的一系列化合物半导体、电子光学材料、特殊合金、新型功能材料及有机金属化合物等,均需使用独特性能的稀土金属。总体来说,稀土金属用量不大,但至关重要,不可缺少。因而广泛用于当代通信技术、电子计算机、宇航开发、医药卫生、感光材料、光电材料、能源材料和催化剂材料等。中国稀土金属矿产丰富,为发展稀土金属工业提供了较好的资源条件。

稀土金属的制备主要以氧化物、氯化物、氟化物为原料,采用熔盐电解法或金属还原法获得。熔盐电解法是目前广泛采用的方法,具有经济、无需催化剂、连续作业等优势,但获得的金属制品纯度较低。金属还原法又可细分为稀土氟化物钙还原、稀土氯化物钙-锂还原、稀土氧化物镧-铈还原。采用上述两种方法获得的稀土金属一般含有 1%~2% 的杂质,为进一步纯化,通常继续采用真空蒸馏法、真空熔炼法、区域熔炼法、单晶制备法等工艺。

6. 新型合金

随着科技的发展,新型合金的种类日益增多,主要包括轻质合金(如用作现代飞机蒙皮材料的铝锂合金)、超耐热合金(如镍钴合金能耐 1200 ℃的高温,可用于喷气飞机和燃气轮机的构件)、形状记忆合金(如 Ni-Ti、Ag-Cd、Cu-Cd、Cu-Al-Ni、Cu-Al-Zn 等合金)、可用于调节装置的弹性元件(如离合器、节流阀、控温元素等)、热引擎材料、医疗材料(如

右侧边栏文字：冶金行业钢铁生产的工艺流程

湿法冶金的开拓者——爱国情深的陈家镛院士

可生物降
解性医用
金属材料

牙齿矫正材料等)、储氢合金(如 1969 年荷兰飞利浦公司研制出 LaNi$_5$ 储氢合金,具有大量的可逆地吸收、释放氢气的性质,其合金氢化物 LaNi$_5$H$_6$ 中氢的密度与液态氢相当,约为氢气密度的 1000 倍),能降低噪声的减振合金,具有替代、增强和修复人体器官和组织的生物医学材料,具有在材料或结构中植入传感器、信号处理器、通信与控制器及执行器,使材料或结构具有自诊断、自适应,甚至损伤自愈合等智能功能与生命特征的智能材料等。

7.3　无机非金属材料

7.3.1　无机非金属材料概述

无机非金属材料最早应用在传统的建筑、日常生活等领域,现已发展到冶金、化工、能源、电子、国防、航空航天等尖端科技领域。一般来说,无机非金属材料分为传统无机非金属材料和新型无机非金属材料。

1. 传统无机非金属材料

传统无机非金属材料是指以硅酸盐或与硅酸盐生产工艺相近的非硅酸盐材料为主要成分的材料,包括陶瓷、玻璃、水泥、凝胶材料、耐火材料等。

传统无机非金属材料的生产是采用天然矿石作原料,经过粉碎、配料、混合等工序,成型(陶瓷、耐火材料等)或不成型(水泥、玻璃等),在高温下煅烧成多晶态(水泥、陶瓷等)或非晶态(玻璃、铸石等),再经过进一步的加工如粉磨(水泥)、上釉彩饰(陶瓷)、成型后退火(玻璃、铸石等),得到粉状或块状的制品。

2. 新型无机非金属材料

新型无机非金属材料是指近年来发展起来的具有特殊功能和用途的材料,包括半导体材料、磁性材料、超高温材料、人工晶体、生物陶瓷等。

新型无机非金属材料包括单晶体材料、多晶体材料和非晶态材料,原料多采用高纯、微细的人工粉料。单晶体材料用提拉、水溶液、气相及高压合成等方法制造。多晶体材料使用热压铸、等静压、轧膜、流延、喷射或蒸镀等方法成型后再煅烧,或用热压、高温等静压烧结工艺,或用水热合成、超高压合成或熔体晶化等方法制造粉状、块状或薄膜状的制品。非晶态材料一般采用高温熔融、熔体凝固、喷涂、拉丝或喷吹等方法制成块状、薄膜或纤维状的制品。

7.3.2　无机非金属材料的合成方法

无机非金属材料体系非常复杂,包括众多多元化合物,具有化学成分复杂性、结构复杂性、性能多样性等特点。无机非金属材料的合成方法主要包括固相反应法、气相法和液相法。

1. 固相反应法

广义地讲,凡是有固体参加的反应都可称为固相反应,例如,固体分解、熔化、相变、氧化、还原、固-固反应、固-液反应、固-气反应等都包括在固相反应的范围内。

固相反应具有工艺简单、容易操作、产量高、生产成本低、适合工业化大批量生产等优点;但固相反应也有反应不完全、反应所需温度高、成分不易控制、产物需要后机械粉碎处理(由于固相反应伴随固相烧结,晶粒长大)、易引入杂质等不足。

按参加反应的物质状态来划分,固相反应可分为三类:

(1)纯固相反应。即反应物和生成物都是固体,反应式可写为

$$A(s)+B(s) \Longrightarrow AB(s)$$

(2)有液相参加的反应。反应物的熔化:

$$A(s) \Longrightarrow A(l)$$

反应物与反应物生成低共熔物:

$$A(s)+B(s) \Longrightarrow (A+B)(l)$$

$$A(s)+B(s) \Longrightarrow (A+AB)(l) 或 (A+B+AB)(l)$$

(3)有气体参加的反应。在固相反应中,如有一种反应物升华:

$$A(s) \Longrightarrow A(g)$$

或分解:$AB(s) \Longrightarrow A(g)+B(s)$

或反应物与第三组分反应:$A(s)+C(g) \Longrightarrow AC(g)$都可能出现气体。

例如,碳化硅的形成途径可表示为

$$SiO(s) \Longrightarrow SiO(g)$$

$$SiO(g)+2C \Longrightarrow SiC(s)+CO(g)$$

一氧化硅可由 SiO_2 的分解得到:

$$2SiO_2(s) \Longrightarrow 2SiO(g)+O_2(g)$$

在实际的固相反应中,通常是以上三种形式的各种组合。

按反应性质,固相反应可分为氧化反应、还原反应、加成反应、置换反应和分解反应,如表7-1所示。

表 7-1 固相反应的分类

名称	反应式	实例
氧化反应	$A(s)+B(g) \Longrightarrow AB(s)$	$Zn+1/2O_2 \Longrightarrow ZnO$
还原反应	$AB(s)+C(g) \Longrightarrow A(s)+BC(g)$	$Cr_2O_3+3H_2 \Longrightarrow 2Cr+3H_2O$
加成反应	$A(s)+B(s) \Longrightarrow AB(s)$	$MgO+Al_2O_3 \Longrightarrow MgAl_2O_4$
置换反应	$A(s)+BC(s) \Longrightarrow AC(s)+B(s)$	$Cu+AgCl \Longrightarrow CuCl+Ag$
	$AC(s)+BD(s) \Longrightarrow AD(s)+BC(s)$	$NaI+AgCl \Longrightarrow NaCl+AgI$
分解反应	$AB(s) \Longrightarrow A(s)+B(g)$	$MgCO_3 \Longrightarrow MgO+CO_2(g)$

按机理划分,固相反应可分为扩散控制过程,化学反应成核速率控制过程,晶核速率控制过程和升华控制过程。

按反应温度,固相反应可分为低热固相反应,反应温度在 100 ℃以下;中热固相反应,反应温度在 100~600 ℃;高温固相反应,反应温度在 600 ℃以上。

例如,氮化硅的合成采用高温固相反应:

直接氮化法　　　　　　　$3Si(s)+2N_2(g) \xrightarrow{1300\ ℃} Si_3N_4(s)$

碳热还原法　　　$3SiO_2(s)+6C(s)+2N_2(g)\xrightarrow{1300\ ℃}Si_3N_4(s)+6CO(g)$

2. 气相法

气相法是直接利用气体,或者通过各种手段将物质转变为气体,使之在气体状态下发生物理变化或化学反应,最后在冷却过程中凝聚长大形成粉体、薄膜或晶须等产物,常用于生产金属氯化物、金属的烷类、金属的有机化合物。其反应区加热方式有很多种,较为常用的是电炉加热、电弧加热、直流等离子加热、感应等离子加热、微波加热等方式。图 7-1 为一般气相反应装置的原理简图。

图 7-1　气相反应装置的原理简图

气相法可分为气体中蒸发法、化学气相沉积法、溅射源法、流动油面上真空沉积法和金属蒸汽合成法。

3. 液相法

液相法是目前广泛采用的制备纳米陶瓷粉体的方法,其基本过程原理是:选择一种或多种合适的可溶性金属盐类,按所制备的材料组成计量配制成溶液,再选择一种合适的沉淀剂或用蒸发、升华、水解等操作,使金属离子均匀沉淀或结晶出来,最后将沉淀或结晶脱水或者加热分解而得到纳米陶瓷粉体。利用这种方法可以进行分子修饰、剪裁,实现原子、分子量级的混合,产物均匀,微观形态上达到良好的控制,并可以精确控制化学成分和化学计量。

液相法可分为沉淀法、水解法、水热法、溶胶-凝胶法等。沉淀法又可分为直接沉淀法、共沉淀法和均匀沉淀法等,都是利用生成沉淀的液相反应来制取。

在混合离子溶液中加入某种沉淀剂或混合沉淀剂使多种离子同时沉淀的过程,叫共沉淀,共沉淀的目的是通过形成中间沉淀物制备多组分陶瓷氧化物,这些中间沉淀通常是水合氧化物,也可以是草酸盐、碳酸盐或者是它们之间的混合物。由于被沉淀的离子在溶液中可精确计量,只要能保证这些离子共沉淀完全,即能得到组成均匀的多组分混合物,从而保证煅烧产物的化学均匀性,并可以降低其烧成温度。

在工业上共沉淀应用的一个典型例子是 $BaTiO_3$ 的合成,在控制 pH、温度和反应物浓度的条件下,向 $BaCl_2$ 和 $TiOCl_2$ 混合溶液中加入草酸后可获得钡钛复合草酸盐沉淀:

$$BaCl_2+TiOCl_2+2H_2C_2O_4+4H_2O \Longrightarrow BaTiO(C_2O_4)_2 \cdot 4H_2O+4HCl$$

图 7-2 是使用该方法形成钇和锆的氢氧化物共沉淀,进而得到 $Y-ZrO_2$ 陶瓷。

7.3.3　重要的无机非金属材料

1. 陶瓷

陶瓷是以黏土为主要组分,辅以各种天然矿物质,经过粉碎、混炼、成型和煅烧而得的各种制品,是陶器和瓷器的总称。工业陶瓷指应用于各种工业用途的陶瓷制品,可分为化工陶瓷、建筑陶瓷、电瓷、特种陶瓷等。

特种陶瓷是随着现代电器、无线电、航空、原子能、冶金、机械、化学等工业及电子计算机、空间技术、新能源开发等尖端科学技术的飞跃发展而发展起来的,按照其应用情况可分为结构陶瓷和功能陶瓷两类。结构陶瓷具有高硬度、高强度、耐磨、耐腐蚀、耐高温和润滑性好等特点,用作机械结构零部件材料;功能陶瓷具有声、光、电、磁、热特性及化学、生物功能等特点。

目前,结构陶瓷和功能陶瓷正向着更高阶段的称为智能陶瓷的方向发展。智能陶瓷(intelligent ceramic)有很多特殊的功能,能像有生命物质(如人的五官)那样感知客观世界,也能能动地对外做功、发射声波、辐射电磁波和热能,以及促进化学反应和改变颜色等对外做出类似有智慧的反应。

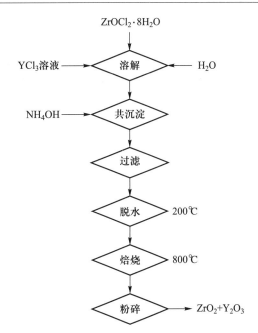

图 7-2　共沉淀法制备 Y-ZrO_2 陶瓷

生物陶瓷是用于人体器官替换、修补及外科矫形的陶瓷材料,如羟基磷灰石陶瓷(HA)。它的化学成分是 $Ca_{10}(PO_4)_6(OH)_2$,其单位晶胞与人体骨质是相同的,是骨、牙组织的无机组成部分,因此被用作人工骨种植材料。一般种植四五年后,HA 逐渐被吸收,常用于不承载的小型种植体(如耳骨)、用金属支撑加强的牙科种植体等。

陶瓷粉体的制备方法包括机械粉碎、气流粉碎、物理气相沉积等物理制备方法和沉淀法(直接沉淀法、均匀沉淀法及共沉淀法)、醇盐水解法、化学气相沉积等化学制备方法。

2. 玻璃

玻璃是由二氧化硅、其他氧化物或非氧化物的熔体过冷而制得的非晶态无机物。按照主要成分,玻璃分为氧化物玻璃和非氧化物玻璃,氧化物玻璃又分为硅酸盐玻璃、硼酸盐玻璃和磷酸盐玻璃等;非氧化物玻璃主要包括硫系玻璃和卤化物玻璃。按照用途,又分为普通玻璃和特种玻璃。

特种玻璃是通过光、电、磁、热、化学和生化等作用而表现出特殊功能的玻璃,一般具有高透性、高稳定性、生物相容性等特殊性质,是武器装备重要的关键性和基础性材料,特种玻璃在建筑、交通、能源、化工、医药、航天、航空、舰船、电子、核工业等领域应用广泛。特种玻璃的研发和生产水平成为一个国家材料发展水平的重要标志之一。特种玻璃主要有安全玻璃、平板显示玻璃、镀膜玻璃、封接玻璃、微晶玻璃、光学玻璃、石英玻璃等。

通常玻璃的制备方法多种多样,传统的制备主要分为固态、液态及气态方法。其中固态法指粉末冶金法;液态法主要指熔融冷却法;气态法主要包括物理气相沉积法、化学气相沉积法、电解沉积法及溅射法等。目前新的制备方法逐渐发展起来,如冲击波法、溶胶-凝胶法、低熔点氧化物包裹法及辐照法等。

3. 半导体材料

半导体材料是一类具有半导体性能、可用来制作半导体器件和集成电路的电子材料。半导体种类有很多,按其化学成分可分为单质半导体和化合物半导体,按其是否含有杂质可分为本征半导体和杂质半导体。

利用半导体电导率随温度迅速变化的特点,可制作各种热敏电阻,用以制作测温元件;利用光照射能使半导体材料的电导率增大这一现象,可制作各种光敏电阻,用于光电自动控制及制作半导体光电材料,用于图像的静电复印;利用温差能使不同半导体材料间产生温差电动势,可用以制作热电偶及在半导体材料连接外加电源时使物体制冷。半导体材料也是制作太阳能电池、发光二极管所必需的材料。

制备不同的半导体器件对半导体材料有不同的形态要求,包括单晶的切片、磨片、抛光片、薄膜等。半导体材料的不同形态要求对应不同的加工工艺。常用的半导体材料制备工艺有提纯、单晶的制备和薄膜外延生长。

4. 磁性材料

磁性材料是一种重要的电子材料,铁氧体是最常见的磁性材料,是以氧化铁和其他铁族元素或稀土元素氧化物为主要成分的复合氧化物,可用于制造能量转换、传输和信息存储的各种功能器件。按铁氧体的用途不同,又可分为软磁、硬磁、矩磁和压磁等。

软磁材料是指在较弱的磁场下,易磁化也易退磁的一种铁氧体材料,这是目前各种铁氧体中用途较广、数量较大、品种较多、产量较高的一种材料。主要用作各种电感元件,如滤波器、变压器及天线的磁性和磁带录音、录像的磁头。

超导材料

领先世界的晶体,刻苦钻研的陈创天院士

无机非金属材料发展史

硬磁材料是指磁化后不易退磁而能长期保留磁性的一种铁氧体材料,也称为永磁材料或恒磁材料。其性能较好,成本较低,不仅可用作电信器件中的录音器、电话机及各种仪表的磁铁,而且在医学、生物和印刷显示等方面也得到了应用。

矩磁材料具有辨别物理状态的特性,如电子计算机的“1”和“0”两种状态,各种开关和控制系统的“开”和“关”两种状态及逻辑系统的“是”和“否”两种状态等。几乎所有的电子计算机都使用矩磁铁氧体制成高速存储器。

压磁材料是指磁化时能在磁场方向作机械伸长或缩短的铁氧体材料。目前应用最多的是镍锌铁氧体、镍铜铁氧体和镍镁铁氧体等。压磁材料主要用于电磁能和机械能相互转换的超声器件、磁声器件、电信器件、电子计算机、自动控制器件等。

近几年用于制备铁氧体的常见方法主要包括溶胶–凝胶法、化学共沉淀法、液相燃烧法、水热合成法、固相球磨法等。溶胶–凝胶法采用硝酸铁、硝酸锌、正硅酸乙酯作为原料,获得锌铁氧体与氧化硅的复合物,经高温处理,消除杂相得到高纯铁氧体。化学共沉淀法是指利用沉淀剂将体系中的金属离子共同沉淀,经过滤、洗涤、干燥等流程得到高纯铁氧体。液相燃烧法是指利用燃烧时产生的气流冲击反应液分散成液滴,在蒸发除水的同时,液滴中非挥发成分团聚生长成铁氧体晶粒。水热合成法是指在密闭体系中,将原料加入水中,优化反应条件,经高温水热和后续洗涤过程获得铁氧体粉料。固相球磨法是指利用球磨作用促进原料间的物理及化学反应制备化合物的方法,该方法工艺简单,化学成分易控制,但能耗较大,反应时间较长。在实际制备中,需依据磁性材料的类型,选择不同的制备工艺。

7.4 高分子材料

高分子材料也称聚合物材料,是以高分子化合物为基体,再配有其他添加剂(助剂)所构成的材料。高分子化合物是一种或几种低分子化合物通过聚合反应将成千上万个单体分子连接而成的化合物,相对分子质量一般在 $10^4 \sim 10^7$。

7.4.1 高分子材料概述

高分子材料科学是一门多学科性的综合性应用基础科学,在当前和今后一段时期内,高分子材料的主要发展趋势为研制、开发更高性能化、功能化、复合化、精细化和智能化的材料品种和制品。

1. 高分子材料的定义

高分子材料(polymer materials)是以高分子化合物为基材的一大类材料的总称。高分子化合物常简称高分子或大分子,又称聚合物或高聚物。

与低分子相比,高分子化合物的主要结构特点是:相对分子质量大,相对分子质量往往存在着分散性分布;分子间相互作用力大,分子链有柔顺性;晶态有序性较差,但非晶态却具有一定的有序性。高分子材料的许多奇特和优异性能,如高弹性、黏弹性、物理松弛行为等都与大分子的巨大相对分子质量相关。

2. 高分子材料的分类

高分子材料按照其来源可分为天然高分子材料和合成高分子材料,天然高分子材料有天然橡胶、纤维素、淀粉、蚕丝等;合成高分子材料的种类繁多,如合成塑料、合成橡胶、合成纤维等。

按照材料凝聚态结构的不同及主要物理、力学性能的差异,以及在国民经济建设中的主要用途,高分子材料大致可分为塑料、橡胶、纤维、黏合剂、涂料等不同类型。使用条件下处于玻璃态或结晶态的材料,主要利用其刚性、韧性作结构材料,这类称为塑料;使用条件下材料处于高弹态,主要利用其高弹性作缓冲或密封材料,此类称为橡胶。纤维、黏合剂、涂料主要根据其用途来区分。近年来,一批新型高分子材料被赋予新的功能,如导电、导磁、光学性能、阻尼性能、生物功能等,于是又划分出一类新的功能高分子材料。

7.4.2 高分子材料的制备

1. 自由基聚合

自由基聚合机理由链引发、链增长、链终止等基元反应组成,链引发是形成单体自由基(活性种)的反应,引发剂引发由两步反应组成,第一步为引发剂分解,形成初级自由基 R·,第二步为初级自由基与单体加成,形成单体自由基。以上两步反应动力学行为有所不同。第一步引发剂分解是吸热反应,活化能高,反应速率和分解速率常数小。第二步是放热反应,活化能低,反应速率大,总引发速率由第一步反应控制。

链增长是单体自由基打开烯类分子的 π 键,加成,形成新自由基,新自由基的活性并不衰减,继续与烯类单体连锁加成,形成结构单元更多的链自由基的过程。链增长反应活化能低,为 $20 \sim 34 \text{ kJ} \cdot \text{mol}^{-1}$,增长极快。

链终止是自由基相互作用而终止的反应。链终止活化能很低,仅 $8 \sim 21\ kJ \cdot mol^{-1}$,甚至低至零。终止速率常数极高,为 $106 \sim 108\ L \cdot mol^{-1} \cdot s^{-1}$。

比较上述三种反应的相对难易程度,可以将传统自由基聚合的机理特征描述成慢引发、快增长、速终止。在自由基聚合过程中,只有链增长反应才使聚合度增加,增长极快,1 s 内就可使聚合度增长到成千上万,不能停留在中间阶段。因此反应产物中除少量引发剂外,仅由单体和聚合物组成。前后生成的聚合物相对分子质量变化不大,随着聚合的进行,单体浓度下降,转化率逐渐升高,聚合物浓度相应增加。延长聚合时间主要是提高转化率。聚合过程体系黏度增加,将使速率和相对分子质量同时增加。

2. 缩合聚合

缩聚反应是指单体在聚合过程中,同时缩减掉一部分低分子化合物的反应。由缩聚反应得到的聚合物称为缩聚物。在缩聚反应中,由于有一部分低分子缩减掉了,因而缩聚物的链节与单体有所不同。例如,当己二酸与己二胺进行缩聚反应时,己二酸分子上的羧基与己二胺分子上的氨基相互在各自分子两端发生缩合,生成聚酰胺-66(尼龙-66)。

$$n\mathrm{NH_2-(CH_2)_6-N-H} + n\mathrm{HO-\underset{O}{\overset{}{C}}-(CH_2)_4-COOH} \longrightarrow \left[\mathrm{N-(CH_2)_6-NHC(CH_2)_4-\underset{O}{\overset{}{C}}}\right]_n + (2n-1)\mathrm{H_2O}$$

己二胺　　　己二酸　　　　　　　　　　　　　　　　尼龙-66

聚酰胺-66 的每个链节都是由己二酸与己二胺分子间脱水缩合而成的。

$$\mathrm{NH_2-(CH_2)_6-N[H+HO]C-(CH_2)_4-COOH} \longrightarrow \mathrm{NH_2-(CH_2)_6-N-C-(CH_2)_4-COOH+H_2O}$$

己二胺　　　己二酸

很明显,参加缩聚反应的低分子化合物至少应该有两个能参加反应的官能团,才可能形成高聚物。

3. 加成聚合

具有不饱和键(含有双键、三键)的单体经加成反应形成高分子化合物,这类反应称为加聚反应,其产物称为加聚物。例如,聚氯乙烯是由一种单体氯乙烯聚合而成,属均聚物;丁苯橡胶是由丁二烯、苯乙烯两种单体聚合而成,属共聚物。

$$n\mathrm{H_2C=CH} \xrightarrow{\text{共聚反应}} \left[\mathrm{CH_2-CH}\right]_n$$
$$\quad\ \ \ \ \ \mathrm{Cl} \qquad\qquad\qquad\qquad\quad\ \ \mathrm{Cl}$$
氯乙烯　　　　　　　　　　　　　聚氯乙烯

$$n\mathrm{H_2C=CH-CH=CH_2} + n\ \text{(苯乙烯)} \xrightarrow{\text{共聚反应}} \left[\mathrm{H_2C-CH=CH-CH_2-CH-CH_2}\right]_n$$
丁二烯　　　　　　苯乙烯　　　　　　　　　　丁苯橡胶

由聚氯乙烯可以制成聚氯乙烯纤维——氯纶。氯纶的特点主要包括保暖性强,比棉花高

50%;耐腐蚀,不怕任何酸碱;弹性较强,大于棉纤维但略逊于羊毛;不起皱;电绝缘性和吸湿性好;易干等。因此它特别适于作化工及化学实验室的防护服装。

氯纶的致命缺点是耐热性太差,65 ℃即发生收缩,75 ℃软化粘连。因此,不能用高于 50 ℃ 的热水洗;穿着时不能靠近火炉或暖气片等高温热源;染色性也差,且不耐光。

7.4.3 重要的高分子材料

1. 塑料

塑料按加工时的工艺性能可分为热塑性塑料和热固性塑料两类。热塑性塑料的高分子链属线形结构(包括含有支链的),这类塑料可溶、可熔、加热后会软化,冷却后变硬,具有多次重复加工性,如聚乙烯、聚甲醛、氟塑料、尼龙(聚酰胺)、聚酯等;热固性塑料的高分子链在固化成型前是线形结构,当它在固化成型过程中由于固化剂的作用而成型后就转化为网状结构的高分子链,成为不溶、不熔的材料,冷却后就不会再软化,当温度超过分解温度时将被分解破坏,即不具备重复加工性,如酚醛树脂、环氧塑料等。

塑料按使用状况又可分为通用塑料和工程塑料两大类。通用塑料主要指产量大、用途广、价格低、性能一般、只能作为非结构材料使用的一类塑料,通常指聚乙烯(PE)、聚丙烯(PP)、聚氯乙烯(PVC)、聚苯乙烯(PS)、酚醛塑料和氨基塑料六个品种,产量占全部塑料的大多数;工程塑料具有较高的力学性能,能够经受较宽的温度变化范围和较苛刻的环境条件,并且在此条件下能够长时间使用,且可作为结构材料。

人们常用的塑料主要是以合成树脂为基体,再加入塑料辅助剂(如填料、增塑剂、稳定剂、润滑剂、交联剂及其他添加剂)制得的。

2. 橡胶

橡胶是一类线形柔性高分子化合物。其分子链柔性好,在外力作用下可产生较大形变,除去外力后能迅速恢复原状。它的特点是在很宽的温度范围内具有优异的弹性,所以又称弹性体。同一种高分子化合物,由于其制备方法、制备条件、加工方法不同,可以作为橡胶用,也可作为纤维或塑料用。

橡胶按其来源,可分为天然橡胶和合成橡胶两大类。天然橡胶是从自然界的植物中采集出来的一种高弹性材料。合成橡胶是各种单体经聚合反应合成的高分子材料。按其性能和用途可分为通用合成橡胶和特种合成橡胶。用以代替天然橡胶来制造轮胎及其他常用橡胶制品的合成橡胶称为通用合成橡胶,如丁苯橡胶、顺丁橡胶、乙丙橡胶、丁基橡胶、氯丁橡胶等。凡具有特殊性能,专门用于各种耐寒、耐热、耐油、耐臭氧等特种橡胶制品的橡胶,均称为特种合成橡胶,如硅橡胶、氟橡胶、丙烯酸酯橡胶、聚氨酯橡胶等。

橡胶制品种类繁多,但生产工艺大同小异。一般以生胶为原料的橡胶制品,制备工艺流程主要包括:塑炼、混炼、压延、压出、成型、硫化 6 个基本工序。橡胶的加工工艺过程主要是解决塑性和弹性性能矛盾的过程。

3. 合成纤维

纤维是指长度比直径大很多倍并且有一定柔韧性的纤细物质,包括天然纤维(棉花、麻、蚕丝)和化学纤维。化学纤维是天然聚合物或合成聚合物经过化学加工制成的纤维,又分为人造纤维和合成纤维。人造纤维以天然聚合物为原料制得,主要有黏胶纤维、铜氨纤维、乙酸酯纤维、再生蛋白质纤维等。合成纤维由合成聚合物制得,品种繁多,已工业化生产的有 40 余种,其中最主要的产品有聚酯纤维(涤纶)、聚酰胺纤维(尼龙)、聚丙烯腈纤维(腈纶)三大类,这三大类纤维的产量占合成纤维总产量的 90% 以上。

合成纤维具有强度高、耐高温、耐酸碱、耐磨损、质量轻、保暖性好、抗霉蛀、电绝缘性好等特点,广泛地用于纺织工业、国防工业、航空航天、交通运输、医疗卫生、通信等各个重要领域,已经成为国民经济发展的重要部分。

合成纤维是用石油、天然气、煤炭等矿产资源及农副产品为原料,经化学反应,制备的高分子化合物,再经纺丝加工得到纤维。纺丝过程是将聚合物熔体或用其他溶剂将聚合物溶解为黏性溶液,用齿轮泵定量供料,在牵引的作用下,通过喷丝头的小口,经凝固或冷凝成纤维。目前常用的合成纤维纺丝方法主要有两类:熔体纺丝法和溶液纺丝法,其中溶液纺丝法按照凝固方式的差异,又分为湿法纺丝和干法纺丝两类。

4. 功能高分子材料

现代工程技术的发展,向高分子材料提出了更高的要求,推动了高分子材料向高性能化、功能化和生物化方向发展,这样就出现了许多产量低、价格高、性能优异的新型高分子材料,即功能高分子材料。功能高分子是指当有外部刺激时,能通过化学或物理的方法做出相应输出的高分子材料。它是一类既有传统高分子材料机械性能,又有某些特殊功能的高分子材料;按照功能特性可分为:光功能高分子材料、高分子分离膜、高分子磁性材料、电功能高分子材料、生物高分子材料等。从目前采用的制备方法来看,功能高分子材料的制备归纳为以下三种类型:功能性小分子材料的高分子化;已有高分子材料的功能化;多功能材料的复合及已有功能高分子材料的功能扩展。

1)光功能高分子材料

光功能高分子材料,是指能够对光进行透射、吸收、储存、转换的一类高分子材料。目前,这一类材料已有很多,主要包括光导材料、光记录材料、光加工材料、光学用塑料、光转换系统材料、光显示用材料、光导电用材料、光合作用材料等。如先进的信息储存元件硬盘的基本材料就是高性能的有机玻璃和聚碳酸酯,感光树脂可作为窗玻璃或窗帘的涂层调节室内光线,还可作为高密度信息存储的可逆存储介质等。

橡胶黄埔
——青岛
科技大学
的橡胶情
缘

2)高分子分离膜

高分子分离膜是用高分子材料制成的具有选择性透过功能的半透性薄膜。采用这样的半透性薄膜,以压力差、温度梯度、浓度梯度或电位差为动力,与气体混合物、液体混合物或有机物、无机物的溶液等分离技术相比,具有省能、高效和洁净等特点,因而被认为是支撑新技术革命的重大技术。膜分离过程主要有反渗透、超滤、微滤、电渗析、压渗析、气体分离、渗透汽化和液膜分离等。用来制备分离膜的高分子材料有许多种类,主要包括聚砜、聚烯烃、纤维素酯类和有机硅等。利用离子交换膜电解食盐可减少污染、节约能源;利用反渗透进行海水淡化和脱盐,要比其他方法消耗的能量都小;利用气体分离膜从空气中富集氧可大大提高氧气回收率等。

中国高分
子领域的
两大奠基
人

3)高分子磁性材料

高分子磁性材料,是人类在不断开拓磁与高分子聚合物(合成树脂、橡胶)的新应用领域的同时,而赋予磁与高分子的传统应用以新的含义和内容的材料之一。早期磁性材料源于天然磁石,之后才利用磁铁矿(铁氧体)烧结或铸造成磁性体,现在工业常用的磁性材料有三种,即铁氧体磁铁、稀土类磁铁和铝镍钴合金磁铁等。它们的缺点是既硬且脆,加工性差。为了克服这些缺陷,将磁粉混炼于塑料或橡胶中制成的高分子磁性材料便应运而生了。这样制成的复合型高分子磁性材料,因具有密度小、容易加工成尺寸精度高和复杂形状的制品,还能与其他元件一体成型等特点,而越来越受到人们的关注。

橡胶工业
发展史

7.5 复合材料

复合材料的范围很广,早在 6000 多年前人们使用草杆和泥筑墙是复合材料最早的应用。随着现代科学技术的发展,充分利用不同组分材料性能获得的功能性复合材料已作为一门新兴学科发展起来,不同的金属材料、非金属材料及聚合物材料相互之间可以复合。

7.5.1 复合材料概述

1. 复合材料定义

复合材料是运用先进的制备技术将两种或两种以上具有不同物理、化学性质的物质组合成一种新的多相固体材料。复合材料不仅能够保持原有组分的特性,而且各组分之间能够取长补短,通过协同作用获得单一材料所不具有的新的特性。例如,特种工程塑料聚苯硫醚性脆、韧性差,橡胶柔韧,但强度和硬度不足,而通过将聚苯硫醚与橡胶共混可以获得同时具有韧性好和强度高的聚苯硫醚复合材料。

2. 复合材料的命名与分类

复合材料通常由占主要比例的基体材料和起改善性能的少量增强材料组合而成。在复合材料中,基体材料一般是连续的一相,被称为基体相;分散于基体中的增强材料被称为分散相或增强相;分散相与基体相之间的界面称为界面相。基体材料主要包括金属基体材料、无机非金属基体材料和聚合物基体材料。玻璃纤维、碳纤维等是常用的增强材料。

复合材料可根据增强相与基体相的名称来命名。一般将增强相的名称放在前,基体相的名称放在后,然后加上"复合材料"。例如,玻璃纤维和酚醛树脂组成的复合材料称为"玻璃纤维酚醛树脂复合材料"。为简便,也可仅写增强相和基体相的缩写名称,中间加一斜线隔开,然后加上"复合材料"。如上述玻璃纤维和酚醛树脂组成的复合材料,可简写为"玻纤/酚醛复合材料"。碳纤维和金属基体组成的复合材料叫"碳纤维金属复合材料",也可写为"碳/金属复合材料"。如图 7-3 为连续纤维增强陶瓷基复合材料。

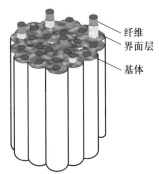

纤维
界面层
基体

复合材料按基体材料可以分为:① 金属基复合材料(如铁基复合材料、镁基复合材料等);② 无机非金属基复合材料(如陶瓷基复合材料、玻璃基复合材料等);③ 聚合物基复合材料(如环氧树脂基复合材料、聚酰亚胺树脂基复合材料等)。

图 7-3 连续纤维增强陶瓷基
复合材料

7.5.2　复合材料的制备

复合材料的制备工艺主要分为三类:液相工艺、固相工艺和气相工艺。主要的液相工艺包括压挤铸造与压挤渗透、喷雾沉积、热喷射、浆体铸造、定向凝固共晶及金属的定向氧化等。主要的固相工艺包括粉末冶金、薄膜的扩散键合、利用陶瓷-金属(陶瓷)间的反应及由有机聚合物的合成。主要的气相工艺包括物理气相沉积(PVD)、化学气相沉积(CVD)和化学气相渗透(CVI)。表 7-2 总结了金属基复合材料、无机非金属基复合材料和聚合物基复合材料 3 种不同基体复合材料的制备方法。

表 7-2　不同基体复合材料的制备方法

制备方法	金属基复合材料	无机非金属基复合材料	聚合物基复合材料
液相工艺	压力熔浸与无压熔浸 搅拌铸造 喷射沉积成型 定向凝固共晶 热喷射	定向氧化 定向凝固共晶 利用有机聚合物的合成	液体状树脂的含浸 预浸料坯成型 (玻璃钢)片模塑料 热塑性塑料的注射成型
固相工艺	粉末冶金(热压机械合金化、SPS) 合金箔扩散键合 拉拔等机加工成型	粉末烧结 反应成型	热塑性塑料的注射成型
气相工艺	PVD(物理气相沉积)	CVD(化学气相沉积) CVI(化学气相渗透)	

7.5.3　重要的复合材料

1. 金属基复合材料

常见的金属基复合材料主要包括铝基复合材料、钛基复合材料、镁基复合材料和高温合金基复合材料。

铝基复合材料是当前品种和规格最多、应用最广的一种复合材料,主要包括硼纤维增强铝、碳化硅纤维增强铝、碳纤维增强铝和氧化铝纤维增强铝;碳化硅颗粒增强铝与晶须增强铝等,具有高比强度和比刚度,应用在航空航天及汽车工业中。

钛基复合材料主要包括硼纤维增强钛、碳化硅纤维增强钛、碳化钛颗粒增强钛,具有高的比强度和比刚度,且具有很好的抗氧化性能和高温力学性能,应用在航空工业中。

镁基复合材料与碳纤维增强铝、石墨纤维增强铝相比,密度和热膨胀系数更低、强度和模量也较低,具有很高的导热/热膨胀比值,在温度变化环境中,是一种稳定性极好的宇宙空间材料,在航空航天和汽车工业应用中具有较大潜力。

高温合金基复合材料,包括准熔金属丝增强型和原位生成自增强型复合材料。

2. 无机非金属基复合材料

常见的无机非金属基复合材料主要包括碳基复合材料、陶瓷基复合材料和无机胶凝复合材料。

碳基复合材料是碳作基体、用碳纤维增强的复合材料,具有很高的比强度,就高温强度而言,碳基复合材料是 2000 ℃ 以上最强的材料,更可贵的是,温度越高,碳材料的强度越高。

金属陶瓷是金属与陶瓷的结合体。其分散相是陶瓷颗粒,基体是一种金属或几种金属的混合物。金属陶瓷比任何工具钢都硬,压缩强度高于大多数工程材料,耐磨性能极佳。可作切削工具,也可作任何软、硬表面的摩擦件。金属含量越低,陶瓷粒度越细(<1 μm),耐磨性能越好。所有金属陶瓷都具有室内耐腐蚀性,含有镍和铬的金属陶瓷可耐化学环境的腐蚀。

无机胶凝复合材料是以混凝土或水泥砂浆为基体,在其中掺入纤维形成的复合材料,称为纤维水泥与纤维混凝土。纤维种类包括金属纤维、无机纤维、合成纤维、植物纤维。钢纤维能有效提高混凝土的韧性与强度,能成批生产,价格便宜,施工方便,得到广泛研究和应用。

3. 聚合物基复合材料

常见的聚合物基复合材料包括玻璃纤维增强塑料、碳纤维增强塑料、Kevlar 纤维增强塑料、橡胶基复合材料等。

玻璃纤维增强塑料是以树脂为基体,玻璃纤维为增强材料制成的一类复合材料,可分为热塑性玻璃钢和热固性玻璃钢。热固性玻璃钢密度小、强度高、比强度超过一般的高强钢,耐腐蚀、绝缘、绝热,但弹性模量低,应在 300 ℃ 以下使用,主要用于制造自重轻的受力构件和要求无磁性、绝缘、耐腐蚀的零件。热塑性玻璃钢具有高强度和高冲击韧性,良好的低温性能及低的热膨胀系数。玻璃钢作为结构材料得到广泛应用,在国防工业、机械工业、石油化工、车辆制造等方面应用广泛。

碳纤维增强塑料是由碳纤维与聚酯、酚醛、环氧、聚四氟乙烯等树脂组成的复合材料。它的主要特点是低密度、高强度、高弹性模量、高比强度和比模量、优良的抗疲劳性能、耐冲击性能、自润滑性、减摩耐磨性、耐腐蚀和耐热性,但是也有碳纤维和基体结合强度低、各向异性严重的缺点。目前碳纤维增强塑料由于性能优于玻璃钢,主要用于航空航天工业中制作飞机机身、螺旋桨、发电机的护环材料等。

Kevlar 纤维增强塑料是由 Kevlar 纤维与环氧、聚乙烯、聚碳酸酯、聚酯等树脂组成的复合材料。最常用的是 Kevlar 纤维-环氧树脂复合材料,其抗拉强度高于玻璃钢,与碳纤维-环氧树脂复合材料相近;延性好,与金属相似;具有优良的疲劳抗力和减振性。目前主要用于制作飞机机身、雷达天线罩、火箭发动机外壳、快艇等。

橡胶基复合材料是橡胶和增强纤维或粒子复合,从而制备的纤维增强橡胶和粒子增强橡胶复合材料。目前纤维增强橡胶主要用于轮胎、皮带、橡胶管、橡胶布等,而粒子增强橡胶则利用补强剂提高橡胶的抗拉强度、撕裂强度、耐磨性等。

除上述复合材料之外,还包括导电复合材料、磁性复合材料、导热高分子复合材料等。

7.6 前沿材料

人类文明发展史上创造了一系列的材料,材料构筑了人类的生活,也构建了不同的文明。进入 21 世纪,新时代有更多的新材料,新材料会让人类的明天、未来的世界更美好多彩。在能源危机与环境危机的双重压力下,寻求高效的能源材料和生态环境友好材料及新一代材料成为重要的战略目标。

7.6.1　储能材料

储能材料是指具有能量储存特性的材料。目前常见的储能元器件包括锂离子电池、锌离子电池、燃料电池等。其中锂离子电池因具有高的能量密度、优良的循环性能、无记忆效应等优点，已发展成为商业化的储能器件，并广泛用于各种便携式电子产品及能源汽车。锂离子电池的正极材料通常是过渡金属氧化物，如 $LiMPO_4$、$LiMO_2$（$M = Fe$、Mn、Co、Ni 等）；负极主要是氧化还原电位较低的材料，如石墨等碳材料。电解液一般为溶解锂盐的碳酸酯有机溶剂，电池隔膜以聚乙烯和聚丙烯为主。锂离子电池的工作原理示意图如图 7-4 所示。

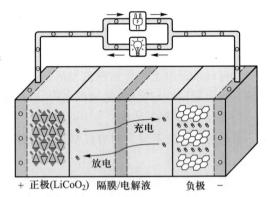

图 7-4　锂离子电池的工作原理示意图

锂资源有限，致使商业锂离子电池成本较高；再者，锂离子电池采用的有机电解液和高活性金属锂易引起安全事故，严重阻碍了锂电池更广泛的应用。在此背景下，水系二次电池，包括锌离子电池、铝离子电池、镁离子电池等逐渐引起研究者的关注。特别地，锌离子电池被认为是新一代安全兼廉价的储能设备。

燃料电池特别是氢氧燃料电池，具有多种优点：① 清洁环保，产物是水；② 容易持续通氢气和氧气，产生持续电流；③ 能量转换率较高，超过 80%（普通燃烧能量转换率只有 30% 多）；④ 可以组合为燃料电池发电站，具有排放废弃物少、噪声低、绿色环保等优势。其缺点是输出电压较低，要持续不断供给反应物，排出生成物，附属设备较多，不容易应用于便携式电子产品。

7.6.2　储氢材料

用于储存氢能的材料称为储氢材料，一般为合金。在氢能利用过程中，氢的储运是重要环节。1969 年荷兰飞利浦公司研制出 $LaNi_5$ 储氢合金，具有大量的可逆地吸收、释放氢气的性质，其合金氢化物 $LaNi_5H_6$ 中氢的密度与液态氢相当，约为氢气密度的 1000 倍。

储氢合金是由两种特定金属构成的合金，其中一种可以大量吸氢，形成稳定的氢化物，而另一种金属虽然与氢的亲和力小，但氢很容易在其中移动。Mg、Ca、Ti、Zr、Y 和 La 等属于第一种金属，Fe、Co、Ni、Cr、Cu 和 Zn 等属于第二种金属。前者控制储氢量，后者控制释放氢的可逆性。通过两者合理配制，调节合金的吸放氢性能，制得在室温下能够可逆吸放氢的较理想的储氢材料。

主要储氢材料的特点总结如下：

AB_5-$LaNi_5$（$M_mNi_{5-x}M_x$），储氢量 1.5%（质量分数）、动力学好、较贵；

AB_2-$ZrCr_2$（$Ti_{1-x}Zr_xCrMn$），储氢量 2.0%、动力学好、昂贵、难活化；

AB-FeTi，储氢量 1.8%、动力学好、易中毒、歧化；

A_2B-Mg_2Ni，储氢量 3.6%、动力学差；

Mg，储氢量 7.6%、动力学很差（约 400 ℃、30 atm）。

7.6.3 产能材料

效仿自然光合作用,将太阳能/电能转化为高附加值的储能原料是重要的能量转化路线,分别称为光催化产能和电催化产能。在光催化产能路线中,通过调控光催化剂的能带位置,可实现光催化制氢制氧、光催化 CO_2 转化及光催化固氮等。图 7-5 为光催化分解水的原理图,其与光催化反应原理类似。常用的光催化剂包括金属氧化物、金属氮氧化物、金属氧硫化物、金属有机框架晶体、有机卤化铅钙钛矿材料等。为实现太阳光能的充分利用,需综合考虑催化剂的能带位置、光吸收范围、光生载流子的输运性质等。

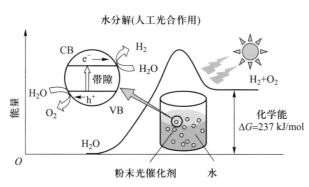

图 7-5 光催化分解水的原理图

在电催化产能路线中,主要的产能途径包括析氢催化、产氧催化、氧还原催化、CO_2 还原催化、固氮催化等。常用的电催化剂主要包括贵金属、贵金属氧化物、过渡金属氧(硫)化物等。为提高能量转化效率,催化剂的导电性、催化位点的暴露是重要的调控参数。

7.6.4 3D打印材料

3D打印是一种快速成型技术,它是一种以数字模型文件为基础,运用粉末状金属或塑料等可黏合材料,通过逐层打印的方式来构造物体的技术。3D打印综合了数字建模技术、机电控制技术、信息技术、材料科学与化学等诸多领域的前沿技术,被誉为“第三次工业革命”的核心技术。

与传统制造技术相比,3D打印不必事先制造模具,不必在制造过程中去除大量的材料,也不必通过复杂的锻造工艺就可以得到最终产品,因此,在生产上可以实现结构优化、节约材料和节省能源。3D打印技术适合于新产品开发、快速单件及小批量零件制造、复杂形状零件的制造、模具的设计与制造等,也适合于难加工材料的制造、外形设计检查、装配检验和快速反求工程等。

3D打印材料是3D打印技术发展的重要物质基础,在某种程度上,材料的发展决定着3D打印能否有更广泛的应用。目前,3D打印材料主要包括工程塑料、光敏树脂、橡胶类材料、金属材料和陶瓷材料等,除此之外,彩色石膏材料、人造骨粉、细胞生物原料及砂糖等食品材料也在3D打印领域得到了应用。

彩色石膏材料是一种全彩色的基于石膏的、易碎、坚固且色彩清晰的材料,3D打印成品在处理完毕后,表面可能出现细微的颗粒效果,外观很像岩石,在曲面表面可能出现细微

前沿新材料有哪些

的年轮状纹理,因此,多应用于动漫玩偶等领域。

3D 打印技术与医学、组织工程相结合,可制造出药物、人工器官等用于治疗疾病。如"骨骼打印机",利用类似喷墨打印机的技术,将人造骨粉转变成精密的骨骼组织。打印机会在骨粉制作的薄膜上喷洒一种酸性药剂,使薄膜变得更坚硬。

美国宾夕法尼亚大学打印出来的鲜肉,是先用实验室培养出的细胞介质,生成类似鲜肉的代替物质,以水基溶胶为黏合剂,再配合特殊的糖分子制成的。还有尚处于概念阶段的用人体细胞制作的生物墨水,以及同样特别的生物纸。打印的时候,生物墨水在计算机的控制下喷到生物纸上,最终形成各种器官。食品材料方面,目前,砂糖 3D 打印机 candy-fab4000 可通过喷射加热过的砂糖,直接做出具有各种形状、美观又美味的甜品。

思 考 题

1. 在近代蒸汽机时代之前,是漫长的古代,按照材料的使用分为石器时代、红铜时代、青铜时代和铁器时代四个阶段。如果可以回到上述任一古代阶段,以你所掌握的化学知识,你能制造出什么材料从而生存下去?

2. 什么是合金? 列举你所知道的三种合金并说明其应用领域。

3. 什么是无机非金属材料? 列出其分类并用实例列举所分类别的材料特征。

4. 什么是功能高分子材料? 与常规聚合物相比功能高分子材料具有哪些明显不同的物理化学性能?

5. 请列举三种以上复合材料,对你认为最具有发展前途的一种分析其特点并说明其应用前景。

6. 列举三种前沿材料,分析其特点和应用前景。

第8章 能源化学

8.1 能源化学概述

能源是人类生存与发展的重要物质基础,是推动人类文明不断发展的原动力,也是人类经济发展水平的重要标志。纵观人类利用能源的历史我们可以清楚地发现,能源技术的每一次重大突破都会带来里程碑式的产业革命,随之而来的还有经济飞跃和社会发展。随着能源不断被消耗,能源危机成为 21 世纪人类面临最严峻的危机之一,如何可持续地利用能源成为当今社会发展的迫切需求。

化学在能源的开发和利用方面都扮演着重要角色。能源发展的每个重要环节都与化学息息相关,无论是传统能源的最大化利用还是新型绿色能源的探索,都离不开化学这一门基础科学。因此,能源化学作为化学学科中一个新的分支应运而生。

8.1.1 能源的概念与分类

我们通常认为能源是指能够提供能量的资源。具体而言,能源是能为人类提供热、光、动力等有用能量的物质或物质运动的统称,包括矿物燃料、阳光、风、潮汐、地热、生物质燃料等。《大英百科全书》说:"能源是一个包括所有燃料、流水、阳光和风的术语,人类用适当的转换手段便可让它为自己提供所需的能量。"我国的《能源百科全书》说:"能源是可以直接或经转换提供人类所需的光、热、动力等任一形式能量的载能体资源。"由此可见,能源是一种呈多种形式的,且可以相互转换的能量的源泉。确切而简单地说,能源是自然界中能为人类提供某种形式能量的物质资源。

能源的品种繁多,分类方法也有多种。能源的分类如图 8-1 所示。按形成方式不同可分为一次能源和二次能源。一次能源是直接从自然界取得的能源,如煤、油、天然气、太阳能等;二次能源是一次能源经过加工、转换得到的能源,如电力、煤气、蒸汽等。按循环方式可分为可再生能源和非再生能源。可再生能源包括太阳能、生物质能、水能、氢能、风能、地热能等,是可供人们取之不尽的一次能源。煤、石油、天然气等化石能源是不能再生的,属于非再生能源。按使用成熟程度不同分为新能源和常规能源。新能源与常规能源是两个相对的概念,随着时代的发展,新能源的内涵在不断地变化和更新。新能源不是指新创造的能源,而是指以新技术和新材料为基础,使传统的可再生能源得到现代化的开发和利用,用取之不尽、周而复始可再生能源来取代资源有限、对环境有污染的化石能源。

目前,新能源的研究重点在于开发利用太阳能、风能、生物质能、海洋能、地热能和氢能等。例如,寻找有效的光合作用的模拟体系,进行人工栽培和生物能转换;利用太阳能使水分解为氢气和氧气及直接将太阳能转变为电能等都是当今新能源开发的重要课题(图 8-2 和图 8-3)。目

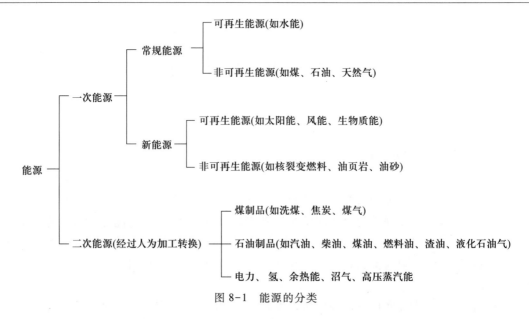

图 8-1　能源的分类

前新能源主要包括太阳能、氢能、风能、地热能、潮汐能、生物质能等。已经广泛利用的煤、石油、天然气、水能、核电等能源一般称为常规能源。此外,按其使用性质不同可分为含能体能源和过程性能源,按其是否清洁可分为清洁(绿色)能源和非清洁能源等。

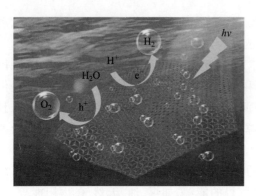

图 8-2　光催化分解水制取氢气和氧气

图 8-3　太阳能发电

8.1.2　能量转化的化学原理

众所周知,化学变化都伴随着能量的变化。在化学反应中,如果反应放出的能量大于吸收的能量,则此反应为放热反应。燃烧反应所放出的能量通常叫作燃烧热,理论上可以根据某种反应物已知的热力学常数计算出它的燃烧热。

化学反应的能量变化可以用热化学方程式表示。如甲烷燃烧反应的热化学方程式为

$$CH_4(g) + 2O_2(g) \longrightarrow CO_2(g) + 2H_2O(l), \qquad \Delta_r H_m^{\ominus} = -47.4 \ kJ \cdot mol^{-1}$$

式中:$\Delta_r H_m^{\ominus}$ 表示反应焓变,负值表示放热反应,正值表示吸热反应。对于工业上用的燃料,如煤和石油,由于它们不可能是纯物质,所以反应热常笼统地用发热量(热值)来表示。几种不同能

源发热量的比较见表 8-1。从表 8-1 中可见,常规能源的发热量大大低于新能源的发热量。目前,国际上能源统计中常用吨标准煤(即发热量为 $29.26\ kJ \cdot g^{-1}$ 的煤)作为统计单位,其他不同类型的能源就按其热量值进行折算。

表 8-1　几种不同能源发热量的比较

反应热值	能源					
	石油	煤炭	天然气	氢能	U 裂变	H 聚变
发热量/$(kJ \cdot g^{-1})$	48	30	56	143	8×10^7	6×10^7

各种能源形式都可以互相转化。在一次能源中,风、水、洋流和波浪等是以机械能(动能和重力势能)的形式提供的,可以利用各种风力机械(如风力机)和水力机械(如水轮机)将其转化为动力或电力。煤、石油和天然气等常规能源的燃烧可以将化学能转化为热能,热能可以直接利用,但多是将热能通过各种类型的热力机械(如内燃机、汽轮机和燃气轮机等)转换为动力,然后带动各类机械和交通运输工具工作;或是带动发电机送出电力,以满足人们生活和工农业生产的需要。

能量的转化和利用有两条基本的规律要遵循,那就是热力学第一、第二定律。热力学第一定律即能量守恒及转化定律,是大家已经熟悉的一条基本定律。依据这条定律,在体系和周围的环境之间发生能量交换时,总能量保持恒定不变。因此,不消耗外加能量而能够连续做功的永动机是不可能存在的。但是,在不违背第一定律的前提下,热量能否全部转化为功? 或者说热量是否可以从低温热源不断地流向高温热源而制造出第二类永动机? 科学家通过对热机效率的研究,发现热机的效率 η 是由以下关系所决定的。

$$\eta = \frac{T_2 - T_1}{T_2}$$

即热机工作时,为了使热能够自发地流动,从而使一部分热转化为功,必须要有温度不同的两个热源:一个温度较低(T_1),另一个温度较高(T_2)。从以上关系式可知,若 $T_1 = T_2$,$\eta = 0$,因为在两个温度相同的热源间,不可能发生恒定的单方向的热传递过程。所以无法使热机工作,其效率为 0。若 $T_1 = 0\ K$,则 $\eta = 1$。但绝对零度的热源在现实生活中是不能提供的,因此一般情况下,$\eta < 1$,这就是著名的"卡诺定理"。由此引出了热力学第二定律:热量不能自发地从低温物体转移到高温物体(克劳修斯表述),或者说不可能从单一热源吸取热量使之完全转换为有用的功而不产生其他影响(开尔文表述)。在实际应用中,热机的效率一般都低于 40%,例如,热电厂利用热机发电时燃料燃烧释放出的化学能只有不到 40% 被转化为电能,其余的能量则以废热等不可避免的方式被损耗。

8.1.3　能源的可持续发展

面对化石能源逐渐消耗殆尽的严峻考验,研究能源的可持续发展成为当下的一项重要课题。在我国,朴素的可持续发展思想渊源已久。在春秋战国时期,我国就有"永续利用"的思想和"封山育林,定期开禁"的法令。1987 年,世界环境与发展委员会在《我们共同的未来》报告上首次采用"可持续发展"的概念。1992 年 6 月,巴西里约热内卢召开的联合国环境与发展大会第一次正式提出可持续发展的思想,是一份为实现人类社会的可持续发展而制定的长期行动纲领。为了实现能源的可持续发展,世界诸国纷纷出台政策,这些措施归根结底离不开"开源"和"节流"两种思路。

开源,寻找本土资源,提高能源利用率,实现多层利用,积极研制能量转化效率高的方法。目前人类所掌握的能量转化技术中,只有电转热过程的效率可以达到100%,普通热机的效率低下,造成能源的严重浪费。积极寻找能源储备的途径,如战略石油储备,发展太阳能、风能、潮汐能等可再生的能源,开发先进电能储备技术。寻求应用能源的多样化,减少对某一种能源的过分依赖,探索清洁能源之路,提升太阳能、氢能、核能、生物质能等新能源利用技术。

节流,改造现有高耗能的企业,走节能型企业之路;优先使用可再生能源,不可再生能源只能作为补充的位置;在交通运输方面,应该大力发展公共交通事业,同时鼓励汽车工业开发并推广新能源汽车;在民用建筑方面,必须走节能建筑方式,如用地热代替现有的供热方式;在广大人民心中需要树立浪费能源可耻的良好风尚,改变崇尚奢侈的价值观。

8.1.4　能源的化学存储

能量储存系统对于可再生能源的进一步普及至关重要。随着全球可再生能源的普及应用、电动汽车产业的迅速发展及智能电网的建设,储能技术成为制约或促进能源发展的关键环节。储能的本质是实现对电能的储存,在需要的时候释放出来。目前可再生能源技术主要有风能、太阳能、水力发电。它们都存在较大的不可预测和多变特性,对电网的可靠性造成很大冲击,而储能技术的发展可有效地解决此问题,使得可再生能源技术能以一种稳定的形式储存并应用。目前的储能技术主要包括机械储能、化学储能、电磁储能和相变储能。其中,与化学密切相关的化学储能是利用化学反应直接转化成电能的装置,包括电化学储能(各类电池)和超级电容器储能。与其他几种方式相比,电化学储能具有使用方便、环境污染少、不受地域限制、在能量转换上不受卡诺循环限制、转化效率高、比能量和比功率高等优点。

自铅酸蓄电池发明以来,代表电化学储能的各类化学电池始终朝着高容量、高功率、低污染、长寿命、高安全性方向发展,涉及各种形式的储能体系,成为储能领域中最重要的组成部分。电化学储能主要包括铅酸电池、锂离子电池、钠硫电池、钒液流电池、锌空气电池、氢镍电池、燃料电池及超级电容器等。其中,锂离子电池和燃料电池是当今研究热点和重点,在能量转换效率和经济性等方面均取得重大突破。在8.3.2与8.3.3章节中,将详细介绍锂离子电池与燃料电池的工作原理及产业化应用。

8.2　传统化石能源

煤、石油和天然气作为主要的常规能源为人类文明和进步做出了重要贡献。在这三大能源的开发利用方面,化学发挥了十分重要的作用。无论是煤的高效、洁净化燃烧技术还是天然气的化学转化技术,都与化学密切相关。石油化工从炼油开始到每一种相对分子质量较小的烃类化合物(如汽油、煤油、柴油、乙烯、丙烯等)的生产均离不开催化技术,化学家研制的高效催化剂和催化技术已成为石油化工的核心技术。

8.2.1 煤

煤是由远古时代的植物经过复杂的生物化学、物理化学和地球化学作用转变而成的固体可燃物。图 8-4 简单示意了煤的形成过程。按生物演化过程,地球的历史可分为古生代、中生代和新生代三大时期。气候温湿、植物茂盛始于古生代中期,距今已有 3 亿年之久,植物从生长到死亡,其残骸堆积埋藏并演变成煤的过程是非常复杂的。经地质学家、煤田学家、化学家们的共同努力,现代的成煤理论认为煤化过程是:植物→泥炭→褐煤→无烟煤,这个过程称为煤化作用。

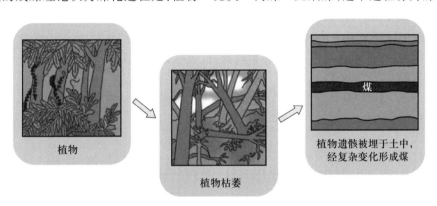

植物 　　植物枯萎 　　植物遗骸被埋于土中,经复杂变化形成煤

图 8-4　煤的形成

煤的化学组成各有差别,目前公认的平均组成是碳、氢、氧、氮、硫,将其平均组成折算成原子比,一般可用 $C_{135}H_{96}O_9NS$ 代表;煤燃烧后残余煤灰的成分为各种矿物质,如 SiO_2、Al_2O_3、Fe_2O_3、CaO、MgO、K_2O、Na_2O 等。按碳化程度的不同,一般可将煤分为褐煤、次烟煤、烟煤和无烟煤。随着碳化程度的提高,燃料的热值逐渐上升,表 8-2 列出了不同种类煤的性质和特征。无烟煤的固定碳含量最高,而挥发成分含量最低,由于灰分和水分较低,一般发热量很高;其缺点是着火困难,不容易燃尽。烟煤的碳化程度较无烟煤低,挥发成分含量较高,固定碳和发热量都较无烟煤低,但烟煤的着火和燃烬特性都比较好。次烟煤的挥发成分含量和发热量都低于烟煤,着火比较困难。褐煤的碳化程度次于烟煤,挥发成分含量很高,且挥发成分的析出温度较低,所以着火和燃烧比较容易,但水分和灰分很高,发热量低。

表 8-2　不同种类煤的一些性质和特征

指标	能源			
	褐煤	次烟煤	烟煤	无烟煤
热含量	低	中等	高	高
硫含量	低	低	高	低
碳氢摩尔比	1.0	0.9	0.6	0.5
含碳量/%	50~60	60~70	70~85	85~95

煤的开采既困难又危险,其运输、储藏、使用等都相当不便,特别是在燃烧过程中会产生大量

二氧化硫、氮氧化物、碳氧化物等污染物。煤中已被公认的与环境污染有关的元素有汞、砷、钼、铅、锰、镍、氟、氯、铀等。为了减少煤燃烧时对环境造成的污染,人们一方面采取措施,改进燃煤技术,改善燃煤排烟设备;另一方面发展洁净煤技术,减少污染物的排放,提高煤的燃烧效率。煤的气化、液化、清洁煤技术、焦化等二次处理是对其高效、清洁利用的重要途径。

8.2.2　石油

石油是一种黏稠的深褐色液体,被称为"工业的血液",其主要成分是各种烷烃、环烷烃、芳香烃的混合物。未经处理的石油称为原油。石油的成油机理有生物沉积变油和石化油两种学说,前者较广为接受,认为石油是古代海洋或湖泊中的生物经过漫长的演化形成,如图 8-5 所示,属于生物沉积变油,不可再生,通常与天然气共同存在;后者认为石油由地壳内本身的碳生成,与生物无关,可再生。石油主要被用作燃油和汽油,也是许多化学工业产品的原料。

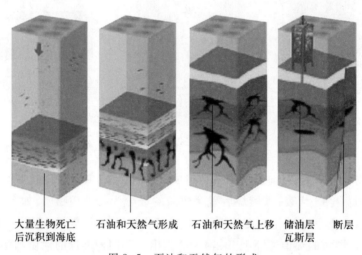

大量生物死亡　　石油和天然气形成　　石油和天然气上移　　储油层　断层
后沉积到海底　　　　　　　　　　　　　　　　　　　　　　　　瓦斯层

图 8-5　石油和天然气的形成

尽管石油用作燃料的历史很早,但直到 20 世纪才成为重要能源。石油不仅是一种优质燃料,还是比煤更重要的化工原料。石油是多种碳氢化合物的液体混合物,其特点为:碳氢化合物以直链为主(煤以芳香烃为主)、含氢量高、含氧量低。石油所含的基本元素是碳和氢(达 97%~98%),同时含少量硫、氧、氮等元素。

从寻找石油到利用石油,大致要经过四个主要环节,即寻找、开采、输送和加工,这四个环节一般又分别称为"石油勘探""油田开发""油气集输"和"石油炼制"。石油中所含化合物种类繁多,必须经多步炼制才能使用,主要有分馏、裂化、重整和精制等。

石油经过分馏和裂化等加工过程后可得到石油气、汽油、煤油、柴油、润滑油、石蜡等系列产品,如图 8-6 所示。在这些产品中,最重要的燃料是汽油。汽油中最有代表性的组分是辛烷,1 g 辛烷燃烧可放出 47.7 kJ 的热量。由于异辛烷燃烧时极平稳,有极优良的发动机特性,因此使用了"辛烷值"这一指标作为汽油的质量标准,即将异辛烷的辛烷值规定为 100,将在发动机上运转性能很差的正庚烷的辛烷值定为零,其他组分的辛烷值则介于它们之间。由于石油直接分馏得到的汽油的辛烷值较低,只有 50,为提高汽油质量,又发展了裂解、重整、异构化和烷基化等技术。我国汽车用油,如 92#、95#等就是根据其辛烷值不同而分类的。在整个炼油过程中,无论是裂解、重整,还是加氢,都离不开高效的催化剂,催化剂研制已成为石化工业的核心技术。

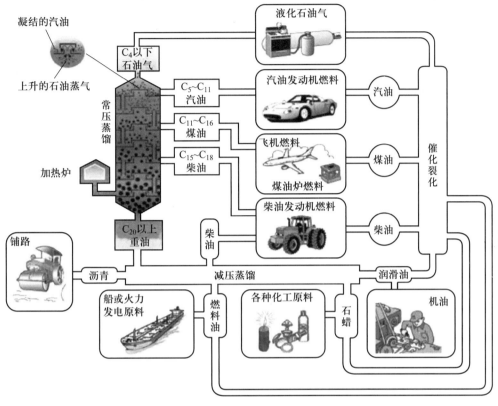

图 8-6　石油炼制产品及用途

石油作为一种主要能源及重要的化工原料,为人类社会的发展做出了巨大贡献。但随之也出现了两个严重的问题:一是石油资源由于大量开采已面临枯竭。据统计,我国人均石油资源占有量仅为世界平均水平的 1/10,属于人均占有油气资源相对贫乏的国家。20世纪 80 年代以来,我国石油年产量远远低于消耗量。从 1993 年起,我国更成为石油净进口国,面临着严峻的能源危机。二是使用以石油为主要原料而制成的燃料及其他一些化学品,对环境产生了严重的破坏和污染,例如,CO_2 的超量排放而引发的环境问题,因此改善石油化工产业带来的环境污染已迫在眉睫。

摘掉"贫油国"帽子——李四光

8.2.3　天然气

天然气是一种单独存在于自然界或与石油一起获得的低级烷烃的混合物,其主要成分是甲烷,也含有少量乙烷、丙烷、正丁烷和异丁烷等。天然气是一种优质能源,和前面提到的煤气相比,它不含有毒的 CO,燃烧产物为二氧化碳和水,燃烧热值很高,完全燃烧 1 kg 甲烷可放出热量 5.56×10^4 kJ。

天然气广泛用于民用及商业燃气灶具、热水器、采暖及制冷,也用于造纸、冶金、陶瓷、玻璃等行业,还可用于废料焚烧及干燥脱水处理。在三大矿物燃料中,在质量相同的情况下天然气对环境造成的负面效应最小。

天然气能够通过化学方法转化成为重要的化工原料和其他形式的能源。但由于 CH_4 中 C—H 解离能为 435 kJ·mol^{-1},高于一般 C—H 键的平均键能(414 kJ·mol^{-1}),因此如何对甲烷进行有效的化学转化一直是化学家们急于攻克的难题。目前,化学家已经提出了几种天然气转化的途径,天然气转化的主要途径如图 8-7 所示。其中之一是直接化学转化,即将甲烷在不同的催化剂作用和不同的反应条件下直接转化为烯烃、甲醇和二甲醚等。另一种途径就是进行间接转化,即利用天然气通过水蒸气或二氧化碳催化重整转化为合成气,然后利用合成气中的 CO 和 H_2 再合成其他有用的化工产品,如通过费托合成法进一步合成汽油、柴油等烃类化合物。

从"泽中有火"到"西气东输"

C1 化学

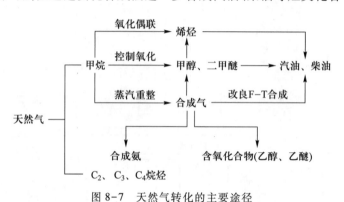

图 8-7　天然气转化的主要途径

由于 CH_4、CO、CO_2 和 CH_3OH 等分子中均只含有一个碳原子,因此学术上把它们归成一类并称为 C1 化学。把它们通过化学方法转化为多元碳分子是化学家普遍感兴趣的问题,将 C1 转化为多元碳分子的过程大多涉及催化过程,因此 C1 化学已成为催化研究的一个重要领域。

8.3　化学电源

化学电源又称电池,是一种能将化学能直接转变成电能的装置。化学电源可分为原电池、蓄电池和燃料电池等。

8.3.1　原电池

原电池利用氧化还原反应等化学反应得到电流,放电完毕后不能再重复使用,故又称一次性电池。通常情况下,只有自发的氧化还原反应才能被设计成为原电池。

在原电池中,两个电极反应组成一个完整的电池反应。按照氧化态、还原态物质的状态不同,可将电极分成下列三类。

(1) 第一类电极。这类电极是将某金属或吸附了某种气体的惰性金属放在含有该元素离子的溶液中构成的。

金属-金属离子电极,如铜电极 Cu^{2+}/Cu、锌电极 Zn^{2+}/Zn、镍电极 Ni^{2+}/Ni。

气体离子电极,如氢电极 $H^+ | H_2(g) | Pt$、氯电极 $Cl^- | Cl_2(g) | Pt$。这种电极需要用惰性电

极材料(一般为 Pt、石墨)担负输送电子的任务。其电极反应分别为

$$2H^+ + 2e^- \rightleftharpoons H_2(g)$$

$$Cl_2(g) + 2e^- \rightleftharpoons 2Cl^-$$

（2）第二类电极。金属-难溶盐电极。这是在金属上覆盖一层该金属的难溶盐,并把它浸入含有该难溶盐对应负离子的溶液中构成的,如甘汞电极 $Cl^- \mid Hg_2Cl_2(s) \mid Hg$,银-氯化银电极 $Cl^- \mid AgCl(s) \mid Ag$,其电极反应分别为

$$Hg_2Cl_2(s) + 2e^- \rightleftharpoons 2Hg(s) + 2Cl^-$$

$$AgCl(s) + e^- \rightleftharpoons Ag(s) + Cl^-$$

金属-难溶氧化物电极。如锑-氧化锑电极,$H^+, H_2O \mid Sb_2O_3(s) \mid Sb$,电极反应为

$$Sb_2O_3(s) + 6H^+ + 6e^- \rightleftharpoons 2Sb + 3H_2O$$

（3）第三类电极。此类电极极板为惰性导电材料,起输送电子的作用,参加电极反应的物质存在于溶液中,如电极 $Fe^{3+}, Fe^{2+} \mid Pt$ 和 $Cr_2O_7^{2-}, Cr^{3+} \mid Pt$,其电极反应分别为

$$Fe^{3+} + e^- \rightleftharpoons Fe^{2+}$$

$$Cr_2O_7^{2-} + 14H^+ + 6e^- \rightleftharpoons 2Cr^{3+} + 7H_2O$$

生活中常用的原电池

在原电池中,每一个电极反应都有两类物质:一类是可作还原剂的物质,称为还原态物质;另一类是可作氧化剂的物质,称为氧化态物质。氧化态物质和相应的还原态物质组成电对,称为氧化还原电对,并用符号"氧化态/还原态"表示,例如,Cu^{2+}/Cu、Zn^{2+}/Zn、H^+/H_2、Fe^{3+}/Fe^{2+}、Hg_2Cl_2/Hg 等。

日常生活中常用的锌锰干电池、锌汞电池(纽扣电池)、锂-铬酸银电池等都是原电池。

8.3.2 蓄电池

蓄电池是可以反复使用,放电后可以充电使活性物质复原,以便再重新放电的电池,也称二次电池。它不仅能使化学能转变成电能,而且还可借助其他电源使反应逆转,让反应系统恢复到放电前的状态,是一种可逆电池。

19 世纪末,铅酸蓄电池研制成功,但由于其对环境造成的严重污染,多年以来铅酸蓄电池并未得到过多的发展。科技的发展、人类生活质量的提高、石油资源面临危机、地球生态环境日益恶化,促使新型二次电池及相关材料领域的科技和产业快速发展。其中,高能镍镉电池、镍金属氢化物电池、镍锌电池、免维护铅酸电池、铅布电池、锂离子电池、锂聚合物电池等新型二次电池备受青睐,在我国得到广泛应用,形成产业并迅猛发展。本章节重点介绍近期成为研究热点并投入大规模使用的锂离子电池。

锂离子电池是指分别用两个能可逆地嵌入与脱嵌锂离子的化合物作为正、负极构成的二次电池。它主要依靠锂离子在正极和负极之间移动来工作。在充放电过程中,Li^+ 在两个电极之间往返嵌入和脱嵌:充电时,Li^+ 从正极脱嵌,经过电解质嵌入负极,负极处于富锂状态;放电时则相反,如图 8-8 所示。一般采用嵌锂过渡金属氧化物作正极,如 $LiCoO_2$、$LiNiO_2$、$LiMn_2O_4$、$LiFePO_4$、Li_2FePO_4F 等。作为负极的材料则选择电位尽可能接近锂电位的可嵌入锂的化合物,包括天然石墨、合成石墨、碳纳米管等。电解质采用 $LiPF_6$ 的乙烯碳酸酯(EC)、丙烯碳酸酯(PC)和低黏度二乙基碳酸酯(DEC)等烷基碳酸酯搭配的高分子材料。

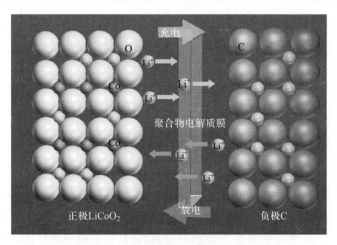

图 8-8　锂离子电池充放电示意图

1970 年,S. Whittingham 采用二硫化钛作为正极材料,金属锂作为负极材料,制成首个锂电池。1982 年,R. R. Agarwal 和 J. R. Selman 发现锂离子具有嵌入石墨的特性,此过程是快速的,并且可逆。与此同时,采用金属锂制成的锂电池,其安全隐患备受关注,因此人们尝试利用锂离子嵌入石墨的特性制作充电电池。首个可用的锂离子石墨电极由贝尔实验室试制成功。1983 年,M. Thackeray、J. Goodenough 等人发现锰尖晶石是优良的正极材料,具有低价、稳定和优良的导电、导锂性能。其分解温度高,且氧化性远低于钴酸锂,即使出现短路、过充电,也能够避免燃烧、爆炸的危险。1989 年,A. Manthiram 和 J. Goodenough 发现采用聚合阴离子的正极将产生更高的电压。1992 年,日本索尼公司发明了以碳材料为负极,以含锂的化合物作正极的锂电池,在充放电过程中,没有金属锂存在,只有锂离子,这就是锂离子电池。随后,锂离子电池革新了消费电子产品的面貌。此类以钴酸锂作为正极材料的电池,是便携电子器件的主要电源。1996 年,Padhi 和 Goodenough 发现具有橄榄石结构的磷酸盐,如磷酸铁锂(LiFePO$_4$),比传统的正极材料更具安全性,尤其耐高温、耐过充电性能远超过传统锂离子电池材料。

在传统锂离子电池中,锂离子并非唯一的载流子,在大电流通过时,电池内阻会因离子浓度梯度的出现而增加(浓差极化),导致电池性能下降。另外,其工作温度也十分有限(安全工作温度 0~40 ℃)。用固态电解质代替有机电解液,有望从根本上解决上述问题,这样形成的锂电池称为固态锂离子电池。

固态锂离子电池具有以下优点:(1) 安全性能高。与传统锂离子电池的电解质相比,其不易发生短路,体系温度相对较低,因此,电池不容易发生爆炸。(2) 能量密度高。固态电解质不仅有较好的电化学性能,而且体积小、稳定,因此可以装更多的高电压正极材料,使能量密度大大提高。(3) 循环性能好。在充放电过程中不会形成 SEI 膜(固体电解质界面膜)和出现锂枝晶现象,这样大大提升了锂离子电池的循环性和使用寿命。(4) 重量轻。在传统锂离子电池中,隔膜和电解液加起来占据了电池中近 40% 的体积和 25% 的质量,而使用固态电解质自然就可以减小体积和质量。然而,固态锂离子电池仍存在一些缺点:(1) 界面阻抗过大。固态电解质与电极材料之间的界面是固-固状态,所以电极与电解质之间的有效接触能力较弱,致使离子在固体物质中传输动力差。（2）快充比较难。由于电池的阻抗及电导率都较大,所以较大的内阻会阻碍充电,造成容量易损失。（3）成本高。其固态电解质的制造和固-固界面优化这些技术的不成熟,使固态电池的成本居高不下。

在商品化的可充电池中,锂离子电池的比能量最高,特别是聚合物锂离子电池,可以实现可充电池的薄型化。正因为锂离子电池的体积比能量和质量比能量高,可充电且无污染,具备当前电池工业发展的三大特点,因此在发达国家中有较快的增长。电信、信息市场的发展,特别是移动电话和笔记本电脑的大量使用,给锂离子电池带来了市场机遇。而锂离子电池中的聚合物锂离子电池以其在安全性的独特优势,将逐步取代液体电解质锂离子电池,而成为锂离子电池的主流。同时,随着材料制备技术的发展和电池制备工艺的改进,锂离子电池成本也有望进一步降低,这促使了锂离子电池逐步向大功率系统,如电动汽车和大规模储能电池等领域扩展,成为储能领域的领先者。

早期研发的蓄电池

2019 年诺贝尔化学奖:锂离子电池

8.3.3 燃料电池

燃料电池是将燃料与氧化剂的化学能通过电化学反应直接转换成电能的发电装置。由于可以直接将化学能转化为电能而不必经过热机过程,不受卡诺循环限制,燃料电池理论上可在接近 100% 的热效率下运行,具有很高的经济性。目前实际运行的各种燃料电池,由于种种技术因素的限制,再考虑整个装置系统的耗能,总的转换效率多在 45%~60%,如考虑排热利用可达 80% 以上。此外,燃料电池装置不含或含有很少的运动部件,工作可靠,较少需要维修,且比传统发电机组安静。另外电化学反应清洁、完全,很少产生有害物质。同时,随着我国燃料电池技术不断成熟,以及西气东输工程提供了充足天然气源,我国燃料电池的商业化应用存在着广阔的发展前景。

燃料电池的实际过程是氧化还原反应,其主要由四部分组成,即阳极、阴极、电解质和外部电路,燃料气和氧化气分别由燃料电池的阳极和阴极通入。燃料气在阳极上放出电子,电子经外电路传导到阴极并与氧化气结合生成离子。离子在电场作用下,通过电解质迁移到阳极上,与燃料气反应,构成回路,产生电流。同时,由于本身的电化学反应及电池的内阻,燃料电池还会产生一定的热量。燃料电池以燃料为负极反应物质。如氢气、天然气、烃、甲醇、煤气、肼等还原剂;以氧化剂如氧气、空气等为正极反应物质。为了使燃料便于进行电极反应,要求电极材料兼具催化剂的特性,可用多孔碳、多孔镍和铂、银等贵金属作电极材料。电池的阴、阳两极除传导电子外,也作为氧化还原反应的催化剂。当燃料为碳氢化合物时,阳极要求有更高的催化活性。阴、阳两极通常为多孔结构,以便于反应气体的通入和产物排出。电解质起传递离子和分离燃料气、氧化气的作用。为阻挡两种气体混合导致电池内短路,电解质通常为致密结构。

燃料电池其实是一种电化学装置,其组成与一般电池相同。其单体电池是由正、负两个电极（负极即燃料电极,正极即氧化剂电极）及电解质组成的。不同的是一般电池的活性物质储存在电池内部,因此,限制了电池容量。而燃料电池的正、负极本身不包含活性物质,只是个催化转换元件。因此,燃料电池是名副其实地把化学能转化为电能的能量转换机器。电池工作时,燃料和氧化剂由外部供给,进行反应。原则上只要反应物不断输入,反应产物不断排出,燃料电池就能连续地发电。图 8-9 为氢氧燃料电池的工作原理。

碱性燃料电池(AFC)是最早开发的燃料电
池技术,在 20 世纪 60 年代就成功地应用于航
天飞行领域。磷酸型燃料电池(PAFC)也是第
一代燃料电池技术,是目前最为成熟的应用技
术,已经进入了商业化应用和批量生产。由于
其成本太高,目前只能作为区域性电站来现场
供电、供热。熔融碳酸型燃料电池(MCFC)是
第二代燃料电池技术,主要应用于设备发电。
固体氧化物燃料电池(SOFC)以其全固态结构、
更高的能量效率和对煤气、天然气、混合气体等
多种燃料气体广泛适应性等突出特点,发展最
快,应用广泛,成为第三代燃料电池。

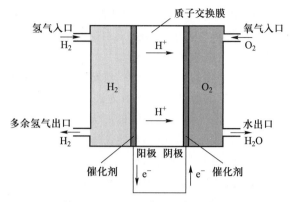

图 8-9　氢氧燃料电池工作原理

如今应用较为广泛的燃料电池不但有固体氧化物燃料电池(SOFC),还有再生氢氧燃料电池
(RFC)、直接甲醇燃料电池(DMFC)等。

1) 固体氧化物燃料电池

固体氧化物燃料电池(SOFC)是一种直接将燃料气和氧化气中的化学能转换成电能的全固
态能量转换装置,具有一般燃料电池的结构。固体氧化物燃料电池以致密的固体氧化物作电解
质,在 800~1000 ℃高温下操作,反应气体不直接接触,因此可以使用较高的压力以缩小反应器
的体积而没有燃烧或爆炸的危险。

目前正在研制开发的新一代固体氧化物燃料电池,其特征是基于薄膜化制造技术,是典型的
高温陶瓷膜电化学反应器,可称其为陶瓷膜燃料电池。这种提法不同于燃料电池的一般命名法,
更着眼于电解质材料和构型的设计。我国已成功研制了中温(500~750 ℃)陶瓷膜燃料电池的关
键材料,发展了多种薄膜化技术(流延法、丝网印刷法、悬浮粒子法、静电喷雾法、化学气相淀积法
等),获得了厚度 5~20 μm 的薄层固体电解质,比传统工艺制造的 150~200 μm 电解质薄板减薄了
一个数量级,单电池的输出功率达到了 500~600 mW·cm^{-2}。燃料气除氢气以外,还可以直接以天
然气、生物质气为原料。最近,西门子-西屋公司已经完成了以天然气为燃料,内重整的 100 kW 级
管状电池的现场试验发电系统,试运行了 4000 h,电池输出功率达 127 kW,电效率为 53%。

2) 再生氢氧燃料电池

再生氢氧燃料电池(RFC)以氢气为燃料,与氧气经电化学反应后透过质子交换膜产生电能。
氢和氧反应生成水,不排放碳化氢、一氧化碳、氮化物和二氧化碳等污染物,发电效率高。20 世
纪 60 年代,氢燃料电池就已经成功应用于航天领域。"阿波罗"飞船就安装了这种体积小、容量
大的装置。20 世纪 70 年代至今,随着制氢技术的发展,氢燃料电池在发电、电动车和微型电池
方面的应用开发取得了许多成果。

3) 直接甲醇燃料电池

直接以甲醇为燃料的质子交换膜燃料电池通常称为直接甲醇燃料电池(DMFC)。膜电极主
要由甲醇阳极、氧气阴极和质子交换膜(PEM)构成。阳极和阴极分别由不锈钢板、塑料薄膜、铜
质电流收集板、石墨、气体扩散层和多孔结构的催化层组成。其中,气体扩散层起支撑催化层、收
集电流及传导反应物的作用,由具有导电功能的碳纸或碳布组成;催化层是电化学反应的场所,

常用的阳极和阴极电极催化剂分别为 Pt-Ru/C 和 Pt/C。

直接甲醇燃料电池无需中间转化装置,因而系统结构简单,体积能量密度高,还具有起动时间短、负载响应特性佳、运行可靠性高,在较大的温度范围内都能正常工作,燃料补充方便等优点。

目前正在发展的商用燃料电池还有质子交换膜燃料电池(PEMFC),它具有能量效率和能量密度较高、体积质量小、冷启动时间短、运行安全可靠等优点。另外,由于使用的电解质膜为固态,可避免电解质腐蚀。燃料电池技术的研究与开发已取得了重大进展,技术逐渐成熟,并在一定程度上实现了商业化。作为 21 世纪的高科技产品,燃料电池已应用于汽车工业、能源发电、船舶工业、航空航天、家用电源等行业,受到各国政府的重视。

我国燃料电池研究始于 20 世纪 50 年代末,20 世纪 70 年代国内的燃料电池研究出现了第一次高峰,主要是国家投资的航天用 AFC,如氨/空气燃料电池、肼/空气燃料电池、乙二醇/空气燃料电池等。20 世纪 80 年代我国燃料电池研究处于低潮期,20 世纪 90 年代以来,随着国外燃料电池技术取得了重大进展,在国内又形成了新一轮的燃料电池研究热潮。1996 年召开的第 59 次香山科学会议上专门讨论了“燃料电池的研究现状与未来发展”,鉴于 PAFC 在国外技术已成熟并进入商品开发阶段,我国重点研究开发 PEMFC、MCFC 和 SOFC。中国科学院将燃料电池技术列为“九五”院重大和特别支持项目,国家科委也相继将燃料电池技术包括 DAFC 列入“九五”“十五”“863”“973”等重大计划之中。燃料电池的开发是一较大的系统工程,“官、产、研”结合是国际上燃料电池研究开发的一个显著特点,也是必由之路。目前,我国政府高度重视,研究单位众多,具有多年的人才储备和科研积累,产业部门的兴趣不断增加,需求迫切,这些都为我国燃料电池的快速发展带来了无限的生机。

我国是一个产煤和燃煤大国,煤的总消耗量约占世界的 25%,造成煤燃料的极大浪费和严重的环境污染。随着国民经济的快速发展和人民生活水平的不断提高,我国汽车的拥有量(包括私人汽车)迅猛增长,致使燃油汽车成为越来越严重的污染源。所以开发燃料电池这种洁净能源技术就显得极其重要,这也是高效、合理使用资源和保护环境的一个重要途径。

8.4　新型能源

随着科技的进步、工业的发展及人口的快速增长,能源的消耗也随之增加,传统燃料能源(如煤炭、石油、天然气等)正在走向枯竭。而且,燃料能源使用需求的不断增长,带来日益严重的环境污染和能源危机。这些问题必然会制约人类社会的可持续发展。因此,大规模开发和利用以环保和可再生为特质的新能源,越来越受到世界各国的重视。

本节主要介绍核能、太阳能、氢能和生物质能这四种新能源。

8.4.1　核能

核能(或称原子能)是通过核反应从原子核释放的能量,有“现代火神”的美誉,是人类历史上的一项伟大发现。早期西方科学家的探索发现为核能的发现和应用奠定了基础。从 19 世纪末英国物理学家汤姆逊发现电子开始,人类逐渐揭开了原子核的神秘面纱。1942 年 12 月 2 日美国芝加哥大学成功启动了世界上第一座核反应堆。1954 年苏联建成了世界上第一座商用核电站——奥布灵斯克核电站。从此人类开始将核能运用于军事、能源、工业、航天等领域。美国、俄罗斯、英国、法国、中国、日本、以色列等国相继展开核能应用研究。

到 2001 年年底,全世界正在运行的核电站共有 438 座。目前正在建设的 32 个核电站中有 31 座分布在亚洲、中欧和东欧地区。

8.4.2　太阳能

太阳能是由太阳中的氢气经过核聚变反应所产生的一种能源,既是一次能源,又是可再生能源。太阳表面温度约为 6000 K,总辐射功率每秒至少在 $3.8×10^{26}$ W,这相当于标准煤 1.3 亿亿吨燃烧时所放出的全部热量。地球表面每年从太阳获得的辐射能,相当于全世界年能耗量总和的 1 万倍以上。我国 960 万平方千米土地上获得的太阳能,相当于 12000 亿吨标准煤燃烧时发出的总能量。可见太阳能是非常巨大的。大力发展太阳能资源将为人类提供充足的能源,减少化石能源的消耗,减轻环境污染,减缓全球气候变暖,是解决能源和环境问题、实现可持续发展的重要措施。所以,太阳能资源逐渐从众多的新型可再生能源中脱颖而出,成为世界各国在能源发展战略中优先选择的新能源。

太阳能具有诸多优点:

(1) 储量丰富。太阳能可谓是取之不尽用之不竭的理想能源。在所有太阳表面释放的能量中,大约有 30% 反射到宇宙中,而剩下的 70% 被地球吸收。太阳光辐射到地球表面的能量总功率约为 $1.7×10^{14}$ kW,太阳照射地球 1 h 所释放的能量,相当于世界一年总的消费量。据科学家推测,太阳的寿命至少还有几十亿年,所以太阳能对于人类来说可以算是一种无限的能量。

太阳能利用技术

(2) 没有地域限制,分布广泛。无论陆地还是海洋,高山还是平原皆有太阳能的存在。既可免费使用,又无须运输。不但可直接应用,还可以就地储存利用。太阳能的开发研究对交通不发达的偏远山区或者海岛更具有价值。

(3) 环境友好型能源。太阳能不会产生废水和有害气体,也不排放二氧化碳,是一种极为理想的清洁能源。

8.4.3　氢能

氢能是指以氢作为燃料时释放出来的能量。H_2 是一种没有污染的能源,加之质量轻、发热值高、燃烧性能优良,用水制氢资源丰富,因此氢能是一种理想的极有前途的能源。然而,氢作为一种燃料目前仅应用于国防、航天领域及实验性汽车等领域。

氢的质量轻,常温下密度为 89.88 g · m^{-3},液态氢密度为 70.6 kg · m^{-3}(20 K),固态氢密度为 70.8 kg · m^{-3}(11 K),比任何液态、固态燃料都轻,氢的高发热值为 12116.3 kJ · m^{-3}。氢能主要具有以下特点:

(1) 氢燃料无污染。氢的燃烧产物是水,对环境和人体无害,无腐蚀性。所以氢燃料是最清洁的能源。因此,国际氢能源协会称氢是全世界环保问题的"永久解决之道"。

(2) 氢资源丰富。在地球上的氢主要以化合物(如水)的形式存在,地球表面的 70% 被水覆盖。氢气可以通过水的分解制得,其燃烧产物又是水。因而氢燃料的资源极为丰富,是取之不尽、用之不竭的,可永久循环使用。

(3) 氢具有最高的燃烧热值。燃烧 1 g 氢可获得相当于 3 g 汽油燃烧的热量,而且氢燃烧速率快,燃烧分布均匀,点火温度低。

(4)氢气既可直接燃烧获取热量,又可作为各种内燃机的燃料,是电厂的高效燃料。在许多方面氢气比汽油和柴油更优越,如可低温启动等。

氢能应用模式丰富,能够帮助工业、建筑、交通等主要终端应用领域实现低碳化,包括作为燃料电池汽车应用于交通运输领域,作为储能介质支持大规模可再生能源的整合和发电,应用于分布式发电或热电联产为建筑提供电和热,为工业领域直接提供清洁的能源或原料等,如图 8-10 所示。例如,利用氢燃料电池供能的氢能燃料电池轻型车,除了消耗氧气和空气之外,没有其他的能源消耗,没有加油也没有充电,节能性能毋庸置疑。同时,氢燃料电池在生产电能的过程中只产生水,因此其最大的优势就是真正地实现了"零排放"目标。燃料电池发出的电,经逆变器、控制器等装置,给电动机供电,再经传动系统、驱动桥等带动车轮转动,就可使车辆在路上行驶。与传统汽车相比,燃料电池车能量转化效率高达 60%~80%,为内燃机的 2~3 倍。

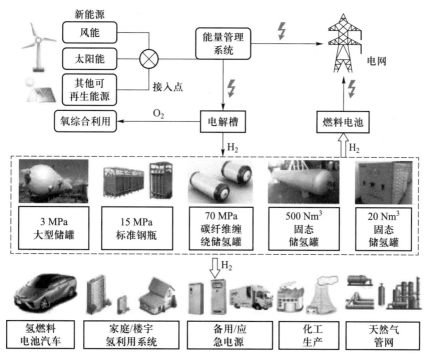

图 8-10　氢能利用系统示意图

尽管氢能发展前景广阔,但当前也面临着产业基础薄弱、装备和燃料成本偏高及存在安全性争议等方面的问题。一方面,氢气能量密度高,与空气混合后易燃易爆,公众对氢能安全存在一定的疑虑;另一方面,氢气密度小、易扩散,其安全风险相对不可控。近年来,我国也积极开展氢能安全研究和相关标准制定工作,陆续开展了材料高压氢气相容性、高压氢气泄漏扩散、氢气瓶耐火性能、氢泄爆、氢阻火等研究,工业领域的氢安全标准与规范体系相对健全,但针对氢能新型应用的相关标准还较欠缺。

氢气的制取与储存

绿氢:纯正的绿色能源

8.4.4　生物质能

生物质能源包括植物及其加工品和粪肥等,是人类最早利用的能源。植物每年储存的能量相当于全球能源消耗量的十几倍。由于光合作用,各类植物程度不同地含有葡萄糖、脂类、淀粉和木质素等,并在它们的分子里储存能量。因此,利用生物质能就是间接地利用太阳能。生物质能除了可再生和储量大之外,发展生物质能本身就意味着要扩大地球上的绿化面积,而这样做不仅有利于改善环境、调节气温,还可以减少污染。

生物质能具有以下优点:

(1)可再生性。生物质能属可再生资源,生物质能由于通过植物的光合作用可以再生,与风能、太阳能等同属可再生能源,资源丰富,可保证能源的永续利用。

(2)生物质的硫含量、氮含量低、燃烧过程中生成的 SO_x、NO_x 较少;生物质作为燃料时,由于它在生长时需要的二氧化碳相当于它排放的二氧化碳的量,因而对大气的二氧化碳净排放量近似于零,可有效地减轻温室效应。

(3)广泛分布性。生物质能是世界第四大能源,仅次于煤炭、石油和天然气。根据生物学家估算,地球陆地每年生产 1000 亿~1250 亿吨生物质;海洋年生产 500 亿吨生物质。生物质能源的年生产量远远超过全世界总能源需求量,相当于目前世界总能耗的 10 倍。我国可开发为能源的生物质资源到 2010 年达 3 亿吨。随着农林业的发展,特别是炭薪林的推广,生物质资源还将越来越多。

(4)广泛应用性。生物质能源可以以沼气、压缩成型固体燃料、气化生产燃气、气化发电、生产燃料酒精、热裂解生产生物柴油等形式存在,应用在国民经济的各个领域。图 8-11 中列举了

生物质能
利用技术

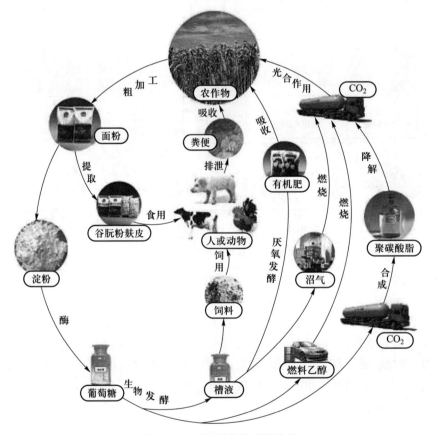

图 8-11　生物质能的利用途径

一些生物质能的利用途径。生物质能具有绿色、低碳、清洁、可再生等特性,是能够大规模取代化石燃料的可再生资源,在可持续发展中具有不可替代的基础战略地位。

思　考　题

1. 什么是能源?能源有哪几种分类方法?
2. 谈谈你对能源问题的认识,化学与能源有什么关系?
3. 石油作为一种主要能源及重要化工原料目前面临的问题是什么?
4. 当今我国主要使用哪几种能源?与国际上相比,我国能源消费结构有何特点?存在什么问题?
5. 简述我国实施"西气东输"的战略意义。
6. 你知道哪些新能源?请分别简述。

第9章 环境保护与化学

从 18 世纪中期工业革命以来,工业化发展深刻改变了人类社会的生产和生活方式,使得人类发展进入了空前繁荣的时代。与此同时,工业化和城市化造成了巨大的能源、资源消耗,付出了巨大的环境代价和生态成本。对自然资源不合理的开发利用、生产生活污染物的大量排放,使得人类生存环境日益恶化,环境污染事件屡屡发生。如雾霾天气,让我们切实感受到了它的危害性,意识到环境保护的重要性。只有当我们普遍树立起环保意识,并付诸日常的实际行动中,凝聚力量来保护我们共同的蓝天、碧水、净土,科学技术的进步才能让人类社会共同发展、持续繁荣、长治久安。

9.1 环境与环境污染

9.1.1 环境

人类赖以生存的环境包括自然环境和社会环境。这里我们讨论的是自然环境,由大气、水、土壤、动植物、微生物、阳光、气候等各种自然因素组成。自然环境为人类的生存和发展提供了必要的物质和能量条件。人从自然环境中摄取水、空气和食物,经过消化、吸收、代谢,产生能量以维持生命活动,同时又将体内不需要的代谢产物排入环境,从而对环境产生影响。

人体对某些细菌或病毒有一定的抵抗力,同理,自然环境对某些外来物质也有一定的抵抗和净化能力。当外部干扰因素不强烈,受污染的环境在物理、化学和生物等自然作用下,逐步降低污染物的浓度或总量,最终使环境恢复到原来的洁净状态,称为环境的自净能力。环境自净能力是生态系统自我调节能力的一种,它是有限度的。当污染的空气或废水少量地排入环境时,环境的自净能力可使其不发生危害作用,但当污染超过环境自净能力的限度时,环境会遭到不可逆转的破坏,人类健康也会因此受到威胁。

9.1.2 环境污染

环境污染是指人类直接或间接地向环境排放超过环境自净能力的物质或能量,使环境质量恶化,从而扰乱和破坏了生态系统、人类正常生产和生活条件的现象。

工业革命以来,人类征服和改造自然的能力大大增强。随着科学技术的发展和工业化的快速推进,人类的生产力水平有了极大提高。传统工业化在创造无与伦比的物质财富的同时,也过度消耗自然资源,大范围破坏生态环境,大量排放各种污染物,人类为此付出了沉痛的代价。1940—1960 年间发生的美国洛杉矶光化学烟雾事件,是世界有名的环境公害事件之一。全市250 多万辆汽车排放的上千吨烯烃化合物、氮氧化物等废气在紫外线照射下生成有毒的光化学烟雾,导致人们出现眼鼻喉疾病,仅 1952 年 12 月的一次烟雾就造成 65 岁以上的老人死亡 400

多人。1952 年 12 月 5—8 日,英国伦敦出现烟雾事件,在此次事件的每一天中,伦敦排放到大气中的污染物有 1000 t 烟尘、2000 t 二氧化碳、140 t 氯化氢(盐酸的主要成分)、14 t 氟化物,以及最可怕的 370 吨二氧化硫,这些二氧化硫随后转化成了 800t 硫酸(燃煤烟尘中有三氧化二铁,它能催化二氧化硫氧化生成三氧化硫,进而与吸附在烟尘表面的水化合生成硫酸雾滴),这些烟雾使患有呼吸道疾病的患者人数猛增,短短四天内比往年同期死亡人数增多 4000 人,此后两个月内又有 8000 多人陆续丧生,震惊世界。1962 年,美国海洋生物学家蕾切尔·卡逊首次出版了《寂静的春天》,其代表性语言是"不解决环境问题,人类将生活在幸福的坟墓之中"。这本书揭露了为追求利润而滥用农药的事实,细致阐述了以 DDT(又叫滴滴涕、二二三,化学名为双对氯苯基三氯乙烷,是有机氯类杀虫剂)为代表的杀虫剂等农药对环境的污染,用生态学的原理分析了这些化学杀虫剂对人类赖以生存的生态系统带来的危害,指出人类用自己制造的毒药来提高农业产量,无异于饮鸩止渴,人类应该走"另外的路"。该书将近代污染对生态的影响透彻地展示在读者面前,给予人类强有力的警示。

20 世纪 70—90 年代世界十大环境污染事件

随着正在兴起的以信息技术、原子能和其他新能源技术、新材料开发、空间技术等为主要内容的第三次工业革命,又出现了电磁波、辐射等新的环境污染。2020 年 7 月,研究人员对位于北极圈中心地区的斯瓦尔巴特群岛进行了科学调查,在四个高海拔冰川站点顶部积雪中发现了 13 种有机氯农药和 7 种工业化合物沉积,这意味着人类工业污染已经对地球造成了深远影响,环境问题已经全球化。

20 世纪典型环境公害事件

我国不仅面临着来自全球环境问题的威胁,而且由于近 30 多年来经济的高速增长,资源消耗加快,排污量增大,环境公害事件时有发生。这些环境污染事件表明,在社会发展的同时,必须加强环境保护工作,使人与自然和谐相处,人类社会的发展必须走可持续发展的道路。

9.1.3 环境保护与可持续发展

20 世纪 60 年代以来,世界范围内的环境污染与生态破坏日益严重,环境问题和环境保护逐渐被国际社会所关注。1972 年 6 月 5—16 日,联合国在瑞典首都斯德哥尔摩举行第一次人类环境会议,会议通过了人类环境宣言,确立了人类对环境问题的共同看法和原则。环境宣言原文引用了毛泽东主席的话,"人类总得不断地总结经验,有所发现,有所发明,有所创造,有所前进"。会议开幕日"6 月 5 日"被联合国确定为世界环境日。这是联合国史上首次研讨保护人类环境的会议,也是国际社会就环境问题召开的第一次世界性会议,标志着全人类对环境问题的觉醒,是世界环境保护史上第一座里程碑。

人类环境保护史上第二座里程碑是 1992 年 6 月 3—14 日在巴西里约热内卢召开的联合国环境与发展大会,会议第一次把经济发展与环境保护结合起来进行认识,提出了可持续发展战略,标志着环境保护事业在全世界范围启动了历史性转变。由我国等发展中国家倡导的"共同但有区别的责任"原则,成为国际环境与发展合作的基本原则。

2002 年 8 月 26 日至 9 月 4 日在南非约翰内斯堡召开的可持续发展世界首脑会议上,提出经济增长、社会进步和环境保护是可持续发展的三大支柱,经济增长和社会进步必须同环境保护、生态平衡相协调。2012 年 6 月 20—22 日在巴西里约热内卢召开的联合国可持续发展大会发起可持续发展目标讨论进程,提出绿色经济是实现可持续发展的重要手段。国际社会为解决环境问题付出了很大努力,但全球环境问题少数有所缓解、总体仍在恶化。生物多样性锐减、气候变化、水资源危机、土地退化等问题并未得到有效解决。大多数发展中国家由于人口增长、工业化和城镇化、承接发达国家的污染转移等因素,环境质量恶化趋势加剧,治理难度进一步加大。

1973 年 8 月,我国国务院召开第一次全国环境保护会议,提出了"全面规划、合理布局,综合利用、化害为利,依靠群众、大家动手,保护环境、造福人民"的 32 字环保工作方针。1983 年保护环境被确立为基本国策。1992 年里约热内卢会议之后,党中央、国务院发布《中国关于环境与发展问题的十大对策》,把实施可持续发展确立为国家战略。党的十八大将生态文明建设纳入中国特色社会主义事业总体布局,把生态文明建设放在突出地位,要求融入经济建设、政治建设、文化建设、社会建设各方面和全过程,努力建设美丽中国,实现中华民族永续发展。环境保护是生态文明建设的主阵地和根本措施。

中国用几十年时间走完了发达国家几百年走过的工业化进程,与此同时,发达国家一两百年间逐步出现的环境问题也在中国集中显现。习近平生态文明思想为推动生态文明建设提供了思想指引,为共同建设美丽中国确立了价值导航。"绿水青山就是金山银山"的理念,如今已经成为全社会的共识。秉持着这样的理念,我国深入实施大气、水、土壤污染防治三大行动计划,又称为"蓝天保卫战、碧水保卫战、净土保卫战",并且率先发布《中国落实 2030 年可持续发展议程国别方案》,以及落实一系列环保举措。中国正在创造着绿色奇迹:2019 年,北京 $PM_{2.5}$ 年均浓度创下 2013 年监测以来的最低值,全国重点城市 $PM_{2.5}$ 平均浓度比 2013 年下降 43%;全国森林覆盖率由新中国成立初期的 8.6% 提升到 22.96%,2017 年中国单位国内生产总值二氧化碳排放量比 2005 年下降约 46%;全球从 2000 年到 2017 年新增的绿化面积约 1/4 来自中国;河北塞罕坝林场建设者、浙江省"千村示范、万村整治"工程等,接连荣获联合国最高环境荣誉"地球卫士奖"。这些改变深刻证明了环境保护的重要性,它直接决定着生态文明建设的进程。"人不负青山,青山定不负人"。只有大力推动绿色可持续发展,才能建成青山常在、绿水长流、空气常新的美丽中国,与世界各国一起共建地球村。

9.2　大气污染及其防治——蓝天保卫战

9.2.1　大气污染概况

大气是人类赖以生存的最基本的环境要素之一,不仅参与地球表面的各种化学过程,而且是维持人类生命的必需物质。因此,大气质量的优劣,对于地球上整个生态系统和人类健康至关重要。

地球表面的气体圈层称为大气层,分为对流层、平流层、中间层、电离层和散逸层。大气是多种气体的混合物,其中体积分数比较恒定的组分包括:N_2 78.09%,O_2 20.94%,Ar 0.93%,以上三种组分占大气总量的 99.96%,此外,还有少量的 CO_2、稀有气体(He、Ne、Kr、Xe)、H_2、CH_4 等。可变组分主要包括 CO_2 和水蒸气,其含量随地区、季节、气象条件、人们生产生活而有所变化。正常状态下,水蒸气含量为 0~4%,CO_2 约为 0.033%,其含量近年来一直攀升,至 2019 年全球二氧化碳浓度平均水平已达到了 0.041%。

按照国际标准化组织(ISO)的定义,大气污染是指由于人类活动或自然过程引起某些物质进入大气中,呈现出足够的浓度,达到足够的时间,并因此危害了人体的舒适、健康和福利或环境的现象。其中,人类活动是引起大气污染的主要原因。一方面,由于人口的快速增长,大量消耗的矿物能源产生出大量废气;另一方面,工业生产带来的废气未经处理或处理力度不够,排入大气中造成污染。

9.2.2 大气中的主要污染物及其危害

目前已认识到的主要大气污染物包括:含硫化合物(SO_2、H_2S 等)、含氮化合物(NO、NO_2、NH_3 等)、含碳化合物(CO、挥发性有机物等)、光化学氧化剂(O_3、H_2O_2 等)、卤素化合物(HCl、HF 等)、总悬浮颗粒物、放射性物质。

将大气污染物按照形成过程分类,则可分为一次污染物和二次污染物,前者指直接从污染源排放的污染物,如 CO、SO_2 等;后者指的是由一次污染物经过化学反应或光化学反应产生的污染物,如臭氧、硫酸盐等。

1. 颗粒物

大气可以看作由固态或液态颗粒(分散质)分散到空气(分散剂)中所形成的庞大分散体系(气溶胶)。气溶胶中的分散质除水外通常称为悬浮颗粒物质,主要来源于燃料燃烧时产生的烟尘、生产加工过程中产生的粉尘、建筑和交通的扬尘、风沙扬尘及气态污染物在空气中经过复杂的物理、化学变化而生成的盐颗粒。

总悬浮颗粒物(total suspended particulate,TSP)是指能长时间悬浮在空气中,空气动力学当量直径(简称粒径)$\leqslant 100\ \mu m$ 的颗粒物。其中,粒径 $> 10\ \mu m$ 的颗粒物称为降尘,可因重力而沉降;粒径 $\leqslant 10\ \mu m$ 的颗粒物称为飘尘,能以气溶胶的形式长期飘浮在空气中,会随气流进入人的气管甚至肺部,因此又称为可吸入颗粒物(PM_{10});粒径 $\leqslant 2.5\ \mu m$ 的颗粒物称为细颗粒物($PM_{2.5}$)。

颗粒物对人体的危害与颗粒物的大小及组成有关。颗粒物粒径越小,进入呼吸道的部位越深。粒径 $10\ \mu m$ 的颗粒物通常沉积在上呼吸道,粒径 $5\ \mu m$ 的颗粒物则可进入呼吸道深部,$2\ \mu m$ 以下的可全部进入细支气管和肺泡。由于颗粒物表面常常附着各种有害物质,一旦进入人体会引发心脏病、肺病、呼吸道疾病等。

2. 二氧化硫

SO_2 为无色透明气体,有刺激性臭味,溶于水、乙醇、乙醚等。大气中的 SO_2 主要来自含硫化石燃料煤和石油的燃烧,其次是有色金属冶炼厂、硫酸厂的废气。

SO_2 对人体的主要危害中,对于呼吸系统的损害临床报道最多,主要表现为气道阻塞性疾病,如支气管炎、哮喘、肺气肿等,甚至与肺癌的关系密切。SO_2 因会吸收紫外线,从而引起人体维生素 D 缺乏,使大肠癌和乳腺癌的危险性增加。SO_2 对心血管系统的影响主要是会增加缺血性心脏病的发病率。SO_2 对人体的中枢神经系统、消化系统、免疫系统及生殖系统均有毒性作用。2017 年,世界卫生组织国际癌症研究机构公布的致癌物清单中,SO_2 被列为 3 类致癌物。

此外,SO_2 还会破坏叶绿素,使植物叶片枯萎脱落、稻麦减产、腐蚀金属设备和建筑材料等。

通常情况下,SO_2 会被空气中的氧气经光化学氧化生成 SO_3,但反应速率较慢。但当有颗粒物如 Fe、Mn 的金属氧化物或盐存在时,将发生催化氧化反应,大大提高 SO_2 氧化成 SO_3 的速率。

当空气湿度较高时,会进一步形成硫酸型酸雨,反应方程式如下:

$$2SO_2(g)+O_2(g)+2H_2O(1) \Longrightarrow 2H_2SO_4(aq)$$

当大气中同时存在多种污染物时,会发生协同效应,所产生的危害要大得多,导致死亡率飙升,如 1952 年伦敦烟雾事件的主要污染物就是大量粉尘和 SO_2。

3. 氮氧化物

氮氧化物 NO_x 种类很多,包括 NO、NO_2、N_2O、NO_3、N_2O_3、N_2O_4、N_2O_5 等,造成大气污染的氮氧化物主要是 NO 和 NO_2。

NO 是一种无色、无味难溶于水的气体,与氧气反应后,可形成具有腐蚀性的 NO_2。NO_2 是一种棕红色、有刺激性气味的气体,具有腐蚀性和生理刺激作用,长期吸入会导致肺部构造改变。它们主要来自矿物燃料的燃烧、汽车尾气、金属冶炼厂和化肥厂的废气排放等。随着城市化的加速,机动车保有量迅速增加,尾气排放的氮氧化物已经成为部分城市大气污染的主要来源,是形成光化学烟雾的主要因素之一。

4. 一氧化碳

CO 为无色、无味、无臭的气体。大气中 CO 的来源可分为自然因素和人为因素,其中自然因素包括森林大火、火山爆发等,而人为因素主要是含碳燃料的不完全燃烧。据估计,全世界每年人为排放 CO 总量为 3 亿~4 亿吨,其中一半以上来自汽车尾气。CO 素以"寂静杀手"而闻名,因为人们不易感知它的存在。一旦 CO 被吸入肺部,便会进入血液循环。它与血液中血红蛋白(Hb)的结合力约为氧气的 300 倍,形成碳氧血红蛋白(HbCO),大大削弱血红蛋白向人体各组织输送氧的能力,从而使人产生头疼、头晕、恶心等中毒症状,严重时可致人死亡。血红蛋白与 CO 的反应如下:

$$HbO_2+CO \Longrightarrow HbCO+O_2$$

5. 挥发性有机化合物

从环保意义上来说,挥发性有机化合物(volatile organic compounds,VOCs)是指所有参与大气光化学反应的挥发性碳化合物。VOCs 是石油化工、制药、印刷、建材、喷涂等行业排放的最常见的污染物。除了车辆,使用含有 VOCs 的产品也会产生污染,如建筑材料、室内装修材料、纤维材料、办公用品等。VOCs 是形成细颗粒物($PM_{2.5}$)、臭氧等二次污染物的重要前体物,进而可引发霾、光化学烟雾等大气环境问题。大多数 VOCs 具有令人不适的特殊气味,并具有毒性、刺激性、致畸性和致癌性,特别是苯、甲苯及甲醛等对人体健康会造成很大的伤害。室内 VOCs 浓度过高很容易引起急性中毒,表现为头疼、头晕、恶心、呕吐甚至昏迷,浓度低时则会引起慢性中毒,损害肝脏和神经系统。

9.2.3　典型的大气污染现象及其防治

1. 温室效应与全球气候变暖

温室效应,俗称"大气保温效应"。来自太阳的热量以短波辐射的形式到达地球外空间,然后穿越厚厚的大气层到达地球表面,地球表面吸收这些短波辐射热量后升温,升温后的地球表面反而向大气释放长波辐射热量,这些长波热量很容易被大气中的温室气体吸收,这样就使得地球表面的大气温度升高,这种增温效应类似于栽培植物的玻璃温室,故此得名温室效应(greenhouse effect)。

大气中的温室气体主要由二氧化碳(CO_2)、甲烷(CH_4)、一氧化二氮(N_2O)、氯氟碳化合物(氟利昂)及臭氧(O_3)组成。它们能够吸收地球表面释放的长波辐射热量,把热量暂时保存起来,就像给地球穿上了一件保暖羽绒服。其实,这些温室气体早就存在大气层中,温室效应也早就存在了,科学家们把这种最原始的温室效应称为"天然的温室效应"。假若地球上没有这种天然的温室效应,地球上的季节温差和昼夜温差就会很大,不适宜人类生存。既然如此,为什么又会把温室效应当作一个全球性的重大环境问题呢?

自工业革命以来,由于人类活动释放大量的温室气体,如 CO_2、CH_4、N_2O 等,使得大气中温室气体的浓度急剧升高,结果造成大气中的温室效应日益增强,科学家们把这种人为活动引起的温室效应称为"增强的温室效应",这正是全球环境科学家们密切关注和担忧的温室效应。随着大气温室效应不断加剧,全球平均气温也必将逐年升高,最终导致全球气候变暖,产生一系列不可预测的全球性气候问题。

要想解决全球变暖问题,最根本的是要降低大气中温室气体的浓度。一方面,通过广泛植树造林,加强绿化,通过光合作用大量消耗 CO_2。另一方面,减排是关键。提高能源利用率,改善能源结构,增加清洁能源的比重,如太阳能、风能、地热能、生物质能等。倡导低碳生活方式,把能导致 CO_2 排放的生活习惯改变为节省能源、减少 CO_2 排放的习惯。例如,空调温度设置夏季不低于 26 ℃,冬季不高于 18 ℃;用完电器记得拔插头,杜绝待机能耗;不使用一次性餐具等。

为了应对全球气候变暖,从 1992 年联合国环境与发展大会通过《联合国气候变化框架公约》,到《京都议定书》《巴黎协定》,国际社会做了很多努力。我国在应对气候变化问题上采取了切实行动,大力践行"绿水青山就是金山银山"的理念,建设人与自然和谐共生的现代化。2000 年以来,全球新增的绿化面积约 1/4 来自中国;2010 年以来,中国新能源汽车以年均翻一番的速率增长;2017 年中国单位国内生产总 CO_2 排放量比 2005 年下降约 46%。2020 年 9 月,我国明确提出 2030 年"碳达峰"与 2060 年"碳中和"目标,将"双碳"战略目标纳入生态文明建设整体布局。

2. 酸雨

空气中含有 CO_2,目前它的体积分数约为 $4.1×10^{-4}$,溶于雨水中形成 H_2CO_3,这时雨水的 pH 约为 5.6。酸雨是指 pH 小于 5.6 的雨雪或其他形式的降水,主要是人为地向大气中排放大量硫氧化物和氮氧化物所造成的。

当大气污染物中含有 SO_2 时,可被 O_3 和 H_2O_2 氧化成 SO_3,溶于雨水就变成 H_2SO_4,即为硫酸型酸雨。大气污染物中的 NO_x 氧化后生成硝酸和亚硝酸,形成硝酸型酸雨。

酸雨会给环境带来广泛的危害,可破坏森林生态系统和水生态系统,造成大面积森林死亡,湖泊、水库等酸化,导致生物多样性减少;造成土壤酸化,一方面使土壤中的营养元素(如钙、镁、钾等)溶出而流失,另一方面可使土壤中的有毒金属元素(如铅、镉等)被植物吸收,造成植物死亡,还可间接影响人体健康;严重损害钢铁构件、建筑物、历史古迹等。

欧洲和北美洲东部是世界上最早发生酸雨的地区,但近年来,亚太地区的经济迅速增长导致能源消耗快速增加,酸雨问题也十分严重。目前我国酸雨主要分布在长江以南—云贵高原以东地区,主要包括浙江、上海的大部分地区、福建北部、江西中部、湖南中东部、广东中部和重庆南部。

预防酸雨的最根本措施是减少 SO_2 和氮氧化物的排放。一是从源头上控制 SO_2 和 NO_x 的产生,如优化能源结构,开发清洁能源,推广原煤脱硫技术等,对于由汽车尾气带来的污染,大力推广新能源汽车是极为有效的源头控制措施。二是从末端加强污染治理,如烟气脱硫。经过近些年的防治,我国酸雨地区面积明显降低,从 2013 年占国土面积的 10.6% 降低到 2019 年的 5.0%。下面分别介绍 SO_2 和 NO_x 废气治理的几种技术。

1) SO_2 的治理

(1) 氨法。用氨水吸收烟气中的 SO_2,化学反应方程式如下:

$$NH_3 \cdot H_2O + SO_2(g) =\!=\!= NH_4HSO_3 (氨水不足时)$$

$$2NH_3 \cdot H_2O + SO_2(g) =\!=\!= (NH_4)_2SO_3 + H_2O (氨水足量时)$$

产物硫酸铵和 SO_2 可以回收,可用于燃煤电厂、有色冶炼厂、硫酸厂的尾气治理,吸收率在 90% 以上。

(2) 钠法。用氢氧化钠、碳酸钠或亚硫酸钠水溶液吸收废气中的 SO_2,吸收速率较快,化学反应方程式如下:

$$2NaOH + SO_2(g) =\!=\!= Na_2SO_3 + H_2O$$

$$Na_2CO_3 + SO_2(g) =\!=\!= Na_2SO_3 + CO_2$$

$$Na_2SO_3 + SO_2(g) + H_2O =\!=\!= 2NaHSO_3$$

(3) 钙法(石灰法)。用生石灰(CaO)、消石灰 $[Ca(OH)_2]$ 或 $CaCO_3$ 制成的乳浊液吸收废气中的 SO_2,化学反应方程式如下:

$$Ca(OH)_2 + SO_2(g) =\!=\!= CaSO_3 + H_2O (SO_2 少量)$$

2) NO_x 的治理

(1) 催化还原法。分为非选择性催化还原法和选择性催化还原法。前者在金属 Pd 的催化下,将废气中的 NO_x 和氧气一并还原,化学反应方程式如下:

$$CH_4 + 4NO_2 =\!=\!= 4NO + CO_2 + 2H_2O$$

$$CH_4 + 4NO =\!=\!= 2N_2 + CO_2 + 2H_2O$$

$$CH_4 + 2O_2 =\!=\!= CO_2 + 2H_2O$$

后者在 Pt 的催化下选择性地将废气中的 NO_x 还原,与氧气不发生反应,化学反应方程式如下:

$$4NH_3 + 6NO \xlongequal{Pt} 5N_2 + 6H_2O$$

$$8NH_3 + 6NO_2 \xlongequal{Pt} 7N_2 + 12H_2O$$

(2) 碱法。利用烧碱($NaOH$)或纯碱(Na_2CO_3)来吸收 NO_x,化学反应方程式如下:

$$2NaOH + 2NO_2 =\!=\!= NaNO_3 + NaNO_2 + H_2O$$

$$2NaOH + NO_2 + NO =\!=\!= 2NaNO_2 + H_2O$$

$$Na_2CO_3 + 2NO_2 =\!=\!= NaNO_3 + NaNO_2 + CO_2$$

$$Na_2CO_3 + NO_2 + NO =\!=\!= 2NaNO_2 + CO_2$$

(3) 氨法。采用氨水喷洒废气或向废气中通入气态氨,使 NO_x 变为硝酸铵和亚硝酸铵,化学反应方程式如下:

$$2NH_3 + 2NO_2 =\!=\!= NH_4NO_3 + N_2 + H_2O$$

$$2NH_3 + 2NO + 0.5O_2 =\!=\!= NH_4NO_2 + N_2 + H_2O$$

3. 光化学烟雾

光化学烟雾是指汽车、工厂等污染源排入大气的碳氢化合物和氮氧化物（NO_x）等一次污染物，在太阳紫外线作用下发生一系列复杂的光化学反应，生成臭氧、过氧乙酰硝酸酯（PAN）、酮、醛类等二次污染物，后与一次污染物混合所形成的烟雾污染。

光化学烟雾的形成机理比较复杂，一般认为是由链式反应形成的，以 NO_2 光解生成原子氧的反应引发，生成臭氧。主要反应如下：

$$NO_2+h\nu =\!=\!= NO+O（原子氧）$$

$$O+O_2+h\nu =\!=\!= O_3$$

$$O_3+H_3CR+h\nu =\!=\!= R-CHO（醛）+R-C=\!\!=O（酰基）$$

$$R-C=\!\!=O（酰基）+O_2+NO_2+h\nu =\!=\!= RC(O)OONO_2（PAN）$$

光化学烟雾的形成及其浓度，除直接取决于一次污染物的浓度外，还受太阳辐射强度、气象条件、地理条件等的影响。

光化学烟雾事件最早发生在 1943 年的美国洛杉矶。整整一天，洛杉矶城区被一种弥漫的浅蓝色烟雾笼罩，这种烟雾使人眼睛发红、咽喉疼痛、呼吸憋闷、头昏、头痛。光化学烟雾不仅仅危害人体健康，还能造成家畜患病，妨碍农作物及植物的生长，使橡胶制品老化，材料和建筑物受腐蚀而损坏。1943 年以后，洛杉矶的光化学烟雾肆虐，以致远离城市 100 km 以外的海拔 2000 m 高山上的大片松林也因此枯死。1950 年以来，光化学烟雾污染事件在美国其他城市和世界各地相继出现，如日本、加拿大、德国、澳大利亚、荷兰等国的一些大城市都发生过。1974 年以来，中国兰州的西固石油化工区也出现光化学烟雾。

怎样才能消除光化学烟雾造成的危害呢？根本的办法就是减少污染源排出的碳氢化合物和氮氧化物。例如，在汽车尾气净化技术中，可通过机内净化（如提高燃油的燃烧效率）来减少发动机内有害气体的生成，还可以进行机外净化，即通过采用 Pt、Pd 等贵金属作为催化剂，将 CO、NO_x、碳氢化合物等转化为 CO_2、H_2O 等无害物质。从绿色化学的角度看，尾气污染防治最根本的方法是寻求清洁能源、开发环保汽车，如以天然气、甲醇等作为汽车燃料，开发太阳能汽车、电动汽车等。

4. 霾

霾（haze），又称阴霾、灰霾，是由颗粒物、硫酸、硝酸、碳氢化合物等粒子悬浮在空气中而形成的浑浊现象。霾中含有数百种大气化学颗粒物质，它们在人们毫无防范的时候侵入人体呼吸道和肺叶中，从而引起呼吸系统疾病、心血管系统疾病、血液系统疾病、生殖系统疾病等，诸如咽喉炎、肺气肿、哮喘、鼻炎、支气管炎等炎症，长期处于这种环境还会诱发肺癌、心肌缺血及损伤。此外，霾会大大降低能见度，使得交通事故频率升高。

雾霾进入人体的全过程

2013 年，"雾霾"成为年度关键词。环境保护部基于空气质量的监测结果表明，2013 年 1 月和 12 月，中国中东部地区发生了 2 次较大范围区域性灰霾污染。两次灰霾污染过程均呈现出污染范围广、持续时间长、污染程度严重、污染物浓度累积迅速等特点，且污染过程中首要污染物均以 $PM_{2.5}$ 为主。

针对严峻的大气污染形势，以可吸入颗粒物（PM_{10}）、细颗粒物（$PM_{2.5}$）为特征污染物的区域性大气环境问题日益突出，国务院印发《大气污染防治行动计划》（简称"大气十条"），自 2013 年 9 月 10 日起实施。2014 年 2 月，习近平在北京考察时指出：应对雾霾污染、改善空气质量的首要任务是控制 PM$_{2.5}$,要从压减燃煤、严格控车、调整产业、强化管理、联防联控、依法治理等方面采取重大举措,聚焦重点领域,严格指标考核,加强环境执法监管,认真进行责任追究。2017 年,国家将"坚决打好蓝天保卫战"写入政府工作报告。通过持续实施重点区域大气污染治理攻坚。近年来,我国的霾天气问题有很大的改善,根据生态环境状况公报,2021 年,我国 339 个地级及以上城市中,218 个城市环境空气质量达标,占比 64.3%。"大自然的阴晴风雨不是人类能支配的,但我们能支配我们的行为,转变我们的发展方式,我和大家的心情一样,雾霾要治理,蓝天在未来不会也不应该成为奢侈品。"

颗粒物的治理主要是从废气中将其分离出来并加以捕集、回收,即所谓的除尘技术。从气体中除去或收集固态或液态粒子的设备称为除尘装置或除尘器。根据不同原理,除尘装置可分为以下几种:

(1) 机械除尘装置。可通过重力、惯性力或离心力除尘。适用于处理含尘浓度高、颗粒物粒径较大的废气。装置结构较简单,但效率不够高,不能除去微小颗粒物,所以常作为净化的前级装置。

(2) 洗涤除尘装置。使含尘气体与水滴(膜)或雾滴相互接触,利用水滴和颗粒的惯性碰撞、扩散、静电等作用捕获颗粒。可将粒径为 0.1~0.2 μm 的颗粒物有效除去,同时也能脱除部分气态污染物。装置结构简单、成本较低、操作较为方便,但含尘污水需要再处理。

(3) 过滤式除尘装置。是使含尘气流通过过滤材料,利用材料的筛分、惯性碰撞、扩散、黏附、重力等作用捕集粉尘。可除去 0.1~20 μm 的颗粒物,效率高达 90% 以上。适用于处理含尘浓度低、粒径较细的颗粒物。高温气流需预冷却,过滤材料需耐腐蚀。

(4) 电除尘装置。利用静电力从气流中分离颗粒物。此装置对于粒径小于 0.1 μm 的颗粒物除尘效率高达 99.9%,可在高温下运行,在燃煤电厂的烟气除尘中广泛使用。

9.3　水污染及其防治——碧水保卫战

水是生命之源。地球表面的 70% 被水覆盖,其中海水占 97.3%,可用淡水只有 2.7%。我国人均水资源量仅为世界平均水平的 1/4,被联合国列为 13 个贫水国家之一,全国大约一半的城市缺水,然而水质恶化更使水资源短缺问题雪上加霜。我国江河湖泊普遍遭受污染,大部分的湖泊出现了不同程度的富营养化。全国七大水系中(珠江水系、长江水系、黄河水系、淮河水系、辽河水系、海河水系和松花江水系),涉及的污染物种类多达 2000 余种,水中污染物种类的数量还保持着不断增加的状态。在水环境如此严峻的形势下,我们应全面打好"碧水保卫战",让渐去渐远的碧水回归到地球村。

9.3.1　水污染

天然的水体(如河流、湖泊等)对污染有一定的自净能力,其中的溶解氧可参与水体中的氧化还原过程,把许多污染物转化、降解甚至变为无害物质。但是,当排入水体的污染物含量超过水体的自净能力时,会造成水质恶化,从而影响水的有效利用,破坏生态环境和危害人体健康,称为水污染。

水污染主要是人为造成的。根据污染性质,水污染可分为化学污染、物理污染、放射性污染、生物污染等。目前人为排放的废水主要包括工业废水、生活污水、农业污水。下面主要介绍几种典型的水污染现象。

1. 无机物污染

污染水体的无机污染物主要指酸、碱、盐、重金属及无机悬浮物等。

酸类物质主要来源于工业废水。含酸多的工业废水主要是电镀、金属加工业的酸洗废水,还有酸性造纸废水等。酸雨也是水体酸污染的来源之一。碱污染主要来自造纸、制碱、制革、石油加工等行业的废水。水体遭受酸、碱污染后,pH 会显著改变,抑制水中微生物的生长,降低了水体的自净能力,并且也具有很高的腐蚀性。

工业废水中常含有大量无机盐,酸性和碱性废水混合后会发生中和反应产生无机盐。水中的盐含量过高,会增大水的渗透压,危害水生生物的生长,加速土壤盐碱化。

无机污染物中以氰化物的毒性最强,氰化物废水主要来自电镀、焦化、冶金等行业。其毒性跟 CN^- 对重金属离子的超强配合能力有关,CN^- 主要跟细胞色素 P450 中的三价铁离子结合,从而使其失去在呼吸链中起到的传递电子能力,组织细胞不能利用血液中的氧而造成窒息。

重金属污染主要包括汞、镉、铅、铬、镍,以及类金属砷等生物毒性显著的元素。由于这些金属具有优良的物理、化学特性,因此在工业生产中有广泛的应用,如矿石开采、金属冶炼等行业排放的废水、废渣等,都是重金属污染的主要来源。重金属污染的特点是微量便有毒性,重金属产生毒性大小的浓度范围取决于该金属的性质(如价态、形状等),如每升水中含汞 0.01 mg,就会导致人中毒。水生物对重金属有很高的富集能力,经过"低等生物−高等生物"食物链的逐级传递后,重金属在高等生物体内的含量成百上千倍增加,人类摄取后便会中毒。因为重金属能够使蛋白质的结构发生不可逆的改变,从而影响组织细胞功能,进而影响人体健康,如体内的酶不能够催化化学反应、细胞膜表面的载体不能运入营养物质、排出代谢废物,肌球蛋白和肌动蛋白无法完成肌肉收缩,所以体内细胞就无法获得营养,排出废物,无法产生能量,细胞结构崩溃和功能丧失。例如,震惊世界的日本水俣病和痛痛病,分别是由于汞中毒和镉中毒引起的。

2. 有机物污染

(1)耗氧有机物。生活污水和工业废水中含有的碳水化合物、脂肪、蛋白质等易分解的有机物,它们在分解过程中要消耗水中的溶解氧,被称为耗氧有机物。耗氧有机物的存在会使水中溶解氧的浓度急剧下降,从而影响水生物的代谢,破坏水生态环境。另外,溶解氧浓度很低的情况下,有机物会被厌氧微生物分解,发生腐败现象,产生硫化氢、氨等气体,使水质变臭。

(2)难降解有机物。在水体中很难被微生物分解的有机物称为难降解有机物。合成洗涤剂、有机氯农药、多氯联苯等化合物在水中较难被生物降解,无氮有机物中的脂肪和油类也是难降解物质,它们往往通过食物链逐步被浓缩而造成危害。在生产、使用过程中及使用后,会通过各种途径进入水体造成污染。难降解物质在环境中的持久性,以及广域的分散性,对环境与生态造成的影响较大。

自从农药被大量使用,有机氯农药、有机磷农药成了水污染的一大来源,如前面讲到的 DDT,以及六六六(1,2,3,4,5,6−六氯环己烷)等。这些化合物结构稳定,生物体内酶难以降解,所以积存在动植物体内的有机氯农药分子消失缓慢。由于这一特性,通过生物富集和食物链的作用,环境中的残留农药会进一步得到富集和扩散。通过食物链进入人体的有机氯农药能在肝、肾、心脏等组织中蓄积,特别是由于这类农药脂溶性大,所以在体内脂肪中的蓄积更突出。蓄积的残留农药也能通过母乳排出，影响后代。我国于 20 世纪 60 年代已开始禁止将 DDT、六六六用于蔬菜、茶叶、烟草等农作物上。

近年来，石油污染已成为国际性的环境问题。石油是复杂的碳氢化合物，也属于难降解有机物。石油污染是指石油开采、运输、装卸、加工和使用过程中，由于泄漏和排放石油引起的污染。海洋石油污染中，石油漂浮在海面上，迅速扩散形成油膜，可通过扩散、蒸发、溶解、乳化、光降解及生物降解和吸收等途径进行迁移、转化。油类可黏附在鱼鳃上，使鱼窒息，也可抑制水鸟产卵和孵化，破坏其羽毛的不透水性，降低水产品质量。油膜形成可阻碍水体的富氧作用，影响海洋浮游生物生长，破坏海洋生态平衡。输油管线腐蚀渗漏污染土壤和地下水源，不仅造成土壤盐碱化、毒化，导致土壤破坏和废毁，而且其有毒物能通过农作物尤其是地下水进入食物链系统，最终直接危害人类。

海洋中的塑料废弃物污染，近年愈演愈烈。随着人类生产生活废弃物的排放越来越多，海洋中的塑料垃圾越来越多，据统计，每年有超过 1000 万吨的塑料垃圾进入海洋。

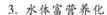

微塑料——
海洋中的
$PM_{2.5}$

3. 水体富营养化

水体富营养化（eutrophication）是指在人类活动的影响下，生物所需的氮、磷等营养物质大量进入湖泊、河湖、海湾等缓流水体，引起藻类及其他浮游生物迅速繁殖，水体溶解氧量下降，水质恶化，鱼类及其他生物大量死亡，水体生态平衡遭到破坏的现象。

水体出现富营养化现象时，浮游藻类大量繁殖，形成水华（淡水水体中藻类大量繁殖的一种自然生态现象）。因占优势的浮游藻类的颜色不同，水面往往呈现蓝色、红色、棕色、乳白色等。这种现象在海洋中则称为赤潮。

4. 放射性污染与热污染

2011 年发生在日本福岛的核电站事故造成周边水环境严重污染，让人们对放射性水污染心有余悸。放射性废水主要来自核反应堆、铀矿开采、核研究机构的同位素实验室、应用放射性物质的医疗机构、工业或其他实验室、接触放射性材料的工作人员所用的防护服装的洗涤等。放射性危害有较强的隐蔽性，不易被察觉。当放射性废水进入环境后会造成水和土壤污染，之后放射性核素可通过多种途径进入人体，给环境和人类健康造成威胁，同时会给社会群众精神和心理上带来不安和恐慌，不利于社会的稳定。

水体热污染指的是向水体中排放大量温度较高的废水，使水体因温度上升而造成一系列危害的现象。火力发电厂、核电站、工厂冷却水是水体热污染的主要来源。如发电厂燃料中只有三分之一热能转化为电能，其余三分之二则流失于大气或冷却水中。大量热能排入水体，使水中溶解氧减少，并促使水生植物繁殖，破坏水体生态平衡。此外，温度升高还会使氰化物、重金属离子等污染物的毒性增强。

9.3.2　水污染的综合防治

工业废水、农业污水和生活污水的任意排放，是造成水污染的主要原因。要控制并进一步消除水污染，必须从源头抓起，减少排放并逐步做到有毒有害的废水不经处理合格，严禁排放。同时对已受污染的水体进行治理，并加强水质监测（参考"评价水质的指标"），将"防""治""管"有效结合起来。

面对严峻的水环境问题，2015 年 4 月 16 日，国务院正式发布《水污染防治行动计划》，简称

"水十条"。"水十条"实施最严格的源头保护和生态修复制度,主要内容包括全面控制污染物排放,着力节约保护水资源,全力保障水生态安全,充分发挥市场机制作用,明确和落实各方责任。经过持续的"碧水保卫战",我国的水污染防治取得了很大成效。截至 2019 年,全国地级及以上城市 2899 个黑臭水体消除 2513 个;全面完成长江入海、渤海入海排污口排查,其中长江入河排污口 60292 个、渤海入海排污口 18886 个;长江经济带 95% 的省级及以上工业园区建成污水处理设施并安装在线监测装置;长江流域总磷超标断面数比 2018 年下降 40.7%。

废水处理技术,按处理程度划分,可分为一级、二级和三级处理,一般根据水质状况和处理后的水的去向来确定废水处理程度。

(1)一级处理(预处理)。用物理法(过滤、重力沉降、离心分离等)或简单化学法去除废水中呈悬浮状态的固体污染物质。经过一级处理的废水通常达不到排放标准。一级处理属于二级处理的预处理。

(2)二级处理。主要去除废水中呈胶体和溶解状态并能被生物降解的有机污染物,去除率可达 90% 以上,使有机污染物达到排放标准。但某些重金属、难降解有机物不能除去。二级处理目前主要采用生物处理法。处理后一般可达到农业灌溉用水标准和废水排放标准。

(3)三级处理(深度处理)。进一步处理难降解有机物、可溶性无机物等。主要方法有生物脱氮除磷法、混凝沉淀法、砂滤法、活性炭吸附法、离子交换法和电渗析法等。废水经三级处理后可重新用于生产和生活。

废水处理技术一般可分为物理法、生物处理法和化学法。

(1)物理法。对于废水中的悬浮物或微小乳液滴,可通过重力分离、过滤、离心分离等方法除去;低浓度的废水可用活性炭、硅藻土等吸附剂处理、净化;对于含有机污染物的废水,可通过有机溶剂萃取法进行初步处理。

(2)生物处理法。生物处理法是利用自然环境中的微生物来氧化分解废水中的有机物和某些无机污染物(如氰化物、硫化物),并将其转化为稳定无害的无机物的一种废水处理方法。废水的生物处理法是建立在环境自净作用基础上的人工强化技术,通过创造出有利于微生物生长繁殖的良好环境,增强微生物的代谢功能,加速有机物的无机化,增进污水的净化进程。根据微生物对氧气的需求不同,生物处理法可分为好氧处理和厌氧处理。该方法具有投资少、效果好、运行费用低等优点,在城市废水和工业废水的处理中得到了广泛的应用。

(3)化学法。利用化学反应进行分离和回收废水中的污染物,或改变污染物的性质,使其变为无害物质。常采用的方法有混凝法、中和法、氧化还原法、离子交换法、电化学处理等。

① 混凝法。废水中常含有不易通过物理法沉降的细小悬浮物,它们往往带有同种电荷,因此相互排斥而不能凝聚。如果加入某种电解质(混凝剂),由于混凝剂在水中能产生与悬浮物带相反电荷的离子,因此悬浮物质能与混凝剂通过正负电荷相互吸引而聚集,继而沉淀下来,达到净化水的目的。常用的混凝剂分为无机混凝剂和有机混凝剂,前者如硫酸铝、硫酸亚铁、氯化铁、氯化铝等,后者包括聚丙烯酸钠、水溶性苯胺树脂等。

② 中和法。废水处理过程中,通常需要调节 pH,以对酸液或碱液进行中和,或者使有害物质转化为沉淀或气体而被除去。

酸性废水中含有的常见酸性物质有硫酸、硝酸、盐酸、氢氟酸、磷酸等无机酸,以及醋酸、甲酸、柠檬酸等有机酸。其处理方法主要有酸性与碱性废水相互中和、药剂中和、过滤中和。酸性、碱性废水相互中和是一种既简单又经济的以废治废的处理方法,如可以将电镀厂的酸性废水和印染厂的碱性废水相互混合,达到中和目的。药剂中和法能处理任何浓度、任何性质的酸性废水,对水质和水量波动适应性强,中和药剂(如 CaO、$CaCO_3$、碳酸钠、电石渣等)利用率高,中和过程易调节,但也存在药剂配制及投加设备较多、成本高、脱水难等缺点。过滤中和是将碱性滤料(如石灰石、大理石、白云石等)填充成一定形式的滤床,酸性废水流过此滤床即被中和,它具有操作方便、运行费用低等优点,并且产生的沉渣少,只有污水体积的 0.1%,但缺点是废水酸浓度受到限制,还必须对污水中的悬浮物、油脂等进行预处理,以防滤料堵塞。

对于碱性废水,主要有碱性废水与酸性废水相互中和、药剂中和、利用酸性废气中和三种方法。中和原理与酸性废水的处理基本相同。其中药剂中和法常用的药剂是无机酸,如硫酸、盐酸、压缩二氧化碳等,硫酸的价格较低,应用最广。盐酸的优点是反应物溶解度高、沉渣量少,但价格较高。另外,由于酸性废气如烟道气中 CO_2 比例较高(约 24%),有时还含有 SO_2 和 H_2S,因此可用来中和碱性废水。用烟道气中和碱性废水的优点是把污水处理与消烟除尘结合起来,缺点是处理后的污水中硫化物、色度和耗氧量均显著增加。

如果废水中含有重金属离子,可采用中和沉淀法,即调节废水的 pH,使重金属离子生成难溶的氢氧化物沉淀而除去。例如,在酸性含镉废水中,可加入消石灰或苏打等,首先中和废水中的酸,进一步调整 pH 至 10~11 就会生成 $Cd(OH)_2$ 沉淀。当废水中 Cd^{2+} 的质量浓度降到 0.1 mg·mL^{-1} 以下时即可排放。

为了决定最佳的废水处理工艺条件,应当用待处理废水样品进行实验,确定最佳的 pH 范围,选定廉价高效的中和试剂。

③ 氧化还原法。向废水中加入适当的氧化剂或还原剂,与其中具有还原性或氧化性的有害物质发生氧化还原反应后,使其转变成无毒或低毒物质,从而达到净化废水的目的。如用氯气、臭氧、漂白粉等处理含酚、氰的废水,以下化学反应方程式表示的是用漂白粉处理含氰废水:

$$Ca(ClO)_2 + 2H_2O \rule{1.5cm}{0.4pt} Ca(OH)_2 + 2HClO$$

$$2NaCN + Ca(OH)_2 + 2HClO \rule{1.5cm}{0.4pt} 2NaCNO + CaCl_2 + 2H_2O$$

$$2NaCNO + 2HClO \rule{1.5cm}{0.4pt} 2CO_2(g) + N_2(g) + H_2(g) + 2NaCl$$

用硫酸亚铁、二氧化硫或亚硫酸钠等可处理含铬废水,使铬酸根中的六价铬还原为三价铬,再用石灰使其沉淀,化学反应方程式如下:

$$Cr_2O_7^{2-} + 6Fe^{2+} + 14H^+ \rule{1.5cm}{0.4pt} 2Cr^{3+} + 6Fe^{3+} + 7H_2O$$

$$3CaO + 3H_2O + 2Cr^{3+} \rule{1.5cm}{0.4pt} 2Cr(OH)_3 + 3Ca^{2+}$$

④ 离子交换法。离子交换是溶液中的离子与某种离子交换剂上同种电荷的离子进行交换的作用或现象,是借助于固体离子交换剂中的离子与稀溶液中的离子进行交换,以达到提取或去除溶液中某些离子的目的。在废水处理中,通常是利用离子交换树脂作为固体离子交换剂,通过离子交换作用除去废水中离子化的污染物。离子交换树脂是带有活性基团,具有网状结构,不溶于水的高分子化合物,通常为球形颗粒。

离子交换法多用于含重金属废水的回收和处理上,近年来也成功地应用于城市污水的脱氮、除磷。阳离子交换树脂能用它的 H^+ 与污水中的 NH_4^+ 进行交换,阴离子交换树脂能用它的 OH^- 与污水中的 NO_3^-、PO_4^{3-} 进行交换,反应如下:

$$RH + NH_4 \Longrightarrow RNH_4 + H^+$$
$$ROH + HNO_3 \Longrightarrow RNO_3 + H_2O$$
$$ROH + H_3PO_4 \Longrightarrow RH_2PO_4 + H_2O$$

离子交换法在纯水制造中有着重要应用。制药行业、微电子行业、发电工业和实验室等的用水对水质纯度要求很高。对于溶于水中的阳离子和阴离子,可经过多次的离子交换作用而除去,得到的水称为"去离子水"。采用离子交换法制备的去离子水,其电阻率可达 $5 \times 10^4 \ \Omega \cdot m$,含盐量在 $5 \ mg \cdot L^{-1}$ 以下。

⑤ 电化学处理。在废水池中插入电极板,当接通直流电源后,废水中的阴离子向阳极移动,发生失电子的氧化反应,阳离子向阴极移动,发生得电子的还原反应,从而除去废水中的铬、氰等污染物。例如,印染废水通过电化学处理后,能够达到 GB 4287—92 规定的《纺织染整工业水污染物排放标准》一级排放标准。虽然电化学方法处理效果较好,但消耗能源大,不能广泛使用。

9.4 土壤污染及其防治——净土保卫战

土壤污染已成为全世界普遍关注和研究的重大环境问题之一。由于长期不合理的开发利用和大量"三废"的排放,我国已有相当面积的土壤遭到污染和破坏。早在 2006 年,据不完全调查,中国受污染的耕地就约有 1.5 亿亩,占 18 亿亩耕地的 8.3%。面对十分严峻的土壤污染形势,为了切实加强土壤污染防治,逐步改善土壤环境质量,自 2016 年起,我国开始实施《土壤污染防治行动计划》,简称"土十条",开展"净土保卫战"。根据 2021 年《中国生态环境状况公报》,全国土壤环境风险得到基本管控,土壤污染加重趋势得到初步遏制。尽管如此,"净土保卫战"任重而道远,需要我们每个人的共同努力。

9.4.1 土壤污染

土壤具有一定的自净能力,当土壤中含有害物质过多,超过土壤的自净能力,就会引起土壤的组成、结构和功能发生变化,微生物活动受到抑制,有害物质或其分解产物在土壤中逐渐积累,导致土壤的自然功能失调,土壤质量恶化,这就是土壤污染。

土壤污染物按照其属性可分为化学污染物、物理污染物、生物污染物、放射性污染物。化学污染物包括无机和有机两类,前者如镉、汞、铅等重金属,以及过量的氮、磷营养元素等,后者如各种合成农药、酚、氰化物、合成洗涤剂等。物理污染物主要包括矿山开采的废渣、粉煤灰及生产生活的固体废弃物等。目前,"白色污染"已成为极大的环境问题,引起全世界的广泛关注,其主要来源有食品包装、泡沫塑料填充包装、快餐盒、农用地膜等,其在环境中难以降解,引起土壤污染。生物污染物是指生活垃圾和废水中带有各种致病微生物,排放到土壤中会影响土壤生态环境。放射性污染物主要来源于原子能工业排放的废物、核泄漏及核武器试验的沉降物等,会造成周围土壤的严重污染。

土壤污染可导致农作物大幅减产、农产品品质降低。例如,全国每年因重金属污染而减产的粮食超过 1000 万吨,许多地区的粮食、水果、蔬菜等食品中镉、铅等重金属含量超标。人们吃了这样的食物后,会在人体内形成重金属富集,严重危害人体健康。此外,土壤中的污染物还可以通过挥发、扬尘、水流等作用进入大气、水环境,造成大气污染和水污染。

9.4.2　土壤污染的防治及改良

鉴于土壤污染的特点,土壤污染的防治需要贯彻预防为主、防治结合、综合治理的基本方针。土壤污染的防治措施包括两个方面:一是"防",就是采取对策防止土壤污染;二是"治",就是对已经污染的土壤进行改良、治理。

土壤保护应以预防为主。预防的重点应放在对各种污染源排放进行浓度和总量控制;对农业用水进行经常性监测、监督,使之符合农田灌溉水质标准;合理施用化肥、农药,增施有机肥,重视开发高效、低毒、低残留农药;利用城市污水灌溉,必须进行净化处理;推广病虫草害的生物防治和综合防治,以及整治矿山、防止矿渣、粉尘污染等。

对于已经污染的土壤,进行土壤的治理、改良。例如,重金属污染的土壤治理,可采用排土法(挖走污染土壤)和客土法(将非污染土壤与污染土壤混合)进行改良,日本的镉污染稻田有近三分之一通过该方法恢复了正常。但是该方法需耗费大量人力、财力,而且移除的土壤还需进一步处理以防止二次污染。在受重金属污染的土壤中施用化学改良剂,可将重金属转为难溶性物质,减少植物对它们的吸收。酸性土壤施用石灰,可提高土壤 pH,使镉、锌、铜、汞等形成氢氧化物沉淀,从而降低它们在土壤中的浓度,减少对植物的危害。土壤污染物还可以通过生物降解或植物吸收而被净化。蚯蚓是一种能提高土壤自净能力的动物,利用它还能处理城市垃圾、工业废弃物及农药、重金属等有害物质。因此,蚯蚓被人们誉为"生态学的大力士"和"净化器"。积极推广使用农药污染的微生物降解菌剂可减少农药残留量。严重污染的土壤可改种某些非食用的植物如花卉、林木、纤维作物等,也可种植一些非食用的吸收重金属能力强的植物,如羊齿类铁角蕨属植物对镉的吸收率可达到 10%,连续种植多年则能有效降低土壤含镉量。

9.5　废弃物的综合利用——变废为宝

9.5.1　三废的综合利用

在日常生产生活中,废弃物的产生不可避免。由于人们消费水平的提高,"三废"(即废气、废水、废渣)排放量日益加大,公害事件越来越多,已成为严重的环境问题。由于废弃物放置场地紧张,处理费用高昂,"废物资源化"引起国际社会的广泛关注。综合利用废弃物,既能减少它对环境的污染,又可以"变废为宝",节省资源,减少浪费。为了实现废物资源化,许多国家采取了一系列鼓励利用废物的政策和措施,如建立专业化的废物交换和回收机构,以使废物被直接有效利用。

对于工业生产中产生的废气,可进行回收和再生利用。例如,利用炼铁炼钢煤气、炭黑尾气、工业余热、余压等来生产电力、热力;利用石油化工废气、冶炼废气来生产化工产品和有色金属;利用回收的烟气生产硫酸、磷铵、硫铵、硫酸亚铁、石膏、二氧化硅等;将酿酒、酒精等发酵工业废气转变成二氧化碳、氢气等资源。

废水回收,又称"污水资源化",是指通过物理、化学或生物的方法,将工业、农业和生活废水进行净化处理,使其达到可重新利用的标准。这样既可以提高水资源利用率,缓解水资源危机,又可以对废水中含有的无机物、有机物等进行回收利用,取得可观的经济效益。例如,从纺织、造纸、印刷等工业废水中的废液中回收银,可提高贵金属资源的利用率。利用制盐液及硼酸废液可生产出氯化钾、氯化镁、液溴等产品。从含有色金属的线路板蚀刻废液、废电镀液、废感光乳剂、废定影液、废矿物油中可提取各种金属和盐,以及达到工业纯度的有机溶剂。

工业废渣数量很大,种类繁多,成分复杂,如冶金渣、粉煤灰、电石渣等。冶金渣通常指高炉渣、钢渣、有色金属渣等。高炉渣是高炉冶炼生铁时排出的废渣,其主要化学成分是 CaO、MgO、Al_2O_3、SiO_2、MnO 等,可生产矿渣水泥,我国高炉渣的综合利用开展较好,利用率在 80% 以上。钢渣是炼钢过程中排出的废渣,其主要化学成分为 CaO、Al_2O_3、SiO_2、Fe_2O_3、Fe 等,可从中回收 5%~10% 的废钢,还可以用作道路路基材料等。有色冶金渣是冶炼有色金属过程中排出的废渣,如铜渣、铅渣、锌渣等,可回收不少的有色金属和稀有金属。粉煤灰是燃煤电厂的烟道气通过除尘后分离收集的细灰,我国粉煤灰排放量每年 1 亿吨以上。粉煤灰的化学成分以 SiO_2、Al_2O_3 为主,其次是 Fe_2O_3 和少量未燃尽的炭。粉煤灰可被用于矿井回填、水泥混合材料等。塑料、合成纤维等制造工业会产生大量的电石渣,它含有 60% 以上的氢氧化钙,可用于制造水泥、煤渣砖等。

9.5.2 垃圾的回收利用

垃圾围城已成为全球趋势,垃圾是城市发展的附属物。2010 年,中国城市环境卫生协会统计,我国每年产生近 10 亿吨垃圾,其中生活垃圾产生量超 4 亿吨,建设垃圾 5 亿吨。据联合国环境署估计,每年有超过 640 万吨垃圾进入海洋。海洋垃圾中 80% 来自陆地,而在陆地垃圾中,占比最大的是食品包装和塑料袋,另外 20% 来自海上活动,如游船上丢弃的垃圾、废弃渔网等。由于海洋中的"白色污染",即使生活在地球最深处的生物,也正在以惊人的数量食用塑料垃圾。据《国家地理》描述,海洋中有多达 51 万亿块塑料,其中 90% 的海洋塑料为微塑料(直径小于 5 mm 的塑料碎片和颗粒),它又被形象地称为"海洋中的 $PM_{2.5}$"。这些塑料垃圾导致成千上万的海洋生物遭遇灭顶之灾。随着洋流,这些海洋中的垃圾又漂浮到了北极,使北极熊生活在了一个"漂浮的垃圾场"中。垃圾污染触目惊心!

面对如此严峻的垃圾污染形势,如何把垃圾回收利用,是亟待解决的难题。垃圾的回收利用,既可以减轻环境污染,又能够充分利用二次资源。科技迅速发展的背后是能源的极速消耗,资源是有限的,从垃圾中回收利用能源是社会发展的重点之一。垃圾的能源化处理途径主要有以下几方面:焚烧发电、制沼气、制成固体燃料、生产水泥等。

垃圾分类,"易"起来!

将垃圾转换成可利用的能源,第一步应做好的就是垃圾分类,提高垃圾利用率。目前我国的垃圾利用率仅有 30% 左右。垃圾分类有什么好处呢?一是可以减少垃圾占地,去掉能回收的和不易降解的物质,减少垃圾数量达 50% 以上。二是减少环境污染。例如,废弃电池含有金属汞等有毒物质,会对人类产生严重的威胁;废塑料进入土壤,会导致农作物减产。因此通过分类进行回收利用可以减少这些危害。三是变废为宝。1 t 废塑料可回炼 600 kg 无铅汽油和柴油。回收 1500 t 废纸,可避免砍伐用于生产 1200 t 纸的林木。

垃圾围城过程中我们每个人都有不可推卸的责任。据统计,我们日常生活中的大部分垃圾,有近七成没有分类就直接进入了垃圾桶。了解垃圾分类的人群中,只有 24.29% 的人是按分类要求将垃圾放入垃圾桶,65.97% 的人都是将家里垃圾统一打包后放在社区垃圾桶里,还有 4.18% 的人随意处理垃圾。反思一下,我们有没有随手丢弃过垃圾?我们是否连最简单垃圾分类都无法做到?我们在外面吃饭,是不是经常超量点菜,造成了大量的浪费和厨余垃圾?改变现状,需要的是我们的行动。培养垃圾分类的好习惯,全社会人人动手,为改善生活环境而努力,为绿色发展、可持续发展做贡献。

9.6　绿色化学——从源头上保护环境

9.6.1　绿色化学的概念和原则

化学学科的发展和应用为人类社会的发展做出了巨大贡献,在很大程度上提高了人们的生活质量,改变了生活方式,然而,传统的化学工业对整个人类赖以生存的环境造成了严重污染和破坏。目前,人类正面临有史以来最严重的环境危机,世界人口剧增、化石能源濒临枯竭、大量排放的工业污染物和生活垃圾使生态环境急剧恶化。

面对上述挑战,人们一方面逐步加强环境污染的治理,对已经造成的污染尽可能地减轻其危害,另一方面,采取有效的预防措施来减少污染的产生。在环境污染的防治过程中,人们逐渐认识到,仅仅考虑化学工业带来的经济效益是不够的,还应该考虑化学工业产品对人类赖以生存的环境的影响,因为人类对环境的危害最终会反噬到人类自己身上。要想实现人类社会的可持续发展,就必须保护好生态环境。环境保护的最根本办法和最高要求就是不产生污染。“绿色化学”就是在这样的背景下应运而生。绿色化学的目标是改变现有化学、化工生产的方式,不使用、不产生有毒有害物质,不再处理污染物,实现从“先污染、后治理”向“从源头上杜绝污染”的转变。

绿色化学,又被称为环境友好化学、环境无害化学、清洁化学等,是利用化学原理和方法,来减少或消除化学产品在设计、合成、加工、应用等全过程中使用和产生有毒有害物质,使所设计的化学产品或生产过程更加环境友好的一门科学。

美国化学家 P. T. Anastas 和 J. C. Warner 提出了绿色化学“十二条原则”,描述了绿色化学的研究内容和研究方向,涵盖了原料、溶剂、催化剂和产品的绿色化,同时,阐述了化学品设计、生产、分析、控制等过程绿色化的基本原则。其中,“原子经济性”反应指的是原子利用率很高的反应,也就是不产生废物或废物很少的反应。这是一种理想的化学过程,是未来化学工业发展的方向。目前,工业生产中已经有部分原子经济性反应的实例,例如,环氧乙烷的生产中采用了银催化剂后,可通过一步法制备环氧乙烷,其合成路线的原子利用率为100%,即参与反应的原料中所有的原子100%进入了产物中,不产生废弃物。

绿色化学
“十二条
原则”

9.6.2　绿色化学的研究内容

绿色化学的研究内容范围十分广泛,目前主要包括原料绿色化(无毒无害、可再生)、工艺绿色化(原子经济性、高选择催化、低能耗)、溶剂绿色化(无毒无害)、产品绿色化(设计、生产无毒无害产品)等。

1. 绿色原料

可利用生物质原料(利用太阳能,通过光合作用产生的生物有机体),如木质素、纤维素等,代替传统的石化产品。生物质原料不仅可以再生,而且避免了传统石化产品(如苯类试剂)的毒害性。此外,可开发一些无毒无害原料代替毒性高的化工原料。例如,氢氰酸是一种剧毒性物质,然而它的工业用量很大,主要用于制造丙烯腈、丙烯酸树脂、杀虫剂等。甲基丙烯酸甲酯是制造有机玻璃的重要原料,而工业生产中,约80%的甲基丙烯酸甲酯是由氢氰酸和丙酮为原料合成的。20世纪70年代,日本开发出用异丁烯或叔丁醇为原料制备甲基丙烯酸甲酯的工艺,开辟了一条利用绿色原料合成的新路线。

2. 绿色催化剂

催化剂的使用,不仅可以加快反应速率、降低能源消耗,还可以增加主产品产量、减少副产物的生成。从绿色化学的角度看,催化剂本身也应是无毒无害的,因此,开发绿色催化剂,对于环境保护、节省能源意义重大。与化学催化剂相比,生物催化剂——酶具有更高的选择性且反应条件温和,但是酶对环境很敏感,容易失活。为了扬长避短,科学家们正在努力研发仿酶催化剂,使它们既可以起到类似酶的催化作用,又具有高的稳定性,相关催化技术又被称为“仿生催化”。由于仿生催化同时具备生物催化和化学催化的优势,又能进入工业应用,世界各国非常重视仿生催化方面的研究。

3. 绿色溶剂

目前研究的重点是使用超临界流体(H_2O 或 CO_2)作为传统有机溶剂的替代品,用于工业生产。什么是超临界流体呢? 超临界流体(super critical fluid,SCF)是指温度和压力均高于其临界点的流体,常用的超临界流体有二氧化碳、氨、乙烯、丙烷、丙烯、水等。超临界流体处于气液不分的状态,没有明显的气液分界面,既不是液体也不是气体。由于超临界流体处于超临界状态,对温度和压力的改变十分敏感,具有十分独特的物理性质,它的黏度低、密度大,有良好的流动、传质、传热和溶解性能,因此被广泛用于节能、天然产物萃取、聚合反应、超微粉和纤维的生产、喷料和涂料、催化过程和超临界色谱等领域。

超临界 CO_2 发电是一种新型发电技术。超临界 CO_2 具有以下几个特点:一是临界温度和压力容易达到;二是它的化学性质不活泼,无色、无味、无毒,环境友好,安全性好;三是成本低,纯度高,容易获得。这使得它很适合作为热力循环工质(实现热能和机械能相互转化的媒介物质)。超临界 CO_2 发电系统是一种以超临界状态的 CO_2 为工质的布雷顿循环系统,具备以下优点:发电效率高、体积小、重量轻、噪声低。在能源、环保问题加剧的情况下,超临界 CO_2 布雷顿循环技术更是引起各国的关注。美国能源部于2011年实施了太阳能应用领域的“Sunshot”攻关计划,该项目中的超临界 CO_2 布雷顿循环系统由美国桑迪亚国家实验室和核能系统实验室(NESL承担,经过测试证明,超临界 CO_2 作为工质的光热发电系统在600~700 ℃的温度范围内运行都可以有良好表现,可以在500 ℃以上、20 MPa的大气压下实现高效率的热能利用,热效率可以达到45%以上。2018年2月,中国科学院工程热物理研究研制出国内首台兆瓦级超临界 CO_2 压缩机,它是超临界 CO_2 布雷顿循环系统的核心部件之一,它的研制成功,是我国在超临界 CO_2 布雷顿循环系统研究领域的一次重大突破。

韩布兴院士:醉心科研的“绿色使者”

4. 绿色产品

绿色产品就是在其生命周期全过程中,符合环境保护要求,对生态环境无害或危害极少,资源利用率高,能源消耗低的产品。绿色产品的第一个环节是设计,要求产品质量优、环境行为优;第二个环节是生产过程,要求实现无废少废、综合利用和采用清洁生产工艺;第三个环节是产品本身的品质要比一般产品更体现以人为本、提高舒适度和健康保护及环境保护程度;第四个环节是废弃物便于处置。例如,为了解决传统农药(如DDT)的毒性问题,绿色农药应运而生,其中,

"纳米农药"备受关注。纳米技术听起来"高精尖",但实际上距离我们生活并不遥远。纳米是一种长度的度量单位,1 nm 等于 10^{-6} mm。纳米技术,则是研究结构尺寸在 1～100 nm 范围内材料的性质和应用。尽管纳米用肉眼看不到,纳米尺度的物质在生活中却随处可见,日常使用的电脑、智能手机,甚至食品、饮料中都可能应用了纳米技术。利用纳米技术创制高效、安全、低残留"纳米农药",已成为绿色农药创新发展的主流。2019 年,国际纯粹与应用化学联合会首次公布了未来将改变世界的十大化学新兴技术,其中纳米农药位居首位。目前,我国纳米农药已进入产业化进程,优先产业化的纳米农药类型主要为可显著提高农药表观溶解度的水性化纳米农药,包括纳米乳剂、微乳剂、纳米分散剂(纳米悬浮剂)等。

　　以上介绍了部分绿色化学技术与产品。绿色化学的概念从提出到现在仅二十多年的历史,但从理论到技术,绿色化学的成果让人们看到了化学和化学工业发展的巨大潜力和美好前景。

思 考 题

1. 大气中的主要污染物有哪些? 哪些现象属于典型的大气污染? 简单列举几种控制大气污染的基本对策。

2. 什么是温室效应? 解决全球气候变暖的有效措施有哪些?

3. 水污染中,重金属对水体的污染主要涉及哪些元素?

4. 什么是微塑料? 它对整个生态环境有什么样的危害?

5. 废水处理技术包括哪些? 请举例说明各种技术适用于处理何种废水。

6. 常见的土壤污染物有哪些?

7. 垃圾分类,从我做起。垃圾可分为哪四类? 具体是如何区分的?

8. 什么是绿色化学? 我们可以从哪些方面发展绿色化学?

第 10 章　化学与医药

　　药物通常是指对疾病具有预防、治疗或诊断作用及对调节人体功能、提高生活质量、保持身体健康具有功效的物质,是人类维护健康、战胜疾病的有力武器。药物的发现与发展是人类为了繁衍生息而对自然界进行改造的结果。人类对药物的使用起源于偶然吃了某些"食物"而使原有的腹痛、便秘等病症得到缓解,并通过人们长期实践经验的积累,逐渐对有关自然产物的药效或毒性有了一定的了解,进而搜集整理并在觅食时有意识地辨别、选择,以避免中毒或解除某些疾病。有关神农"尝百草之滋味,一日而遇七十毒"的传说,生动而形象地反映了人们认识药物的过程。

　　药物化学(medicinal chemistry)是利用化学的原理和方法发现、确证和开发药物,从分子水平上研究药物作用方式和作用机理的一门学科,建立在化学学科基础上,涉及生物学、医学和药学等各个学科的内容。药物化学是一门历史悠久的经典学科,具有坚实的发展基础,积累了丰富的内容,为人类健康做出了重要贡献。

　　根据药物的来源和性质不同,可以将其分为中药或天然药物、化学合成药物及生物药物。化学合成药的主体是有机化合物,故本章内容涉及有机化合物的基本知识,在此基础上对代表性化学合成药的结构、名称、构效关系及作用原理等作简单介绍。

10.1　药物的化学结构与药效关系

　　药物的化学结构与药效的关系(structure-activity relationships,SAR),是药物化学研究的重要任务之一。药物在体内与机体的作用部位发生的相互作用是药物分子与受体大分子的理化性质与化学结构间相互适配和作用的结果,药物分子结构的改变会引起其药理作用及种类的变化。药物的化学结构还决定其理化性质,从而影响药物在体内的吸收、分布和代谢。因此药物的药理活性与药物的基本结构、药物分子键合特性和药物的立体结构有关。

10.1.1　药物与受体作用

1. 受体的定义与结构

　　早在 19 世纪中叶,Barnard 首先证实,箭毒碱(curarine)作用于体内特定的部位。这种神经肌阻断剂刺激神经后,阻止骨骼肌的收缩,但若直接刺激肌肉则无效。这个研究显示了药物作用于某一局部位置,并说明在神经与肌肉之间存在间隙或突触。其后,Langley 发现毛果芸香碱(pilocarpine)类化合物[见图 10-1(a)]刺激自主神经系统的副交感神经,具有选择性,作用极强。而阿托品(atropine)[见图 10-1(b)]能以互为专一的方式,阻断毛果芸香碱的作用,两种化合物作用于细胞的同一组成部分,后来被称为受体。19 世纪末至 20 世纪初,著名微生物学家 Ehrlich 发现,一些有机化合物能以高度的选择性产物抗微生物作用,他认为这是由于

受体是什么

药物与生物中某种接受物质结合的结果。他提出了接受物质(receptive substance)和受体(receptor)这些名词,并认为药物与受体相互作用犹如钥匙和锁的关系,它们的契合导致高度专一性。

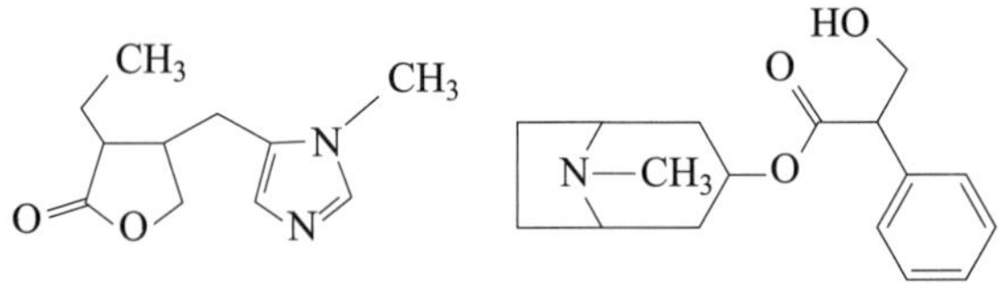

(a) 毛果芸香碱　　　　(b) 阿托品

图 10-1　毛果芸香碱(a)和阿托品(b)的结构式

受体是存在于细胞膜表面或细胞内,能识别和专一性地与特异性配体(ligand,如激素、神经递质、细胞因子和信息分子等内源性分子及药物等外源性分子)相结合并产生特定生物学效应的大分子物质。已知受体大部分在细胞膜上,多数是在细胞外区域具有结合位点并贯穿于细胞膜的具有弹性的三级或四级结构的内嵌蛋白质,在个体发育成长过程中逐步形成,并不断更新。这种蛋白质的氨基酸组分,如组氨酸、谷氨酸、酪氨酸、赖氨酸等极性基团几乎都分布在蛋白质分子的表面,在生理条件下解离为带电荷的离子。通过离子键、氢键、疏水键和分子间力等作用将多肽链扭曲折叠成团,并含有许多空穴。正是这种表面的凹凸不平和空穴的存在构成了特定的空间构象,加上蛋白质表面上的极性基团,组成了药物作用的受点。

2. 受体的分类与功能

根据国际药理学联合会(IUHAC)和国际药物分类委员会(NC-IUPHAR)的建议,将受体分为G-蛋白耦联受体、通道性受体、酶性单链跨膜受体和配体依赖的转录因子受体四大类。其中前三类为细胞质膜受体,其配基一般为水溶性配体(如多肽、生物胺等),难以通过细胞膜;最后一类受体属于细胞内受体,其配体多为易于透过细胞膜进入细胞内部,多与胞内受体结合的脂溶性配基。

受体本身具有许多特殊的功能,主要包括:

(1)识别和结合配体的功能。受体通过高度选择性的立体结构,能够准确地识别并特异性地结合与之互补的内源性或外源性配基,并将识别和接收的信息准确无误地放大并传递到细胞内部,启动一系列胞内生化反应,最后导致特定的细胞反应,使胞间信号转换为胞内信号。

(2)信号转导功能。实际上受体本身可能并不产生直接的生理效应,仅仅起到信号接收和转导的作用,但可以诱导激发细胞内的效应系统。如果细分的话,虽然酶与受体都具有识别和结合底物的能力,但两者的区别在于,酶的主要功能是催化而不是信号传导。

(3)间接产生相应的生理效应。受体介导的生理效应是在完整的细胞和组织内产生的,由于化学信使分子(chemical messenger,如内源性配基分子)的键合导致受体初始形状发生改变,最终将信息传达到细胞内,被细胞所接受。信使分子可能不经历任何反应并且毫无变化地离去,但受体的初始形状发生了变化,受体配合物构型发生改变是导致效应产生的连锁反应的第一步,受体的作用只涉及配基识别位点和诱发刺激产生活性。整个过程包括受体复合物的形成(第一阶段),诱发细胞内信使的形成或者离子通道的开放(第二阶段),激活链反应的其他成分(如蛋白激酶)(第三阶段),最终导致产生作为药物作用特征的生理变化。

当药物与受体作用后,可能会出现两种截然不同的结果。与受体结合后形成复合物,使受体激动产生信号传递至效应器以产生生物学效应的物质称为激动剂(agonist),如乙酰胆碱与受体结合后使平滑肌收缩。研究表明,只有在激动剂与受体结合后,才能使受体产生生理活性,并且激动剂的活性强度正比于受体被结合的量,与药物结合的受体不影响其他受体与药物的结合。与受体结合后阻碍激动剂与该受体结合,阻断激动剂发挥生物学效应的物质称为受体拮抗剂(antagonist)。如阿托品可阻断乙酰胆碱对平滑肌的收缩作用,而导致平滑肌舒张。

机体内源性受体不可能为外源性的药物而存在,机体本身存在着可与该受体发生特异性结合的配体,药物则是这些配体的结构类似物,如果药物与受体的空间构象相契合,形成相应的"锁-钥"关系,另外在电性上也与受体表面电荷相匹配,即在三维空间结构或电荷分布上满足受体的要求,就能形成可逆的药物受体复合物,产生药理效应。

3. 影响药物作用的主要因素

影响药物作用的主要因素包括两方面:药物与受体的作用和药物到达作用部位的浓度。

药物与受体的作用依赖于药物特定的化学结构及药物与受体的结合方式。为解释药物的作用及构效关系,人们提出了药效团(pharmacophore)的概念,认为药物的药理作用是由于某些特定的化学活性基团的存在,这个概念可以解释为具有类似结构的化合物具有相近的药理作用的事实,例如,具有巴比妥[见图 10-2(a)]结构的化合物有镇静催眠作用,具有亚乙基酰胺[见图 10-2(b)]结构的化合物有细胞毒性作用。药效团是药物分子与受体结合产生药效作用的最基本的结构单元在空间的分布。许多药物呈现活性所需的药效团看起来比较复杂,药物作用的特异性越高,药效团越复杂,如吗啡及其类似物之所以具有镇痛活性,是因为它们在三维空间上有相同的疏水部位和立体性质,一些相似基团之间有相近的空间距离,并且存在相同的与受体作用的构象,这些因素构成了镇痛作用的药效团。药效团对构效关系的影响较大。

(a) 巴比妥   (b) 亚乙基酰胺

图 10-2 巴比妥(a)和亚乙基酰胺(b)的结构式

根据药物在体内的作用方式,可以把药物分为结构特异性药物和结构非特异性药物,结构特异性药物的生物活性取决于化学结构的特异性,药物分子通过与特异性受体相互作用,形成复合物,产生药理活性。化学结构的微小变化可能导致生物活性的改变。临床上使用的大多数药物属此类。结构非特异性药物的生物活性主要取决于药物分子的理化性质,对化学结构无特异性要求。属于此类的药物很少,如全麻药中的吸入麻醉药。

药物要发挥药效必须以一定的浓度到达作用部位,此因素与药物在体内的转运(吸收、分布、排泄)密切相关。药物的转运以药物的理化性质和结构为基础,转运过程中药物被代谢使药物活化或失活。到达作用部位后,药物与受体相互作用形成复合物并产生效应,这依赖于药物特定的化学结构及药物与受体间的空间互补性、药物与受体的化学键合性质。以上两因素均与药物的化学结构密切相关。

10.1.2 药物的药效结构

在药物构效关系及其受体研究中,发现同一药理作用类型的药物能与某一特定的受体相结合,因此它们在结构上往往具有某种相似性。这些同类药物中化学结构相同的部分称为该类药物的基本结构或药效团。很多类药物都可以找出其基本结构,如图 10-3 所示局部麻醉药、磺胺类药物、拟肾上腺素药物和 β-受体阻断药物的基本结构。基本结构可变部分的多少和可变性的程度各不相同,有其结构的特异性,这与特定受体对药物分子结构的选择性有关。

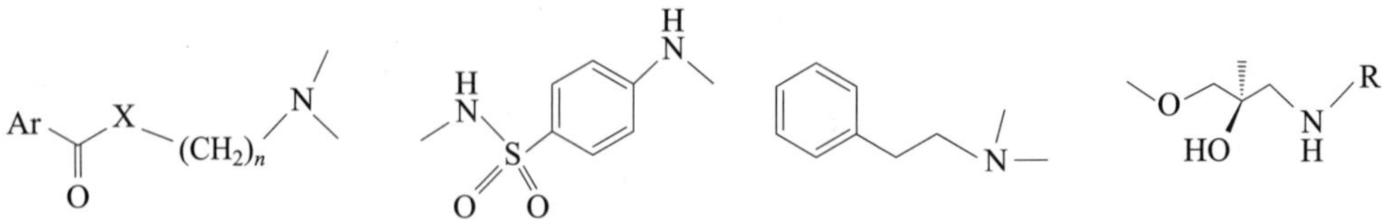

（a）局部麻醉药　　　　（b）磺胺类药物　　　　（c）拟肾上腺素药物　　　　（d）β-受体阻断药物

图 10-3　药物的基本结构

基本结构的确定有助于药物的结构改造和新药设计。在药物的结构改造中要保持其基本结构不变，以保证结构改造后仍具有该类药物的作用；而非基本结构改变，有望得到具有各种特点的衍生物。如在磺胺类药物 N 上的氢以杂环取代后的衍生物，使分子适度解离而活性增强，得到了易渗入脑脊髓，防治流行性脑膜炎的磺胺嘧啶，其抗菌作用约为氨苯磺胺的 600 倍。又如局部麻醉药普鲁卡因兼有抗心律失常作用，但作用时间有限。对其基本结构的酯基部分以电子等排的亚氨基取代一个氧原子，合成了普鲁卡因胺，如图 10-4 所示。其因水解代谢慢而使作用持久，临床上已用作抗心律失常药。

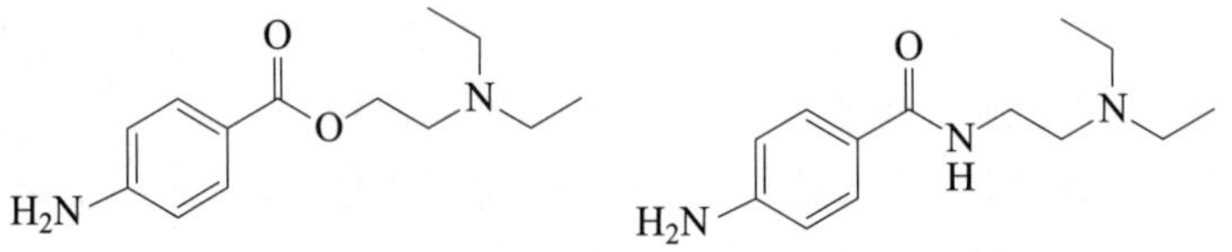

（a）普鲁卡因　　　　　　　　　　　　（b）普鲁卡因胺

图 10-4　药物的基本结构

10.1.3　药物的理化性质对药效的影响

在口服给药时，药物由肠胃道吸收，进入血液中。药物在转运过程中，必须通过各种生物膜，才能到达作用部位或受体部位。而口服抗生素，需先通过肠胃道吸收，进入血液，再穿透细菌的细胞膜，才能起到抑制或杀灭作用。以上一系列过程均与药物的理化性质有关。

体内药物
代谢过程
——以布
洛芬为例

药物分布到作用部位并且在作用部位达到有效的浓度，是药物与受体结合的基本条件。但能和受体良好结合的药物并不一定具有适合转运过程的最适宜理化参数，如有些酶抑制剂在体外实验具有很强活性，但因它的脂水分配系数过高或过低，不能在体内生物膜的脂水-水相-脂相间的生物膜组织内转运，无法达到酶所在的组织部位，造成体内实验几乎无效。因此设计新药时不能只考虑活性，必须充分考虑到化合物的理化性质。

药物的药物代谢动力学性质（吸收、转运、分布、代谢、排泄）会对药物在受体部位的浓度产生直接影响，而药物代谢动力学性质是由药物理化性质决定的。理化性质包括药物的溶解度（solubility）、分配系数（partition coefficient）、解离度（degree of ionization）、氧化还原电位（oxidation-reduction potentials）、热力学性质和光谱性质等。其中溶解度、分配系数和解离度对药效影响较大。

1. 药物的溶解度、分配系数对药效的影响

在人体中，大部分的环境是水相环境，体液、血液和细胞浆液都是水溶液，药物要转运扩散至血液或体液，需要溶解在其中，即要求药物有一定的水溶性（又称为亲水性）。而药物在通过各种生物膜包括细胞膜时,这些膜是由磷脂所组成的,又需要其具有一定的脂溶性(又称为亲脂性)。由此可以看出药物亲水性或亲脂性过高或过低都将产生不利的影响。

在药学研究中,评价药物亲水性或亲脂性大小的标准是药物的脂水分配系数 P。P 等于药物在生物非水相或正辛醇中的浓度除以药物在水相中的浓度。P 值越大表示化合物脂溶性越大,P 越小表示化合物水溶性越大。脂水分配系数也常用 $\lg P$ 表示。

药物的化学结构中引入亲脂性的羟基、卤原子、硫醚键等使分子的脂溶性增加;引入亲水性的羧基、磺酸基、羟基、氨基等使分子的亲水性增加。

作用于不同系统的药物,对脂水分配系数有不同的要求,如作用于中枢神经系统的药物,需通过血脑屏障,应具有较大的脂溶性;吸入麻醉药的麻醉作用只与 $\lg P$ 有关,在一定范围内 $\lg P$ 越大,麻醉作用越强;巴比妥类药物的 $\lg P$ 在 0.5~2.0 作用最好。

当药物的亲脂性增强时,一般可使作用时间延长。但亲脂性过大,不利于药物在人体组织中的脂/水相间转运,使得药物难以到达作用部位,不能产生理想的药效。对于需要较大分配系数的药物来说,同系物的活性随着碳链长度的增加而增强,但碳链过长,活性反而下降。因此,适度的亲脂性,能显示最强的药物活性。

2. 药物的解离度对药效的影响

药物的解离度对药效有着很重要的影响,临床上使用的许多药物为弱酸或弱碱,解离度与药物的解离常数(pK_a)及介质的 pH 有关系。在体液(pH = 7.4)中,药物分子部分发生解离,以离子型(解离形式)和分子型(未解离形式)同时存在。如表 10-1 列出了巴比妥类药物在体液中分子型的百分数。

表 10-1 常用巴比妥药物的 pK_a 与未解离百分数

	巴比妥酸	苯巴比妥酸	苯巴比妥	丙烯巴比妥	戊巴比妥	海索比妥
pK_a	4.12	3.75	7.4	7.7	8.0	8.4
未解离/%	0.05	0.02	50	66.61	79.92	90.91

药物以未解离的分子型通过生物膜,在膜内的水介质中解离成离子型,以离子型与受体结合,产生药理作用。因此,药物应有适宜的解离度。药物的解离度增加,引起药物离子型浓度上升,未解离的分子型减少,会减少在脂溶性组织中的吸收。而解离度过低,离子型浓度下降,也不利于药物的转运。一般只有合适的解离度才能使药物有最大的活性。

在研究巴比妥类镇静催眠药时发现,巴比妥酸和单取代巴比妥酸在体液中几乎 100% 解离成离子形式,不能透过血脑屏障,所以无活性。苯巴比妥、海索比妥等巴比妥类药物在体液中有近50% 或更大的比例以分子型存在,能透过血脑屏障到达中枢,因此具有活性。

由于体内不同部位的 pH 不同,pH 大小会影响药物的解离程度,使解离形式和未解离形式药物的比例发生变化。口服药物需通过胃肠道吸收,介质 pH 影响药物的解离度,对药物的吸收分布有影响。弱酸性药物如阿司匹林,在 pH = 1.4 的胃液中解离度小,主要以分子形式存在,易透过胃黏膜被吸收。弱碱性药物如麻黄碱,在胃液中主要以离子型存在,不易被吸收。而在碱性的肠液中(pH = 8.4),解离度小,易被吸收。季铵盐类和磺酸类极性大,脂溶性低,在胃肠道吸收不完全,更不易透过血脑屏障。

10.1.4　电子云密度分布对药效的影响

受体是以蛋白质为主要成分组成的具有三维结构的生物大分子,其作用是在细胞间转换信号。蛋白质分子由各种氨基酸经肽键连接而成,除肽键外,氨基酸有各种极性基团,其电子云密度的分布是不均匀的;有些区域的电子云密度较高,即带有正电荷或部分正电荷。如果一个药物分子结构中的电荷分布正好与其特定受体相适应,那么药物的正电荷(或部分正电荷)与受体的负电荷(或部分负电荷)产生静电引力,使药物与受体接近时相互作用力增加,容易形成复合物,使其具有较高活性。

例如,苯甲酸酯类局麻药分子与受体通过形成离子键、偶极-偶极相互作用及分子间力相互作用形成复合物,如图 10-5 所示。

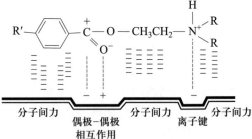

图 10-5　苯甲酸酯类局麻药分子与受体的结合

当苯甲酸酯类局麻药分子中苯环的对位引入供电子基团(如氨基)时,通过共轭效应能使酯羰基的极性增加,使药物与受体的结合更牢固,局麻作用较强。当苯甲酸酯类局麻药分子中苯环的对位吸电子基团(如硝基)时,则使羰基的极性减小,与受体的结合力减弱,导致局麻作用降低。

10.1.5　药物的立体结构对药效的影响

人体各组织、各生物膜上的蛋白质及受体(酶)的蛋白结构对配体药物的吸收、分布、排泄均有立体选择性,因此药物的立体结构不同会导致药效上的差别。另外药物的三维结构与受体的互补性(匹配性)对两者之间的相互作用具有重要影响,药物与受体结合时,在立体结构上与受体的互补性越大,三维结构越契合,配体与受体结合后所产生的生物作用也越强。立体因素对药效的影响包括药物分子中官能团间的距离及药物构型和构象的变化,这些因素均能影响药物与受体形成复合物的互补性,从而影响药物与受体的结合作用。

1. 官能团间的距离对药效的影响

药物结构中官能团间的距离,特别是一些与受体作用部位相关的官能团间的距离,可影响药物与受体之间的互补性。当这些基团之间的距离发生改变时,往往使药物的活性发生极大的变化。

例如,由于反式己烯雌酚两个羟基中氧原子间的距离与雌二醇分子中两个氧原子间的空间长度一致,均为 1.45 nm,如图 10-6 所示,故反式己烯雌酚具有较强的雌激素活性。而顺式己烯雌酚两个氧原子间距离较反式小(0.72 nm),活性很低,仅为反式体的十分之一。

2. 几何异构(顺反异构)对药效的影响

几何异构是由双键或环的刚性或半刚性系统导致分子内旋转受到限制而产生的。由于几何异构体的产生,导致药物结构中某些官能团在空间排列上存在差异,不仅影响药物的理化性质,而且也改变了药物的生理活性。

一对几何异构体,由于基团间空间距离不同,导致一个异构体能与受体的立体结构相适应,另一个异构体则可能不能与受体相适应。例如,上例中反式己烯雌酚的雌激素活性强于顺式己烯雌酚,又如抗精神病药氯普噻吨(泰尔登)的 Z 型作用强于 E 型,如图 10-7 所示。

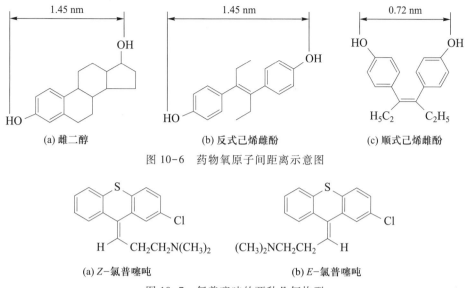

图 10-6　药物氧原子间距离示意图

(a) Z-氯普噻吨　　(b) E-氯普噻吨

图 10-7　氯普噻吨的两种几何构型

3. 光学异构体对药效的影响

当药物分子结构中引入手性中心后得到一对互为实物与镜像的对映异构体,这些对映异构体的理化性质基本相似,仅仅是旋光性有所差别。但是值得注意的是这些药物的对映异构体之间在生物活性上有时存在很大差别,有时还会带来代谢途径的不同和代谢产物毒副作用的不同。

人类药物史上的悲剧——反应停事件

(1) 对映异构体的药理活性之间有显著差异。例如,R-(−)-肾上腺素对血管收缩作用强,S-(+)-肾上腺素作用弱。L-(+)-抗坏血酸活性为 D-(−)-异抗坏血酸的 20 倍。麻黄碱的四个光学异构体中仅(1R,1S)-(−)-麻黄碱有显著活性。药物的三维立体结构与受体的互补性对药物与受体相互作用形成复合物具有重要作用,互补性越大,药物与受体的结合越牢固,生物活性越强。例如,R-(−)-肾上腺素通过氨基、苯环及侧链上的醇羟基与受体形成三点结合,生物活性强。其对映体 S-(+)-肾上腺素只能通过氨基及苯环两个基团与受体相互作用,因此活性很弱。

(2) 对映异构体活性相等。例如,抗组胺药异丙嗪、局麻药丙胺卡因。这是由于手性碳原子不是主要作用部位,受体对药物的对映体无选择性。

(3) 对映异构体显示不同类型生物活性。例如,左丙氧芬具有强镇咳作用,而右丙氧芬的镇痛活性是左丙氧芬的 6 倍,几乎无镇咳作用。

(4) 对映异构体之间产生相反的活性。例如,利尿药依托唑啉的左旋体具有利尿作用,而其右旋体则有抗利尿作用。这种例子比较少见,但需注意的是,这类药物对映异构体需拆分得到纯的对映异构体才能使用,否则一个异构体将会抵消另一个对映体的部分药效。

4. 构象异构对生物活性的影响

构象是由分子中单键的旋转而造成的分子内各原子及基团不同的空间排列状态,构象异构体的产生并没有破坏化学键。柔性分子存在无数的构象异构体,并处于快速平衡状态,不能分离为单一化合物。药物分子构象的变化与生物活性间有着极其重要的关系,这是由于药物与受体间相互作用时要求其结构和构象产生互补性,这种互补的药物构象称为药效构象。药效构象不一定是药物的最低能量构象。

构象对药物与受体作用的影响可分为几种:

(1)药物结构类型相同,可作用于相同受体,但由于其构象不同,产生活性的强弱不同。例如,安那度尔作用于阿片受体,β-安那度尔的苯环与哌啶以 *a* 键相连,α-安那度尔的苯环则与哌啶以 *e* 键相连,由于前者的优势构象与吗啡的构象相同,其镇痛作用是 α-安那度尔的 6 倍(图 10-8)。

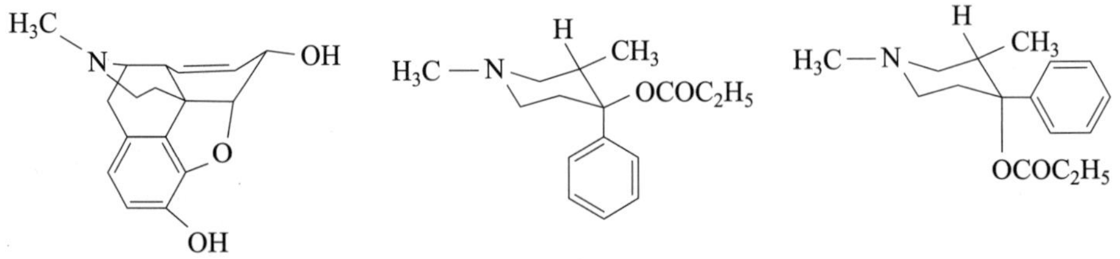

(a) 吗啡　　　　　　　　　(b) β-安那度尔　　　　　　　　　(c) α-安那度尔

图 10-8　药物的构象异构

(2)一种结构,因具有不同构象,可作用于不同受体,产生不同的活性。如组胺,可同时作用于组胺 H1 和 H2 受体。对 H1 和 H2 受体拮抗剂的研究发现,组胺是以对位交叉式构象与 H1 受体作用,而以邻位交叉式构象与 H2 受体作用,故产生两种不同的作用。

(3)只有特异性的优势构象才可产生最大活性,如多巴胺,因对位交叉式构象是优势构象,而和多巴胺受体结合时也恰好是以该构象发挥作用,故药效构象与优势构象为相同构象,而邻位交叉式构象由于两个药效基团—OH 和—NH_2 间的距离与受体不匹配,故不具有活性。

(4)等效构象,又称构象的等效性,是指药物没有相同的骨架,但具有相同的药理作用和最广义的相似构象。如全反式维甲酸是人体正常细胞生长和分化所必需的物质,在临床上用于治疗早幼粒白血病和皮肤病。郭宗儒教授等模拟全反式维甲酸的分子形状、长度和功能基的空间配置,设计合成了取代的芳维甲、丁羟胺酸等化合物,发现化合物具有与维甲酸相同的细胞诱导分化作用。通过构效关系研究和 X 射线衍射晶体学研究,发现这些化合物有相似的构象。分子左端双键重叠,比较丁羟胺酸(虚线部分)和维甲酸(实线部分)的分子长度、形状和在空间的走向,可清楚看出,二者具有相似的药效构象,如图 10-9 所示,故产生相似的药理作用,这种情况称为等效构象,等效构象是计算机辅助药物设计的重要基础。

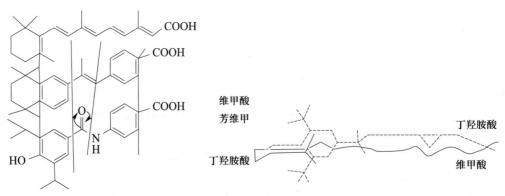

图 10-9　维甲酸及其等效构象结构

10.2 抗生素的分类与结构

抗生素是由微生物(包括细菌、真菌、放线菌)或高等动植物在生活过程中所产生的具有抗病原体或其他活性的一类次级代谢产物,能干扰其他生物细胞发育功能的化学物质,是一类重要的抗菌药。随着抗生素的发展,抗生素的应用范围从最初用于抗细菌性感染发展到抗肿瘤、抗病毒、抗立克次体等,甚至发展到特异性酶抑制剂和免疫抑制剂等,其制备方式也在不断扩展。现在,许多抗生素并不局限是微生物的次级代谢产物,半合成、全合成的类似物、衍生物不断涌现。从 1949 年首次完成对氯霉素的全合成开始,新的全合成、半合成抗生素被陆续推上临床。到 20 世纪 90 年代新上市的全合成、半合成抗生素产品率已达到 100%。现在,抗生素的定义为:抗生素是某些细菌、放线菌、真菌等微生物的次级代谢产物,或用化学方法合成的相同结构或结构修饰物,在低浓度下对各种病原性微生物或肿瘤细胞具有选择性杀灭、抑制作用的药物。

根据抗生素对微生物的抑制范围,分为广谱和窄谱的抗生素:可以同时抑制革兰氏阳性菌和阴性菌的被称为广谱抗生素,如四环素;只对少数细菌有效的称为窄谱抗生素,如万古霉素。抗生素的种类繁多,根据化学结构特征抗生素可分为:β-内酰胺类、四环素类、氨基糖苷类、大环内酯类和其他类。

10.2.1 β-内酰胺类抗生素

1. 基本结构及特点

β-内酰胺类抗生素是指分子中含有由四个原子组成的环酰胺抗生素。从化学结构上看,β-内酰胺类抗生素的基本母核有:青霉烷、青霉烯、碳青霉烯、头孢烯及单环 β-内酰胺,如图 10-10 所示。β-内酰胺环是该类抗生素发挥生物活性的必需基团,在和细菌作用时,内酰胺环开环,与细菌发生酰化作用,抑制细菌的生长。

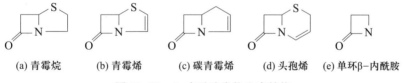

(a) 青霉烷　(b) 青霉烯　(c) 碳青霉烯　(d) 头孢烯　(e) 单环β-内酰胺

图 10-10　β-内酰胺类抗生素结构

天才弗莱明因一个喷嚏发现青霉素

根据 β-内酰胺环是否连接其他杂环及所连接杂环的化学结构,β-内酰胺类抗生素又可被分为:青霉素类、头孢菌素类、非典型 β-内酰胺抗生素类(主要有碳青霉烯类、青霉烷砜类、氧青霉烷类和单环 β-内酰胺类),如图 10-11 所示。

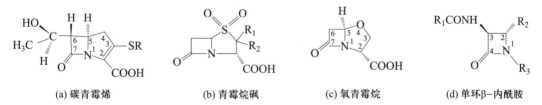

(a) 碳青霉烯　(b) 青霉烷砜　(c) 氧青霉烷　(d) 单环β-内酰胺

图 10-11　非典型 β-内酰胺抗生素类的药物结构

β-内酰胺抗生素的结构具有以下特点:都具有一个四元的 β-内酰胺环;除单环 β-内酰胺环胺类外,四元环通过氮原子及邻近的第三碳原子与第二个杂环相稠合;除单环 β-内酰胺环胺类外,与 β-内酰胺稠合的环上都连有一个羧基;青霉素类、头孢菌素类等 β-内酰胺环羧基 α 碳上都有一个酰胺基侧链。

2. β-内酰胺抗生素的作用机理

β-内酰胺抗生素具有很强抗菌活性,这与它们的作用机理有关。β-内酰胺抗生素可通过抑制 D-丙氨酸转肽酶(黏肽转肽酶)而抑制细菌细胞壁的合成。黏肽是细菌细胞壁的组成部分,是一些网状结构的含糖多肽,是由 N-乙酰葡萄糖胺(Glc-NAc)和 N-乙酰壁氨酸(Mur-NAc)交替组成线状聚糖链短肽,这些高聚物的转肽(交联)反应需要在黏肽转肽酶的催化下进行,使线状高聚物转化成交联结构,完成细胞壁的合成。β-内酰胺抗生素的作用在于抑制黏肽转肽酶的活性。

由于它的结构与黏肽 D-丙氨酰-D 丙氨酸(D-Ala-D-Ala)的末端结构类似,构象也相似,使酶识别错误。青霉素竞争性地与酶活性中心以共价结合,构成不可逆的抑制作用。由于缺乏酶的催化,短肽不能转变成链状结构而无法合成细胞壁。无细胞壁,细胞不能定型和承受细胞内的高渗透压,引起溶菌,细菌死亡。这种作用机理有很大优势,因哺乳动物细胞没有细胞壁,药物对人体细胞不起作用,具有很大的选择性,因此 β-内酰胺抗生素是毒性很小的抗生素。

10.2.2 氨基糖苷类抗生素

氨基糖苷类抗生素是由链霉菌、小单孢菌和细菌所产生的具有氨基糖苷结构的抗生素。1944 年从链丝菌中分离出了第一个氨基糖苷类抗生素链霉素,它除对革兰氏阳性菌有抑制作用外,对大多数阴性菌也有良好作用,但因毒性太大而受到限制。

氨基糖苷类抗生素的分子结构由两部分组成,即由一个氨基环醇通过苷键形式与氨基糖分子结合而成。如链霉素中链霉胍是氨基环醇部分,链霉糖胺是氨基糖部分,链霉双糖胺由链霉糖与 N-甲基葡萄糖胺组成,如图 10-12 所示。

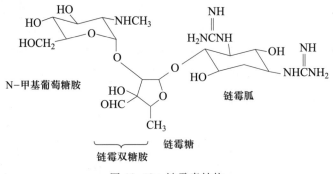

图 10-12　链霉素结构

天然氨基糖苷类抗生素除链霉素外,其他产品多是以一种组分为主体的多组分混合物。如卡那霉素中以卡那霉素 A 为主体(含有 98%),含有少量卡那霉素 B 和卡那霉素 C(图 10-14)。庆大霉素是 C_1、C_{1a} 和 C_2 三种组分的混合物(图 10-13),三者均有相似抗菌活性。这类抗生素与血清蛋白结合率低,绝大多数在体内不代谢失活,以原药形式经肾小球滤过排出,对肾脏产生毒性;另一毒性表现为对第八对颅脑神经的损害,引起不可逆耳聋,尤其对儿童毒性更大。

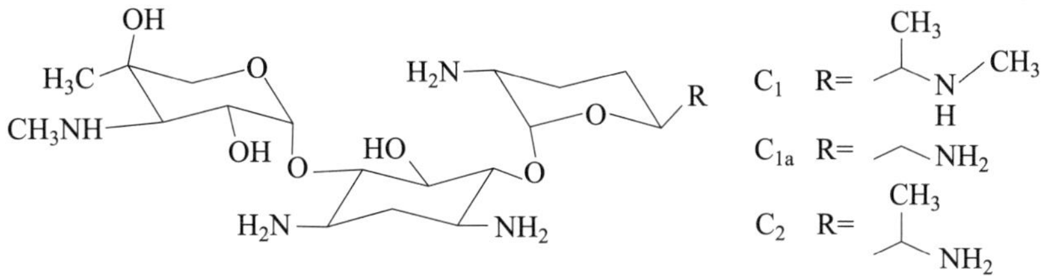

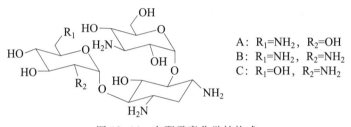

图 10-13　庆大霉素化学结构式

卡那霉素是由放线菌所产生的抗生素,由 A/B/C 三组分组成,其化学结构含有两个氨基糖和一个氨基醇,如图 10-14 所示,具有碱性,水溶性较大,遇热稳定。卡那霉素和青霉素不能溶解于同一溶剂中使用,否则会导致失活。

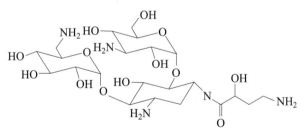

图 10-14　卡那霉素化学结构式

阿米卡星为半合成氨基糖苷类抗生素,是根据丁胺菌素 B 结构启示,将 L-(-)-4 氨基-2-羟基丁酰基侧链引入卡那霉素 A 分子的链霉胺部分得到的,如图 10-15 所示。药物为白色或类白色结晶性粉末,几乎无臭、无味;易溶于水,在乙醇中几乎不溶。可用于对卡那霉素或庆大霉素耐药的革兰氏阴性菌所致尿路、下呼吸道、生殖系统等部位感染以及败血症等。

图 10-15　阿米卡星化学结构式

庆大霉素是小单孢菌产生的抗生素混合物,包括庆大霉素 C_1、C_{1a} 和 C_2,三者抗菌活性和毒性相似。本品为白色或类白色结晶性粉末,无臭、有引湿性,易溶于水,在乙醇、乙醚、丙酮或氯仿中不溶,可用于治疗绿脓杆菌或某些耐药阴性菌引起的败血症、尿路感染、脑膜炎和烧伤感染,对肾毒性和听觉毒性比卡那霉素低。

10.2.3　大环内酯类抗生素

大环内酯类抗生素是由链霉菌产生的一类弱碱性抗生素,其结构特征为分子中含有一个大环内酯结构,通常为 12~20 元环,通过内置环上的羟基和去氧氨基糖或 6-去氧糖缩合成苷,其结构如图 10-15 所示。按内酯环大小,多数药物可分为 14 元环和 16 元环两个系列,14 元环以红霉素及其衍生物为主,16 元环主要有麦迪霉素、螺旋霉素及其半合成衍生物。这类抗生素的抗菌谱和抗菌活性相近,对革兰氏阳性菌和某些阴性菌有较强的作用,尤其对 β-内酰胺类抗生素无效的支原体、衣原体等有效,与临床常用的其他抗生素之间无交叉耐药性,毒性较低,无严重不良反应。

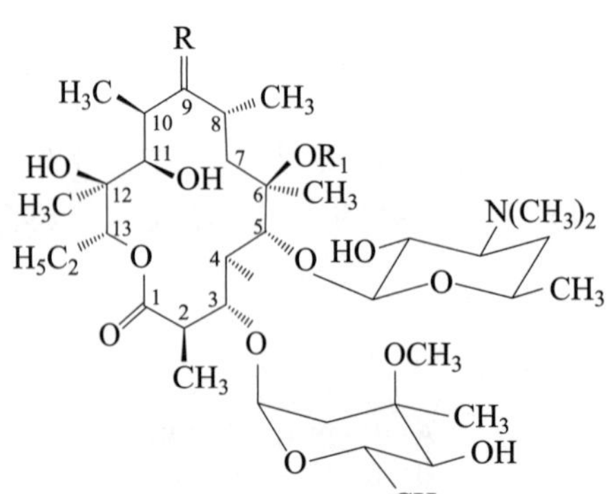

取代基	R		R_1	药物
	O		H	红霉素
	$NOCH_2O(CH_2)_2OCH_3$		H	罗红霉素
	O		CH_3	克拉霉素

图 10-15 大环内酯抗生素药物结构

红霉素是发现的第一个大环内酯类抗生素,主要用于耐药的金黄色葡萄球菌、肺炎球菌、溶血链球菌等,其盐类和酯类衍生物的研究进展比较缓慢。红霉素是由红色链丝菌产生的抗生素,包括红霉素 A、红霉素 B 和红霉素 C,抗菌主要成分为红霉素 A。红霉素为白色或类白色的晶体或粉末,无臭、味苦,微有引湿性,在甲醇、乙醇或丙酮中易溶,在水中极微溶解。红霉素水溶性小,只能口服,由于在酸中不稳定,易被胃酸破坏。可用红霉素与乳糖酸成盐,增加其水溶性,得到可注射使用的乳糖酸红霉素。

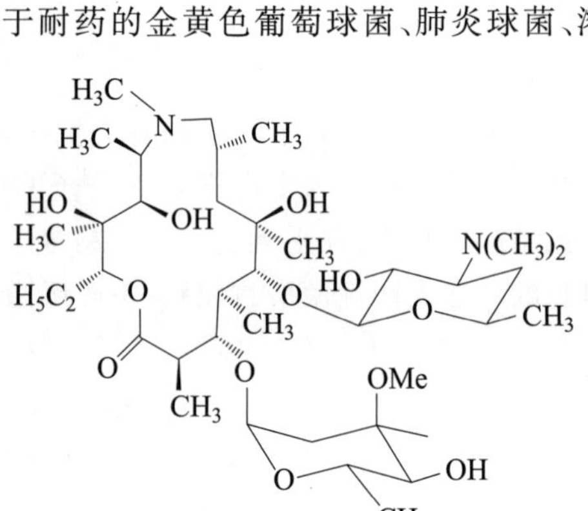

阿奇霉素是红霉素大环内酯 C_9 和 C_{10} 之间插入 N-甲基同时 C_9 羰基还原为扩环衍生物,为 15 元环的化合物,如图 10-16 所示。经过改造,除去了 9 位酮羰基,使其对酸稳定,同时增加了脂溶性,产生了独特的药代动力学性质,半衰期比红霉素长,对组织有较强的渗透性。临床上可用于治疗敏感微生物所致的呼吸道感染、皮肤和软组织感染。

图 10-16 阿奇霉素化学结构式

10.2.4 氯霉素类抗生素

氯霉素是由委内瑞拉链霉菌培养滤液得到的,含有 2 个手性碳原子,存在 4 个旋光异构体,其结构如图 10-17 所示。其中仅 1R,2R(-) 或 D(-) 苏阿糖型有抗菌活性,为临床使用的氯霉素。合霉素是氯霉素的外消旋体,疗效为氯霉素的一半。氯霉素对革兰氏阴性/阳性菌都有抑制作用,但对前者的效力强于后者,可用于治疗伤寒、副伤寒、斑

图 10-17 氯霉素化学结构式

疹伤寒等。

10.3 中药化学

10.3.1 中药的概述

中药主要由植物药和矿物药组成,是以中国传统医药理论指导采集、炮制、制剂,说明作用机理,指导临床应用的药物。因植物药占中药的大多数,所以中药也称中草药。各种使用的中药已达 5000 种左右,把各种药材相配伍而形成的方剂,更是数不胜数。古代先贤对中草药和中医药学的深入探索、研究和总结,使得中药得到了广泛的认同与应用。中药是中医预防治疗疾病所使用的独特药物,也是中医区别于其他医学的重要标志。

中药之所以能够发挥防治疾病的作用,在于其含有特定的生物活性成分。若生物成分是单一化合物,能用分子式和结构式表示并有一定的物理常数(如沸点、熔点、溶解度、旋光度等),称为有效成分,而其他结构、性质不尽相同的化学成分可能没有活性,也起不到防治疾病的作用,则被称为无效成分,如普通蛋白质、糖类、油脂及树脂、叶绿素等。例如,甘草的根及根茎中含有甘草酸、甘草苷及淀粉、纤维素、草酸钙等成分。甘草酸、甘草苷具有抗炎、抗病毒作用,临床上用于治疗胃溃疡,被认为是甘草的有效成分,其结构如图 10-18 所示,以甘草为原料制成的浸膏或制剂,其质量常以甘草酸、甘草苷含量为基准进行控制。淀粉、纤维素、草酸钙等被认为是无效成分,在加工生产过程中应注意除去,以得到富集有效成分的制剂甚至直接得到有效成分的纯品。

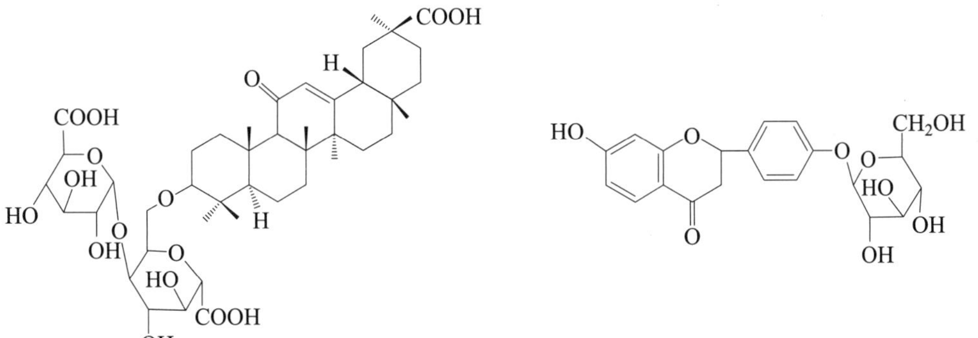

图 10-18　甘草酸(a)和甘草苷(b)的化学结构式

若生物活性成分是几种化合物的混合物,称为有效部分或有效部位。一种中药可以含有多种有效成分。例如,中药阿片含有多种生物碱类化合物,经过分离得到的吗啡碱具有镇痛作用,可待因具有止咳作用,罂粟碱具有解痉作用,这三种都是有效成分,具有不同的临床用途。

10.3.2 中药的化学成分

中药的化学成分复杂,通常有糖类、氨基酸、蛋白质、酶、有机酸、油脂、蜡、树脂、色素、生物碱、苷类、萜类、甾体类、植物酚类、挥发油、鞣质、无机盐等。其中生物碱、苷类、植物酚类、萜类、甾体类、挥发油、有机酸和氨基酸常为中药中的有效成分。

（1）生物碱。生物碱是中药中的一类含氮原子的有机化合物,是一类重要的有效成分。多数游离生物碱溶于三氯甲烷、乙醇、乙醚、苯等有机溶剂,不溶或难溶于水。多数生物碱盐易溶于水和乙醇,不溶或难溶于三氯甲烷、乙醚、苯等有机溶剂。

（2）苷类。苷是糖或糖的衍生物和另一非糖物质通过糖的端基碳原子连接而成的化合物。在中药中是一类重要的有效成分,包括黄酮苷、蒽醌苷、皂苷、强心苷等。大多数苷类可溶于水、甲醇、乙醇,难溶于乙醚、三氯甲烷、苯等亲脂性有机溶剂。

（3）挥发油。挥发油是一类可随水蒸气蒸馏的与水不相混溶的油状物的总称,有挥发性,易溶于乙醚、苯、石油醚等有机溶剂及高浓度的乙醇中,难溶于水。

（4）糖类。糖类主要包括单糖、低聚糖和多糖,通常为无效成分。单糖是多羟基醛或多羟基酮化合物。易溶于水,可溶于含水乙醇,难溶于无水乙醇,不溶于乙醚、苯、三氯甲烷等亲脂性有机溶剂;低聚糖是由 2~10 个单糖基通过苷键聚合而成的直糖链或支糖链的聚糖。易溶于水,难溶于乙醇,不溶于其他有机溶剂;多糖通常是由 10 个以上乃至几千个单糖缩合而成的高聚物。中药中的多糖主要有淀粉、菊糖、果胶、树胶、黏液质及纤维素等。多可溶于热水,不溶于乙醇及其他有机溶剂。

（5）氨基酸、蛋白质和酶。氨基酸是指分子中同时含有氨基和羧基的物质,可溶于水和烯醇,难溶于有机溶剂。蛋白质是由 α-氨基酸通过肽键结合而成的高分子化合物。酶绝大部分是生物体内具有催化作用的蛋白质。蛋白质大多数能溶于水而成胶体溶液,少数溶于烯醇,不溶于浓醇和其他有机溶剂。

（6）有机酸。有机酸是植物体内的一类含有羧基的化合物,小分子有机酸易溶于水、乙醇等,难溶于亲脂性有机溶剂;大分子有机酸则易溶于有机溶剂而难溶于水。

（7）油脂和蜡。油脂为高级脂肪酸的甘油酯,不溶于水、难溶于冷乙醇,可溶于热乙醇,易溶于乙醚、三氯甲烷、苯、石油醚等亲脂性有机溶剂。

（8）树脂。树脂是一类复杂的混合物,是植物组织内树脂道分泌的渗出物,不溶于水,能溶于乙醇、乙醚等有机溶剂。

（9）色素。色素广泛存在于中药中,可分为脂溶性色素和水溶性色素两类。脂溶性色素包括叶绿素、胡萝卜素等,多为无效成分。水溶性色素如花青素,多为有效成分。

（10）鞣质。鞣质是一类相对分子质量较大的复杂的多元酚衍生物。有些鞣质为有效成分,多数为无效成分。能溶于水、乙醇、丙酮、乙酸乙酯等溶剂,不溶于乙醚、氯仿、苯、石油醚等极性小的溶剂。

（11）无机盐。中药中的钾、钠、钙、镁等无机成分与无机酸或有机酸结合而成的盐类,易溶于水,难溶于有机溶剂。

（12）植物酚类。植物酚类包括苯丙素类、醌类、黄酮类等,这类化合物芳香程度高,多具有酚羟基,游离时易溶于甲醇、乙醇、丙酮、乙醚、三氯甲烷等有机溶剂,也溶于碱水。与糖结合成苷后可溶于水、乙醇、丙酮、乙酸乙酯等溶剂,难溶于乙醚、三氯甲烷、苯、石油醚。

（13）萜类。萜类从分子结构可看成由异戊二烯聚合而成的一类化合物,如单萜、倍半萜、二萜、三萜等。游离萜类化合物为亲脂性,易溶于有机溶剂,难溶于水。其苷类化合物为亲水性,易溶于水、乙醇、丙酮、正丁醇。

（14）甾体类。此类化合物包括甾醇、强心苷、甾体皂苷等,溶解性与三萜类似,游离型为亲脂性,与糖成苷为亲水性。

10.3.3 中药活性成分的研究

中药有数千年的用药历史,其所包含的化学成分,种类繁多、结构新颖,是新药研发及其先导化合物的重要源泉,通过中药活性成分的研究不仅可以缩短新药研发的时间,提高成功率,同时为发掘、整理中医药学的遗产,促进中医药事业的发展具有重要意义。

1. 研究方法

1) 从中药中提取活性成分

传统的中药化学成分研究往往以发现新化合物为目的,而不论其是否具有活性,加上未能按生物活性导向进行分离,因而发现中药中的活性成分概率低,致使绝大多数中药和复方的药效物质基础尚未阐明。

现代药理模型指导下的活性追踪思路和方法是在合适的体内外药理模型指导下,对中药进行系统的提取、分离和结构研究,以探寻其中的活性成分。

在明确筛选模型后,活性追踪下的提取分离一般方法是根据中药中化学成分的性质将其粗分成几个部分,对每个部分均进行活性测试,确定目标部分。

最常用粗分方法是根据天然药物中含有的化学成分的极性大小不同分成几个部分。如将原药材依次用石油醚、二氯甲烷、丙酮、水等提取,获得不同的粗分部分。或先采用水或一定浓度的乙醇提取,然后将水浓缩液或乙醇浓缩液依次用石油醚、三氯甲烷/二氯甲烷、乙醚/乙酸乙酯、正丁醇萃取后分成不同的粗分部分供活性筛选。如果每部分均有活性,但活性均不强,则需要重新设计粗分方法,如利用不同类型化学成分的酸碱性或特征基团不同,将化学成分进行粗分等。

明确活性部分后,可进一步利用各种色谱法进行分离,将分离得到的各部分再次进行活性测试,活性部分进一步分离并进行活性测试,直到获得活性单体。中药成分间存在协同作用,往往不能得到一个作用最强的单体,但可以得到一组化合物组成的活性部位。

2) 从体内代谢产物中寻找活性成分

中药成分在体内极易发生代谢,从其代谢产物中发现活性,也是活性成分发现的一个重要途径;中药化学成分虽然多种多样,但是当作为口服药物应用时,能被吸收的成分常是活性成分研究的目标。

常见的研究方法是将药材的水或醇提取物给大鼠灌胃,随后在间隔一定时间后分别收集血清、尿及胆汁样品中出现的新成分,鉴定他们的结构,探讨他们的活性,进而确定有效单体或有效部位。

2. 活性成分的筛选

目前,中药活性成分的提取分离,基本上都在调研的基础上,首先建立活性测试模型或指标,将提取分离得到的各个组分进行活性部位的筛选,不断追踪,按药理指标进行取舍,最终分离得到活性成分。这种方法需进行的生物检定较多,工作较复杂。

活性测试方法选择得正确与否,是进行中药活性成分筛选的关键,常用的活性测试方法有整体动物、动物器官、组织、酶、受体及药物对体内某些生物活性物质的抑制或促进等。一个理想的活性测试体系,应该能够反映临床治疗特点且效果与之平行,还应该简易、灵敏、快速、可靠。

某些中药化学成分属于前体药物(即本身并无活性,在体内代谢后其代谢产物具有活性),

故在活性测试时最好采用体内(in vivo)方法。

体外(in vitro)方法主要指具有分子生物学的研究进展,观察待测样品分子与蛋白质或核酸等生物大分子的相互作用,从而解释待测分子的生物学活性的方法。对于分子生物作用机理明确,可采用体外模型作为活性筛选的依据。

1）细胞水平筛选模型

用于药物筛选的细胞模型包括各种正常细胞、转基因细胞、病理细胞(如肿瘤细胞和经过不同手段模拟的病例细胞)等。细胞水平筛选模型是高通量药物筛选中使用较多的模型,特别是在抗肿瘤药的筛选方面应用较多。采用细胞水平筛选模型进行药物筛选表现出极大的优势:一是大样本量的筛选,由于药物筛选是对未知的探索和发现过程,只有扩大筛选对象和筛选范围,才有可能发现真正高水平的药物;二是发现了一药多筛,由于这类筛选模型消耗样品很少(微克级),可以使珍贵的样品在多个模型上进行筛选,扩大发现新药的范围。这种筛选方法符合药物筛选和药物发现的基本规律。系统预试供试液的制备流程如图 10-19 所示。

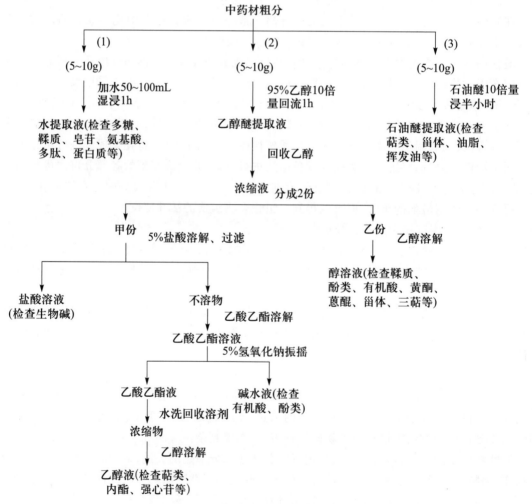

图 10-19　系统预试供试液的制备流程

2）分子水平筛选模型

分子水平的药物筛选模型是高通量药物筛选中使用最多的模型。根据药物靶点的分子类型，主要分为受体、酶和其他类型的模型。分子水平的筛选模型的最大特点是药物作用靶点明确，应用这种方法筛选可以直接得到药物作用机制的信息。

（1）受体筛选模型。以各种与疾病有关的受体靶点为目标，寻找与之作用的药物，是筛选药物的重要途径，其克服了很多疾病没有合适的动物模型及经口投予的药物未到达受体时，就在肠道或肝脏中被代谢而无法观察到其活性等缺点。采用这种筛选方法不仅能准确地反映药物作用的机制，而且快速、经济。

筛选作用于受体的药物，通常使用放射标记竞争结合分析法，检测的指标一般是被筛样品与受体分子结合情况。

（2）酶筛选模型。筛选作用于酶的药物，主要是观察药物对酶活性的影响，检测酶活性的方法很多，酶的反应底物、产物都可用于检测指标，并由此确定酶反应速率。由于药物与酶的相互作用也是分子间的结合，也可以采用与靶点结合的方法进行检测。

（3）基因芯片筛选技术。用于筛选的基因芯片主要是 DNA Microarray 表达谱基因芯片，具有高通量、微型化、自动化、灵敏度高、筛选速率快的优点。能够针对中药的多成分、多途径、多系统、多靶点的作用特点而进行系统深入的研究，采用基因芯片筛选中药时，可以比较中药用药前后组织或细胞中基因表达的差异，所发现的一系列基因很可能是活性成分作用的靶点，并作为药物进一步筛选试验的靶点。

（4）生物色谱筛选技术。生物色谱是将药物分子与生物分子相互作用机制和色谱过程相结合，使生物分子作为色谱固定相，药物作为样品或流动相，成为快速准确地表征它们间相互作用的探针，从而筛选出与其作用的生理活性成分。这一方法具有灵敏度高、特异性强等特点，适合大规模筛选。

10.3.4　中药的典型成就——抗疟特效药青蒿素

1. 青蒿素的概述

黄花蒿，中药又名青蒿，菊科，管状花亚科，春黄菊族，蒿属，一年草本植物。青蒿具有治疗疟疾的功效，疟疾横行期间，青蒿素及其衍生物在非洲、美洲、东南亚等国家的抗疟疾治疗中发挥了重要作用。在 1971 年，我国药学家屠呦呦等从中药青蒿中分离得到了有效抗疟疾单体，并将其命名为青蒿素，其衍生物已成为国际上公认治疗恶性疟疾的首选药物。青蒿素的发现有效地解决了国际通用抗疟疾药奎宁类药物在人体产生抗药性的一大难题。

青蒿素是从青蒿叶子中采用沸点较低的有机溶剂乙醚提取的，具有过氧桥基团的倍半萜内酯化合物，其化学结构如图 $10-20$ 所示。其形态呈现为无色针状晶体结构，味苦，分子式为 $C_{15}H_{22}O_5$，相对分子质量为 282.33。沸点为（389.9 ± 42.0）℃，熔点为 $156\sim157$ ℃，密度为（1.2 ± 0.1）g/cm^3。青蒿素的溶解性：① 在水中几乎不溶；② 可溶于乙醇和乙醚；③ 易溶于乙酸乙酯、氯仿及丙酮等。青蒿素具有良好的稳定性，但要远离强氧化剂、酸类、醋酸酐、二氧化碳等。

2. 青蒿素常见的衍生物类型

1）二氢青蒿素

因为青蒿素的水溶性小，口服吸收差，利用度不高，因此需要对其进行修饰以提高药物活性。

用催化加氢的方法,利用硼氢化钠将青蒿素还原成二氢青蒿素,结构式如图 10-21 所示。青蒿素分子中唯一的羰基被还原成羟基,但分子结构中过氧基团不发生变化,因此仍具有抗疟活性。

2）蒿甲醚

蒿甲醚是双氢青蒿素的甲基醚衍生物,结构式如图 10-22 所示,在二氢青蒿素的羟基上共价连接了一个甲基,使其具有较好的脂溶性,可以将其溶于植物油中做成针剂。在青蒿素的醚类衍生物中,最受关注且应用最为广泛的当属蒿甲醚和蒿乙醚。随着对其药用作用研究的不断深入,科研工作者们在对脑胶质瘤、胃癌、肝癌的研究结果中显示,蒿甲醚表现出了显著的抑制肿瘤细胞生长的作用。在对蒿乙醚的研究结果中显示,蒿乙醚具有促进肿瘤细胞凋亡和改善体内肿瘤微环境等生物活性,这些发现使青蒿素的醚类衍生物一度成为科研工作者们关注和研究的热点。

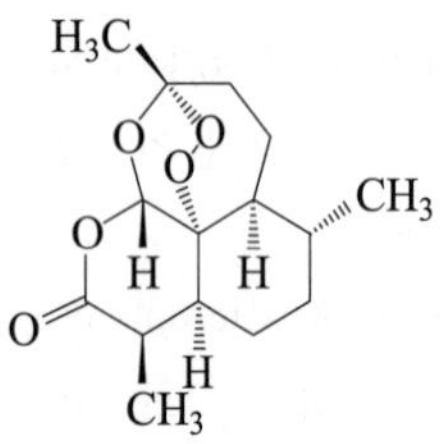

图 10-20　青蒿素的化学结构式 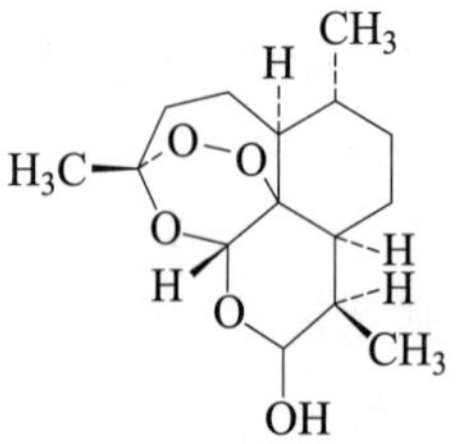　　　　图 10-21　二氢青蒿素的化学结构式

3）青蒿琥酯

青蒿琥酯是二氢青蒿素的酯类衍生物,分子结构中以一个琥珀酸分子的单脂形式连接在羟基上,化学结构式如图 10-23 所示。近年来的研究报道发现,青蒿琥酯除了具有抗疟功效以外,其抗肿瘤作用更让科研工作者们关注。青蒿琥酯尤其在对女性多发癌症,如乳腺癌、卵巢癌具有较强的抑制和杀伤癌细胞的作用。同时,在对肾癌、大肠癌、黑色素瘤和前列腺癌的研究中,青蒿琥酯也可以选择性地杀死癌细胞,具有抑癌效果。

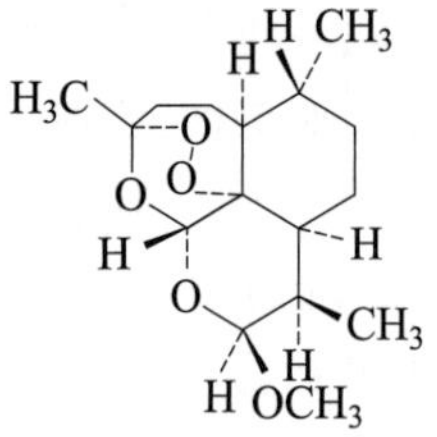

图 10-22　蒿甲醚的化学结构 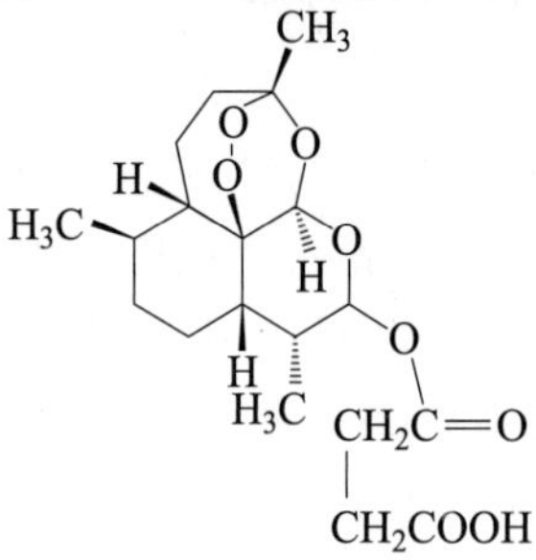　　　　图 10-23　青蒿琥酯的化学结构

3. 青蒿素的抗疟机理

疟疾是疟原虫通过蚊虫叮咬传播后,寄生在人体内引发的传染性疾病。疟疾的发病症状主要表现为:发热、肝脾肿大、出汗、贫血等,除此之外,还会引起脑、肺、肠胃型疟疾,病情严重者还会危及性命。由于疟疾的发病快、流行广和高死亡率特性,使其与艾滋病、肺结核一起被列为国际上三大灾难性疾病。

青蒿素具有特殊的药理学性质,对疟疾有非常好的治疗效果。在青蒿素的抗疟疾作用过程中,青蒿素通过干扰疟原虫体内的表膜-线粒体功能,导致虫体结构的全部瓦解。这个过程主要分析为:青蒿素分子结构中的过氧基通过氧化产生自由基,自由基与疟原蛋白结合,进而作用于疟原虫的膜系结构,破坏其胞膜、核膜及质膜,使其线粒体肿胀且内外膜脱落,最终破坏疟原虫的细胞结构和功能,在这个过程中,疟原虫细胞核内的染色体也会受到影响。光学和电子显微镜观测结果显示,青蒿素直接进入疟原虫的膜系结构,可以有效地阻断疟原虫依赖的宿主红细胞浆的营养供给,进而对疟原虫的表膜-线粒体功能造成干扰(而非干扰其叶酸代谢),最终导致疟原虫虫体的全部瓦解。青蒿素的应用还会使疟原虫摄入的异亮氨酸的量大大减少,从而抑制疟原虫虫体内蛋白质的合成。

除此之外,青蒿素的抗疟效果还与氧气压力有关,高的氧气压会使青蒿素对体外培养的恶性疟原虫的半数有效浓度降低。青蒿素对疟原虫的破坏作用分为两种:一种是直接破坏疟原虫;另一种是损坏疟原虫的红细胞,进而导致疟原虫死亡。青蒿素的抗疟疾作用对疟原虫红细胞内期有直接的灭杀效果,而对红细胞前期和外期都无明显的影响。与其他抗疟药不同的是,青蒿素的抗疟机理主要依赖青蒿素分子结构中的过氧基。过氧基的存在对青蒿素的抗疟活性起决定性作用,如无过氧基,青蒿素将会失去抗疟活性。因此可以说,青蒿素的抗疟机理与过氧基的分解反应密切相关。

由于疟原虫的抗药性,单纯的青蒿素药物已不能满足抗疟的要求,因此催生了多种青蒿素衍生物的合成,以应对疟疾原虫的抗药性。青蒿素类衍生物是在保留青蒿素分子骨架的基础上,引入或去掉一些会大大影响青蒿素抗疟活性的基团。例如,青蒿素分子结构中的酮基经过还原反应后形成的双氢青蒿素的抗疟活性强于纯青蒿素。另外,酮基还原后衍生出的羧酸酯类、醚类、碳酸酯类衍生物的研究也很广泛。这些衍生物结构上的变化极有可能是由于影响药物在体内与受体的结合、药物的传输过程或影响对疟原虫有毒杀作用的活性物质的稳定性来改变其抗疟活性。另一方面,青蒿素纯物质在使用过程中还存在近期复发率高的问题,因此通过合理用药、改变剂型、研发复方青蒿素等途径来解决这一问题。目前已有十几种青蒿素衍生药物的抗疟效果优于青蒿素纯物质。

揭秘青蒿素发现的背后故事

诺贝尔获奖者屠呦呦瑞典演讲全文

研究证明,除了对疟原虫有很好的灭杀作用外,青蒿素对其他寄生虫也有一定的抑制作用。例如,20世纪80年代初发现青蒿素有抗血吸虫作用。经研究证实,在整个服用青蒿素药物阶段对幼虫期的血吸虫均能产生灭杀作用。并且临床试验表明,青蒿素及其衍生药物在灭杀血吸虫的过程中,没有发现明显的不良反应。

思 考 题

1. 举例说明耐酸、耐酶和广谱青霉素的结构特点。
2. 简述 β-内酰胺抗生素的分类、结构特征及作用机制。
3. 药物分子与受体作用的键合形式主要有哪些?
4. 为什么药物的解离度会对药效有影响?
5. 什么是结构特异性药物和结构非特异性药物?

第 11 章　生活中的化学

　　人类的生活离不开衣、食、住、行。而衣、食、住、行又离不开物质。在这些物质中,有的是天然存在的,如喝的水、呼吸的空气;有的是由天然物质改造而成的,如吃的酱油、喝的酒;更多的物质不是天然生成的,而是用化学方法合成的,如塑料、合成橡胶、合成纤维等。它们形形色色、无所不在,使人类社会的物质生活更加丰富多彩。放眼四顾,在厨房、餐桌、农田、厂矿,我们都会看到各种各样的化学变化和五光十色的化学现象。可以说,化学在人类的生活中无处不在,其内容之浩繁,难以尽述。本章仅就食品、服装和化妆品中的化学做简单讨论,以为引导。

11.1　色香味形——食品

　　民以食为天。美食是一种味蕾记忆,可以让人们心情愉悦。随着人民生活水平的提高和生活节奏的加快,人们对食品提出了越来越高的要求。近些年食品工业一直在持续和快速地发展着,而食品添加剂在食品工业的发展中起了决定性的作用,它能够改善食品的色、香、味、形,调整食品营养结构,提高食品质量和档次,改善食品加工条件,延长食品的保存期,因此被誉为"现代食品工业的灵魂"。如今,我们生活的一日三餐,都离不开食品添加剂。

11.1.1　食品的"色"

　　食品的色泽是人们对于食品食用前的第一个感性接触,是人们辨别食品优劣、产生喜厌的先导,也是食品质量的一个重要指标。食品的色泽好,对增进食欲也有很大作用。天然食品大都具有悦目的色泽,但这些色泽在加工过程中,因光、热、氧气及化学药剂等因素的影响,会出现褪色或变色现象,使食品感官质量下降。因此,为了维持及改善食品色泽,在食品加工生产中,大都需要进行人工着色,以获得令人满意的食品。食品着色剂是用来为食品着色的一类食品添加剂,也称为食品色素。

　　1. 食品着色剂的发色机理

　　自然界的光由不同波长的电磁波组成,能被人眼看到的为可见光,波长范围在 $380 \sim 770$ nm,在可见光附近,小于可见光波长的是紫外线,大于可见光波长的是红外线。在可见光范围内不同波长的光能显示不同的颜色。物质呈现出颜色,是因为物质吸收了自然光中某些波长的光,反射或透过未被吸收的光(即其互补色)。如果某种物质吸收的光的波长在非可见光区,则这种物质看起来是白色的;如果它吸收的光的波长在可见光区,则该物质会呈现出互补色,见表 11-1。

　　有机化合物分子在紫外区和可见光区内有吸收带的基团,称为发色团或生色团。那些本身在紫外区和可见光区不产生吸收带,但与生色团相连后,能使生色团的吸收带向长波方向移动的基团称为助色团。食品着色剂中主要的生色团有:C—C、C—O、—CHO、—COOH、—N=N—、—N=O、—NO$_2$、C=S 等。常见的助色团有—OH、—OR、—NH$_2$、—NHR、—NR$_2$、—SH、—Cl 等。

当助色团与生色团相连时,使物质的吸收波长向长波方向移动。在色素物质中,助色团的个数或取代位置不同,表现出的颜色也会不同。食物中的着色剂化合物都是由生色团和助色团组成的,它们相互作用会引起化合物分子结构的变化,从而表现出不同着色剂的颜色。

表 11-1 不同波长光的颜色与互补色

可见光波长/nm	对应的颜色	互补色
770~620	红	青绿
620~590	橙	青
590~560	黄	蓝绿
560~530	黄绿	紫
530~500	绿	紫
500~470	青	橙黄
470~430	蓝	黄
430~380	紫	黄绿

2. 食品着色剂的分类

常用的食品着色剂有 60 种左右,按来源不同,可分为食用天然着色剂和人工合成着色剂。

1) 食用天然着色剂

食用天然着色剂,主要是从植物组织、动物和微生物中提取出的一些色素。食用天然着色剂的稳定性一般不如人工合成着色剂,但是安全性较高。常用的食用天然着色剂有萝卜红、叶绿素、红曲红、甜菜红等。以萝卜红为例,萝卜红由红心萝卜为原料提取制得,主要着色物质是含有天竺葵素的葡萄糖苷衍生物。结构式如图 11-1 所示。《食品安全国家标准 食品添加剂使用标准》(GB 2760—2014)规定:萝卜红可用于冷冻饮品(食用冰除外)、果酱、蜜饯类、糖果、糕点、醋、酱及酱制品、复合调味料、果蔬汁(肉)饮料(包括发酵型产品等)、风味饮料(仅限果味饮料)、配制酒、果冻,按生产需要适量使用,固体饮料按稀释倍数增加使用量,如用于果冻粉,按冲调倍数增加使用量。

2) 人工合成着色剂

人工合成着色剂主要是指人们利用化学合成方法制取的有机色素。人工合成着色剂着色力强、色泽鲜艳、不易褪色、稳定性好、易溶解、易着色、成本低,但安全性差。但经过多年的优胜劣汰,目前允许使用的人工合成着色剂还是比较安全的。常用的主要有苋菜红、胭脂红、赤藓红、新红、柠檬黄、日落黄、亮蓝、靛蓝等。以苋菜红为例,苋菜红分子式为 $C_{20}H_{11}N_2Na_3O_{10}S_3$,相对分子质量为 604.49,结构式如图 11-2 所示。按 GB 2760—2014 规定,苋菜红可用于蜜饯凉果、腌渍

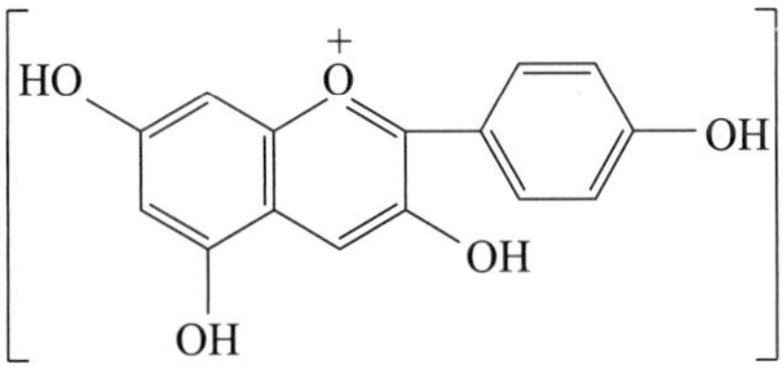

图 11-1 葡萄糖苷衍生物化学结构式

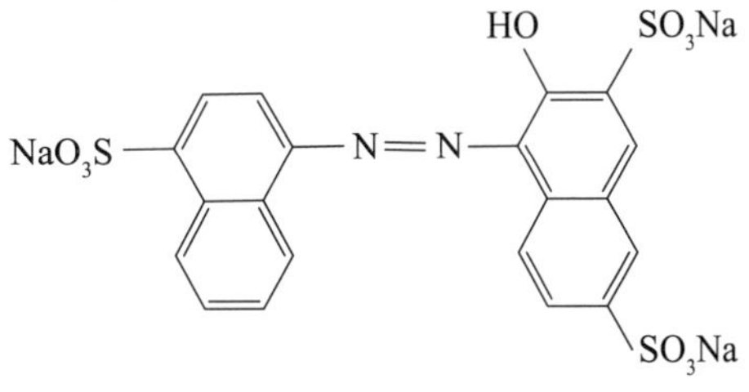

图 11-2 苋菜红化学结构式

的蔬菜、巧克力和巧克力制品(包括代可可脂巧克力及制品)及糖果、糕点上彩妆、焙烤食品馅料及表面用挂浆(仅限饼干夹心)、果蔬汁(肉)饮料(包括发酵型产品等)、碳酸饮料、风味饮料(包括果味饮料、乳味、茶味、咖啡味及其他味饮料等),且都有严格的使用量限制。

11.1.2　食品的"香"

食品的香是很重要的感官性质,在食品加工过程中,有时需要添加少量香料或香精,用以改善或增强食品的香气和香味,这些香料或香精可称为赋香剂、加香剂或香味剂。食用香料是指能够增强食品香气和香味的食品添加剂,是食品添加剂中品种最多的一类。在食品加香剂中,目前生产上除橘子油、香兰素等少数品种外,一般均不单独使用,通常是用数种乃至数十种香料调和起来,才能适合应用上的需要。这种经配制而成的香料称为香精。所以可以说香料也是香精的原料。

1. 食用香料

食用香料是具有挥发性的有香物质,它可以给无香气的食品原料赋香,矫正食品中的不良气味,也可以补充食品中原有香气的不足,稳定和辅助食品中固有的香气,是食品香精的有效成分。

食用香料按照来源,可分为天然香料和人工合成香料。

1) 天然香料

天然香料是从芳香植物不同部位的组织(如花蕾、果实、种子、根、茎、叶、枝、皮或全株)和动物的分泌物或排泄物中提取而得的一类呈香材料。常用的天然香料有精油、酊剂、浸膏、香膏、香树脂、净油和油树脂等。

2) 人工合成香料

人工合成香料是人们通过有机合成的方法制取的食品香料。人工合成香料的分类方法主要有两种:一种是按官能团分类,分为酮类香料,醇类香料,酯、内酯类香料,醛类香料,烃类香料,醚类香料,氰类香料及其他香料;另一种是按碳原子骨架分类,分为萜烯类、芳香类、脂肪族类、含氮、含硫、杂环和稠环类等。几种常见的合成香料如图 11-3 所示。

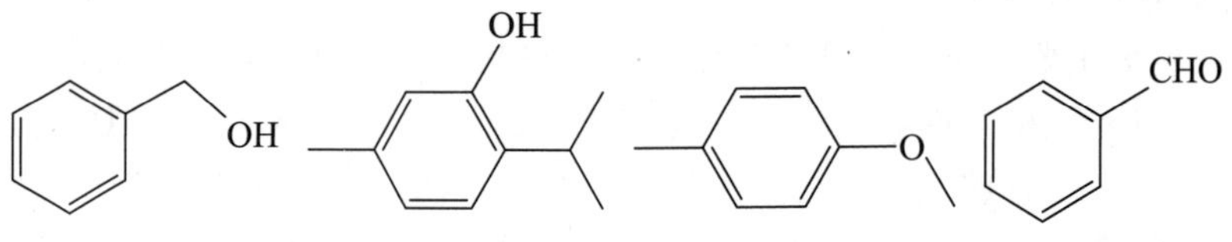

|(a) 苯甲醇|(b) 百里香酚|(c) 对甲酚甲醚|(d) 苯甲醛|

图 11-3　几种常见的合成香料

2. 食用香精

大多数天然香料与单体香料的香气、香味相对较为单调,不能单独直接使用,而是将香料调配成食用香精以后,才用于加香食品。食用香精是由各种食用香料和许可使用的附加剂调配与加工而成。食用香精的调配主要是模仿食品天然的香气和香味,注重香气和味觉的仿真性。食品香料、食品香精和食品的关系可用图 11-4 表示。

1) 食用香精的组成

食用香精由四部分组成:主香体、辅助剂、定香剂和稀释剂。

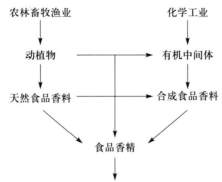

图 11-4 食品香料、食品香精和食品的关系

（1）主香体是构成香精主体香味的基本香料,它决定着香精的香型,在香精中所占比例不一定最高,但它是必不可少的。

（2）辅助剂在香精中起调节香气和香味的作用,可以延长主香体香气,使主香连续饱满、清新幽雅。辅助剂有两种:一种是合香剂,能调和各种成分的香气,使主香体香气突出明显;另一种是修饰剂,使香精变化格调,具有独特风韵。

（3）定香剂调节香精中各组分的挥发速率,使呈香物质香气的挥发尽量成比例。

（4）稀释剂起稀释作用。香精浓度较高,经稀释的香气较未稀释前为幽雅。通常用的稀释剂为乙醇,也有采用乙醇和异丙醇并用的。稀释剂品质的优劣对香影响很大。

2）食用香精的分类

食用香精可以从不同的角度采取不同的分类方法。

按用途分类:软饮料用、冷饮制品用、酒用、糖果糕点用、茶叶用、乳制品用、肉制品用、调味品用等。

按剂型分类:为了适应各种加香对象的物理性质和不同要求,可分为液态(包括水溶性、油溶性、乳化体和浆体)、固体(包括粉末状、颗粒状)或半固体(浆状)。按组成属性分类:天然香精和人造香精。

按香气类型分类:乳品型、果香型、坚果型、花香型、辛香型、禽肉型等。

11.1.3 食品的"味"

良好的风味是构成食品质量的重要因素之一。风味一般包括味感和嗅感。味感(也称味觉)是食品中的成分刺激味觉感受器所引起的感觉,又称食品的滋味。虽然各种食物都有其独特的味道,但因人们的偏爱和口味有所不同,因此,常在食品中添加一些物质来调和成适当的口味,以满足人们的不同习惯,促进人们的食欲,这些食品添加剂就称为调味剂。

调味剂(flavor agent)可改善食品的感官性质,使食品更加美味可口,并能促进消化液的分泌和增进食欲。调味剂的种类很多,主要包括咸味剂、甜味剂、鲜味剂及酸味剂等。

1. 咸味剂

咸味剂主要是氯化钠(食盐),它对调节体液酸碱平衡,保持细胞和血液间渗透压平衡,刺激唾液分泌,参与胃酸形成,促进消化酶活动均有重要作用。

2. 甜味剂

甜味剂是指赋予食品以甜味的食物添加剂。世界上使用的甜味剂很多,有几种不同的分类方法:按其来源可分为天然甜味剂和人工合成甜味剂;按其营养价值分为营养性甜味剂和非营养性甜味剂;按其化学结构和性质分为糖类甜味剂和非糖类甜味剂。糖类甜味剂多由人工合成,其甜度与蔗糖差不多。因其热值较低,或因其与葡萄糖有不同的代谢过程,尚可有某些特殊的用途。非糖类甜味剂甜度很高,用量少,热值很小,多不参与代谢过程。常称为非营养性或低热值甜味剂,是甜味剂的重要品种。

3. 鲜味剂

鲜味剂主要是指补充或增强食品风味的物质。鲜味剂大致可分为两大类,氨基酸类和核苷酸类。氨基酸类鲜味剂主要有:L-谷氨酸钠(俗称味精)是世界上除食盐外耗用量最多的食品调味剂,世界每年产量 30 多万吨。核苷酸类鲜味剂包括肌苷酸、核糖苷酸、鸟苷酸、胞苷酸、尿苷酸等及它们的钠、钾、钙等盐类,它们具有很强的增鲜作用,与谷氨酸复配使用有显著的协同效应,可使鲜味增强 10~20 倍。

4. 酸味剂

以赋予食品酸味为主要目的的化学添加剂。酸味给味觉以爽快的刺激,能增进食欲,另外酸还具有一定的防腐作用,又有助于钙、磷等营养的消化吸收。酸味剂主要有柠檬酸、酒石酸、苹果酸、乳酸、醋酸等。其中柠檬酸在所有的有机酸中酸味最缓和可口,它广泛应用于各种汽水、饮料、果汁、水果罐头、蔬菜罐头等。

11.1.4　食品的"形"

"形"(质构)是食品风味的四大指标之一。"形"是指食品与口感有关的特性,是口腔和舌对食品的感知,与食品的密度、黏度、表面张力、温度、塑性和弹性等物理性质有关,涉及食品中各组分之间的相互作用和各组分的物理性质。调质类食品添加剂作为食品调质的关键性原料,具有不可替代的作用。调质类食品添加剂包括食品增稠剂、食品乳化剂、膨松剂、凝固剂、胶基糖果中基础剂物质、水分保持剂、抗结剂等。

1. 食品增稠剂

增稠剂又叫增黏剂、胶凝剂等,是一类能提高食品黏度或形成凝胶的食品添加剂。在食品加工中可起到提高稠性、黏度、黏着力、凝胶形成能力、硬度、脆性、紧密度及稳定乳化、悬浊体等作用,使食品获得所需各种形状和硬、软、脆、黏、稠等各种口感。增稠剂因有一定的黏度而具有分散、稳定作用,如有稳定乳状液、悬浮液、泡沫等作用,并有与已被乳化的粒子相互作用的能力,使之成为分散的均匀相,故亦被称为稳定剂。此外,因增稠剂都属亲水性高分子化合物,可水化而形成高黏度的均相液,故亦称水溶胶、亲水胶体或食用胶。

2. 食品乳化剂

乳化剂是指能使两种或两种以上互不相溶的流体(如油和水)均匀地分散成乳状液(或称乳浊液)的物质,是一种具有亲水基和疏水基的表面活性剂。它只需添加少量,即可显著降低油水两界面的张力,使之形成均匀、稳定的分散体或乳化体,改变了原来的物理状态,进而改变食物的内部结构,提高感官和食用质量,延长货架寿命等。

3. 膨松剂

膨松剂是添加于焙烤食品的主要原料小麦粉中,并在加工过程中受热分解,产生气体,使面坯起发,形成致密多孔组织,从而使制品具有膨松、柔软或酥脆特性的一类物质。膨松剂主要用于面包、饼干、蛋糕、烧饼、油条、油饼、馒头和膨化食品中,不仅可提高食品的感官质量,而且有利于食品的消化吸收,它对大力发展方便食品具有重要意义。通常可分为碱性膨松剂、酸性膨松剂、复合膨松剂和生物膨松剂。

为什么吃完火锅总有一身味

除此之外,食品添加剂还包括防腐剂、抗氧化剂、酶制剂和营养强化剂等。不加任何食品添加剂的加工食品,不可能是优质、安全的食品。食品添加剂对食品提供了必不可少的安全保障。日常生活中微生物时时刻刻都在和我们争夺食品中的营养物质,空气中的氧气随时都可以使食物中的营养成分氧化变质。没有防腐剂、抗氧化剂,因食物腐败变质引起的食源性疾病就不可避免。

民以食为天,食以"添"为"鲜"。没有食品添加剂,食品就没有如此丰富多彩的花色和品种,就不可能有良好的品质、诱人的口感、丰富的营养和保存质量。食品是否安全,与添加剂有直接关系。食品添加剂对食品安全提供的是正能量,如果食品中没有食品添加剂,可能安全性更没有保障。

鸡精和味精到底该不该放

11.2 穿出自我——服装

衣、食、住、行是人类生活的四大元素。将"衣"放在首位,可见衣服对于人们的重要性。中国素有"衣冠古国"的美誉。各种色彩斑斓、造型优美的衣服,给我们生活的世界带来了姹紫嫣红、气象万千的美丽景色。不同材料的衣服,功能各不相同。构成衣服的材料千千万万,它们的功能各有千秋。正是这些功能各异的服装材料,使人们的生活舒适便利,又多姿多彩!

11.2.1 服装材料

服饰材料的化学性能决定了服装穿着的舒适性和洗涤保养的特殊要求等,虽然服饰千变万化,但总的来说,服装最重要的物质基础是纤维材料,纤维的种类决定了服装面料的基本性能和主要特征。

纤维,一般是指细而长的材料,其长度比直径大千倍以上,有一定的柔韧性和强度,弹性模量大、塑性形变小、强度高,有很高的结晶能力,相对分子质量大,一般为几万到几十万。纤维的种类很多,基本上可以分为两大类:天然纤维和化学纤维。纤维的分类如图 11-5 所示。

1. 天然纤维

天然纤维是自然界原有的或从人工培植的植物、人工饲养的动物直接取得的纺织纤维。天然纤维有植物纤维、动物纤维和矿物纤维。天然纤维具有良好的吸湿性,手感好,穿着舒适,但下水后会产生收缩现象,易起皱。经太阳光的作用,质地会变脆,颜色发黄,弹力下降,降低使用寿命。

1) 植物纤维

植物纤维是由植物的种子、果实、茎、叶等处得到的纤维,是天然纤维素纤维。从植物韧皮得到的纤维如亚麻、黄麻、罗布麻等;从植物叶上得到的纤维如剑麻、蕉麻等。植物纤维的主要化学

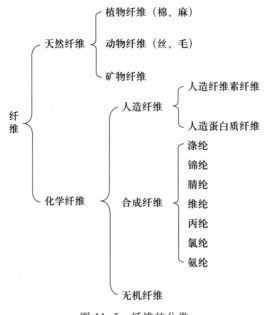

图 11-5　纤维的分类

成分是纤维素,故也称纤维素纤维。植物纤维包括:种子纤维、韧皮纤维、叶纤维、果实纤维。种子纤维是指一些植物种子表皮细胞生长成的单细胞纤维,如棉、木棉。韧皮纤维是从一些植物韧皮部取得的单纤维或工艺纤维,如亚麻、苎麻、黄麻、竹纤维。叶纤维是从一些植物的叶子或叶鞘取得的工艺纤维,如剑麻、蕉麻。果实纤维是从一些植物的果实取得的纤维,如椰子纤维。棉和麻都是常用的植物纤维。

2)动物纤维

动物纤维是由动物的毛或昆虫的腺分泌物中得到的纤维。从动物毛发得到的纤维有羊毛、兔毛、骆驼毛、山羊毛、牦牛绒等;从动物腺分泌物得到的纤维有蚕丝等。动物纤维的主要化学成分是蛋白质,故也称蛋白质纤维。丝和毛都是常用的动物纤维。

3)矿物纤维

矿物纤维是从纤维状结构的矿物岩石中获得的纤维,主要组成物质为各种氧化物,如二氧化硅、氧化铝、氧化镁等,其主要来源为各类石棉,如温石棉,青石棉等。

2. 化学纤维

化学纤维是用天然或人工合成的高分子物质经过化学处理和机械加工得到的纤维。根据原料来源和处理方法的不同,可分为人造纤维和合成纤维两大类。

1)人造纤维

人造纤维又称再生纤维,是利用天然高分子化合物,如纤维素或蛋白质为原料,经过一系列化学处理和机械加工而制得的纤维。因此其化学组成与原天然纤维基本相同。人造纤维包括人造纤维素纤维和人造蛋白质纤维两大类。

人造纤维素纤维又称再生纤维素纤维,是利用自然界中存在的棉短绒、木材、甘蔗渣等含有纤维素的物质制成的纤维,如黏胶纤维、富强纤维、醋酸纤维。

人造蛋白质纤维又称再生蛋白质纤维,是利用天然蛋白质产品为原料,经过人工加工制成的纤维,如牛奶纤维、大豆纤维、花生纤维、乳酪纤维等。因为这类纤维的原料价格高,性能又欠佳,所以目前使用得不多。

2）合成纤维

合成纤维的化学组成和天然纤维完全不同,是从一些本身并不含有纤维素或蛋白质的物质(如石油、煤、天然气、石灰石或农副产品),先合成单位,再用化学合成与机械加工的方法制成纤维。

合成纤维强度高、耐磨性好、吸水性低、不会发霉、不受虫蛀、耐酸耐碱性能好,但容易产生静电、吸附灰尘等。常见的合成纤维有涤纶、锦纶、腈纶、维纶、丙纶、氯纶、氨纶七大纶。

（1）涤纶。涤纶学名为聚对苯二甲酸乙二酯,基本组成如图 11-6 所示,简称聚酯纤维,俗称"的确良"。涤纶原料易得、性能优异、用途广泛,是目前合成纤维中产量最大的品种之一。涤纶最大的优点是强度和耐磨性较好、质量稳定,用它制造的面料挺括、不易变形。涤纶耐热、耐光、耐蚀、耐蛀、易洗快干,而且具有较好的化学稳定性。但其缺点是吸湿性差,由它纺织的面料穿在身上发闷、不透气。另外,涤纶容易起球、染色性差。涤纶可以纯纺织造,也可与棉、毛、丝、麻等天然纤维或其他化学纤维混纺交织,制成花色繁多、坚牢挺括、易洗易干和可穿性能良好的仿棉、仿毛、仿丝、仿麻织物。涤纶也可用作絮棉、轮胎帘子线、运输带、消防水管、渔网、电绝缘材料、室内装饰物等。

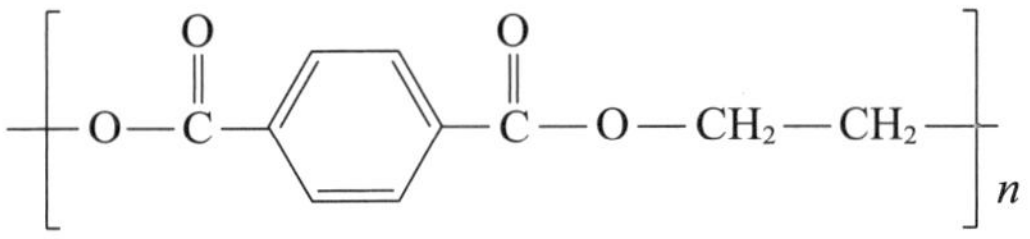

图 11-6　涤纶的基本组成

（2）锦纶。锦纶学名为聚己二酰己二胺纤维,基本组成如图 11-7 所示,简称聚酰胺纤维。在我国尼龙被称为锦纶。锦纶是世界上最早的合成纤维品种。锦纶耐磨性强、强度高、质量轻、耐腐蚀、不怕虫蛀、不发霉、伸缩性强,宜做紧身衣、袜子、手套等。但锦纶耐热性和耐光性都不够好,受热到 170 ℃ 开始软化,所以不宜用开水洗涤尼龙衣物,熨烫的温度也不能很高。另外,锦纶保形性也较差,制成的衣料易变形,所以不适于作高级服装的面料。工业上尼龙用作轮胎帘子线、降落伞、渔网、绳索、传送带、牙刷、鞋刷等。

（3）腈纶。腈纶学名为聚丙烯腈纤维,基本组成如图 11-8 所示,国外又称"奥纶""考特尔""开司米纶"。腈纶外观呈白色,质轻而柔软,蓬松保暖,多用来和羊毛混纺或作为羊毛的替代品,故又称为"合成羊毛"。腈纶的耐磨性是合成纤维中较差的,而且耐碱性较差,吸湿、染色性能也不够好。

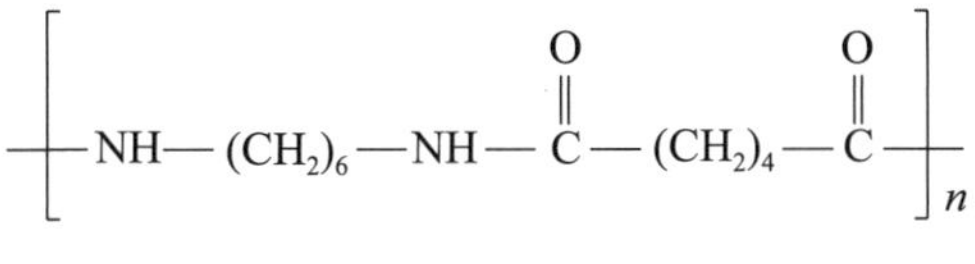

图 11-7　锦纶的基本组成

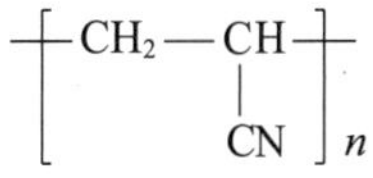

图 11-8　腈纶的基本组成

（4）维纶。维纶学名为聚乙烯醇缩醛纤维,基本组成如图 11-9 所示。维纶柔软似棉,经常用作天然棉花的替代品,所以有"合成棉花"之称。维纶吸水性非常好,是合成纤维中吸湿性能最好的品种。维纶密度小,强度和耐磨性较好,耐酸、耐碱、耐日晒、不发霉、不受虫蛀。但维纶弹性差,织物易起皱,在湿热状态下会发生收缩;耐热性也较差,不容易染色。维纶主要用于制作外衣、棉毛衫裤、运动衫等,还可用于帆布、渔网、外科手术缝线、自行车轮胎帘子线、输送带、劳保用品、舰船绳缆、过滤材料等。

（5）丙纶。丙纶学名是聚丙烯纤维,基本组成如图 11-10 所示。丙纶是合成纤维中密度最小的,密度只有 $0.91 \text{ kg} \cdot \text{m}^{-3}$,可以浮在水上,因此丙纶穿着和使用都比较轻便。丙纶几乎不吸湿,强度和耐磨性好,仅次于锦纶,不霉不蛀。此外还具有耐酸、耐碱、弹性好,电绝缘性和机械性能优良等特点。丙纶可以用来做宇航服、织袜、蚊帐布、被絮、保暖填料、地毯等;工业上用来做渔网、编织绳、编织袋、帆布、水龙带等;医学上代替棉纱布,作卫生用品。用丙纶做成的消毒纱布具有不粘连伤口的特点,且可直接高温消毒。丙纶主要的缺点是吸湿性、可染性差。

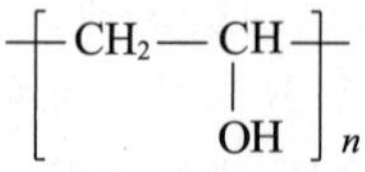

$$\left[\!\!\begin{array}{c} CH_2-CH \\ | \\ OH \end{array}\!\!\right]_n$$

图 11-9　维纶的基本组成

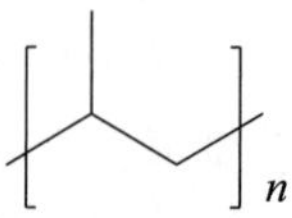

图 11-10　丙纶的基本组成

（6）氯纶。氯纶学名是聚氯乙烯纤维,基本组成如图 11-11 所示。氯纶的主要优点:难燃,遇火不燃烧,离火后自熄;化学稳定性好,耐强酸、强碱、氧化剂和还原剂;保暖性也较好。氯纶的主要缺点:耐热性差,不能熨烫,不能用蒸汽消毒或用沸水洗涤(在沸水中收缩率达 50%),染色较困难。氯纶可用于制作防火帘、地毯、沙发套、舞台幕布、家具装饰织物和工作服等。由于易产生摩擦负电性,制成的内衣可减轻神经痛和风湿痛,因而可用于制作针织内衣、运动衫、绒线衣、睡袋垫料等。

（7）氨纶。氨纶学名是聚氨基甲酸酯纤维,基本组成如图 11-12 所示。氨纶是一种高弹性纤维。氨纶的主要优点:高弹性、高回复性,较耐酸、耐碱、耐光。氨纶的主要缺点:强度较低,吸湿性差,耐热性差。目前氨纶广泛用于弹力面料、运动服、袜子等产品中。在传统纺织品中,只需加入不到 10% 的氨纶,就可以使传统织物的档次大为提高,显示出柔软、舒适、美观、高雅的风格。

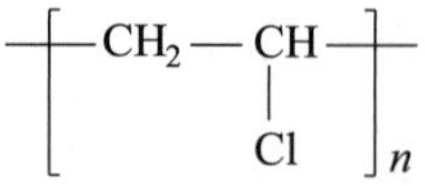

$$\left[\!\!\begin{array}{c} CH_2-CH \\ | \\ Cl \end{array}\!\!\right]_n \qquad\qquad \left[\!\!\begin{array}{c} O \\ \| \\ O-C-NH \end{array}\!\!\right]_n$$

图 11-11　氯纶的基本组成

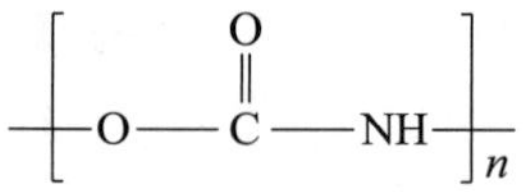

图 11-12　氨纶的基本组成

3）无机纤维

无机纤维是以天然无机物或含碳高聚物纤维为原料,经人工抽丝或直接碳化制成。包括玻璃纤维,金属纤维和碳纤维等。

11.2.2　服装中常见的有害化学物质

一件衣服从纺丝、纺纱、织布、印染至成品,要经过几十道甚至更多的加工工序,各道工序都要经过酸、碱、染料、清洗剂等化学物质的处理,如果这些物质清除不净,残留在衣服上,就会给我们的健康带来危害。纺织品及衣服上残留的对人体有害的化学物质包括甲醛、致癌偶氮染料、重金属、农药、防腐剂等。

1. 甲醛

甲醛是纺织服装生产中常用的一种化学物质,主要用于固色剂、防皱防缩整理剂、防腐剂等。甲醛能与纤维素羟基结合,提高印染助剂在织物上的耐久性,起固色、耐久、黏合的作用。几乎所有纺织服装中或多或少都含有该化学物质。甲醛对人体(或生物)细胞的原生质有害,它可与人体的蛋白质结合,改变蛋白质内部结构并使之凝固,从而具有杀伤力,一般利用甲醛这一特性来杀菌防腐。甲醛有强烈的刺激气味,对人眼、皮肤、鼻黏膜、皮肤黏膜有强烈的刺激作用,如与手指接触,会导致手指皮肤变皱,汗液分泌减少,手指甲软化、变脆;经常吸入少量甲醛,能引起慢性中毒,出现黏膜充血、头痛、软弱无力、感觉障碍、排汗不规则、体温变化、皮炎、湿疹、红肿胀痛等,亦可诱发癌症等其他疾病。

2. 偶氮染料

偶氮染料是指化学结构中含有偶氮基(—N≡N—)的染料。因合成工艺简单、成本低、染色性能突出等优点,被广泛用于天然和合成纤维的染色和印花。偶氮染料本身是无毒无害的,但如果偶氮染料染色的纺织品与人体长期接触,染料被皮肤吸收(这种情况特别是在色牢度不佳时更容易发生)并在人体内扩散,然后与人体正常新陈代谢过程中释放的物质(如汗液)混合起来,就会发生还原反应,释放出 20 多种致癌芳香胺。这些芳香胺在体内通过代谢作用,使细胞中的 DNA 发生结构和功能上的变化,这些变化可能成为人体病变的诱发因素,具有潜在的致癌性和致敏性,其危害性大于甲醛。所以法规中所禁止使用的是致癌芳香胺对应的偶氮染料,并非禁止所有偶氮染料的使用。

偶氮染料

3. 残留的重金属

使用金属络合染料是纺织品中重金属的重要来源。天然植物纤维在生长加工过程中亦可能从土壤或空气中吸收重金属。此外,在染料加工和纺织品印染加工过程中,也可能带入一部分重金属。纺织品中的重金属主要包括铜、铅、锌、铁、钴、镍、镉、锑、铬、汞等。重金属对人体的累积毒性是相当严重的,重金属一旦为人体所吸收,则可能会累积于肝、骨骼、肾、心及脑中,当受影响的器官中重金属积累到某一程度时,便会对健康造成无法逆转的巨大损害。这种情况对儿童更为严重,因为儿童对重金属的吸收能力远高于成年人。

4. 氯苯及含氯苯酚防腐剂

氯苯与氯苯酚通常作为防腐剂而使用到纺织产品中。以五氯苯酚(PCP)为例,五氯苯酚是纺织品、皮革制品、木材、浆料采用的传统的防霉防腐剂,又是印花色浆增稠剂,在某些分散剂、杀虫剂中也有该物质。动物实验证明五氯苯酚具有生物毒性,可造成动物畸胎和致癌。五氯苯酚十分稳定,自然降解过程漫长,对环境有害,因而在纺织品和皮革制品中受到严格限制。

5. 农药

棉麻纤维的生长过程中经常使用一些杀虫剂,以抵抗害虫侵害,某些动物纤维往往会有残留的农兽药,虽毒性强弱不一,但都易被皮肤接触吸收,在人体内积累而危害健康。农药和五氯苯酚一样具有生物毒性,而且自然降解过程缓慢。

6. 干洗剂

四氯乙烯(C_2Cl_4)被广泛用于干洗业中。研究报道,四氯乙烯蒸气可导致实验动物肝、肾发生病变,而且可诱发动物癌症。人吸入后可引起黏膜、皮肤刺激及肺水肿。

7. 邻苯二甲酸酯

邻苯二甲酸酯是一种增塑剂,同时也是一种环境激素类物质,在纺织品的 PU 或 PVC 涂层、胶浆印花及人造革制造等生产工艺中常见,可赋予涂层柔韧性,提高附着力。邻苯二甲酸酯为低毒物质,可溶于有机溶剂,在人体内发挥类雌激素的作用,干扰内分泌,引发男性生育问题,儿童吸收超出安全水平,易造成性早熟,对肝脏等也有极大损坏。现已被世界卫生组织国际癌症研究机构列为 2B 类致癌物。

8. 富马酸二甲酯

富马酸二甲酯(DMF)是一种化学防腐剂。对微生物具有广泛高效的抑菌、杀菌作用,同时具有合成工艺简单、价格便宜、防霉效果好的优点,在生产活动中被广泛应用于皮革及填充物、鞋类、服装等轻纺产品的杀菌及防霉处理。DMF 在使用时一般被包装在封闭的小包装袋中,就像干燥剂一样。在低剂量使用时,对人体基本不会造成伤害。然而由于过量使用或受热等因素,一旦该物质从包装袋中挥发,则可能渗入产品中,引起消费者皮肤红肿、皮疹,严重时引发皮肤溃烂和灼伤。

11.2.3　未来服装

随着科技的发展,未来服装可能会令人大开眼界。满足人类各种需求的服装可能都会实现,比如能够自动调节温度的服装或具有耐热、抗磁等功能的服装。目前这些功能服装初现雏形。

1. 保健服

这是一种抵御污染的护身服,它是以硅、锌、铜等的衍生物为基础原料的混合物加入布料做成。它具有不沾灰尘和油污的特性,还能起到杀菌作用。日本制成的一种保健服,含有桂皮、薄荷等中药成分。一些国家还专门制成供医院与食堂工作人员穿的工作服,它有一道含化学制剂的气条,用水洗涤时,化学制剂渗透到纤维中去,起到灭菌消毒作用。

2. 调温服

它能随气候变化而自动调节温度。当气温突然下降,穿着者感到冷时,它能自动升温;当穿着者感到热时,它又能自动降温。目前美国已设计出这种调温服,它是由热反应纤维制成的。纤维中有许多微小液滴,天冷时,液滴散发出气体,可使纤维膨胀,增强保暖性;天热时气体化作液体,可使纤维收缩,孔眼张开,散热很快。此外,在织物内插入一层特殊胶片,只让适宜人体的气温透过,既可御寒,又能防热。

3. 不洗服

科学家们分析衣服会变脏、变污的机理后,找到了一种衣服不洗也能保持清洁的办法——清除纤维织物的静电,衣服就不会吸附灰尘,纤维表面高度光滑,封闭纤维分子结构中的活性基因会使一些污垢无隙可钻。

或许未来会出现具有"化学反应"的衣服:它们不仅可以自动"褪去"污渍,还能防火、发电,甚至在意外发生的时候保护人类的生命不受伤害!

羽绒服领子上的这块布究竟有什么用

11.3 美丽神器——化妆品

随着科学技术的进步,各种各样的功能性化妆品被研发出来,它们能帮助人们追求更高的生活品质。这些我们日常见到的化妆品到底有什么奥秘? 它们对我们的健康有什么的影响呢? 下面就让我们一起学习化妆品的相关知识。

11.3.1 化妆品的有效成分

我国《化妆品卫生监督条例》对化妆品的定义为:以涂擦、喷洒或者其他类似方法,施用于人体表面任何部位(皮肤、毛发、指甲、口唇等)、牙齿和口腔黏膜,以达到清洁、消除不良气味、护肤、美容和修饰以及保持其处于良好状态为目的的产品。

化妆品是由多种原料按一定的配方加工而成的复杂混合物。根据各种原料的用途和性能,主要分为两大类:基质原料和辅助原料。并通过控制这些原料在产品中含量的多少来达到不同的效果。

1. 基质原料

基质原料是组成化妆品基体的原料,或在该化妆品内起主要作用的物质。如油类(包括油脂、蜡和精油)、粉类、胶质类、溶剂等。

1)油类(油脂、蜡和精油)

油脂指的是油和脂的总称,油脂包括植物油脂、动物油脂、矿物油脂和合成油脂。油脂具有能够在皮肤上形成疏水性薄膜,使皮肤和毛发柔软、润滑和有光泽性,防止外来的物理或化学作用对皮肤的刺激,同时具有清洁皮肤油性污垢、保护皮肤、抑制皮肤水分蒸发、防止皮肤干裂、促进皮肤吸收营养和补充皮肤必要脂肪的作用。蜡指的是动物、植物、矿物所产生的油质或合成的油状固态物,是一种或几种高级烷烃的混合物,常温下为固态,具有可塑性、易熔化、不溶于水和可溶于有机溶剂的特点。由于蜡分子中含有疏水性较强的长链烃,因此具有提高液态油的熔点,赋予产品触变性、改善皮肤柔软度、增强皮肤表面形成油性薄膜和提高产品光泽的作用。精油通常是以天然植物中的花、叶、根、青草、木、树脂、树皮和种子为原料,经特定的方式将其中的油性成分提取而得的产品。其成分多为萜烯类、醛类、酯类和醇类等结构的化合物,因其具有高流动性,因此称为"油"。但精油与日常生活中所说的植物油脂在结构上有本质的区别,精油的相对分子质量更小、更具有良好的渗透性。

2)粉类

粉类原料多用于粉状的化妆品中,如香粉、粉饼和眼影等。粉类原料以小颗粒的形式附着在肌肤上,具有遮盖、嫩滑、美白和防晒等的功效,还可作为皮肤去角质的磨砂剂。

粉类原料又可分为两类:一种是无机粉类原料,另一种是有机粉类原料。无机粉类原料是由无机化合物组成的粉类原料,在化妆品中常见的有滑石粉、高岭土、膨润土、碳酸钙、钛白粉和氧化锌等。有机粉类原料通常有天然纤维微粒、合成高分子微粒、金属皂类和经表面处理的粉体,化妆品中常用的有机粉类原料有:纤维素微粒、聚乙烯粉和经表面处理过的尼龙粉、聚苯乙烯粉和聚四氟乙烯粉等。近年来合成粉类微粒由于它的不可降解性会造成水质的污染,正在降低使用量,有的国家已开始禁用。

3）胶质类

胶质类原料是指具有水溶性的高分子化合物,它们可以在水中膨胀成胶体,作为胶合剂、润滑剂、乳化剂和成膜剂,起到增稠、乳化、成膜、保湿、润滑、增泡和稳泡等作用。具有营养、保湿作用的胶质原料可用在膏霜、精华素和护发素等产品中;具有增稠、成膜作用的胶质原料可用在洗发水、护发素和发胶等产品中。

胶质原料也可分成天然和合成两大类。天然的胶质原料有淀粉、水解胶原蛋白、阿拉伯树胶、琼脂和海藻酸盐等,但它的不稳定因素较多,易变质;合成的胶质原料相对于天然胶质原料更稳定且对皮肤的刺激性低。合成胶质原料包含半合成和合成的水溶性高分子化合物,半合成的胶质原料有羟丙基纤维素、羟乙基纤维素、甲基纤维素、羧甲基纤维素钠、脱乙酰壳多糖和瓜尔胶衍生物等;合成的胶质原料主要有聚乙烯醇、聚乙烯吡咯烷酮和丙烯酸-丙烯酸酯的聚合物等。它们是制作啫喱状化妆品的主要原料。

4）溶剂类

溶剂类原料是液体、膏霜等化妆品中必需的主要组成成分,起到溶解其他化合物的作用,使得产品具有一定的性能。一般常用的溶剂原料有水、醇类(如乙醇、丁二醇)、酯类、酮类、醚类、芳香族物质。其中的水为去离子水或蒸馏水,乙醇也需要精制后才能使用。

2. 辅助原料

化妆品中的辅助原料主要包括表面活性剂、营养剂、美白剂、防腐剂、抗氧剂、防晒剂、保湿剂、抗过敏剂、螯合剂、香精和色素等。

1）表面活性剂

表面活性剂是指加入少量能显著降低溶液表面张力、改变体系界面状态的物质。其一端为疏水基,另一端为亲水基。它的作用主要有去污、乳化、湿润、分散、增溶和抗静电等,在各类化妆品中都起到很重要的作用。

2）营养剂

各类维生素、水解蛋白提取液或氨基酸、植物提取物、生物制剂等均作为化妆品中的营养剂被采用。这些营养剂具有防皱、防晒、抗衰老、美白、修复皮肤、增强皮肤血液循环、保持皮肤柔软和丰满等作用。

3）美白剂

美白剂是一类可以使皮肤恢复洁白、细嫩的物质。它的美白机理主要是通过抑制黑色素的生成、还原已有的黑色素、促进黑色素代谢及防止紫外线侵袭等,使皮肤恢复到透白的状态、减轻暗沉等不良的肌肤状态,进而让皮肤变得更健康。

常见的美白剂主要有:烟酰胺(维生素 B3)、传明酸、光甘草定、维甲酸、谷胱甘肽、壬二酸、甘草酸二钾、甘草黄酮、神经酰胺、熊果苷、曲酸、泛酸衍生物、抗坏血酸、果酸、胎盘抽出液、透明质酸和各种植物提取液等。它们在化妆品中的含量不多,0.1%~0.5%的含量就能起到良好的美白效果。

4）香精

香精是赋予化妆品以一定香气的原料,也是关键原料之一。香料是指一种在常温、常压下,其蒸气和微粒分散在空气中,能引起人们嗅觉上特殊快感的物质。香精是由几种或几十种香料按一定的要求、香型和用途调配在一起的芳香混合体。常用的香精有:百花香精、玫瑰香精、薰衣草香精、迷迭香精、茉莉花香精、柠檬香精和苹果香精等。

5）色素

色素是那些具有浓烈色泽,与其他物质接触时,能使其着色的物质。色素可分为颜料和染料。颜料是指一些白色或有色的化合物,不溶于水或其他溶剂,而有良好的遮盖力,使其他的物质着色,如钛白粉、氧化锌和滑石粉等。染料是指一些具有浓烈色彩的化合物,能溶解在指定的溶剂中借助溶剂作为媒介,以使物体染色的物质,如柠檬黄 CI 19140、苋菜红 CI 16185 和亮蓝 CI 42090 等。

6）防腐剂和抗氧剂

由于化妆品中含有一定量的营养成分和油脂类成分,常温下又需要长时间的保存,容易腐败和酸败,为了防止化妆品变质,因此需要加入防腐剂和抗氧剂。

7）其他辅助原料

化妆品中还会添加防晒剂、保湿剂、抗过敏剂和螯合剂等。防晒剂也称紫外线吸收剂,可以吸收紫外线从而防止皮肤变黑、光老化和皮肤癌的发生。有机防晒剂包括许多化合物,如 UVA 紫外线吸收剂(可防止晒黑),二苯酮-3-丁基甲氧基二苯甲酰基甲烷等;又如 UVB 紫外线吸收剂(可防止晒红、晒伤),水杨酸乙基己酯、甲氧基肉桂酸乙基己酯、4-甲基苄亚基樟脑等。无机紫外线吸收剂有二氧化钛及氧化锌。保湿剂几乎是所有护肤品中都有的添加剂,常见的有甘油、丙二醇、1,2-丁二醇、透明质酸和天然保湿因子。抗过敏剂是一些特殊肌肤需要的成分,常见的抗过敏添加剂有尿囊素、红没药醇等。螯合剂是可以清除钙、镁离子或铁离子等杂质的化合物,常用的有乙二胺四乙酸二钠(EDTA-2Na)和乙二胺四乙酸四钠(EDTA-4Na)。

11.3.2 常用化妆品

1. 洁面和护肤化妆品

1）卸妆油和卸妆水

要使皮肤能够健康、细腻和完美,首先要做的就是进行彻底地清洁,而卸妆就是其中非常重要的一环。即便只是简单的素颜或使用了防晒、隔离等具有护肤功效的化妆品,也要及时卸妆,否则化妆品在皮肤上长期残留,会导致皮肤颜色变暗、起斑、起痘等不良反应。

常见的卸妆产品有卸妆油和卸妆水。

（1）卸妆油。卸妆油是一种加了乳化剂的油脂,根据相似相溶原理可以与脸上的彩妆、油污轻易溶合,再通过水乳化的方式,在冲洗时将脸上的污垢带走,起到了卸妆的作用。卸妆油主要由油、乳化剂和助剂组成。油为:矿物油(如白油、凡士林),植物油(如橄榄油、葡萄籽油、荷荷巴油、茶籽油、摩洛哥坚果油),合成油(如氢化聚异丁烯、高级烷类、高级烯类)。乳化剂为:非离子表面活性剂(如 PEG-8 甘油硬脂酸酯、鲸蜡醇乙基己酯、脂肪醇聚氧乙烯醚、烷基糖苷)阴离子表面活性剂(如月桂酰肌氨酸钠)。助剂为:抗氧化剂(如维生素 E)、防腐剂(如尼泊金酯)、营养剂(如水解蛋白、卵磷脂)、保湿剂(如甘油)等。

（2）卸妆水。卸妆水也是能很好地除去脸上的油污、保持面部清洁的化妆品。卸妆水为水溶性的产品,其中有较多的表面活性剂及醇类物质,可以充分乳化面部的油脂,使用效果更加清爽,卸妆速度也很快。卸妆水可分为全脸用卸妆水和局部卸妆水,如更为柔和的眼唇卸妆水。

卸妆水的主要成分有:水、醇类(如乙醇、异丙醇等)、保湿剂(如甘油)、增溶剂(PEG-40 氢化蓖麻油、PEG-6 辛酸/癸酸甘油酯)、防腐剂(甘草酸二钾、己二醇)、植物提取液等。

2)洁面乳(膏)和沐浴露

洁肤产品可以分成面部和身体清洁两部分。用于清洁面部的产品称洁面乳或洁面膏,清洁身体的产品称沐浴露。洁肤产品中含有大量的表面活性剂,通过表面活性剂的亲水基、亲油基与皮肤表面的水溶性、油溶性污垢等结合,发生乳化作用后再将污垢用水冲洗掉。

洁面和沐浴产品的种类主要可分为皂基型、非皂基表面活性剂型和氨基酸表面活性剂型。除以上几种外,近年来还有越来越多性能优秀的洁面产品,其原料是与人体亲和性更好、刺激更低的表面活性剂。如椰油基羟乙基磺酸盐、烷基糖苷、醇醚磺基琥珀酸二钠盐等,它们正不断地应用在高端洁面产品或婴幼儿产品中。

沐浴露与洁面膏(乳)的配方类似,只是它的黏度通常不太高,通过使用泵装的瓶子按压出后,更容易在人体皮肤上铺开。在配方中,常使用碳链为十二和十四的脂肪酸盐为主要原料。

3)面膜

在美容化妆品中,面膜属于最早出现的一种,使用适合的面膜能让皮肤更加健康。面膜的历史比较久远,举世闻名的埃及艳后晚上常常在脸上涂抹鸡蛋清,蛋清干了便形成紧绷在脸上的一层膜,早上起来用清水洗掉,据说,这就是现代流行面膜的起源。中国唐代"回眸一笑百媚生"的杨贵妃,传言她美艳动人,除饮食起居等生活条件优越外,还得益于她常用的专门调制的面膜。传说杨贵妃的面膜并不难做:用珍珠、白玉、人参适量,研磨成细粉,用上等藕粉调和成膏状敷于脸上,静待片刻,然后洗去。由此看来,很早以前面膜便成为爱美女士喜欢使用的美容产品了。

面膜的作用原理:利用其覆盖在脸部的短暂时间,暂时隔离外界的空气与污染,提高肌肤温度,扩张皮肤毛孔,促进汗腺分泌与新陈代谢,当肌肤的含氧量上升时,有利于肌肤排除表皮细胞新陈代谢的产物和累积的油脂类物质。当面膜中的水分渗入表皮的角质层后,肌肤会变得柔软、自然光亮、有弹性。

4)化妆水

化妆水一般为透明或半透明状液体,通常是在使用洁面产品后使用的产品。化妆水包含爽肤水、柔肤水及收敛水。它的作用主要是清洁、补充营养和水分,让皮肤变得柔软、光滑和收敛。

化妆水最基本的原料是水和保湿剂,但为了获得更多良好的性能和作用,丰富产品的多元需求,其原料中还包括润肤剂、增溶剂、防腐剂、香精等。化妆水最主要的作用是保湿,其保湿作用主要是依靠分子结构上的羟基和水分子之间形成氢键而锁住水,如甘油、丙二醇或聚乙二醇等多元醇类的保湿剂。而高分子类保湿剂,常用的有透明质酸钠和葡聚糖。透明质酸钠在相对湿度低(33%)的条件下吸湿量最高,而在相对湿度高(75%)的条件下吸湿量最低,这种独特的性质正适应皮肤在不同季节、不同环境湿度下的保湿作用。而且透明质酸钠渗透于皮肤真皮层等组织,分布在细胞间质中,对细胞器官本身也能起到润滑与滋养作用,同时提供细胞代谢的微环境,因此透明质酸钠是化妆水中最常用的高效保湿剂。另外关注较高的保湿剂还有神经酰胺类化合物,可应用于化妆水中的神经酰胺有 9 大类,目前常用的是神经酰胺(Ⅱ)和神经酰胺(Ⅲ)。

5)精华液

精华液也称精华素,是用于脸部护肤品中的一种,含有从植物、动物和矿物中提取的浓度较高的有效生物活性的珍贵精华(如植物提取物、神经酰胺、角鲨烷、维生素、胶原蛋白等),具有营养、抗皱祛皱、美白、滋润、祛痘、平衡水分和油脂分泌、延缓肌肤老化速率、让肌肤重现活力与光彩等作用,对皮肤的改善有事半功倍的效果。外观剂型有:油剂、水剂、乳剂、针剂和胶囊等。精华液通常使用在护肤水之后,乳液或面霜之前。由于精华液中富含多种功效成分且浓度较高,因此价格比其他化妆品更加昂贵。

6) 润肤霜和润肤乳

润肤霜和润肤乳都是日常生活中经常使用的护肤品,润肤霜和润肤乳中含有油性成分,其主要作用是保持皮肤的滋润、柔软和富有弹性,让皮肤变得更加健康和美丽。润肤霜和润肤乳是属于乳化体产品。乳化体是由两种或两种以上互不相溶的液状物(或其中一相可以是固体),通过机械加工(搅拌、研磨)或加入某些促进均匀混合作用的物质,制成的稳定分散体或悬浮体。在乳化体中,当一种液体以十分微小的粒子形式分散在另一相液体中时,这种微小粒子称为分散相(或内相),另一相液体称为连续相(外相)。当油相为分散相(内相)水相为连续相(外相)时,称为水包油(油/水,O/W)型乳化体;反之,水相为分散相(内相)油相为连续相(外相)时,称为油包水(水/油,W/O)型乳化体。润肤乳是水包油(O/W)型的乳化体,外观看上去较稀,有一定的流动性,润肤霜是油包水(W/O)型的乳化体,外观看上去更稠,几乎没有流动性。

润肤霜和润肤乳可增加皮肤的水合作用,一方面使皮肤对外界补充的水分与自身需求达到平衡;另一方面,在皮肤表面形成连续的封闭性油膜,可阻止深层皮肤中水分的蒸发,以保持肌肤的滋润。因此,使用这类护肤品的主要目的是保护皮肤使之不会干燥,或阻止皮肤变得更干燥。几乎任何类型的油脂都可使粗糙皮肤变得光滑,但是只有那些具有封闭性的油脂才能使皮肤表面形成连续膜,以软化没有弹性的角质层,使角质层从底层组织吸收水分发生水合作用,防止水分散发到大气中。产品中起关键作用的润肤剂主要由天然的或合成的脂肪酸酯、甘油二酯、硅油、多元醇酯(如聚乙二醇酯)、醚(如聚乙二醇醚)、脂肪醇、脂肪酸、羊毛脂及其衍生物、蜂蜡及其衍生物、烃油(如矿物油、凡士林)、蜡(如地蜡、石蜡和微晶蜡)、角鲨烷等组成。

2. 美容化妆品

美容类化妆品即美化容貌时用的化妆产品,该类产品主要用于脸、眼、唇及指甲等部位。美容类化妆品通常包括以下产品:粉底类产品(如粉底液、BB霜)、粉类产品(如粉、粉饼、胭脂、眼影)、唇膏、指甲油等。

美容类化妆品是化妆品中色彩最为丰富的一类。此类化妆品可直接赋予皮肤各种鲜丽的色彩,通过改变肤色添加阴影、增强立体感来修饰和美化容貌,并能给予身体优雅而馥郁的芳香。更有难以估量的心理效果,可使人心情愉快,充满活力与自信。

1) 粉底液和BB霜

粉底液和BB霜均为粉底化妆品。它们是用来遮蔽或弥补面部雀斑、粉刺、疤痕等瑕疵,同时调整肤色,使皮肤色泽自然而显得滑嫩的一类美容化妆品。早期的粉底化妆品几乎都是粉类,而随着乳化技术的逐渐发展和成熟,使得粉质原料在乳化体系中可以较为稳定地存在。这类产品的外观呈现为均匀稳定的粉状乳液。

粉底液是由粉饼等粉状化妆品发展而来,它是美容化妆过程中用作打底的膏霜型制品,实质上是颜料、粉料在乳化液中的悬浮体。悬浮体通常要经过均质和研磨,它以水为基质,可以添加保湿剂、油脂等以缓解粉状原料带来的干燥不适感。粉底液的作用就是均匀肤色、并遮盖皮肤上的瑕疵。

BB霜中的BB是blemish balm的缩写,意思是伤痕保养霜,最初是德国为接受激光治疗的患者设计的,含护肤和防晒成分,能使受损肌肤得到修复与再生。其后被韩国化妆品界引进并加以改良,从医学美容品转变成日化美妆品。其主要成分有颜料、粉料和乳化剂,BB 霜是将颜料分散在黏性基质中制成的产品,集润肤、保湿、遮瑕和提亮功能为一体。

2）定妆粉和粉饼

定妆粉（又称散粉）是不含油分或含有很少量油分,以粉状原料为主配制而成的粉末状美容化妆品,主要在使用粉底化妆品后定妆或在脱妆后补妆用。具有调节皮肤肤色、遮盖皮肤上的斑点、吸收皮肤油脂和滑爽皮肤等功效。定妆粉和粉饼的主要组分基本相同,但由于两者剂型不同,在产品使用性能、配方组成和制造工艺上有一定差别。粉饼除要求具有良好遮盖力、柔滑性、附着性和涂抹均匀等特性外,还要求具有适度的机械强度,使用时不会碎裂,并且要求使用粉扑或海绵等从粉饼蘸取粉体时,较容易地附着在粉扑或海绵上,然后均匀地涂抹在皮肤上,不会结团,不感到油腻。通常粉饼中都添加较大量的胶态高岭土、氧化锌和金属硬脂酸盐,以改善其压制加工性能。如果粉体本身的黏结性不足,可添加少量的黏合剂,在压制时可形成较牢固的粉饼。水溶性黏合剂可以是天然或合成的水溶性聚合物,一般常用低黏度的羧甲基纤维素水溶液,通常还添加少量的保湿剂。油溶性黏合剂包括硬脂酸单甘酯、十六醇、十八醇、脂肪酸异丙酯、羊毛脂及其衍生物、地蜡、白蜡和微晶蜡等。甘油、山梨醇、葡萄糖及其他滋润剂的加入能使粉饼保持一定水分不致干裂。

3）胭脂和眼影

胭脂和眼影都是粉类产品,可以通过涂敷于面部来调整面部颜色,增加面部深邃程度,提高面部立体感。

（1）胭脂。胭脂也称腮红,是一种使面部着色的美容化妆品,一般有多种剂型,但常用固态粉饼型腮红。它的基质与粉饼所用大致相同,主要有滑石粉、云母、高岭土、钛白粉和彩色颜料等。

（2）眼影。眼影是涂在眼睑和眼角上,产生阴影和色调反差,显出立体美感,达到强化眼神,使眼部显得更美丽动人的制品。眼影是眼部用化妆品中色调最多彩的产品,有蓝、青、绿、棕、茶、褐、紫、黑、白、红和黄颜色等。通常将各种色调的粉末在模盒上压制成型后,将多种颜色拼装在一个化妆盒内,便于携带和使用。

4）唇膏

唇膏通常是指油膏类的唇部美容化妆品,包括以润唇为主的非着色型（俗称润唇膏）和着色型（俗称口红）产品。唇膏需要使用食品级的原料、安全的乳化剂和油脂等物质,唇膏配方中的主要组分和作用见表 11-2。

表 11-2　唇膏配方中的主要组分和作用

组分		作用	代表性原料
油脂和蜡		溶解颜料、滋润	精制蓖麻油、可可脂、羊毛脂、巴西棕榈蜡等
着色剂	溶解性染料	着色	红 40、红 22 等
	不溶性颜料	着色	炭黑、云母钛等
	珠光颜料	着色	云母-二氧化钛、氯氧化铋等

组分	作用	代表性原料
其他添加剂	保湿、防裂	泛醇、磷脂、维生素 A 等
香精	赋香	玫瑰醇和酯类、无萜烯类(食用香精)等

思 考 题

1. 食品添加剂分为哪几类？各个种类的作用是什么？

2. 服装的组成材料有哪些？简要分析它们各自的特点与功能。

3. 服装中影响人体健康的物质有哪些？

4. 如何对服装进行保养？

5. 化妆品的分类有哪些？

6. 化妆品中的有效成分有哪些？简要分析各自的功能。

附　　录

附录 1　常用重要的物理常数

量名	数值
阿伏伽德罗常数	$N_A = 6.022169 \times 10^{23}$ mol^{-1}
电子电荷	$e = 1.6021917 \times 10^{-19}$ C
电子静止质量	$m_e = 9.109588 \times 10^{-28}$ g
质子静止质量	$m_p = 1.672614 \times 10^{-24}$ g
法拉第常数	$F = 9.648670 \times 10^4$ C
普朗克常量	$h = 6.626196 \times 10^{-34}$ J·s
玻尔兹曼常数	$k = 1.380622 \times 10^{-23}$ J·K^{-1}
摩尔气体常数	$R = 8.205 \times 10^{-2}$ dm^3·atm·mol^{-1}·K^{-1} = 8.314 J·mol^{-1}·K^{-1}
光速（真空）	$c = 2.9979250 \times 10^{10}$ cm·s^{-1}
原子的质量单位	u 或 $amu = 1.660531 \times 10^{-24}$ g $\left(= {}^{12}C \text{ 原子质量的} \dfrac{1}{12} \right)$

附录 2　常用的单位换算关系

单位名称	换算系数
厘米（cm）	1 cm = 10^8 Å = 10^7 nm
波数（cm^{-1}）	1 cm^{-1} = 2.8591×10^{-3} kcal·mol^{-1} = 1.1962×10^{-2} kJ·mol^{-1}
千卡每摩（kcal·mol^{-1}）	1 kcal·mol^{-1} = 349.76 cm^{-1}
电子伏特	1 eV = 23.061 kcal·mol^{-1} = 96.487 kJ·mol^{-1}
千焦每摩（kJ·mol^{-1}）	1 kJ·mol^{-1} = 0.010364 eV
千卡（kcal）	1 kcal = 4.184 kJ
尔格（erg）	1 erg = 2.390×10^{-11} kcal = 10^{-7} J
大气压（atm）	1 atm = 101325 Pa = 1.0332×10^4 kg·m^2 = 760 Torr

附录 3　SI 基本单位

量的名称	单位名称	单位符号
长度	米	m
质量	千克(公斤)	kg
时间	秒	s
电流	安[培]	A
热力学温度	开[尔文]	K
物质的量	摩[尔]	mol
发光强度	坎[德拉]	cd

附录 4　常见物质的 $\Delta_f H_m^{\ominus}$、$\Delta_f G_m^{\ominus}$ 和 $S_m^{\ominus}$(298.15 K)

物质	$\Delta_f H_m^{\ominus}/(kJ \cdot mol^{-1})$	$\Delta_f G_m^{\ominus}/(kJ \cdot mol^{-1})$	$S_m^{\ominus}/(J \cdot mol^{-1} \cdot K^{-1})$
$Ag(s)$	0.0	0.0	42.55
$Ag^+(aq)$	105.58	77.12	72.68
$Ag(NH_3)_2^+(aq)$	-111.3	-17.2	245
$AgCl(s)$	-127.07	-109.80	96.2
$AgBr(s)$	-100.4	-96.9	107.1
$Ag_2CrO_4(s)$	-731.74	-641.83	218
$AgI(s)$	-61.84	-66.19	115
$Ag_2O(s)$	-31.1	-11.2	121
$Ag_2S(s,\alpha)$	-32.59	-40.67	144.0
$AgNO_3(s)$	-124.4	-33.47	140.9
$Al(s)$	0.0	0.0	28.33
$Al^{3+}(aq)$	-531	-485	-322
$AlCl_3(s)$	-704.2	-628.9	110.7
$\alpha-Al_2O_3(s)$	-1676	-1582	50.92
$B(s,\beta)$	0.0	0.0	5.86
$B_2O_3(s)$	-1272.8	-1193.7	53.97
$BCl_3(g)$	-404	-388.7	290.0
$BCl_3(l)$	-427.2	-387.4	206

物质	$\Delta_f H_m^{\ominus}/(kJ \cdot mol^{-1})$	$\Delta_f G_m^{\ominus}/(kJ \cdot mol^{-1})$	$S_m^{\ominus}/(J \cdot mol^{-1} \cdot K^{-1})$
$B_2H_6(g)$	35.6	86.6	232.0
$Ba(s)$	0.0	0.0	62.8
$Ba^{2+}(aq)$	−537.64	−560.74	9.6
$BaCl_2(s)$	−858.6	−810.4	123.7
$BaO(s)$	−548.10	−520.41	72.09
$Ba(OH)_2(s)$	−944.7	—	—
$BaCO_3(s)$	−1216	−1138	112
$BaSO_4(s)$	−1473	−1362	132
$Br_2(l)$	0.0	0.0	152.23
$Br^-(aq)$	−121.5	−104.0	82.4
$Br_2(g)$	30.91	3.14	245.35
$HBr(g)$	−36.40	−53.43	198.59
$HBr(aq)$	−121.5	−104.0	82.4
$Ca(s)$	0.0	0.0	41.2
$Ca^{2+}(aq)$	−542.83	−553.54	−53.1
$CaF_2(s)$	−1220	−1167	68.87
$CaCl_2(s)$	−795.8	−748.1	105
$CaO(s)$	−635.09	−604.04	39.75
$Ca(OH)_2(s)$	−986.09	−898.56	83.39
$CaCO_3(s,方解石)$	−1206.9	−1128.8	92.9
$CaSO_4(s,无水石膏)$	−1434.1	−1321.9	107
$C(石墨)$	0.0	0.0	5.74
$C(金刚石)$	1.987	2.900	2.38
$C(g)$	716.68	671.21	157.99
$CO(g)$	−110.52	−137.15	197.56
$CO_2(g)$	−393.51	−394.36	213.6
$CO_3^{2-}(aq)$	−667.14	−527.90	−56.9
$HCO_3^-(aq)$	−691.99	−586.85	91.2
$CO_2(aq)$	−413.8	−386.0	118
$H_2CO_3(aq,非电离)$	−699.65	−623.16	187

物质	$\Delta_f H_m^{\ominus}/(\text{kJ} \cdot \text{mol}^{-1})$	$\Delta_f G_m^{\ominus}/(\text{kJ} \cdot \text{mol}^{-1})$	$S_m^{\ominus}/(\text{J} \cdot \text{mol}^{-1} \cdot \text{K}^{-1})$
$CCl_4(l)$	−135.4	−65.2	216.4
$CH_3OH(l)$	−238.7	−166.4	127
$C_2H_5OH(l)$	−277.7	−174.9	161
$HCOOH(l)$	−424.7	−361.4	129.0
$CH_3COOH(l)$	−484.5	−390	160
$CH_3COOH(aq,非电离)$	−485.76	−396.6	179
$CH_3COO^-(aq)$	−486.01	−369.4	86.6
$CH_3CHO(l)$	−192.3	−128.2	160
$CH_4(g)$	−74.81	−50.75	186.15
$C_2H_2(g)$	226.75	209.20	200.82
$C_2H_4(g)$	52.26	68.12	219.5
$C_2H_6(g)$	−84.68	−32.89	229.5
$C_3H_8(g)$	−103.85	−23.49	269.9
$C_4H_6(g,1,2-丁二烯)$	165.5	201.7	293.0
$C_4H_8(g,1-丁烯)$	1.17	72.04	307.4
$n-C_4H_{10}(g)$	−124.73	−15.71	310.0
$Hg(g)$	61.32	31.85	174.8
$HgO(s,红)$	−90.83	−58.53	70.29
$HgS(s,红)$	−58.2	−50.6	82.4
$HgCl_2(s)$	−224	−179	146
$Hg_2Cl_2(s)$	−265.2	−210.78	192
$I_2(s)$	0.0	0.0	116.14
$I_2(g)$	62.438	19.36	260.6
$I^-(aq)$	−55.19	−51.59	111
$HI(g)$	25.9	1.30	206.48
$K(s)$	0.0	0.0	64.18
$K^+(aq)$	−252.4	−283.3	103
$KCl(s)$	−436.75	−409.2	82.59
$KI(s)$	−327.90	−324.89	106.32
$KOH(s)$	−424.76	−379.1	78.87
$KClO_3(s)$	−397.7	−296.3	143

物质	$\Delta_f H_m^\ominus/(kJ \cdot mol^{-1})$	$\Delta_f G_m^\ominus/(kJ \cdot mol^{-1})$	$S_m^\ominus/(J \cdot mol^{-1} \cdot K^{-1})$
$KMnO_4(s)$	−837.2	737.6	171.7
$Mg(s)$	0.0	0.0	32.68
$Mg^{2+}(aq)$	−466.85	−454.8	−138
$MgCl_2(s)$	−641.32	−591.83	89.62
$MgCl_2 \cdot 6H_2O(s)$	−2499.0	−2215.0	366
$MgO(s,方镁石)$	−601.70	−569.44	26.9
$Mg(OH)_2(s)$	−924.54	−833.58	63.18
$MgCO_3(s,菱镁石)$	−1096	−1012	65.7
$MgSO_3(s)$	−1285	−1171	91.6
$Mn(s,\alpha)$	0.0	0.0	32.0
$Mn^{2+}(aq)$	−220.7	−228.0	73.6
$MnO_2(s)$	−520.03	−465.18	53.05
$MnO_4^-(aq)$	−518.4	−425.1	189.9
$MnCl_2(s)$	−481.29	−440.53	118.2
$Na(s)$	0.0	0.0	51.21
$Na^+(aq)$	−240.2	−261.89	59.0
$NaCl(s)$	−411.15	−384.15	72.13
$Na_2O(s)$	−414.2	−375.5	75.06
$C_6H_6(g)$	82.93	129.66	269.2
$C_6H_6(l)$	49.03	124.50	172.8
$Cl_2(g)$	0.0	0.0	222.96
$Cl^-(aq)$	−167.16	−131.26	56.5
$HCl(g)$	−92.31	−95.30	186.80
$ClO_3^-(aq)$	−99.2	−3.3	162
$Co(s)(\alpha,六方)$	0.0	0.0	30.04
$Co(OH)_2(s,桃红)$	−539.7	−454.4	79
$Cr(s)$	0.0	0.0	23.8
$Cr_2O_3(s)$	−1140	−1058	81.2
$Cr_2O_7^{2-}(aq)$	−1490	−1301	262
$CrO_4^{2-}(aq)$	−881.2	−727.9	50.2
$Cu(s)$	0.0	0.0	33.15

续表

物质	$\Delta_f H_m^{\ominus}/(kJ \cdot mol^{-1})$	$\Delta_f G_m^{\ominus}/(kJ \cdot mol^{-1})$	$S_m^{\ominus}/(J \cdot mol^{-1} \cdot K^{-1})$
$Cu^+(aq)$	71.67	50.00	41
$Cu^{2+}(aq)$	64.77	65.52	-99.6
$Cu(NH_3)_4^{2+}(aq)$	-348.5	-111.3	274
$Cu_2O(s)$	-169	-146	93.14
$CuO(s)$	-157	-130	42.63
$Cu_2S(s,\alpha)$	-79.5	-86.2	121
$CuS(s)$	-53.1	-53.6	66.5
$CuSO_4(s)$	-771.36	-661.9	109
$CuSO_4 \cdot 5H_2O(s)$	-2279.7	-1880.06	300
$F_2(g)$	0.0	0.0	202.7
$F^-(aq)$	-332.6	-278.8	-14
$Fe(g)$	78.99	61.92	158.64
$Fe(s)$	0.0	0.0	27.3
$Fe^{2+}(aq)$	-89.1	-78.87	-138
$Fe^{3+}(aq)$	-48.5	-4.6	-316
$Fe_2O_3(s,赤铁矿)$	-822.2	-741.0	87.40
$Fe_3O_4(s,磁铁矿)$	-1120.9	-1015.46	146.44
$H_2(g)$	0.0	0.0	130.57
$H^+(aq)$	0.0	0.0	0.0
$H_3O^+(aq)$	-285.85	-237.19	69.96
$NaOH(s)$	-426.73	-379.53	64.45
$Na_2CO_3(s)$	-1130.7	-1044.5	135.0
$NaI(s)$	-287.8	-286.1	98.53
$Na_2O_2(s)$	-513.2	-447.69	94.98
$HNO_3(l)$	-174.1	-80.79	155.6
$NO_3^-(aq)$	-207.4	-111.3	146
$NH_3(g)$	-46.11	-16.5	192.3
$NH_3 \cdot H_2O(aq,非电离)$	-366.12	-263.8	181
$NH_4^+(aq)$	-132.5	-79.37	113
$NH_4Cl(s)$	-314.4	-203.0	94.56
$NH_4NO_3(s)$	-365.6	-184.0	151.1

物质	$\Delta_f H_m^{\ominus}/(\text{kJ} \cdot \text{mol}^{-1})$	$\Delta_f G_m^{\ominus}/(\text{kJ} \cdot \text{mol}^{-1})$	$S_m^{\ominus}/(\text{J} \cdot \text{mol}^{-1} \cdot \text{K}^{-1})$
$(NH_4)_2SO_4(s)$	−901.90	—	187.5
$N_2(g)$	0.0	0.0	191.5
$NO(g)$	90.25	86.57	210.65
$NOBr(g)$	82.17	82.42	273.5
$NO_2(g)$	33.2	51.30	240.0
$N_2O(g)$	82.05	104.2	219.7
$N_2O_4(g)$	9.16	97.82	304.2
$N_2H_4(g)$	95.40	159.3	238.4
$N_2H_4(l)$	50.63	149.2	121.2
$NiO(s)$	−240	−212	38.0
$O_3(g)$	143	163	238.8
$O_2(g)$	0	0	205.03
$OH^-(aq)$	−229.99	−157.29	−10.8
$H_2O(l)$	−285.83	−237.18	69.94
$H_2O(g)$	−241.82	−228.4	188.72
$H_2O_2(l)$	−187.8	−120.4	—
$H_2O_2(aq)$	−191.2	−134.1	144
$P(s,白)$	0.0	0.0	41.09
$P(红)(s,三斜)$	−17.6	−12.1	22.8
$PCl_3(g)$	−287	−268.0	311.7
$PCl_5(s)$	−443.5	—	—
$Pb(s)$	0.0	0.0	64.81
$Pb^{2+}(aq)$	−1.7	−24.4	10
$PbO(s,黄)$	−215.33	−187.90	68.70
$PbO_2(s)$	−277.40	−217.36	68.62
$Pb_3O_4(s)$	−718.39	−601.24	211.29
$H_2S(g)$	−20.6	−33.6	205.7
$H_2S(aq)$	−40	−27.9	121
$HS^-(aq)$	−17.7	12.0	63
$S^{2-}(aq)$	33.2	85.9	−14.6
$H_2SO_4(l)$	−813.99	−690.10	156.90

续表

物质	$\Delta_f H_m^{\ominus}/(kJ \cdot mol^{-1})$	$\Delta_f G_m^{\ominus}/(kJ \cdot mol^{-1})$	$S_m^{\ominus}/(J \cdot mol^{-1} \cdot K^{-1})$
$HSO_4^-(aq)$	−887.34	−756.00	132
$SO_4^{2-}(aq)$	−909.27	−744.63	20
$SO_2(g)$	−296.83	−300.37	248.1
$SO_3(g)$	−395.7	−370.3	256.6
$Si(s)$	0.0	0.0	18.8
$SiO_2(s,石英)$	−910.94	−856.67	41.84
$SiF_4(g)$	−1614.9	−1572.7	282.4
$SiCl_4(l)$	−687.0	−619.90	240
$SiCl_4(g)$	−657.01	−617.01	330.6
$Sn(s,白)$	0.0	0.0	51.5
$Sn(s,灰)$	−2.1	0.13	44.3
$SnO(s)$	−286	−257	56.5
$SnO_2(s)$	−580.7	−519.7	52.3
$SnCl_2(s)$	−325	—	—
$SnCl_4(s)$	−511.3	−440.2	259
$Zn(s)$	0.0	0.0	41.6
$Zn^{2+}(aq)$	−153.9	−147.0	−112
$ZnO(s)$	−348.3	−318.2	43.64
$ZnCl_2(aq)$	−488.19	−409.5	0.8
$ZnS(s,闪锌矿)$	−206.0	−201.3	57.5

摘自：Robert C. West. CRC Handbook Chemistry and Physics. 69ed. 1988~1989,D50~93,D96~97。已换算成 SI 单位。

附录 5　弱酸和弱碱在水中的解离常数

（1）弱酸解离常数（298.15 K、$I=0$）

名称	分子式	解离常数 $K_a^{\ominus}$		$pK_a^{\ominus}$	
砷酸	H_3AsO_4	K_{a_1}	6.5×10^{-3}	pK_{a_1}	2.19
		K_{a_2}	1.15×10^{-7}	pK_{a2}	6.94
		K_{a_3}	3.2×10^{-12}	pK_{a_3}	11.50
亚砷酸	$HAsO_2$		6.0×10^{-10}		9.22
硼酸	H_3BO_3		5.8×10^{-10}		9.24

名称	分子式	解离常数 $K_a^{\ominus}$		$pK_a^{\ominus}$	
碳酸	H_2CO_3	K_{a_1}	4.2×10^{-7}		6.38
		K_{a_2}	5.6×10^{-11}		10.25
氢氰酸	HCN		4.9×10^{-10}		9.31
氢硫酸	H_2S	K_{a_1}	8.9×10^{-8}	pK_{a_1}	7.05
		K_{a_2}	1.2×10^{-13}	pK_{a_2}	12.92
磷酸	H_3PO_4	K_{a_1}	6.9×10^{-3}	pK_{a_1}	2.16
		K_{a_2}	6.2×10^{-8}	pK_{a_2}	7.21
		K_{a_3}	4.8×10^{-13}	pK_{a_3}	12.32
硅酸	H_2SiO_3	K_{a_1}	1.7×10^{-10}	pK_{a_1}	9.77
		K_{a_2}	1.6×10^{-12}	pK_{a_2}	11.88
硫酸	H_2SO_4	K_{a_2}	1.2×10^{-2}	pK_{a_2}	1.92
亚硫酸	$H_2SO_3(SO_2+H_2O)$	K_{a_1}	1.29×10^{-2}	pK_{a_1}	1.89
		K_{a_2}	6.3×10^{-8}	pK_{a_2}	7.20
甲酸	HCOOH		1.7×10^{-4}		3.77
乙酸	CH_3COOH		1.75×10^{-5}		4.76
丙酸	C_2H_5COOH		1.35×10^{-5}		4.87
氯乙酸	$ClCH_2COOH$		1.38×10^{-3}		2.86
二氯乙酸	$Cl_2CHCOOH$		5.5×10^{-2}		1.26
氨基乙酸	$NH_3^+CH_2COOH$	K_{a_1}	4.5×10^{-3}	pK_{a_1}	2.35
	$NH_3^+CH_2COO^-$	K_{a_2}	1.7×10^{-10}	pK_{a_2}	9.78
苯甲酸	C_6H_5COOH		6.2×10^{-5}		4.21
草酸	$H_2C_2O_4$	K_{a_1}	5.6×10^{-2}	pK_{a_1}	1.25
		K_{a_2}	5.1×10^{-5}	pK_{a_2}	4.29
α-酒石酸	CH(OH)COOH	K_{a_1}	9.1×10^{-4}	pK_{a_1}	3.04
	$\mid$				
	CH(OH)COOH	K_{a_2}	4.3×10^{-5}	pK_{a_2}	4.37
琥珀酸	CH_2COOH	K_{a_1}	6.2×10^{-5}	pK_{a_1}	4.21
	$\mid$				
	CH_2COOH	K_{a_2}	2.3×10^{-6}	pK_{a_2}	5.64
邻-苯二甲酸	$C_6H_4(COOH)_2$	K_{a_1}	1.12×10^{-3}	pK_{a_1}	2.95
		K_{a_2}	3.91×10^{-6}	pK_{a_2}	5.41
柠檬酸	CH_2COOH	K_{a_1}	7.4×10^{-4}	pK_{a_1}	3.13
	$\mid$				
	C(OH)COOH	K_{a_2}	1.7×10^{-5}	pK_{a_2}	4.76
	$\mid$				
	CH_2COOH	K_{a_3}	4.0×10^{-7}	pK_{a_3}	6.40

续表

名称	分子式		解离常数 $K_a^{\ominus}$		p$K_a^{\ominus}$
苯酚	C_6H_5OH		1.12×10^{-10}		9.95
顺丁烯二酸	CHCOOH	K_{a_1}	1.2×10^{-2}	pK_{a_1}	1.92
	‖				
	CHCOOH	K_{a_2}	6.0×10^{-7}	pK_{a_2}	6.22
氢氟酸	HF		6.8×10^{-4}		3.17
铬酸	H_2CrO_4	K_{a_2}	3.2×10^{-7}	pK_{a_2}	6.50
水杨酸(18 ℃)	$C_6H_4(OH)COOH$	K_{a_1}	1.07×10^{-3}	pK_{a_1}	2.97
		K_{a_2}	4×10^{-14}	pK_{a_2}	13.40

（2）弱碱的解离常数（298.15 K、$I=0$）

名称	分子式		解离常数 K_b		pK_b
氨水	$NH_3\cdot H_2O$		1.8×10^{-5}		4.75
联胺	$H_2N—H_2N$	K_{b_1}	9.8×10^{-7}	pK_{b_1}	6.01
		K_{b_2}	1.32×10^{-15}	pK_{b_2}	14.88
羟胺	NH_2OH		9.1×10^{-9}		8.04
苯胺	$C_6H_5NH_2$		4.2×10^{-10}		9.38
苯甲胺(20 ℃)	$C_6H_5CH_2NH_2$		2.14×10^{-5}		4.67
甲胺	CH_3NH_2		4.2×10^{-4}		3.38
乙胺	$C_2H_5NH_2$		4.3×10^{-4}		3.37
乙二胺	$H_2NCH_2CH_2NH_2$	K_{b_1}	8.5×10^{-5}	pK_{b_1}	4.07
		K_{b_2}	7.1×10^{-8}	pK_{b_2}	7.15
三乙醇胺	$N(CH_2CH_2OH)_3$		5.8×10^{-7}		6.24
六次甲基四胺	$(CH)_6N_4$		1.35×10^{-9}		8.87
吡啶	C_5H_5N		1.8×10^{-9}		8.74

附录 6　常见难溶电解质的溶度积 $K_{sp}^{\ominus}$(298.15 K,离子强度 $I=0$)

难溶电解质	$K_{sp}^{\ominus}$	难溶电解质	$K_{sp}^{\ominus}$
AgCl	1.77×10^{-10}	$Ag_2S(\beta)$	1.09×10^{-49}
AgBr	5.35×10^{-13}	$Al(OH)_3$	2×10^{-33}
AgI	8.51×10^{-17}	$BaCO_3$	2.58×10^{-9}
Ag_2CO_3	8.45×10^{-12}	$BaSO_4$	1.07×10^{-10}
Ag_2CrO_4	1.12×10^{-12}	$BaCrO_4$	1.17×10^{-10}
Ag_2SO_4	1.20×10^{-5}	$CaCO_3$	4.96×10^{-9}
$Ag_2S(\alpha)$	6.69×10^{-50}	$CaC_2O_4\cdot H_2O$	2.34×10^{-9}

难溶电解质	$K_{sp}^{\ominus}$	难溶电解质	$K_{sp}^{\ominus}$
CaF_2	1.46×10^{-10}	$Mn(OH)_2$	2.06×10^{-13}
$Ca_3(PO_4)_2$	2.07×10^{-33}	MnS	4.65×10^{-14}
$CaSO_4$	7.10×10^{-5}	$Ni(OH)_2$	5.47×10^{-16}
$Cd(OH)_2$	5.27×10^{-15}	NiS	1.07×10^{-21}
CdS	1.40×10^{-29}	$PbCl_2$	1.17×10^{-5}
$Co(OH)_2(桃红)$	1.09×10^{-15}	$PbCO_3$	1.46×10^{-13}
$Co(OH)_2(蓝)$	5.92×10^{-15}	$PbCrO_4$	1.77×10^{-14}
$CoS(\alpha)$	4.0×10^{-21}	PbF_2	7.12×10^{-7}
$CoS(\beta)$	2.0×10^{-25}	$PbSO_4$	1.82×10^{-8}
$Cr(OH)_3$	7.0×10^{-31}	PbS	9.04×10^{-29}
CuI	1.27×10^{-12}	PbI_2	8.49×10^{-9}
CuS	1.27×10^{-36}	$Pb(OH)_2$	1.6×10^{-17}
$Fe(OH)_2$	4.87×10^{-17}	$SrCO_3$	5.60×10^{-10}
$Fe(OH)_3$	2.64×10^{-39}	$SrSO_4$	3.44×10^{-7}
FeS	1.59×10^{-19}	$ZnCO_3$	1.19×10^{-10}
Hg_2Cl_2	1.45×10^{-18}	$Zn(OH)_2(\gamma)$	6.68×10^{-17}
$HgS(黑)$	6.44×10^{-53}	$Zn(OH)_2(\beta)$	7.71×10^{-17}
$MgCO_3$	6.82×10^{-6}	$Zn(OH)_2(\alpha)$	4.12×10^{-17}
$Mg(OH)_2$	5.61×10^{-12}	ZnS	2.93×10^{-25}

附录7 标准电极电势(298.15 K)

电极反应	$\varphi^{\ominus}/V$
$1/2F_2 + H^+ + e^- \rightleftharpoons HF$	3.03
$F_2 + 2e^- \rightleftharpoons 2F^-$	2.87
$O_3 + 2H^+ + 2e^- \rightleftharpoons O_2 + H_2O$	2.07
$S_2O_8^{2-} + 2e^- \rightleftharpoons 2SO_4^{2-}$	2.0
$H_2O_2 + 2H^+ + 2e^- \rightleftharpoons 2H_2O$	1.776
$H_5IO_6 + H^+ + 2e^- \rightleftharpoons IO_3^- + 3H_2O$	1.7
$PbO_2 + SO_4^{2-} + 4H^+ + 2e^- \rightleftharpoons PbSO_4 + 2H_2O$	1.685
$MnO_4^- + 4H^+ + 3e^- \rightleftharpoons MnO_2 + 2H_2O$	1.679
$HClO + H^+ + e^- \rightleftharpoons 1/2Cl_2 + H_2O$	1.63
$2HBrO + 2H^+ + 2e^- \rightleftharpoons Br_2(l) + 2H_2O$	1.6

电极反应	$\varphi^{\ominus}/V$
$BrO_3^- + 6H^+ + 5e^- \Longrightarrow 1/2Br_2 + 3H_2O$	1.52
$Mn^{3+} + e^- \Longrightarrow Mn^{2+}$	1.51
$MnO_4^- + 8H^+ + 5e^- \Longrightarrow Mn^{2+} + 4H_2O$	1.491
$HClO + H^+ + 2e^- \Longrightarrow Cl^- + H_2O$	1.49
$ClO_3^- + 6H^+ + 5e^- \Longrightarrow 1/2Cl_2 + 3H_2O$	1.47
$PbO_2 + 4H^+ + 2e^- \Longrightarrow Pb^{2+} + 2H_2O$	1.46
$HIO + H^+ + e^- \Longrightarrow 1/2I_2 + H_2O$	1.45
$ClO_3^- + 6H^+ + 6e^- \Longrightarrow Cl^- + 3H_2O$	1.45
$Ce^{4+} + 2e^- \Longrightarrow Ce^{2+}$	1.4430
$BrO_3^- + 6H^+ + 6e^- \Longrightarrow Br^- + 3H_2O$	1.44
$Au^{3+} + 3e^- \Longrightarrow Au$	1.42
$Cl_2 + 2e^- \Longrightarrow 2Cl^-$	1.3583
$ClO_4^- + 8H^+ + 7e^- \Longrightarrow 1/2Cl_2 + 4H_2O$	1.34
$Cr_2O_7^{2-} + 14H^+ + 6e^- \Longrightarrow 2Cr^{3+} + 7H_2O$	1.33
$Au^{3+} + 2e^- \Longrightarrow Au^+$	~1.29
$O_2 + 4H^+ + 4e^- \Longrightarrow 2H_2O$	1.229
$MnO_2 + 4H^+ + 2e^- \Longrightarrow Mn^{2+} + 2H_2O$	1.208
$2IO_3^- + 12H^+ + 10e^- \Longrightarrow I_2 + 6H_2O$	1.19
$ClO_4^- + 2H^+ + 2e^- \Longrightarrow ClO_3^- + H_2O$	1.19
$Fe(ph)_3^{3+} + e^- \Longrightarrow Fe(ph)_3^{2+}$	1.14
$Br_2(aq) + 2e^- \Longrightarrow 2Br^-$	1.087
$IO_3^- + 6H^+ + 6e^- \Longrightarrow I^- + 3H_2O$	1.085
$VO_2^+ + 2H^+ + e^- \Longrightarrow VO^{2+} + H_2O$	1.00
$HNO_2 + H^+ + e^- \Longrightarrow NO + H_2O$	0.99
$HIO + H^+ + 2e^- \Longrightarrow I^- + H_2O$	0.99
$NO_3^- + 4H^+ + 3e^- \Longrightarrow NO + 2H_2O$	0.96
$NO_3^- + 3H^+ + 2e^- \Longrightarrow HNO_2 + H_2O$	0.94
$2Hg^{2+} + 2e^- \Longrightarrow Hg_2^{2+}$	0.905
$ClO^- + H_2O + 2e^- \Longrightarrow Cl^- + 2OH^-$	0.90
$Hg^{2+} + 2e^- \Longrightarrow Hg$	0.851
$1/2O_2 + 2H^+(10^{-7}mol \cdot dm^{-3}) + 2e^- \Longrightarrow H_2O$	0.815

续表

电极反应	$\varphi^{\ominus}/\text{V}$
$2NO_3^- + 4H^+ + 2e^- \rightleftharpoons N_2O_4 + 2H_2O$	0.81
$Ag^+ + e^- \rightleftharpoons Ag$	0.7991
$Hg_2^{2+} + 2e^- \rightleftharpoons 2Hg$	0.7961
$Fe^{3+} + e^- \rightleftharpoons Fe^{2+}$	0.771
$PtCl_5^{2-} + 2e^- \rightleftharpoons PtCl_4 + 2Cl^-$	0.74
$O_2 + 2H^+ + 2e^- \rightleftharpoons H_2O_2$	0.682
$Hg_2SO_4 + 2e^- \rightleftharpoons 2Hg + SO_4^{2-}$	0.6158
$MnO_4^- + 2H_2O + 3e^- \rightleftharpoons MnO_2 + 4OH^-$	0.588
$MnO_4^- + e^- \rightleftharpoons MnO_4^{2-}$	0.564
$IO_3^- + 2H_2O + 4e^- \rightleftharpoons IO^- + 4OH^-$	0.56
$I_2 + 2e^- \rightleftharpoons 2I^-$	0.5355
$I_3^- + 2e^- \rightleftharpoons 3I^-$	0.5338
$Cu^+ + e^- \rightleftharpoons Cu$	0.522
$Cu^{2+} + 2e^- \rightleftharpoons Cu$	0.3402
$VO^{2+} + 2H^+ + 2e^- \rightleftharpoons V^{2+} + H_2O$	0.337
$BiO^+ + 2H^+ + 3e^- \rightleftharpoons Bi + H_2O$	0.32
$Hg_2Cl_2 + 2e^- \rightleftharpoons 2Hg + 2Cl^-$	0.2682
$HAsO_2 + 3H^+ + 3e^- \rightleftharpoons As + 2H_2O$	0.2475
$AgCl + e^- \rightleftharpoons Ag + Cl^-$	0.2223
$SbO^+ + 2H^+ + 3e^- \rightleftharpoons Sb + H_2O$	0.212
$SO_4^{2-} + 4H^+ + 2e^- \rightleftharpoons H_2SO_3 + H_2O$	0.20
$Cu^{2+} + e^- \rightleftharpoons Cu^+$	0.158
$Sn^{4+} + 2e^- \rightleftharpoons Sn^{2+}$	0.15
$S + 2H^+ + 2e^- \rightleftharpoons H_2S(\text{aq})$	0.141
$Hg_2Br_2 + 2e^- \rightleftharpoons 2Hg + 2Br^-$	0.1396
$Co(NH_3)_6^{3+} + e^- \rightleftharpoons Co(NH_3)_6^{2+}$	0.1
$S_4O_6^{2-} + 2e^- \rightleftharpoons 2S_2O_3^{2-}$	0.09
$AgBr + e^- \rightleftharpoons Ag + Br^-$	0.0713
$Ti(OH)^{3+} + H^+ + e^- \rightleftharpoons Ti^{3+} + H_2O$	0.06
$2H^+ + 2e^- \rightleftharpoons H_2$	0.000
$Fe^{3+} + 3e^- \rightleftharpoons Fe$	−0.036

电极反应	$\varphi^{\ominus}/V$
$Ag_2S+2H^++2e^- \Longleftrightarrow 2Ag+H_2S$	-0.0366
$O_2+H_2O+e^- \Longleftrightarrow HO_2^-+OH^-$	-0.076
$CrO_4^{2-}+4H_2O+3e^- \Longleftrightarrow Cr(OH)_3+5OH^-$	-0.12
$Pb^{2+}+2e^- \Longleftrightarrow Pb$	-0.1263
$Sn^{2+}+2e^- \Longleftrightarrow Sn$	-0.1364
$O_2+2H_2O+2e^- \Longleftrightarrow H_2O_2+OH^-$	-0.146
$AgI+e^- \Longleftrightarrow Ag+I^-$	-0.1519
$Ni^{2+}+2e^- \Longleftrightarrow Ni$	-0.23
$Co^{2+}+2e^- \Longleftrightarrow Co$	-0.28
$Cd^{2+}+2e^- \Longleftrightarrow Cd$	-0.4026
$Cr^{3+}+e^- \Longleftrightarrow Cr^{2+}$	-0.409
$Fe^{2+}+2e^- \Longleftrightarrow Fe$	-0.4402
$2CO_2+2H^++2e^- \Longleftrightarrow H_2C_2O_4$	-0.049
$S+2e^- \Longleftrightarrow S^{2-}$	-0.508
$2SO_3^{2-}+3H_2O+4e^- \Longleftrightarrow S_2O_3^{2-}+6OH^-$	-0.58
$AsO_4^{3-}+2H_2O+2e^- \Longleftrightarrow AsO_2^-+4OH^-$	-0.71
$Zn^{2+}+2e^- \Longleftrightarrow Zn$	-0.7628
$HSnO_2^-+H_2O+2e^- \Longleftrightarrow Sn+3OH^-$	-0.79
$Cr^{2+}+2e^- \Longleftrightarrow Cr$	-0.90
$SO_4^{2-}+H_2O+2e^- \Longleftrightarrow SO_3^{2-}+2OH^-$	-0.92
$Sn(OH)_6^{2-}+2e^- \Longleftrightarrow HSnO_2^-+3OH^-+H_2O$	-0.96
$Mn^{2+}+2e^- \Longleftrightarrow Mn$	-1.029
$ZnO_2^{2-}+2H_2O+2e^- \Longleftrightarrow Zn+4OH^-$	-1.216
$H_2AlO_3^-+H_2O+3e^- \Longleftrightarrow Al+4OH^-$	-2.35
$Mg^{2+}+2e^- \Longleftrightarrow Mg$	-2.375
$Na^++e^- \Longleftrightarrow Na$	-2.7109
$Ca^{2+}+2e^- \Longleftrightarrow Ca$	-2.76
$Sr^{2+}+2e^- \Longleftrightarrow Sr$	-2.89
$Ba^{2+}+2e^- \Longleftrightarrow Ba$	-2.90
$K^++e^- \Longleftrightarrow K$	-2.924
$Li^++e^- \Longleftrightarrow Li$	-3.045

附录 8　条件电极电势(298.15 K)

电极反应	条件电极电势/V	反应介质
$H_3AsO_4+2H^++2e^- \rightleftharpoons H_3AsO_3+H_2O$	0.58	$1\ mol \cdot L^{-1}HCl$
$AsO_4^{3-}+2H_2O+2e^- \rightleftharpoons AsO_2^-+4OH^-$	0.08	$1\ mol \cdot L^{-1}NaOH$
$Ce^{4+}+e^- \rightleftharpoons Ce^{3+}$	1.4587	$0.5\ mol \cdot L^{-1}H_2SO_4$
$Cr_2O_7^{2-}+14H^++6e^- \rightleftharpoons 2Cr^{3+}+7H_2O$	1.00	$1\ mol \cdot L^{-1}HCl$
	1.08	$3\ mol \cdot L^{-1}HCl$
	1.08	$0.5\ mol \cdot L^{-1}H_2SO_4$
	1.11	$2\ mol \cdot L^{-1}H_2SO_4$
	1.15	$4\ mol \cdot L^{-1}H_2SO_4$
	1.025	$1\ mol \cdot L^{-1}HClO_4$
$Fe^{3+}+e^- \rightleftharpoons Fe^{2+}$	0.770	$1\ mol \cdot L^{-1}HCl$
	0.747	$1\ mol \cdot L^{-1}HClO_4$
	0.438	$1\ mol \cdot L^{-1}H_3PO_4$
	0.679	$0.5\ mol \cdot L^{-1}H_2SO_4$
$Fe(Ph)_3^{3+}+e^- \rightleftharpoons Fe(Ph)_3^{2+}$	1.056	$2\ mol \cdot L^{-1}H_2SO_4$
$Hg_2Cl_2+2e^- \rightleftharpoons 2Hg+2Cl^-$	0.3337	$0.1\ mol \cdot L^{-1}KCl$
	0.2807	$1\ mol \cdot L^{-1}KCl$
	0.2415	饱和 KCl 溶液
$I_3^-+2e^- \rightleftharpoons 3I^-$	0.5446	$0.5\ mol \cdot L^{-1}H_2SO_4$
$I_2(aq)+2e^- \rightleftharpoons 2I^-$	0.6276	$0.5\ mol \cdot L^{-1}H_2SO_4$
$MnO_4^-+8H^++5e^- \rightleftharpoons Mn^{2+}+4H_2O$	1.45	$1\ mol \cdot L^{-1}HClO_4$
$Sn^{4+}+2e^- \rightleftharpoons Sn^{2+}$	0.070	$0.1\ mol \cdot L^{-1}HCl$
	0.139	$1\ mol \cdot L^{-1}HCl$

附录 9　常见化合物的摩尔质量

Ag_3AsO_4	462.52	$AgNO_3$	169.87	$Al_2(SO_4)_3$	342.14
$AgBr$	187.77	$AlCl_3$	133.34	$Al_2(SO_4)_3 \cdot 18H_2O$	666.41
$AgCl$	143.32	$AlCl_3 \cdot 6H_2O$	241.43	As_2O_3	197.84
$AgCN$	133.89	$Al(NO_3)_3$	213.00	As_2O_5	229.84
$AgSCN$	165.95	$Al(NO_3) \cdot 9H_2O$	375.13	$BaCO_3$	197.34
Ag_2CrO_4	331.73	Al_2O_3	101.96	BaC_2O_4	225.35
AgI	234.77	$Al(OH)_3$	78.00	$BaCl_2$	208.24

$BaCl_2 \cdot 2H_2O$	244.27	$Cu(NO_3)_2 \cdot 3H_2O$	241.60	HI	127.91
$BaCrO_4$	253.32	CuO	79.545	HIO_3	175.91
BaO	153.33	Cu_2O	143.09	HNO_3	63.013
$Ba(OH)_2$	171.34	CuS	95.61	HNO_2	47.013
$BaSO_4$	233.39	$CuSO_4$	159.60	H_2O	18.015
$BiCl_3$	315.34	$CuSO_4 \cdot 5H_2O$	249.68	H_2O_2	34.015
$BiOCl$	260.43	$Cu(C_2H_3O_2)_2 \cdot 3Cu(AsO_2)_2$	1013.80	H_3PO_4	97.995
CO_2	44.01	CH_3COOH	60.052	H_2S	34.08
CaO	56.08	CH_3COONH_4	77.083	H_2SO_3	82.07
$CaCO_3$	100.09	CH_3COONa	82.034	H_2SO_4	98.07
CaC_2O_4	128.10	$CH_3COONa \cdot 3H_2O$	136.08	$Hg(CN)_2$	252.63
$CaCl_2$	110.99	$FeCl_2$	126.75	$HgCl_2$	271.50
$CaCl_2 \cdot 6H_2O$	219.08	$FeCl_2 \cdot 4H_2O$	198.81	Hg_2Cl_2	472.09
$Ca(NO_3)_2 \cdot 4H_2O$	236.15	$FeCl_3$	162.21	HgI_2	454.40
$Ca(OH)_2$	74.09	$FeCl_3 \cdot 6H_2O$	270.30	$Hg_2(NO_3)_2$	525.19
$Ca_3(PO_4)_2$	310.18	$FeNH_4(SO_4)_2 \cdot 12H_2O$	482.18	$Hg_2(NO_3)_2 \cdot 2H_2O$	561.22
$CaSO_4$	136.14	$Fe(NO_3)_3$	241.86	$Hg(NO_3)_2$	324.60
$CdCO_3$	172.42	$Fe(NO_3)_3 \cdot 9H_2O$	404.00	HgO	216.59
$CdCl_2$	183.32	FeO	71.846	HgS	232.65
CdS	144.47	Fe_2O_3	159.69	$KAl(SO_4)_2 \cdot 12H_2O$	474.38
$Ce(SO_4)_2$	332.24	Fe_3O_4	231.54	KBr	119.00
$Ce(SO_4)_2 \cdot 4H_2O$	404.30	$Fe(OH)_3$	106.87	$KBrO_3$	167.00
$CoCl_2$	129.84	FeS	87.91	KCl	74.551
$CoCl_2 \cdot 6H_2O$	237.93	Fe_2S_3	207.87	$KClO_3$	122.55
$Co(NO_3)_2$	132.94	$FeSO_4$	151.9	$KClO_4$	138.55
$Co(NO_3)_2 \cdot 6H_2O$	291.03	$FeSO_4 \cdot 7H_2O$	278.01	KCN	65.116
CoS	90.99	$FeSO_4 \cdot (NH_4)_2SO_4 \cdot 6H_2O$	392.13	$KSCN$	97.18
$CoSO_4$	154.99	$HgSO_4$	296.65	K_2CO_3	138.21
$CoSO_4 \cdot 7H_2O$	281.10	Hg_2SO_4	497.24	K_2CrO_4	194.19
$CO(NH_2)_2$	60.06	H_3AsO_3	125.94	$K_2Cr_2O_7$	294.18
$CrCl_3$	158.35	H_3AsO_4	141.94	$K_3Fe(CN)_6$	329.25
$CrCl_3 \cdot 6H_2O$	266.45	H_3BO_3	61.83	$K_4Fe(CN)_6$	368.35
$Cr(NO_3)_3$	238.01	HBr	80.912	$KFe(SO_4)_2 \cdot 12H_2O$	503.24
Cr_2O_3	151.99	HCN	27.026	$KHC_2O_4 \cdot H_2O$	146.14
$CuCl$	98.999	$HCOOH$	46.026	$KHC_2O_4 \cdot H_2C_2O_4 \cdot 2H_2O$	254.19
$CuCl_2$	134.45	H_2CO_3	62.025	$KHC_4H_4O_6$	188.18
$CuCl_2 \cdot 2H_2O$	170.48	$H_2C_2O_4$	90.035	$KHSO_4$	136.16
$CuSCN$	121.62	$H_2C_2O_4 \cdot 2H_2O$	126.07	KI	166.00
CuI	190.45	HCl	36.461	KIO_3	214.00
$Cu(NO_3)_2$	187.56	HF	20.006	$KIO_3 \cdot HIO_3$	389.91

$KMnO_4$	158.03	$(NH_4)_3PO_4 \cdot 12MoO_3$	1876.53	PbO_2	239.20
$KNaC_4H_4O_6 \cdot 4H_2O$	282.22	Na_3AsO_3	191.89	$Pb_3(PO_4)_2$	811.54
KNO_3	101.0	$Na_2B_4O_7$	201.22	PbS	239.30
KNO_2	85.104	$Na_2B_4O_7 \cdot 10H_2O$	381.37	$PbSO_4$	303.30
K_2O	94.196	$NaBiO_3$	279.97	$PbCO_3$	267.20
KOH	56.106	$NaCN$	49.007	PbC_2O_4	295.22
K_2SO_4	174.25	$NaHCO_3$	84.007	Sb_2O_3	291.50
$Mg_2P_2O_7$	222.55	$Na_2HPO_4 \cdot 12H_2O$	358.14	Sb_2S_3	339.68
$MgSO_4 \cdot 7H_2O$	246.47	$NaH_2Y \cdot 2H_2O$	372.24	SiF_4	104.08
$MgCO_3$	84.314	$NaSCN$	81.07	SiO_2	60.084
$MgCl_2$	95.211	Na_2CO_3	105.99	$SnCl_2$	189.62
$MgCl_2 \cdot 6H_2O$	203.30	$Na_2CO_3 \cdot 10H_2O$	286.14	$SnCl_2 \cdot 2H_2O$	225.65
MgC_2O_4	112.33	$Na_2C_2O_4$	134.00	$SnCl_4$	260.52
$Mg(NO_3)_2 \cdot 6H_2O$	256.41	$NaCl$	58.443	$SnCl_4 \cdot 5H_2O$	350.596
$MgNH_4PO_4$	137.32	$NaClO$	74.442	SnO_2	150.71
MgO	40.304	$NaNO_2$	68.995	SnS	150.776
$Mg(OH)_2$	58.32	$NaNO_3$	84.995	$SrCO_3$	147.63
$MnCO_3$	114.95	Na_2O	61.979	SrC_2O_4	175.64
$MnCl_2 \cdot 4H_2O$	197.91	Na_2O_2	77.978	$SrCrO_4$	203.61
$Mn(NO_3)_2 \cdot 6H_2O$	287.04	$NaOH$	39.997	$Sr(NO_3)_2$	211.63
MnO	70.937	Na_3PO_4	163.94	$Sr(NO_3)_2 \cdot 4H_2O$	283.69
MnO_2	86.937	Na_2S	78.04	$SrSO_4$	183.68
MnS	87.00	$Na_2S \cdot 9H_2O$	240.18	SO_3	80.06
$MnSO_4$	151.00	Na_2SO_3	126.04	SO_2	64.06
$MnSO_4 \cdot 4H_2O$	223.06	Na_2SO_4	142.04	$SbCl_3$	228.11
NO	30.006	$Na_2S_2O_3$	158.10	$SbCl_5$	299.02
NO_2	46.006	$Na_2S_2O_3 \cdot 5H_2O$	248.17	$UO_2(CH_3COO)_2 \cdot 4H_2O$	424.15
NH_3	17.03	$NiCl_2 \cdot 6H_2O$	237.69	$ZnSO_4 \cdot 7H_2O$	287.54
NH_4Cl	53.491	NiO	74.69	$ZnCO_3$	125.39
$(NH_4)_2CO_3$	96.086	$Ni(NO_3)_2 \cdot 6H_2O$	290.79	ZnC_2O_4	153.40
$(NH_4)_2C_2O_4$	124.10	NiS	90.75	$ZnCl_2$	136.29
$(NH_4)_2C_2OC_4 \cdot H_2O$	142.11	$NiSO_4 \cdot 7H_2O$	280.85	$Zn(CH_3COO)_2$	183.47
NH_4SCN	76.12	P_2O_5	141.94	$Zn(CH_3COO)_2 \cdot 2H_2O$	219.50
NH_4HCO_3	79.055	$PbCl_2$	278.10	$Zn(NO_3)_2$	189.39
$(NH_4)_2MoO_4$	196.01	$PbCrO_4$	323.20	$Zn(NO_3)_2 \cdot 6H_2O$	297.48
NH_4NO_3	80.043	$Pb(CH_3COO)_2$	325.30	ZnO	81.38
$(NH_4)_2HPO_4$	132.06	$Pb(CH_3COO)_2 \cdot 3H_2O$	379.30	ZnS	97.44
$(NH_4)_2S$	68.14	PbI_2	461.00	$ZnSO_4$	161.44
$(NH_4)_2SO_4$	132.13	$Pb(NO_3)_2$	331.20		
NH_4VO_3	116.98	PbO	223.20		

读者意见反馈

为收集对教材的意见建议,进一步完善教材编写并做好服务工作,读者可将对本教材的意见建议通过如下渠道反馈至我社。

咨询电话　400-810-0598

反馈邮箱　hepsci@pub.hep.cn

通信地址　北京市朝阳区惠新东街4号富盛大厦1座
　　　　　高等教育出版社理科事业部

邮政编码　100029